U0393053

内 容 简 介

本书是高等院校随机过程课程的教材. 全书共分七章, 内容包括: 概率统计、泊松过程、更新过程、离散时间马尔可夫链、连续时间马尔可夫链、布朗运动和应用举例. 每小节配有练习题, 每章配有总习题, 书末附有习题答案或提示, 供读者参考. 本书对实际应用中常见的随机过程作了较为系统的介绍, 有许多新的简明讲法, 方便读者更好地理解随机过程的概念和主要定理.

本书叙述严谨、举例丰富, 精选的例题反映了应用随机过程的特点, 例如: 候车问题、排队问题、系统维修问题、互联网的 PageRank 问题、生灭过程、简单的传染病模型等. 本书在介绍随机过程的同时也介绍了随机过程参数估计的基本方法, 为的是方便实际工作者的应用. 本书在定理的叙述和证明上尽量降低难度和避免复杂的数学推导, 同时兼顾理论体系的完整.

本书可作为综合大学数学、统计学专业本科高年级随机过程课程的教材或教学参考书, 也可作为综合大学、高等师范院校、理工科大学和财经院校研究生随机过程课程的教材或教学参考书. 学习本书的先修课程是高等数学、概率论与数理统计.

作 者 简 介

何书元　博士、北京大学数学科学学院教授, 从事应用随机过程、时间序列分析和概率极限定理的教学和科研工作. 主讲课程有概率论、概率统计、应用随机过程、应用时间序列分析和极限定理等. 兼任教育部数学与统计学教学指导委员会委员、全国统计教材编委会委员.

本书的 ppt 文件请到
http://cn.math.pku.edu.cn/teachers/hesy/index.htm 下载.

北京大学数学教学系列丛书

随 机 过 程

何书元　编著

北京大学出版社
PEKING UNIVERSITY PRESS

图书在版编目(CIP)数据

随机过程/何书元编著. —北京： 北京大学出版社，2008.11
（北京大学数学教学系列丛书）
ISBN 978-7-301-12902-9

Ⅰ.①随… Ⅱ.①何… Ⅲ.①随机过程-高等学校-教材
Ⅳ.①O211.6

中国版本图书馆 CIP 数据核字(2007)第 166895 号

书　　　名	随机过程	
	SUIJI GUOCHENG	
著作责任者	何书元　编著	
责 任 编 辑	刘　勇　潘丽娜	
标 准 书 号	ISBN 978-7-301-12902-9	
出 版 发 行	北京大学出版社	
地　　　址	北京市海淀区成府路 205 号　100871	
网　　　址	http://www.pup.cn	
电 子 信 箱	zpup@pup.cn	
新 浪 微 博	@北京大学出版社	
电　　　话	邮购部 62757515　发行部 62750672　理科编辑部 62752021	
印 刷 者	河北滦县鑫华书刊印刷厂	
经 销 者	新华书店	
	890 毫米×1240 毫米　A5　10.875 印张　300 千字	
	2008 年 11 月第 1 版　2024 年 12 月第 12 次印刷	
定　　　价	28.00 元	

序　言

　　自 1995 年以来，在姜伯驹院士的主持下，北京大学数学科学学院根据国际数学发展的要求和北京大学数学教育的实际，创造性地贯彻教育部"加强基础，淡化专业，因材施教，分流培养"的办学方针，全面发挥我院学科门类齐全和师资力量雄厚的综合优势，在培养模式的转变、教学计划的修订、教学内容与方法的革新，以及教材建设等方面进行了全方位、大力度的改革，取得了显著的成效．2001 年，北京大学数学科学学院的这项改革成果荣获全国教学成果特等奖，在国内外产生很大反响．

　　在本科教育改革方面，我们按照加强基础、淡化专业的要求，对教学各主要环节进行了调整，使数学科学学院的全体学生在数学分析、高等代数、几何学、计算机等主干基础课程上，接受学时充分、强度足够的严格训练；在对学生分流培养阶段，我们在课程内容上坚决贯彻"少而精"的原则，大力压缩后续课程中多年逐步形成的过窄、过深和过繁的教学内容，为新的培养方向、实践性教学环节，以及为培养学生的创新能力所进行的基础科研训练争取到了必要的学时和空间．这样既使学生打下宽广、坚实的基础，又充分照顾到每个人的不同特长、爱好和发展取向．与上述改革相适应，积极而慎重地进行教学计划的修订，适当压缩常微、复变、偏微、实变、微分几何、抽象代数、泛函分析等后续课程的周学时．并增加了数学模型和计算机的相关课程，使学生有更大的选课余地．

　　在研究生教育中，在注重专题课程的同时，我们制定了 30 多门研究生普选基础课程 (其中数学系 18 门)，重点拓宽学生的专业基础和加强学生对数学整体发展及最新进展的了解．

　　教材建设是教学成果的一个重要体现．与修订的教学计划相配合，我们进行了有组织的教材建设．计划自 1999 年起用 8 年的时间修订、编写和出版 40 余种教材. 这就是将陆续呈现在大家面前的《北京大学数学教学系列丛书》. 这套丛书凝聚了我们近十年在人才培养方面的思考, 记录了我们教学实践的足迹, 体现了我们教学改革的成果, 反映了我们对新世纪人才培养的理念, 代表了我们新时期的数学教学水平.

经过 20 世纪的空前发展, 数学的基本理论更加深入和完善, 而计算机技术的发展使得数学的应用更加直接和广泛, 而且活跃于生产第一线, 促进着技术和经济的发展, 所有这些都正在改变着人们对数学的传统认识. 同时也促使数学研究的方式发生巨大变化. 作为整个科学技术基础的数学, 正突破传统的范围而向人类一切知识领域渗透. 作为一种文化, 数学科学已成为推动人类文明进化、知识创新的重要因素, 将更深刻地改变着客观现实的面貌和人们对世界的认识. 数学素质已成为今天培养高层次创新人才的重要基础. 数学的理论和应用的巨大发展必然引起数学教育的深刻变革. 我们现在的改革还是初步的. 教学改革无禁区, 但要十分稳重和积极; 人才培养无止境, 既要遵循基本规律, 更要不断创新. 我们现在推出这套丛书, 目的是向大家学习. 让我们大家携起手来, 为提高中国数学教育水平和建设世界一流数学强国而共同努力.

张 继 平

2002 年 5 月 18 日

于北京大学蓝旗营

前　　言

　　概率论通过对简单随机事件的研究，逐步进入复杂随机现象规律的研究，它是研究随机现象规律的有效方法和工具. 作为概率论的后续课程，本书进一步介绍相关随机变量的统计规律和基本理论.

　　和其他的数学课程类似，多做练习是理解随机过程的基本概念和掌握其理论与方法的基础. 本书每小节后面都配有适量的练习题供读者练手. 每章的后面配有更多的习题供选择使用. 习题的选择注意了对基本训练的要求，但更多考虑的是对应用问题的描述和解决. 习题附有参考答案，供读者参考.

　　为了书的完整和方便读者阅读，本书在第一章列出了概率统计的基本知识，供读者复习和查阅. 这部分内容供教师选择使用. 本书介绍了随机过程的基本统计推断方法，包括区间估计和假设检验. 这样的章节被打上 * 供选择使用. 如果不考虑统计推断的内容，则只需要初等概率论和高等数学的知识就可以学习本书，否则应当具备数理统计的基础知识或阅读本书的 §1.4，§1.6 和 §1.7.

　　泊松过程的理论结果已经十分完整，只在数学上证明这些结论会使得有关章节干净利落，但是会增加读者理解定理内涵的难度. 鉴于泊松过程的定理都有明确的实际背景和意义，所以在讲述定理前本书尽量通过举例使得读者能够想到定理的成立.

　　更新过程的理论已经完善，只是部分定理的数学证明比较复杂. 为了从这些复杂的理论证明中解脱出来，本书略去了一些纯技术性的数学推导，通过描述性的语言帮助读者理解定理的成立.

　　马氏链的理论体系近乎完善，但是部分定理的证明也存在技术性过强的问题. 鉴于本书的目的和课时的限制，我们只能介绍规则马氏链的理论和方法. 即使这样，少数定理的证明也会遇到比较复杂的情况. 感谢何声武教授的《随机过程引论》一书. 当我们遇到因课时限制而不能给出完整证明的地方, 就请有兴趣的读者去参考他的书了. 当然, 本书会在更简单一些的情况下给出相应定理的证明.

尽管布朗运动的背景明确, 但是首次接触它时常会遇到不易理解的地方. 本书只介绍布朗运动的基本概念和性质. 通过花粉在液体表面受到水分子的碰撞而运动的轨迹引入布朗运动, 引导读者从花粉的运动行为猜想布朗运动轨迹的可能性质. 然后再考虑数学的证明.

本书主要介绍泊松过程、更新过程、离散时间马氏链、连续时间马氏链和布朗运动. 前第二至第五章和不带 * 的部分是本书的主要内容. 每周 4 学时的课程可以讲完上述五个随机过程, 但要略去部分带 * 的内容. 每周 3 学时的课程很难讲完这五个随机过程, 除了略去部分带 * 的内容, 从中选择四个随机过程就可以了. 可供选择的方法如下:

第二章 ⟶ 第三章 ⟶ 第四章 ⟶ 第五章

第二章 ⟶ 第三章 ⟶ 第四章 ⟶ 第六章

第二章 ⟶ 第四章 ⟶ 第五章 ⟶ 第六章

本书的写作尽量做到符合时代精神. 和已有的同类教材比较, 本书的理论体系较为完整, 定理的证明较为轻松, 全部正文尽量避免繁琐的数学推导, 通过易懂的实例阐明重要的概念和定理.

为了用数学公式清楚地表达复杂的随机现象, 熟练掌握条件概率公式的使用是非常重要的. 在阅读本书时, 应当注意条件概率的公式及其使用方法.

由于作者水平有限, 书中难免不妥之处, 请读者不吝指教.

何 书 元

北京海淀蓝旗营

2008 年 2 月

目　　录

第一章 概 率 统 计

本书所涉及的数集和函数都是高等数学中描述的数集和函数，不再赘述. 本章仅列出概率统计方面的基本知识，以便查阅.

§1.1 事件与概率

通常把按照一定的想法去做的事情称为**试验** (experiment), 把试验的可能结果称为**样本点** (sample point), 称样本点的集合为**样本空间** (sample space). 对于一个特定的试验, 以后总用 Ω 表示样本空间, 用 ω 表示样本点, 这时

$$\Omega = \{\omega \mid \omega \text{ 是试验的样本点}\}. \tag{1.1}$$

在概率论中, 事件是样本空间 Ω 的子集. 在实际问题中人们往往并不需要关心 Ω 的所有子集, 只要把关心的子集称为事件就够了. 但事件是 Ω 的子集, 必须满足以下三个条件:

(a1) Ω 是事件;

(a2) 若 A 是事件, 则 $\overline{A}$ 是事件;

(a3) 若 A_j 是事件, 则 $\bigcup\limits_{j=1}^{\infty} A_j$ 是事件.

由上面的条件 (a1), (a2), (a3) 知道, 如果 A, B 是事件, 则 $A \cup B$, $A \cap B, A - B, \overline{A}$ 都是事件. 于是, 事件经过有限次集合运算所得结果还是事件.

对于事件 A, 若用 $P(A)$ 表示事件 A 发生的概率, 则 $P(A)$ 满足以下条件:

(b1) 非负性: 对于任何事件 $A, P(A) \geqslant 0$;

(b2) 完全性: $P(\Omega) = 1$;

(b3) 可列可加性: 对于互不相容的事件 $A_1, A_2, \cdots$, 有

$$P\Big(\bigcup_{j=1}^{\infty} A_j\Big) = \sum_{j=1}^{\infty} P(A_j).$$

对于样本空间 Ω 和概率 P, 用 $\mathcal{F}$ 表示全体事件时, 称三位一体的 $(\Omega, \mathcal{F}, P)$ 为**概率空间** (probability space).

下面是概率 P 的基本性质:

(1) $P(\phi) = 0$.

(2) 有限可加性: 如果 $A_1, A_2, \cdots, A_n$ 互不相容, 则

$$P\Big(\bigcup_{j=1}^{n} A_j\Big) = \sum_{j=1}^{n} P(A_j).$$

(3) 单调性: 如果 $B \subset A$, 则 $P(A) - P(B) = P(A - B) \geqslant 0$.

(4) 加法公式: $P(A \cup B) = P(A) + P(B) - P(AB)$.

(5) 次可加性: $P\Big(\bigcup_{j=1}^{n} A_j\Big) \leqslant \sum_{j=1}^{n} P(A_j)$.

(6) 条件概率公式: 当 $P(A) > 0$ 时, 有 $P(B|A) = P(AB)/P(A)$.

(7) 条件概率是概率: 对已知的正概率事件 A, 定义条件概率 $P_A(B) = P(B|A)$, $B \in \mathcal{F}$. 则 P_A 是概率, $(\Omega, \mathcal{F}, P_A)$ 是概率空间. 当 $P(AB) > 0$ 时, 有

$$P_A(C|B) = P(C|AB).$$

(8) 乘法公式:

$$P(B_1 B_2 \cdots B_n) = P(B_1) P(B_2|B_1) \cdots P(B_n|B_1 B_2 \cdots B_{n-1}).$$

当 $P(A) > 0$ 时, 将 P 换成 P_A 就得到

$$P(B_1 B_2 \cdots B_n|A) = P(B_1|A) P(B_2|B_1 A) \cdots P(B_n|B_1 B_2 \cdots B_{n-1} A).$$

(9) 全概率公式: 如果事件 $A_1, A_2, \cdots$ 互不相容, 则当 $B \subset \bigcup_{j=1}^{\infty} A_j$ 或者 $\bigcup_{j=1}^{\infty} A_j = \Omega$ 时, 有

$$P(B) = \sum_{j=1}^{\infty} P(A_j) P(B|A_j),$$

$$P(B|A) = \sum_{j=1}^{\infty} P(A_j|A)P(B|AA_j), \quad \text{当 } P(A) > 0. \qquad (1.2)$$

(10) 概率的连续性: 如果 $A_1 \subset A_2 \subset \cdots$, $B_1 \supset B_2 \supset \cdots$, 则有

$$P\Big(\bigcup_{j=1}^{\infty} A_j\Big) = \lim_{n \to \infty} P(A_n), \quad P\Big(\bigcap_{j=1}^{\infty} B_j\Big) = \lim_{n \to \infty} P(B_n).$$

(11) Borel-Cantelli 引理: 若 $\sum_{j=1}^{\infty} P(A_j) < \infty$, 则

$$P(\text{有无穷个 } A_j \text{ 发生}) = 0.$$

§1.2 随机向量及其分布

随机变量 X 是定义在样本空间 Ω 上的函数, 使得对于 $\mathbf{R} = (-\infty, \infty)$ 的子集 A, $\{X \in A\}$ 是事件.

对于随机变量 X, 称 $F(t) = P(X \leqslant t)$ 为 X 的**分布函数**. 分布函数是单调不减的右连续函数. 用 $F(t-)$ 表示 F 在 t 的左极限, 有

$$P(X = t) = F(t) - F(t-), \quad t \in (-\infty, \infty).$$

如果 X 表示生物的 (或仪器的使用) 寿命, 则 $P(X > x)$ 是该生物 (或仪器) 到 t 时还存活 (或工作) 的概率, 因而称 $\overline{F}(t) = P(X > t)$ 为寿命 X 的**生存函数** (survival function). 于是

$$\overline{F}(t) = 1 - F(t) = P(X > t). \qquad (2.1)$$

如果 $F(t)$ 是 X 的分布函数, 非负函数 $f(s)$ 使得对所有的 t, 有

$$F(t) = \int_{-\infty}^{t} f(s)\mathrm{d}s,$$

则称 $f(s)$ 为 F 或 X 的**密度函数**, 称 X 是**连续型随机变量**. 这时对于 $(-\infty, \infty)$ 的子集 A, 有

$$P(X \in A) = \int_{A} f(s)\mathrm{d}s.$$

如果 $X_1, X_2, \cdots, X_n$ 都是随机变量, 则称 $\boldsymbol{X} = (X_1, X_2, \cdots, X_n)$ 是**随机向量**. 称 $\mathbf{R}^n$ 上的 n 元函数

$$F(x_1, x_2, \cdots, x_n) = P(X_1 \leqslant x_1, X_2 \leqslant x_2, \cdots, X_n \leqslant x_n)$$

是 $\boldsymbol{X} = (X_1, X_2, \cdots, X_n)$ 的**分布函数**.

本书中所有的随机变量都定义在同一个概率空间 $(\Omega, \mathcal{F}, P)$ 上. 这样, 随机向量 $\boldsymbol{X} = (X_1, X_2, \cdots, X_n)$ 是定义在同一个 Ω 上的多元函数. 对每个 $\omega \in \Omega$,

$$\boldsymbol{X}(\omega) = (X_1(\omega), X_2(\omega), \cdots, X_n(\omega))$$

是实数向量, 称为 $\boldsymbol{X}$ 的**一次观测**或**一次实现**.

对于随机向量 $\boldsymbol{X} = (X_1, X_2, \cdots, X_n)$, 如果有 $\mathbf{R}^n$ 上的非负函数 $f(\boldsymbol{x}) = f(x_1, x_2, \cdots, x_n)$, 使得对 $\mathbf{R}^n$ 的任何子立方体

$$D = \{(x_1, x_2, \cdots, x_n) \mid a_i < x_i \leqslant b_i, 1 \leqslant i \leqslant n\}, \tag{2.2}$$

有

$$P(\boldsymbol{X} \in D) = \int_D f(\boldsymbol{x}) \, \mathrm{d}x_1 \, \mathrm{d}x_2 \cdots \, \mathrm{d}x_n, \tag{2.3}$$

则称 $\boldsymbol{X}$ 是**连续型随机向量**, 称 $f(\boldsymbol{x})$ 是 $\boldsymbol{X}$ 的**联合密度**. 这时, 可以证明对于 $\mathbf{R}^n$ 的任何子区域 D, (2.3) 成立.

定理 2.1 设 $\boldsymbol{X} = (X_1, X_2, \cdots, X_n)$ 有联合分布函数 $F(\boldsymbol{x}) = F(x_1, x_2, \cdots, x_n)$, $F(\boldsymbol{x})$ 在 $\mathbf{R}^n$ 的开区域 D 中有连续的 n 阶混合偏导数. 定义

$$f(\boldsymbol{x}) = \begin{cases} \dfrac{\partial^n F(\boldsymbol{x})}{\partial x_n \cdots \partial x_2 \partial x_1}, & \boldsymbol{x} \in D, \\ 0, & \text{其他}, \end{cases} \tag{2.4}$$

若下面的条件 (a), (b) 之一成立,

(a) $P(\boldsymbol{X} \in D) = 1$;   (b) $\displaystyle\int_D f(\boldsymbol{x})\mathrm{d}x_1\mathrm{d}x_2\cdots\mathrm{d}x_n = 1$,

则 $f(\boldsymbol{x})$ 是 $\boldsymbol{X}$ 的**联合密度**.

对于随机向量 $\boldsymbol{X} = (X_1, X_2, \cdots, X_n)$, $\boldsymbol{Y} = (Y_1, Y_2, \cdots, Y_m)$, 定义

$$(\boldsymbol{X}, \boldsymbol{Y}) = (X_1, X_2, \cdots, X_n, Y_1, Y_2, \cdots, Y_m).$$

以后用 $\boldsymbol{X} \sim f(\boldsymbol{x})$ 表示 $\boldsymbol{X}$ 有联合密度 $f(\boldsymbol{x})$, 用 $\boldsymbol{Y} \sim g(\boldsymbol{y})$ 表示 $\boldsymbol{Y}$ 有联合密度 $g(\boldsymbol{y})$.

定理 2.2 设 $\boldsymbol{X} \sim f(\boldsymbol{x})$, 则

(1) X_j 有密度函数

$$f_j(x_j) = \int_{-\infty}^{\infty} \cdots \int_{-\infty}^{\infty} f(\boldsymbol{x}) \mathrm{d}x_1 \cdots \mathrm{d}x_{j-1} \mathrm{d}x_{j+1} \cdots \mathrm{d}x_n,$$

并且 $X_1, X_2, \cdots, X_n$ 相互独立的充分必要条件是

$$f(\boldsymbol{x}) = \prod_{j=1}^{n} f_j(x_j), \quad \boldsymbol{x} \in \mathbf{R}^n;$$

(2) 当 $\boldsymbol{Y} \sim g(\boldsymbol{y})$ 时, $\boldsymbol{X}$ 和 $\boldsymbol{Y}$ 相互独立的充分必要条件是

$$(\boldsymbol{X}, \boldsymbol{Y}) \sim f(\boldsymbol{x})g(\boldsymbol{y});$$

(3) 当 $\boldsymbol{X}, \boldsymbol{Y}$ 都是离散型随机向量时, $\boldsymbol{X}$ 和 $\boldsymbol{Y}$ 相互独立的充分必要条件是对所有的 $\boldsymbol{x}, \boldsymbol{y}$, 有

$$P(\boldsymbol{X} = \boldsymbol{x}, \boldsymbol{Y} = \boldsymbol{y}) = P(\boldsymbol{X} = \boldsymbol{x})P(\boldsymbol{Y} = \boldsymbol{y}).$$

定理 2.3 (Fubini 定理) 设 D 是 $\mathbf{R}^n$ 的子区域, $g(x_1, x_2, \cdots, x_n)$ 是 D 上的非负函数或是满足条件

$$\int_D |g(x_1, x_2, \cdots, x_n)| \mathrm{d}x_1 \mathrm{d}x_2 \cdots \mathrm{d}x_n < \infty$$

的函数, 则对区域 D 上的 n 重积分

$$\int_D g(x_1, x_2, \cdots, x_n) \mathrm{d}x_1 \mathrm{d}x_2 \cdots \mathrm{d}x_n$$

可以进行累次积分计算, 且积分的次序可以交换.

定理 2.4 设数列 $\{a_j\}$ 绝对可和：$\sum\limits_{j=0}^{\infty} |a_j| < \infty$, 函数列 $\{h_j(s)\}$ 一致有界：$\sup\limits_{a\leqslant s\leqslant b} |h_j(s)| \leqslant M$. 对于 $c \in [a,b]$, 如果 $\lim\limits_{s\to c, s\in(a,b)} h_j(s) = h_j$, 则

$$\lim_{s\to c, s\in(a,b)} \sum_{j=0}^{\infty} a_j h_j(s) = \sum_{j=0}^{\infty} a_j h_j.$$

§1.3   数学期望及其计算

A. 数学期望

设 X 有离散的概率分布

$$p_j = P(X = x_j), \quad j = 0, 1, \cdots,$$

若 $P(X \geqslant 0) = 1$ 或级数 $\sum\limits_{j=0}^{\infty} |x_j| p_j$ 收敛, 则称

$$\mathrm{E}(X) = \sum_{j=0}^{\infty} x_j p_j \qquad (3.1)$$

为 X 的**数学期望**或**均值**.

设 X 是有密度函数 $f(x)$ 的随机变量, 若 $P(X \geqslant 0) = 1$ 或

$$\int_{-\infty}^{\infty} |x| f(x) \mathrm{d}x < \infty,$$

则称

$$\mathrm{E}(X) = \int_{-\infty}^{\infty} x f(x) \mathrm{d}x \qquad (3.2)$$

为 X 的**数学期望**或**均值**.

设 $f_0(s)$ 是非负函数, 如果随机变量 X 的分布函数 $F(x)$ 可以分解成

$$F(x) = F_1(x) + F_2(x), \quad x \in (-\infty, \infty),$$

其中 $F_1(x) = \int_{-\infty}^{x} f_0(s)\,\mathrm{d}s$, $F_2(x)$ 是仅在每个 $x_j(j \geqslant 1)$ 处有跳跃高度 $P(X = x_j) = F(x_j) - F(x_j-)$ 的阶梯函数, 则称 X 有**混合分布**. 如果 X 非负或

$$\int_{-\infty}^{\infty} |x|f_0(x)\,\mathrm{d}x + \sum_{j \geqslant 1} |x_j|P(X = x_j) < \infty,$$

则称 X 的数学期望存在, 并且定义 X 的数学期望为

$$\mathrm{E}(X) = \int_{-\infty}^{\infty} xf_0(x)\,\mathrm{d}x + \sum_{j \geqslant 1} x_j P(X = x_j). \tag{3.3}$$

对于任何右连续的单调不减阶梯函数 $G(x)$, 用 $G(x-)$ 表示 G 在 x 的左极限, 则 $G(x) - G(x-)$ 是 G 在 x 的跳跃高度. 设 G 仅在每个 x_j $(j \geqslant 1)$ 处有跳跃. 对另外的函数 $g(x)$, 若

$$\sum_{j:x_j \in [a,b]} |g(x_j)|\big[G(x_j) - G(x_j-)\big] < \infty, \quad a < b,$$

则称 $g(x)$ 在 $[a,b]$ 上关于 G 可积, 并定义积分

$$\int_{a}^{b} g(x)\,\mathrm{d}G(x) = \sum_{j:x_j \in [a,b]} g(x_j)\big[G(x_j) - G(x_j-)\big]. \tag{3.4}$$

按照上面的积分定义, 如果 X 的数学期望存在, 则可以把 X 的数学期望表示成

$$\mathrm{E}(X) \equiv \int_{-\infty}^{\infty} x\,\mathrm{d}F_1(x) + \int_{-\infty}^{\infty} x\,\mathrm{d}F_2(x) \equiv \int_{-\infty}^{\infty} x\,\mathrm{d}F(x),$$

这里 "$\equiv$" 表示 "定义成".

积分 (3.4) 有如下的基本性质:

(1) 若 $g(t)$, $h(t)$ 都在 $[a,b]$ 上关于 G 可积, 则有

$$\int_{a}^{b} (g(t) + h(t))\mathrm{d}G(t) = \int_{a}^{b} g(t)\mathrm{d}G(t) + \int_{a}^{b} h(t)\mathrm{d}G(t);$$

(2) 若 $g(t)$ 在 $[a, b]$ 上关于 G, F 可积, 则有

$$\int_a^b g(t)\mathrm{d}[G(t) + F(t)] = \int_a^b g(t)\mathrm{d}G(t) + \int_a^b g(t)\mathrm{d}F(t);$$

(3) 设 $F_n(t) = P(X_n \leqslant t)$, 若 $m(t) = \sum\limits_{n=1}^{\infty} F_n(t) < \infty$ 对 $t < \infty$ 成立, 则对于非负函数 $g(t)$, 有

$$\sum_{n=1}^{\infty} \int_{-\infty}^{\infty} g(t)\mathrm{d}F_n(t) = \int_{-\infty}^{\infty} g(t)\mathrm{d}m(t). \tag{3.5}$$

注　本书中所有的积分符号 $\int_a^b$ 都表示在闭区间 $[a, b]$ 上的积分.

B. 条件概率和条件数学期望

设 $\boldsymbol{Y} = (Y_1, Y_2, \cdots, Y_n)$ 是随机向量, A 是随机事件. 如果 $g(\boldsymbol{y}) = P(A|\boldsymbol{Y} = \boldsymbol{y})$, 则定义

$$P(A|\boldsymbol{Y}) = g(\boldsymbol{Y}),$$

并且称 $P(A|\boldsymbol{Y})$ 是已知 $\boldsymbol{Y}$ 时 A 的**条件概率**, 简称为条件概率. 条件概率有如下的基本性质:

$$\mathrm{E}\,[P(A|\boldsymbol{Y})] = P(A). \tag{3.6}$$

(3.6) 说明, 对事件 A 的条件概率再求数学期望就得到 A 的概率.

设 $\boldsymbol{Y} = (Y_1, Y_2, \cdots, Y_n)$ 是随机向量, X 是随机变量, $\mathrm{E}|X| < \infty$. 如果 $g(\boldsymbol{y}) = \mathrm{E}(X|\boldsymbol{Y} = \boldsymbol{y})$, 则定义

$$\mathrm{E}\,(X|\boldsymbol{Y}) = g(\boldsymbol{Y}),$$

并且称 $\mathrm{E}(X|\boldsymbol{Y})$ 是已知 $\boldsymbol{Y}$ 时 X 的**条件数学期望**.

条件数学期望有如下的基本性质: 设 $\mathrm{E}(|X|) < \infty$, $\mathrm{E}(|Z|) < \infty$, $h(y_1, y_2, \cdots, y_n)$ 是实函数, 则

(1) $\mathrm{E}\,[\mathrm{E}(X|\boldsymbol{Y})] = \mathrm{E}(X)$;

(2) 当 X 与 $\boldsymbol{Y}$ 独立时, 有 $\mathrm{E}(X|\boldsymbol{Y}) = \mathrm{E}(X)$;

(3) 当 Z 与 $(X, \boldsymbol{Y})$ 独立时, 有 $\mathrm{E}(XZ|\boldsymbol{Y}) = \mathrm{E}(Z)\,\mathrm{E}(X|\boldsymbol{Y})$;

(4) 当 $Z = h(\boldsymbol{Y})$ 时, 有 $\mathrm{E}(XZ|\boldsymbol{Y}) = Z\,\mathrm{E}(X|\boldsymbol{Y})$;

(5) 对于常数 a, b, 有 $\mathrm{E}(aX + bZ|\boldsymbol{Y}) = a\,\mathrm{E}(X|\boldsymbol{Y}) + b\,\mathrm{E}(Z|\boldsymbol{Y})$.

结论 (1) 说明, 对 X 的条件数学期望再求数学期望就得到 X 的数学期望.

C. 数学期望的计算公式

在不引起混淆的情况下, 为了符号的简洁, 以后可以将数学期望符号 E 后面的括号 $(\cdot)$ 省略. 例如可以把 $\mathrm{E}(X)$ 简写成 $\mathrm{E}X$, 把 $\mathrm{E}(X^2)$ 简写成 $\mathrm{E}X^2$ 等.

设随机变量 X 有分布函数 $F(x)$ 和生存函数 $\overline{F}(x) = 1 - F(x)$, 则有以下结果:

(1) 当 X 只取非负整数值时, 有

$$\mathrm{E}\,X = \sum_{k=1}^{\infty} P(X \geqslant k) = \sum_{k=0}^{\infty} P(X > k).$$

(2) 如果 $P(X \geqslant 0) = 1$, 则有

$$\mathrm{E}\,X = \int_0^{\infty} P(X > x)\mathrm{d}x = \int_0^{\infty} \overline{F}(x)\mathrm{d}x,$$

$$\mathrm{E}\,(X^{\alpha}) = \int_0^{\infty} \alpha x^{\alpha-1}\overline{F}(x)\mathrm{d}x, \quad \alpha > 0.$$

(3) 如果 $\mathrm{E}\,|g(X)| < \infty$, $P(A) > 0$, 则

$$\mathrm{E}\,g(X) = \int_{-\infty}^{\infty} g(x)\mathrm{d}F(x), \quad \mathrm{E}\,(g(X)|A) = \frac{\mathrm{E}\,[\,g(X)\mathrm{I}[A]\,]}{P(A)},$$

其中 $\mathrm{I}[A]$ 是事件 A 的 **示性函数**, 也可用 I_A 表示, 即

$$\mathrm{I}_A = \mathrm{I}[A] = \begin{cases} 1, & \text{当 } A \text{ 发生}, \\ 0, & \text{当 } A \text{ 不发生}. \end{cases}$$

进一步设 X 有密度函数 $f(x)$ 时, 有

$$\mathrm{E}\,g(X) = \int_{-\infty}^{\infty} g(x)f(x)\mathrm{d}x.$$

(4) 对于随机事件 B, 有全概率公式

$$P(B) = \int_{-\infty}^{\infty} P(B|X = x)\mathrm{d}F(x).$$

(5) 若随机变量 Y 的数学期望 $\mathrm{E}Y$ 存在, 则有全概率公式

$$\mathrm{E}Y = \int_{-\infty}^{\infty} \mathrm{E}(Y|X = x)\mathrm{d}F(x).$$

对于有联合分布 $F(\boldsymbol{x})$ 的随机向量 $\boldsymbol{X} = (X_1, X_2, \cdots, X_n)$, 有全概率公式

$$\mathrm{E}Y = \int_{\mathbf{R}^n} \mathrm{E}(Y|\boldsymbol{X} = \boldsymbol{x})\mathrm{d}F(\boldsymbol{x}).$$

特别当 $\boldsymbol{X}$ 有联合密度 $f(\boldsymbol{x})$ 时, 有

$$\mathrm{E}Y = \int_{\mathbf{R}^n} \mathrm{E}(Y|\boldsymbol{X} = \boldsymbol{x})f(\boldsymbol{x})\mathrm{d}x_1\mathrm{d}x_2\cdots\mathrm{d}x_n.$$

(6) 对于随机变量 T, 已知 $T = t$ 的条件下, $P_t(A) = P(A|T = t)$ 是概率. 对于任何事件 A, B, 有

$$P_t(B|A) = P(B|A, T = t). \tag{3.7}$$

(7) 当 Y 的数学期望 $\mathrm{E}Y$ 存在时, 用 $\mathrm{E}(Y|T = t)$ 表示已知 $T = t$ 时 Y 的条件数学期望, 则对于任何 n 维向量 $\boldsymbol{X}$ 及其在条件 $T = t$ 下的分布函数 $F_t(\boldsymbol{x})$, 有

$$\mathrm{E}(Y|T = t) = \int_{\mathbf{R}^n} \mathrm{E}(Y|T = t, \boldsymbol{X} = \boldsymbol{x})\mathrm{d}F_t(\boldsymbol{x}). \tag{3.8}$$

(8) 在 (7) 的假设下, 对任何离散型随机变量 X 及其概率分布 $p_j = P(X = x_j)$, $j = 1, 2, \cdots$, 有

$$\mathrm{E}(Y|T = t) = \sum_{j=1}^{\infty} \mathrm{E}(Y|T = t, X = x_j)P(X = x_j|T = t).$$

注 概率 $P_t(A)$ 只是表示已知 $T = t$ 的条件下事件 A 的发生概率, 在本书中都有明确的意义. 所以无论 $P(T = t) = 0$ 与否, 本书总把 $P_t(\cdot)$ 视为概率.

(3.7) 只是表示已知 $T = t$ 发生，又知 A 发生就等价于已知 $\{T = t\} \cap A$ 发生，所以是正确的. 对非负随机变量 Y, 由结果 (2) 和 (5) 可以证明 (3.8) 如下：

$$
\begin{aligned}
\mathrm{E}\,(Y|T = t) &= \int_0^\infty P_t(Y > y)\mathrm{d}y \\
&= \int_0^\infty \int_{\mathbf{R}^n} P_t(Y > y|\boldsymbol{X} = \boldsymbol{x})\mathrm{d}F_t(\boldsymbol{x})\,\mathrm{d}y \\
&= \int_{\mathbf{R}^n} \Big(\int_0^\infty P(Y > y|T = t, \boldsymbol{X} = \boldsymbol{x})\mathrm{d}y \Big)\mathrm{d}F_t(\boldsymbol{x}) \\
&= \int_{\mathbf{R}^n} \mathrm{E}\,(Y|T = t, \boldsymbol{X} = \boldsymbol{x})\mathrm{d}F_t(\boldsymbol{x}).
\end{aligned}
$$

D. 概率不等式

定理 3.1 (马尔可夫 (Markov) 不等式)　对随机变量 X 和常数 $\varepsilon > 0$, 有

$$
P(|X| \geqslant \varepsilon) \leqslant \frac{1}{\varepsilon^\alpha}\,\mathrm{E}\,|X|^\alpha, \quad \alpha > 0. \tag{3.9}
$$

作为定理 3.1 的直接推论，取 $\alpha = 2$, 用 $X - \mathrm{E}\,X$ 代替 X 就得到切比雪夫 (Chebyshev) 不等式：

$$
P(|X - \mathrm{E}\,X| \geqslant \varepsilon) \leqslant \frac{1}{\varepsilon^2}\,\mathrm{Var}\,(X), \quad \varepsilon > 0, \tag{3.10}
$$

其中 $\mathrm{Var}(X)$ 表示随机变量 X 的方差.

定理 3.2 (内积不等式)　设 $\mathrm{E}X^2 < \infty$, $\mathrm{E}Y^2 < \infty$, 则有

$$
|\mathrm{E}(XY)| \leqslant \sqrt{\mathrm{E}X^2\,\mathrm{E}Y^2}. \tag{3.11}
$$

并且，不等式 (3.11) 中的等号成立的充分必要条件是有不全为零的常数 a, b, 使得 $aX + bY = 0$ a.s., 这里 a.s. 表示几乎处处成立或以概率 1 成立.

§1.4　总体，样本与次序统计量

A. 总体与样本

在统计学中，我们把所要调查对象的全体叫做**总体** (population),

把总体中的成员叫做 **个体** (individual). 当我们关心总体的某个指标时, 称这个指标为**参数**.

当 $y_1, y_2, \cdots, y_N$ 是总体的全部个体时, 总体均值是

$$\mu = \frac{y_1 + y_2 + \cdots + y_N}{N},$$

总体方差是

$$\sigma^2 = \frac{(y_1 - \mu)^2 + (y_2 - \mu)^2 + \cdots + (y_N - \mu)^2}{N}.$$

总体标准差是总体方差的开平方 $\sigma = \sqrt{\sigma^2}$. 总体均值、总体方差和总体标准差都是参数.

当 X 是从总体中随机抽样得到的个体时, X 是随机变量, X 的分布就是总体的分布. 如果对总体进行有放回的随机抽样, 则得到独立同分布的, 且和 X 同分布的随机变量 $X_1, X_2, \cdots, X_n$. 在统计学中称 $X_1, X_2, \cdots, X_n$ 是来自总体 X 的 **样本** (sample). 在进行统计分析时, 为了强调 $X_1, X_2, \cdots, X_n$ 是随机变量, 也称 $X_1, X_2, \cdots, X_n$ 是来自总体 X 的随机变量. 例如, 称 $X_1, X_2, \cdots, X_n$ 是来自总体 X 的随机变量时, 意指 $X_1, X_2, \cdots, X_n$ 独立同分布, 且和 X 同分布; 称 $X_1, X_2, \cdots, X_n$ 是来自总体 $\mathcal{E}(\lambda)$ 的随机变量时, 意指 $X_1, X_2, \cdots, X_n$ 独立同分布都服从参数为 λ 的指数分布 $\mathcal{E}(\lambda)$.

从总体的定义知道, 如果随机变量 Y 与总体 X 独立, 则 Y 与来自总体 X 的样本独立.

B. 次序统计量

将随机变量 $X_1, X_2, \cdots, X_n$ 从小到大重新排列就得到次序统计量

$$X_{(1)}, X_{(2)}, \cdots, X_{(n)}.$$

这时

$$X_{(1)} = \min\{X_1, X_2, \cdots, X_n\} \text{ 是最小值};$$

$$X_{(2)} = \text{ 是第 2 个最小值};$$

$$\cdots\cdots\cdots\cdots$$

$$X_{(n-1)} = \text{是第 } 2 \text{ 个最大值};$$

$$X_{(n)} = \max\{X_1, X_2, \cdots, X_n\} \text{ 是最大值}.$$

例 4.1 设 X 有密度函数 $h(x)$, $X_1, X_2, \cdots, X_n$ 是来自总体 X 的样本, 则次序统计量 $X_{(1)}, X_{(2)}, \cdots, X_{(n)}$ 有联合密度

$$g(\boldsymbol{x}) = \begin{cases} n! \displaystyle\prod_{j=1}^{n} h(x_j), & \text{当 } 0 < x_1 < x_2 < \cdots < x_n, \\ 0, & \text{其他}. \end{cases} \tag{4.1}$$

特别地, 当 X 在 $(0, a)$ 上服从均匀分布时, 次序统计量 $(X_{(1)}, X_{(2)}, \cdots, X_{(n)})$ 有联合密度

$$g(\boldsymbol{x}) = \begin{cases} \dfrac{n!}{a^n}, & \text{当 } 0 < x_1 < x_2 < \cdots < x_n < a, \\ 0, & \text{其他}. \end{cases} \tag{4.2}$$

§1.5 特征函数和概率极限定理

A. 特征函数

如果 ξ, η 是随机变量, $\mathrm{i} = \sqrt{-1}$, 则称

$$Z = \xi + \mathrm{i}\eta$$

是复值随机变量. 如果 $\mathrm{E}\xi$, $\mathrm{E}\eta$ 存在, 则定义 Z 的数学期望为

$$\mathrm{E}Z = \mathrm{E}\xi + \mathrm{i}\,\mathrm{E}\eta. \tag{5.1}$$

对随机变量 X, 因为 $\sin(tX)$, $\cos(tX)$ 的数学期望都存在, 所以定义

$$\phi(t) \equiv \mathrm{E}\,\mathrm{e}^{\mathrm{i}tX} = \mathrm{E}\cos(tX) + \mathrm{i}\,\mathrm{E}\sin(tX), \quad t \in \mathbf{R}. \tag{5.2}$$

由 (5.2) 定义的函数 $\phi(t)$ 称为 X 的 **特征函数**. 可以证明随机变量的特征函数可以唯一决定该随机变量的分布函数. 所以, **随机变量的特征函数和分布函数相互唯一决定**.

例 5.1   用 $\phi(t)$ 表示 X 的特征函数, 通过计算可以得到:

(1) 如果 $X \sim \mathcal{E}(\lambda)$, 则 $\phi(t) = (1 - \mathrm{i}\, t/\lambda)^{-1}$;

(2) 如果 $X \sim N(\mu, \sigma^2)$, 则 $\phi(t) = \exp(\mathrm{i}\,\mu t - \sigma^2 t^2/2)$;

(3) 如果 $X_1, X_2, \cdots, X_n$ 是来自总体 X 的随机变量, 则 $Y = X_1 + X_2 + \cdots + X_n$ 有特征函数

$$\phi_Y(t) = [\phi(t)]^n;$$

(4) 如果 X_i 有特征函数 $\phi_i(t)$, $X_1, X_2, \cdots, X_n$ 相互独立, 则 $Y = X_1 + X_2 + \cdots + X_n$ 有特征函数 $\phi_Y(t) = \phi_1(t)\phi_2(t)\cdots\phi_n(t)$.

B. 概率极限定理

设 $\{X_n\}$ 是随机序列, X 是随机变量或常数. 如果

$$P\big(\lim_{n\to\infty} X_n = X\big) = 1,$$

则称 X_n **几乎处处收敛**到 X 或**以概率 1 收敛**到 X, 记做 $X_n \to X$ a.s.

定理 5.1 (强大数律)   如果 $\{X_j\}$ 是独立同分布的随机序列, $\mu = \mathrm{E}\, X_1$, 则

$$\frac{1}{n}\sum_{j=1}^{n} X_j \to \mu \quad \text{a.s.} . \tag{5.3}$$

定理 5.2 (中心极限定理)   设随机序列 $\{X_j\}$ 独立同分布, 有共同的数学期望 μ 和有限方差 σ^2, 样本均值 $\overline{X}_n$ 和样本方差 $\hat{\sigma}^2$ 分别定义为

$$\overline{X}_n = \frac{1}{n}\sum_{j=1}^{n} X_j,$$

$$\hat{\sigma}^2 = \frac{1}{n-1}\sum_{j=1}^{n}(X_j - \overline{X}_n)^2,$$

则

$$\xi_n = \frac{\overline{X}_n - \mu}{\sigma/\sqrt{n}}, \quad \eta_n = \frac{\overline{X}_n - \mu}{\hat{\sigma}/\sqrt{n}}$$

都依分布收敛到标准正态分布, 即对任何 x, 当 $x_n \to x$ 时,

$$\lim_{n\to\infty} P(\xi_n \leqslant x_n) = \Phi(x), \quad \lim_{n\to\infty} P(\eta_n \leqslant x_n) = \Phi(x), \qquad (5.4)$$

这里 $\Phi(x)$ 是标准正态分布的分布函数.

定理 5.3 (单调收敛定理)　设 $0 \leqslant \xi_1 \leqslant \xi_2 \leqslant \cdots$, 并且 $\xi_n \to X$ a.s., 则

$$\mathrm{E}\,\xi_n \to \mathrm{E}\,X.$$

对非负随机变量 $X_1, X_2, \cdots$, 有

$$\mathrm{E} \sum_{j=1}^{\infty} X_j = \sum_{j=1}^{\infty} \mathrm{E}\,X_j.$$

对于非负函数列 $\{h_j(s)\}$ 和分布函数 $F(x)$, 有

$$\int_a^b \sum_{j=1}^{\infty} h_j(s)\mathrm{d}F(s) = \sum_{j=1}^{\infty} \int_a^b h_j(s)\mathrm{d}F(s).$$

定理 5.4 (有界收敛定理)　设随机序列 $\{\xi_n\}$ 有界: $|\xi_n| \leqslant M$ a.s., $n \geqslant 1$. 如果 $\xi_n \to X$ a.s., 则

$$\lim_{n\to\infty} \mathrm{E}\,\xi_n = \mathrm{E}\,X.$$

又设函数列 $\{h_n(t)\}$ 有界: $|h_n(t)| \leqslant M$. 如果对 $t \in (a,b)$, $h_n(t) \to h(t)$, 则在有限区间 $[a,b]$ 上, 有

$$\lim_{n\to\infty} \int_a^b h_n(s)\mathrm{d}s = \int_a^b h(s)\mathrm{d}s.$$

例 5.2　设随机变量 $X \geqslant 0$ a.s., $\mu = \mathrm{E}\,X$, 定义随机变量

$$\tilde{X}_m = \begin{cases} X, & \text{当 } X \leqslant m, \\ m, & \text{当 } X > m, \end{cases}$$

则当 $m \to \infty$ 时, $\mathrm{E}\,\tilde{X}_m \to \mu$.

证明　当 $m \to \infty$ 时, X_m 单调上升趋于 X, 于是 $\mathrm{E}\,\tilde{X}_m \to \mu$.

§1.6   参 数 估 计

A. 最大似然估计

定义 6.1 设离散型随机变量 $X_1, X_2, \cdots, X_n$ 有联合分布

$$p(x_1, x_2, \cdots, x_n; \boldsymbol{\theta}) = P(X_1 = x_1, X_2 = x_2, \cdots, X_n = x_n),$$

其中 $\boldsymbol{\theta} = (\theta_1, \theta_2, \cdots, \theta_m)$ 是未知参数, 给定观测数据 $x_1, x_2, \cdots, x_n$ 后, 称 $\boldsymbol{\theta}$ 的函数

$$L(\boldsymbol{\theta}) = p(x_1, x_2, \cdots, x_n; \boldsymbol{\theta})$$

为**似然函数**, 称 $L(\boldsymbol{\theta})$ 的最大值点 $\hat{\boldsymbol{\theta}}$ 为 $\boldsymbol{\theta}$ 的 **最大似然估计** (MLE).

定义 6.2 设随机向量 $\boldsymbol{X} = (X_1, X_2, \cdots, X_n)$ 有联合密度 $f(\boldsymbol{x}; \boldsymbol{\theta})$, 其中 $\boldsymbol{\theta}$ 是未知参数. 得到 $\boldsymbol{X}$ 的观测值 $\boldsymbol{x} = (x_1, x_2, \cdots, x_n)$ 后, 称 $\boldsymbol{\theta}$ 的函数

$$L(\boldsymbol{\theta}) = f(\boldsymbol{x}; \boldsymbol{\theta})$$

为**似然函数**, 称似然函数 $L(\boldsymbol{\theta})$ 的最大值点 $\hat{\boldsymbol{\theta}}$ 为参数 $\boldsymbol{\theta}$ 的 **最大似然估计**.

B. 抽样分布的上 α 分位数

设正数 $\alpha \in (0,1)$. 对 $Z \sim N(0,1)$, 有唯一的 z_α 使得 $P(Z \geqslant z_\alpha) = \alpha$; 对 $\xi_n \sim \chi^2(n)$, 有唯一的 $\chi^2_\alpha(n)$ 使得 $P(\xi_n \geqslant \chi^2_\alpha(n)) = \alpha$. z_α 和 $\chi^2_\alpha(n)$ 分别称为 $N(0,1)$ 和 $\chi^2(n)$ 的**上 α 分位数**.

对于上 α 分位数, 容易验证 (参考图 1.6.1., 1.6.2):

$$P(Z \leqslant z_\alpha) = 1 - \alpha, \quad P(\xi_n \leqslant \chi^2_\alpha(n)) = 1 - \alpha,$$
$$P(|Z| \geqslant z_{\alpha/2}) = \alpha, \quad P(|Z| \leqslant z_{\alpha/2}) = 1 - \alpha. \tag{6.1}$$

对某些固定的 α, 可以查附录 C2 和 C3 的表得到 z_α, $\chi^2_\alpha(n)$. $z_{0.025} = 1.96$ 和 $z_{0.05} = 1.645$ 是两个最常用的上分位数. 在图 1.6.1 和 1.6.2 中, 横轴是随机变量的取值, 纵轴是密度函数值.

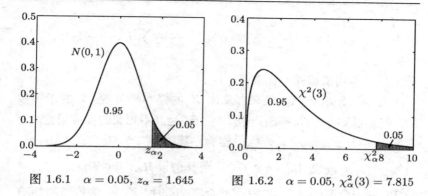

图 1.6.1 $\alpha = 0.05$, $z_\alpha = 1.645$ 图 1.6.2 $\alpha = 0.05$, $\chi^2_\alpha(3) = 7.815$

§1.7 置信区间和假设检验

设 $X_1, X_2, \cdots, X_n$ 是来自总体 X 的样本, $\boldsymbol{X} = (X_1, X_2, \cdots, X_n)$, θ 是未知参数, $\hat{\theta}_1 = \hat{\theta}_1(\boldsymbol{X})$, $\hat{\theta}_2 = \hat{\theta}_2(\boldsymbol{X})$ 是两个统计量. 对于给定的 $\alpha \in (0, 1)$, 如果有

$$P(\,\hat{\theta}_1 \leqslant \theta \leqslant \hat{\theta}_2\,) \geqslant 1 - \alpha, \tag{7.1}$$

则称 $[\hat{\theta}_1, \hat{\theta}_2]$ 为参数 θ 的 **置信度** 为 $(1 - \alpha)$ 的 **置信区间** (confidence interval).

置信度又称为 **置信水平** (confidence level), 置信区间的右端点 $\hat{\theta}_2$ 又称为置信上界, 置信区间的左端点 $\hat{\theta}_1$ 又称为置信下界. 由于 $\hat{\theta}_1 = \hat{\theta}_1(\boldsymbol{X})$ 和 $\hat{\theta}_2 = \hat{\theta}_2(\boldsymbol{X})$ 都是随机变量的函数, 因而是随机变量. 但是给定样本观测值 $\boldsymbol{x} = (x_1, x_2, \cdots, x_n)$, 就得到了一个具体的闭区间 $[\hat{\theta}_1(\boldsymbol{x}), \hat{\theta}_2(\boldsymbol{x})]$, 我们以 $(1 - \alpha)$ 的概率保证未知参数 $\theta \in [\hat{\theta}_1(\boldsymbol{x}), \hat{\theta}_2(\boldsymbol{x})]$. 很明显, 在相同的置信度下, 置信区间的长度越小越好.

例 7.1 设随机变量 X 有数学期望 μ, 方差 $\sigma^2 < \infty$, $X_1, X_2, \cdots$, X_n 是来自总体 X 的样本. 对于较大的 n, μ 的置信水平为 $1 - \alpha$ 的近似置信区间为

$$\left[\,\overline{X}_n - \frac{z_{\alpha/2}\hat{\sigma}}{\sqrt{n}}, \quad \overline{X}_n + \frac{z_{\alpha/2}\hat{\sigma}}{\sqrt{n}}\,\right], \tag{7.2}$$

其中
$$\overline{X}_n = \frac{1}{n}\sum_{i=1}^{n} X_i, \quad \hat{\sigma} = \sqrt{\frac{1}{n-1}\sum_{i=1}^{n}(X_i - \overline{X}_n)}$$

分别是样本均值和样本标准差.

设 $X_1, X_2, \cdots, X_n$ 是来自总体 X 的样本, θ 是 X 的未知参数, 但是已知 $\theta \in \Theta_0 + \Theta_1$, 这里 Θ_0, Θ_1 是互不相交的参数集合. 为判断 $\theta \in \Theta_0$ 是否成立, 作假设检验, 其中

原假设 $H_0: \theta \in \Theta_0$, 　备择假设 $H_1: \theta \in \Theta_1$.

设 W 是一个事件, 当 W 发生就否定 H_0 时, 称 W 为检验的 **拒绝域**. 设 α 是 $(0,1)$ 中的常数. 如果对一切的 $\theta \in \Theta_0$, 有

$$P_\theta(W) \leqslant \alpha,$$

则称拒绝域 W 的 **检验水平** 或 **显著性水平** 是 α.

显著性水平 α 控制否定 H_0 时, 犯错误的概率小于等于 α.

例 7.2　设随机变量 X 有数学期望 μ, 方差 σ^2, $X_1, X_2, \cdots, X_n$ 是来自总体 X 的样本, μ_0 是已知常数. 对于较大的 n,

原假设 $H_0: \mu = \mu_0$, 　备择假设 $H_1: \mu \neq \mu_0$

的显著性水平为 α 的近似的拒绝域是

$$\{|z| \geqslant z_{\alpha/2}\}, \quad 其中 \quad z = \frac{\overline{X}_n - \mu_0}{\hat{\sigma}/\sqrt{n}}. \tag{7.3}$$

如果 $|z| \geqslant z_{\alpha/2}$ 发生, 则称检验是显著的, 这时否定 H_0 犯错误的概率不超过 α.

在例 7.2 中, 称 $P = 2\Phi(-|z|)$ 为检验的 P 值, $\Phi(x)$ 是 $N(0,1)$ 的分布函数. P 值越小, 数据提供的否定 H_0 的证据越充分. 如果检验的显著性水平 α 是事先给定的, 当 P 值小于等于 α, 就要否定 H_0.

§1.8　随机变量举例

A. 两点分布

如果 X 只取值 0 或 1, 概率分布是

$$P(X = 1) = p, \quad P(X = 0) = q, \quad p + q = 1, \tag{8.1}$$

则称 X 服从**两点分布**, 记做 $X \sim \mathcal{B}(1, p)$. 这时 $\mathrm{E}X = p$, $\mathrm{Var}(X) = p(1-p)$.

B. 二项分布

设某试验成功的概率为 p, $q = 1 - p$. 将该试验独立重复 n 次时, 用 X 表示成功的次数, 则 X 的概率分布为

$$P(X = k) = \mathrm{C}_n^k p^k q^{n-k}, \quad k = 0, 1, \cdots, n. \tag{8.2}$$

此时称 X 服从**二项分布**, 记做 $X \sim \mathcal{B}(n, p)$.

如果 $Y_1, Y_2, \cdots, Y_n$ 是来自总体 $\mathcal{B}(1, p)$ 的样本, 则

(1) $\xi_n = Y_1 + Y_2 + \cdots + Y_n \sim \mathcal{B}(n, p)$.

(2) $\mathrm{E}\xi_n = np$, $\mathrm{Var}(\xi_n) = npq$.

(3) p 的最大似然估计是 $\hat{p} = \xi_n/n$.

(4) 用 $\hat{p} = \xi_n/n$ 估计 p 时, 对于较大的 n(一般要求 $\min\{\hat{p}, (1-\hat{p})\}n > 5$ 或 $\min\{p, q\}n > 5$), 近似地有

$$\frac{\hat{p} - p}{\sqrt{\hat{p}(1-\hat{p})/n}} \sim N(0, 1).$$

这时, 在置信度 $1 - \alpha$ 下, p 的近似置信区间为

$$\left[\hat{p} - z_{\alpha/2}\sqrt{\frac{\hat{p}(1-\hat{p})}{n}}, \ \hat{p} + z_{\alpha/2}\sqrt{\frac{\hat{p}(1-\hat{p})}{n}} \right]. \tag{8.3}$$

对于已知的 $p_0 \in (0, 1)$, 在检验水平 α 下,

原假设 $H_0: p = p_0$, 备择假设 $H_1: p \neq p_0$

的水平为 α 的近似拒绝域是

$$W = \left\{ \frac{|\hat{p} - p_0|}{\sqrt{p_0(1-p_0)/n}} \geqslant z_{\alpha/2} \right\}. \tag{8.4}$$

检验的 P 值是 $P = 2\Phi(-|z|)$, 其中 $z = (\hat{p} - p_0)/\sqrt{p_0(1-p_0)/n}$.

C. 几何分布

甲向一个目标独立重复射击, 每次击中目标的概率是 $p = 1 - q > 0$. 用 X 表示他首次击中目标时的射击次数, 则 X 的概率分布为

$$P(X = k) = q^{k-1} p, \quad k = 1, 2, \cdots, \tag{8.5}$$

这时称 X 服从**几何分布**, 且有 $EX = 1/p$, $\mathrm{Var}(X) = q/p^2$.

公式 $P(X < \infty) = 1$ 说明, 他一直射击下去, 一定可以击中目标. 由此可见, 只要单次试验中事件 A 发生的概率 $p > 0$, 将试验独立重复进行下去时, 必然遇到 A 发生.

设 $X_1, X_2, \cdots, X_i$ 独立同分布, 有共同的几何分布 (8.5). 将 $S_i = X_1 + X_2 + \cdots + X_i$ 视为第 i 次击中目标时的射击次数时, S_i 有数学期望 i/p, 方差 iq/p^2, 并服从负二项分布:

$$P(S_i = j) = C_{j-1}^{i-1} q^{j-i} p^i, \quad j \geqslant i. \tag{8.6}$$

D. 泊松分布

如果随机变量 X 有概率分布

$$P(X = k) = \frac{\lambda^k}{k!} \, \mathrm{e}^{-\lambda}, \quad k = 0, 1, \cdots, \tag{8.7}$$

则称 X 服从参数是 λ 的**泊松分布**, 简记为 $X \sim \mathcal{P}(\lambda)$, 这里 λ 是正常数.

若 $X_1, X_2, \cdots, X_n$ 相互独立, $X_i \sim \mathcal{P}(\lambda_i)$, 则

(1) $EX_i = \lambda_i$, $\mathrm{Var}(X_i) = \lambda_i$;

(2) $X_1 + X_2 + \cdots + X_n \sim \mathcal{P}(\lambda_1 + \lambda_2 + \cdots + \lambda_n)$.

E. 指数分布

如果 X 有密度函数

$$f(t) = \lambda \mathrm{e}^{-\lambda t}, \quad t \geqslant 0,$$

则称 X 服从参数为 λ 的**指数分布**, 记做 $X \sim \mathcal{E}(\lambda)$.

设 $X \sim \mathcal{E}(\lambda)$, 则

(1) $EX = 1/\lambda$, $\mathrm{Var}(X) = 1/\lambda^2$, 特征函数 $\phi(t) = \left(1 - \dfrac{\mathrm{i}t}{\lambda}\right)^{-1}$;

(2) $P(X > t) = \mathrm{e}^{-\lambda t}, \ t \geqslant 0$;

(3) 当 $X_1, X_2, \cdots, X_n$ 相互独立，$X_i \sim \mathcal{E}(\lambda_i)$ 时，有

$$P(X_1 \leqslant X_2) = \frac{\lambda_1}{\lambda_1 + \lambda_2},$$

$$\min\{X_1, X_2, \cdots, X_n\} \sim \mathcal{E}(\lambda_1 + \lambda_2 + \cdots + \lambda_n);$$

(4) 非负随机变量 Y 服从指数分布的充分必要条件是 $\mathrm{E}\,Y > 0$，并且对任何 $s, t > 0$, 有

$$P(Y > s + t \mid Y > s) = P(Y > t). \tag{8.8}$$

用 $\overline{F}(t) = P(Y > t)$ 表示 Y 的生存函数时，条件 (8.8) 等价于

$$\overline{F}(t + s) = \overline{F}(t)\overline{F}(s), \quad s, t > 0.$$

通常称 (8.8) 为 **无后效性** 或 **无记忆性**. 性质 (4) 说明非负随机变量只要有无后效性，就一定服从指数分布 (参考习题 1.8).

例 8.1　设随机变量 $T_1, T_2, \cdots$ 相互独立，$T_k \sim \mathcal{E}(\lambda_k)$. 定义 $W = \sum\limits_{k=1}^{\infty} T_k, M = \min\limits_{k}\{T_k\}, \lambda_0 = \sum\limits_{k=1}^{\infty} \lambda_k$, 则

(1) $P(W = \infty) = 1$ 的充分必要条件是 $\sum\limits_{k=1}^{\infty} \mathrm{E}\,T_k = \infty$;

(2) $P(W = \infty)$ 只能取值 1 或者 0;

(3) $\lambda_0 < \infty$ 时，$M \sim \mathcal{E}(\lambda_0)$;

(4) $\lambda_0 = \infty$ 时，$M = 0$ a.s..

证明　如果 $P(W = \infty) > 0$, 用单调收敛定理 (见定理 5.3) 得到

$$\sum_{k=1}^{\infty} \mathrm{E}\,T_k = \mathrm{E}\left(\sum_{k=1}^{\infty} T_k\right) = \mathrm{E}\,W$$

$$= \int_0^{\infty} P(W > s)\mathrm{d}s \geqslant \int_0^{\infty} P(W = \infty)\mathrm{d}s = \infty. \tag{8.9}$$

如果 $\sum\limits_{k=1}^{\infty} \mathrm{E}\,T_k = \infty$, 则有

$$\mathrm{E}\exp(-W) = \mathrm{E}\exp\left(-\sum_{k=1}^{\infty} T_k\right) = \prod_{k=1}^{\infty} \mathrm{E}\exp(-T_k)$$

$$= \prod_{k=1}^{\infty} \int_0^{\infty} \lambda_k e^{-\lambda_k s - s} ds = \prod_{k=1}^{\infty} \frac{\lambda_k}{1 + \lambda_k}$$

$$= \prod_{k=1}^{\infty} \frac{1}{1 + 1/\lambda_k} = \Big[\prod_{k=1}^{\infty} \Big(1 + \frac{1}{\lambda_k} \Big) \Big]^{-1}.$$

再利用 $\mathrm{E} T_k = 1/\lambda_k$ 和

$$\prod_{k=1}^{\infty} \Big(1 + \frac{1}{\lambda_k} \Big) \geqslant \sum_{k=1}^{\infty} \frac{1}{\lambda_k} = \sum_{k=1}^{\infty} \mathrm{E} T_k = \infty$$

得到 $\mathrm{E} \exp(-W) = 0$. 于是 $\exp(-W) = 0$ a.s., 即 $W = \infty$ a.s.. 这就证明了 (1). 上述推导也说明只要 $P(W = \infty) > 0$, 就有 (8.9), 从而有 $P(W = \infty) = 1$. 这就证明了 (2). 下面证明 (3) 和 (4).

利用概率的连续性, 得到

$$P(M \geqslant t) = P\left(\bigcap_{k=1}^{\infty} \{T_k \geqslant t\} \right) = \lim_{n \to \infty} P\left(\bigcap_{k=1}^{n} \{T_k \geqslant t\} \right)$$

$$= \lim_{n \to \infty} \prod_{k=1}^{n} P(T_k \geqslant t) = \lim_{n \to \infty} \prod_{k=1}^{n} e^{-\lambda_k t} = e^{-\lambda_0 t}. \quad (8.10)$$

由此知道 M 服从参数为 λ_0 的指数分布. 当 $\lambda_0 = \infty$, 从 (8.10) 知道对任何 $t > 0, P(M \geqslant t) = e^{-\infty} = 0$, 所以 $P(M = 0) = 1$.

当 $T \sim \mathcal{E}(\lambda)$, 对任何 $t \geqslant 0$, 有 $P(T > t) = e^{-\lambda t}$. 可以看出, $\lambda = \infty$ 时, $T = 0$ a.s.; $\lambda = 0$ 时, $T = \infty$ a.s.. 现在让我们用指数分布的性质试着描述下面的系统.

*例 8.2 用 $I = \{i | i = 1, 2, \cdots\}$ 表示状态 "i" 的集合, 每个 i 带有可列个指示灯, 其第 j 个指示灯指向状态 j. 设等待该指示灯瞬时闪亮的时间 T_{ij} 服从参数为 $q_{ij} (\geqslant 0)$ 的指数分布. 设想一粒子到达状态 i 后, 若指向 j 的指示灯先闪亮, 则粒子马上转移到状态 j. 同理, 在状态 j, 若指向 k 的指示灯先闪亮, 则粒子又马上转移到状态 k. 以此类推.

对于不同的 (i, j), 假设所有指示灯独立工作. 如果状态 i 指向自己的指示灯永远不闪亮, 即 $T_{ii} = \infty$, 则粒子在状态 i 的停留时间

$T_i = \min\limits_j\{T_{ij}\} \sim \mathcal{E}(q_i)$, 其中 $q_i = \sum\limits_{j \neq i} q_{ij}$. 能用一切 $T_{ii} = \infty, q_i < \infty$ 描述的系统被称为保守的. 对于保守系统, 若 $q_i > 0$, 因为 $\min\limits_{k \neq j}\{T_{ik}\} \sim \mathcal{E}(q_i - q_{ij})$, 且和 T_{ij} 独立, 所以粒子由 i 转向 j 的概率为

$$k_{ij} = P(T_{ij} < \min\limits_{k \neq j}\{T_{ik}\}) = \frac{q_{ij}}{q_i}, \quad j \neq i.$$

如果 $q_i = \infty$, 则 $T_i = 0$ a.s.. 这时粒子在 i 的停留时间为 0, 于是称 i 为瞬时状态. 如果 $q_i = 0$, 则 $T_i = \infty$ a.s.. 这时粒子在 i 的停留时间为 ∞, 于是称 i 为吸引状态. 根据例 8.1(1), 如果对粒子的每个转移轨迹 $j_1 \to j_2 \to \cdots$, 都有 $\sum\limits_{k=1}^{\infty} 1/q_{j_k} = \sum\limits_{k=1}^{\infty} \mathrm{E}T_{j_k} = \infty$, 则粒子走完每个轨迹都要用无穷长的时间, 这时称系统是规则的.

F. 正态分布

设 $\boldsymbol{\mu}$ 是 n 维常数列向量, B 是 $n \times m$ 常数矩阵, $\varepsilon_1, \varepsilon_2, \cdots, \varepsilon_m$ 是来自总体 $N(0,1)$ 的随机变量, $\boldsymbol{\varepsilon} = (\varepsilon_1, \varepsilon_2, \cdots, \varepsilon_m)^\mathrm{T}$. 如果

$$\boldsymbol{X} = \boldsymbol{\mu} + B\boldsymbol{\varepsilon},$$

则称 $\boldsymbol{X}$ 服从 n 元正态分布, 记做 $\boldsymbol{X} \sim N(\boldsymbol{\mu}, \Sigma)$, 其中 $\Sigma = BB^\mathrm{T}$ 是 $\boldsymbol{X}$ 的协方差矩阵. 关于正态分布有以下结论:

(1) $\boldsymbol{X} = (X_1, X_2, \cdots, X_n)^\mathrm{T} \sim N(\boldsymbol{\mu}, \Sigma)$ 的充分必要条件是对任何常数 $a_1, a_2, \cdots, a_n$, 线性组合 $\sum\limits_{j=1}^{n} a_j X_j$ 服从正态分布;

(2) 当 $\boldsymbol{X} \sim N(\boldsymbol{\mu}, \Sigma)$ 时, 其分量 $X_1, X_2, \cdots, X_n$ 相互独立的充分必要条件是它们互不相关, 即 $\mathrm{Cov}(X_i, X_j) = 0, j \neq i$.

习 题 一

1.1 当 $P(AB) > 0$ 时, 推导公式 $P_A(C|B) = P(C|AB)$.

1.2 当 $P(A) > 0$ 时, 推导乘法公式

$$P(B_1 B_2 \cdots B_n | A) = P(B_1|A)P(B_2|B_1 A) \cdots P(B_n|B_1 B_2 \cdots B_{n-1} A).$$

1.3   推导全概率公式: 如果事件 $A_1, A_2, \cdots$ 互不相容, $B \subset$ $\bigcup\limits_{j=1}^{\infty} A_j$ 或者 $\bigcup\limits_{j=1}^{\infty} A_j = \Omega$, 则有 $P(B) = \sum\limits_{j=1}^{\infty} P(A_j)P(B|A_j)$. 当 $P(A) > 0$, 还有

$$P(B|A) = \sum_{j=1}^{\infty} P(A_j|A)P(B|AA_j).$$

1.4   设非负随机变量 X 有分布函数 $F(x)$, $X_1, X_2, \cdots$ 是来自总体 X 的随机变量, 则无论 $\mathrm{E}X = \int_0^{\infty} x \, \mathrm{d}F(x)$ 是否有限, 总有

$$\overline{X}_n \to \mathrm{E}X \text{ a.s.}.$$

1.5   设 $X_1, X_2, \cdots$ 是来自总体 X 的随机变量, $\mu = \mathrm{E}X, \sigma^2 = \mathrm{Var}\,(X) < \infty$. 对于和总体 X 独立的取非负整数值的随机变量 N, 当 $\sigma_N^2 = \mathrm{Var}\,(N) < \infty$ 时, 计算

$$\mathrm{E}\,(X_1 + X_2 + \cdots + X_N), \quad \mathrm{Var}\,(X_1 + X_2 + \cdots + X_N).$$

1.6   设 X 是非负随机变量, $X_1, X_2, \cdots, X_n$ 是来自总体 X 的样本, $k \leqslant n$.
(a) 计算 $\mathrm{E}(X_1 + X_2 + \cdots + X_k | X_1 + X_2 + \cdots + X_n = t)$;
(b) 如果 U 在 $[0, t]$ 上均匀分布, 且与 X_1, X_2 独立, 计算

$$P(U < X_1 | X_1 + X_2 = t).$$

1.7   设 $X \sim \mathcal{E}(\lambda)$, $X_1, X_2, \cdots$ 是来自总体 X 的随机变量, 以及与总体 X 独立的随机变量 N 服从均值为 $1/p$ 的几何分布 (8.5). 求 $Y = \sum\limits_{j=1}^{N} X_j$ 的分布.

1.8   设 $f(x), g(x)$ 是右连续函数, a, b 为常数.
(a) 如果 $f(x + y) = f(x) + f(y)$, $x, y > 0$, 则 $f(x) = ax$, $x \geqslant 0$;
(b) 如果 $g(x + y) = g(x)g(y) > 0$, $x, y > 0$, 则 $g(x) = \mathrm{e}^{bx}$, $x \geqslant 0$.

第二章 泊松过程

随机变量 X 是定义在样本空间 Ω 上的函数, 当 x 是 X 的观测值时, 存在 Ω 中的 ω 使得 $x = X(\omega)$.

随机向量 $(X_1, X_2, \cdots, X_n)$ 是定义在样本空间 Ω 上的 n 元函数. 当 $(x_1, x_2, \cdots, x_n)$ 是 $(X_1, X_2, \cdots, X_n)$ 的观测值时, 存在 ω 使得 $(x_1, x_2, \cdots, x_n) = (X_1(\omega), X_2(\omega), \cdots, X_n(\omega))$. 这时称 $(x_1, x_2, \cdots, x_n)$ 是 $(X_1, X_2, \cdots, X_n)$ 的一次观测或一次实现.

同时研究更多的随机变量时, 就要引入随机过程的概念. 注意, 所有的随机变量都定义在相同的概率空间 $(\Omega, \mathcal{F}, P)$ 上.

§2.1 计数过程和泊松过程

把现在记为 0 时刻. 对于 $t \geqslant 0$, 用 X_t 表示 t 时的气温, X_t 是随机变量. 随机变量的集合 $\{X_t\}$ 称为随机过程. 随着时间的推移, 可以观测到气温的一条记录曲线 $\{x_t\}$, 这条曲线称为随机过程 $\{X_t\}$ 的一次实现或一条轨迹.

A. 随机过程和随机序列

设 T 是 $(-\infty, \infty)$ 的子集, 如果对于每个 $t \in T$, X_t 是随机变量, 则称随机变量的集合 $\{X_t | t \in T\}$ 是**随机过程**, 称 T 为该随机过程的**指标集**. 将 t 视为时间时, 如果对于每个 $t \in T$, 都得到了 X_t 的观测值 x_t, 则称 $\{x_t | t \in T\}$ 是 $\{X_t | t \in T\}$ 的**一次观测**或**一次实现**. 这时有 Ω 中的 ω, 使得

$$x_t = X_t(\omega), \quad t \in T.$$

反之, 对于 $\omega \in \Omega$, 称 $x_t = X_t(\omega)$ 是 X_t 的观测值, 称

$$x_t = X_t(\omega), \quad t \in T$$

是 $\{X_t | t \in T\}$ 的一次观测或一次实现. 当 $T = [0, \infty)$ 或 $T = (-\infty, \infty)$ 时, $\{X_t | t \in T\}$ 的一次实现就是一条曲线, 所以又称为一条**轨迹** 或一条**轨道**. 随机过程的一条轨迹就是该随机过程的一次观测或一次实现.

对于任何正整数 m 和 T 中互不相同的 $t_1, t_2, \cdots, t_m$, 称

$$(X_{t_1}, X_{t_2}, \cdots, X_{t_m})$$

的联合分布为随机过程 $\{X_t | t \in T\}$ 的一个有限维分布, 称全体有限维分布为该随机过程的概率分布.

如果随机过程 $\{X_t | t \in T\}$ 和随机过程 $\{Y_t | t \in T\}$ 有相同的有限维分布, 则称它们同分布. 同分布的随机过程有相同的统计性质.

如果从随机过程 $\{X_t | t \in T_1\}$ 中任选出的 $(X_{t_1}, X_{t_2}, \cdots, X_{t_i})$ 和从 $\{Y_t | t \in T_2\}$ 中任选出的 $(Y_{s_1}, Y_{s_2}, \cdots, Y_{s_j})$ 独立, 则称这两个随机过程独立.

如果对每个 $n \geqslant 0$, X_n 是随机变量, 则称 $\{X_n | n = 0, 1, \cdots\}$ 是**随机序列**, 简记为 $\{X_n\}$. 随机序列是随机过程的一个特例.

B. 计数过程

用 $N(t)$ 表示时间段 $[0, t]$ 内某类事件发生的个数, 则 $N(t)$ 是随机变量. 由于 $N(t)$ 记录了时间段 $[0, t]$ 内发生的事件数, 所以称 $\{N(t); \ t \geqslant 0\}$ 是**计数过程** (counting process). 以后把 $\{N(t); \ t \geqslant 0\}$ 简记成 $\{N(t)\}$.

计数过程满足如下的条件:

(a) 对 $t \geqslant 0$, $N(t)$ 是取非负整数值的随机变量;

(b) 对 $t > s \geqslant 0$, $N(t) \geqslant N(s)$;

(c) 对 $t > s \geqslant 0$, $N(t) - N(s)$ 是时间段 $(s, t]$ 中的事件发生数;

(d) $\{N(t)\}$ 的轨迹是单调不减右连续的阶梯函数.

对确定的 $\omega \in \Omega$, 用 $N(t, \omega)$ 表示 $N(t)$ 在 ω 处的取值时, $\{N(t, \omega)\}$ 是计数过程 $\{N(t)\}$ 的一条轨迹, 它是随时间的推移, 对所发生的事件的一条记录曲线.

计数过程是非常广泛的一类过程, 举例如下: $N(t)$ 是 $[0, t]$ 内进入某所大学的汽车数, 开进一辆汽车等于发生一个事件; $N(t)$ 是

$[0,t]$ 内收到的手机短信数, 收到一个短信等于一个事件发生; $N(t)$ 是 $[0,t]$ 内商场经理收到的商品质量的投诉数, 每收到一起投诉等于发生一个事件; $N(t)$ 是 $[0,t]$ 内股票市场上买卖成交的次数, 每一笔成交等于一个事件发生.

对于计数过程 $\{N(t)\}$, 用 $N(s,t]$ 表示区间 $(s,t]$ 内发生的事件数, 则有

$$N(s,t] = N(t) - N(s), \quad s < t. \tag{1.1}$$

如果在互不相交的时间段内发生事件的个数是相互独立的, 则称相应的计数过程 $\{N(t)\}$ 具有**独立增量性**. 用数学的语言讲, 具有独立增量性等价于对任何正整数 n 和

$$0 \leqslant t_1 < t_2 < \cdots < t_n, \tag{1.2}$$

随机变量

$$N(0), \ N(0,t_1], \ N(t_1,t_2], \ \cdots, \ N(t_{n-1},t_n] \tag{1.3}$$

相互独立. 具有独立增量性的计数过程被称为**独立增量过程**.

如果在长度相等的时间段内, 事件发生个数的概率分布是相同的, 则称相应的计数过程具有**平稳增量性**. 具体来讲, 平稳增量性等价于对任何 $s > 0$, $t_2 > t_1 \geqslant 0$, 随机变量

$$N(t_1,t_2] \quad \text{和} \quad N(t_1+s,t_2+s] \ \text{同分布}.$$

具有平稳增量性的计数过程被称为**平稳增量过程**:

计数过程是平稳增量过程时, 在长度相等的时间段内, 事件发生的个数是同分布的.

用 $N(t)$ 表示一块放射性物质在 $[0,t]$ 内放射出的 α 粒子数, 则 $\{N(t)\}$ 是计数过程. $\{N(t)\}$ 具有独立增量性和平稳增量性, 从而是独立增量过程和平稳增量过程.

C. 泊松过程

定义 1.1 称满足下面条件的计数过程 $\{N(t)\}$ 是强度为 λ 的**泊松过程**:

(a) $N(0) = 0$;

(b) $\{N(t)\}$ 是独立增量过程;

(c) 对任何 $t, s \geqslant 0, N(s, t+s]$ 服从参数为 λt 的泊松分布, 即

$$P(N(s, t+s] = k) = \frac{(\lambda t)^k}{k!} \mathrm{e}^{-\lambda t}, \quad k = 0, 1, \cdots, \quad (1.4)$$

其中的正常数 λ 称为泊松过程 $\{N(t)\}$ 的 **强度**.

性质 (1.4) 说明泊松过程是平稳增量过程, 而且时间段 $(s, s+t]$ 中发生事件的个数服从泊松分布.

设 $\{N(t)\}$ 是强度为 λ 的泊松过程, 容易计算

$$\mathrm{E}\, N(t) = \lambda t, \quad \mathrm{Var}\,(N(t)) = \lambda t. \quad (1.5)$$

于是

$$\lambda = \frac{\mathrm{E}\, N(t)}{t}$$

是单位时间内事件发生的平均数. λ 越大, 单位时间内平均发生的事件越多. 这正是称 λ 为泊松过程的强度的原因.

例 1.1   上海证券交易所开盘后, 股票买卖的依次成交构成一个泊松过程. 如果每 10 分钟平均有 12 万次买卖成交, 计算该泊松过程的强度 λ 和 1 秒内成交 100 次的概率.

解   用 $\{N(t)\}$ 表示所述的泊松过程, 10 分钟内的平均成交次数是

$$\mathrm{E}\,[N(t, t+10]] = 10\lambda = 120000.$$

于是 $\lambda = 12000$ 次/分钟.

用 $\{N_1(t)\}$ 表示以秒为单位的泊松过程时, 强度是 $\lambda_1 = \lambda/60 = 200$. 于是 1 秒内成交 100 次的概率是

$$P(N_1(1) = 100) = \frac{\lambda_1^{100}}{100!} \mathrm{e}^{-\lambda_1} = \frac{200^{100}}{100!} \mathrm{e}^{-200} = 1.88 \times 10^{-15}.$$

若要计算 5 秒内成交次数大于 $k = 1050$ 次的概率, 则要计算

$$P(N_1(5) > k) = 1 - P(N_1(5) \leqslant k) = 1 - \sum_{j=0}^{k} P(N_1(5) = j)$$

$$= 1 - \sum_{j=0}^{k} \frac{1000^j}{j!} e^{-1000}.$$

要把这个概率值计算出来，需要使用近似算法 (见 §2.5 的例 5.1).

泊松过程最早由法国科学家 Poisson 研究，并以他的名字命名. 泊松过程是应用最广的计数过程，许多具有独立增量性和平稳增量性的计数过程，只要在同一时刻没有两个或两个以上的事件同时发生，都是泊松过程.

泊松过程的定义 1.1 有使用简单的优点，但是在判断一个计数过程是否为泊松过程时，使用下面的等价定义 1.2 更有效.

定义 1.2　设 $\lambda > 0$ 是常数. 如果计数过程 $\{N(t)\}$ 满足以下条件 (a), (b), (c), 则称它是强度为 λ 的泊松过程:

(a) $N(0) = 0$;

(b) $\{N(t)\}$ 是独立增量过程，有平稳增量性;

(c) 普通性: 对任何 $t \geqslant 0$, 当正数 $h \to 0$ 时，有

$$\begin{cases} P(N(h) = 1) = \lambda h + o(h), \\ P(N(h) \geqslant 2) = o(h). \end{cases} \tag{1.6}$$

从 (1.6) 容易得到

$$\begin{aligned} P(N(h) = 0) &= 1 - P(N(h) \geqslant 1) \\ &= 1 - P(N(h) = 1) - P(N(h) \geqslant 2) \\ &= 1 - \lambda h + o(h). \end{aligned} \tag{1.7}$$

定理 1.1　定义 1.1 和定义 1.2 等价.

证明　先由定义 1.2 推导定义 1.1. 设 $\{N(t)\}$ 满足定义 1.2, 只需证明 (1.4) 成立.

对确定的正数 t, 将区间 $(0, t]$ 进行 n 等分，每段长为 t/n, 等分点是

$$t_j = \frac{jt}{n}, \quad j = 0, 1, \cdots, n.$$

用 $Y_j = N(t_{j-1}, t_j]$ 表示第 j 个区间 $(t_{j-1}, t_j]$ 中的事件数, 则 Y_1, $Y_2, \cdots, Y_n$ 独立同分布, 并且

$$P(Y_j \geqslant 2) = o(t_j - t_{j-1}) = o(t/n),$$

$$p_n \equiv P(Y_j = 1) = \lambda t/n + o(t/n),$$

$$q_n \equiv P(Y_j = 0) = 1 - P(Y_j \geqslant 1) = 1 - \lambda t/n + o(t/n).$$

对非负整数 k, 引入事件

$$A_n = \{\text{有 } k \text{ 个 } Y_j = 1, \text{其余的 } Y_j = 0; 1 \leqslant j \leqslant n\},$$

$$B_n = \Big\{\sum_{j=1}^{n} Y_j = k, \text{至少有一个} Y_j \geqslant 2\Big\},$$

则有 $B_n \subset \bigcup\limits_{j=1}^{n}\{Y_j \geqslant 2\}$, $A_n \cap B_n = \emptyset$. 当 $n \to \infty$ 时,

$$P(B_n) \leqslant P\Big(\bigcup_{j=1}^{n}\{Y_j \geqslant 2\}\Big) \leqslant nP(Y_j \geqslant 2) = no(t/n) \to 0,$$

$$np_n = n\big(\lambda t/n + o(t/n)\big) \to \lambda t, \quad q_n \to 1,$$

$$q_n^n = \big(1 - \lambda t/n + o(t/n)\big)^n = \Big(1 - \frac{\lambda t}{n}\Big)^n \Big(1 + \frac{o(t/n)}{1 - \lambda t/n}\Big)^n$$

$$\to e^{-\lambda t},$$

所以用 $\{N(0, t] = k\} = \Big\{\sum\limits_{j=1}^{n} Y_j = k\Big\} = A_n \cup B_n$ 得到

$$
\begin{aligned}
P(N(s, s+t] = k) &= P(N(0, t] = k) \\
&= P(A_n \cup B_n) = \lim_{n \to \infty}[P(A_n) + P(B_n)] \\
&= \lim_{n \to \infty} P(A_n) = \lim_{n \to \infty} C_n^k p_n^k q_n^{n-k} \\
&= \lim_{n \to \infty} \frac{1}{k!}\left[n(n-1)\cdots(n-k+1)p_n^k\right]q_n^{n-k} \\
&= \frac{(\lambda t)^k}{k!}e^{-\lambda t}.
\end{aligned}
$$

再由定义1.1推导定义1.2. 只需证明 (1.6). 用 Taylor 公式得到

$$\begin{aligned} P(N(h)=1) &= \lambda h e^{-\lambda h} = \lambda h(1 - \lambda h + o(h)) \\ &= \lambda h + o(h), \end{aligned}$$

$$\begin{aligned} P(N(h) \geqslant 2) &= 1 - P(N(h)=0) - P(N(h)=1) \\ &= 1 - e^{-\lambda h} - \lambda h e^{-\lambda h} \\ &= 1 - [1 - \lambda h + o(h)] - [\lambda h + o(h)] \\ &= o(h). \end{aligned}$$

例 1.2　用 $N(t)$ 表示某放射物在 t 秒内放射出的 α 粒子数. $\{N(t)\}$ 满足定义 1.2 中的条件 (a),(b),(c), 从而是泊松过程. 如果对这块放射性物质放射 α 粒子的情况进行了 $n = 2608$ 次观测, 每次观测 7.5 秒, 一共观测到 10094 个 α 粒子释放出. 则每 1 秒平均观测到

$$\hat{\lambda} = \frac{10094}{2608 \times 7.5} = 0.516$$

个 α 粒子. 通常以 $\hat{\lambda}$ 作为泊松过程 $\{N(t)\}$ 的强度 λ 的估计, 即可以认为泊松过程 $\{N(t)\}$ 的强度是 0.516. 也就是说每秒钟平均观测到 0.516 个 α 粒子.

图 2.1.1 是在计算机上模拟产生的该泊松过程的一次实现, 观

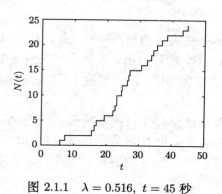

图 2.1.1　$\lambda = 0.516$, $t = 45$ 秒

测时间是 45 秒. 图中横轴是观测时间 t, 纵轴是 $N(t)$ 的取值.

练 习 2.1

(1) 对于强度为 λ 的泊松过程 $\{N(t)\}$, $t_0 = 0 < t_1 < t_2 \leqslant t_m$ 和有界函数 g, 是否有下式成立？

$$\mathrm{E}\Big(\prod_{j=1}^{m} g(N(t_{j-1}, t_j])\Big) = \prod_{j=1}^{m} \mathrm{E}\, g(N(t_{j-1}, t_j]).$$

(2) 设 $\{N(t)\}$ 是强度为 λ 的泊松过程, $0 \leqslant s < t$, 验证在条件 $N(t) = n$ 下, $N(s)$ 服从二项分布 $\mathcal{B}(n, s/t)$.

(3) 对于泊松过程 $\{N(t)\}$, 计算

$$\mathrm{E}\,[N(t)N(t+s)], \quad \mathrm{E}\,[N(t+s)|N(t)].$$

(4) 在某高速公路段上超速的汽车流形成平均每小时 3 辆的泊松过程, 用 T 表示监测雷达记录 n 辆超速汽车所用的时间, 计算 $P(T > t)$.

(5) 设 $Y_1, Y_2, \cdots, Y_n$ 是来自泊松总体 $\mathcal{P}(\lambda)$ 的随机变量, $A_n = \{$有 k 个 $Y_j = 1$, 其余的 $Y_j = 0; 1 \leqslant j \leqslant n\}$, 计算 $P(A_n)$.

§2.2   泊松呼叫流

设 $\{N(t)\}$ 是强度为 λ 的泊松过程. 定义 $S_0 = 0$. 用 S_n 表示第 n 个事件发生的时刻, 简称为第 n 个到达时或第 n 个呼叫时. 由于呼叫时 $S_1, S_2, \cdots$ 依次到达, 所以又称 $\{S_j\}$ 是泊松过程 $\{N(t)\}$ 的**呼叫流**.

设 $\{S_j\}$ 是泊松过程 $\{N(t)\}$ 的呼叫流. 从下图可以看出 $\{N(t) \geqslant n\}$ 和 $\{S_n \leqslant t\}$ 都表示 $[0, t]$ 内至少有 n 个呼叫, $\{N(t) = n\}$ 和 $\{S_n \leqslant t < S_{n+1}\}$ 都表示 $[0, t]$ 内恰有 n 个呼叫. 于是得到

↓	↓		↓	↓	↓
S_k	S_{k+1}	$\cdots$	S_n	t	S_{n+1}

$$\boxed{\begin{aligned} &\{N(t) \geqslant n\} = \{S_n \leqslant t\}, \\ &\{N(t) = n\} = \{S_n \leqslant t < S_{n+1}\} \end{aligned}}$$

(2.1)

(2.1) 是泊松过程及其呼叫流的最基本关系式.

例 2.1　设 $\{S_j\}$ 是泊松过程 $\{N(t)\}$ 的呼叫流, 对于 $0 = s_0 < s_1 < s_2 < \cdots$ 和 $i = 1, 2, \cdots$, 定义

$$\begin{aligned} A_i &= \{N(s_{i-1}, s_i] = 0\}, \\ B_i &= \{N(s_{i-1}, s_i] = 2\}, \end{aligned}$$

(2.2)

则 $A_1, B_2, A_3, B_4, \cdots$ 相互独立, 并且从图

	↓	S_1 S_2	↓		↓	S_3 S_4	↓	$\cdots$
	s_1		s_2		s_3		s_4	$\cdots$

可以看出:

$$\{S_1 > s_1\} = \{N(s_0, s_1] = 0\} = A_1,$$

$$\{S_1 > s_1, S_2 \leqslant s_2\} = A_1\{N(s_1, s_2] \geqslant 2\},$$

$$\{S_1 > s_1, S_2 \leqslant s_2, S_3 > s_3\} = A_1 B_2 \{N(s_2, s_3] = 0\} = A_1 B_2 A_3,$$

$$\cdots\cdots\cdots\cdots\cdots$$

$$\{S_1 > s_1, S_2 \leqslant s_2, \cdots, S_{2k-1} > s_{2k-1}\} = A_1 B_2 \cdots B_{2k-2} A_{2k-1},$$

而且有

$$\begin{aligned} P(A_i) &= \exp\big(-\lambda(s_i - s_{i-1})\big), \\ P(B_i) &= \frac{\lambda^2(s_i - s_{i-1})^2}{2} \exp\big(-\lambda(s_i - s_{i-1})\big). \end{aligned}$$

A. 呼叫流的概率分布

先计算 S_n 的密度函数. 利用 (2.1) 得到 S_n 的分布函数

$$\begin{aligned} F_n(t) &= P(S_n \leqslant t) \\ &= P(N(t) \geqslant n) = 1 - P(N(t) < n) \\ &= 1 - \sum_{k=0}^{n-1} \frac{(\lambda t)^k}{k!} \mathrm{e}^{-\lambda t}. \end{aligned}$$

(2.3)

$F_n(t)$ 连续, 在 $(0, \infty)$ 中可导, 求导数得到 S_n 的密度函数

$$
\begin{aligned}
f_n(t) = F_n'(t) &= \sum_{k=0}^{n-1} \frac{(\lambda t)^k}{k!} \lambda e^{-\lambda t} - \sum_{k=1}^{n-1} \frac{(\lambda t)^{k-1}}{(k-1)!} \lambda e^{-\lambda t} \\
&= \frac{(\lambda t)^{n-1}}{(n-1)!} \lambda e^{-\lambda t} = \frac{\lambda^n}{\Gamma(n)} t^{n-1} e^{-\lambda t}, \quad t \geqslant 0. \quad (2.4)
\end{aligned}
$$

这时称 S_n 服从参数为 n, λ 的 **Gamma 分布**, 记做 $S_n \sim \Gamma(n, \lambda)$.

为了得到 $(S_1, S_2, \cdots, S_n)$ 的联合密度, 先做一点准备. 设 $F(x, y) = P(X \leqslant x, Y \leqslant y)$, $G(x, y) = P(X > x, Y \leqslant y)$, 则从

$$
G(x, y) = P(Y \leqslant y) - F(x, y)
$$

知道在混合偏导数存在的地方有

$$
\begin{aligned}
\frac{\partial^2 G(x, y)}{\partial y \partial x} &= \frac{\partial^2}{\partial y \partial x} [P(Y \leqslant y) - F(x, y)] \\
&= -\frac{\partial^2 F(x, y)}{\partial y \partial x}.
\end{aligned}
$$

将上述结论一般化就得到下面的引理.

引理 2.1 设 $F(x_1, x_2, \cdots, x_n)$ 是 $\boldsymbol{X} = (X_1, X_2, \cdots, X_n)$ 的联合分布函数,

$$
\begin{aligned}
&G_k(x_1, x_2, \cdots, x_n) \\
&= P(X_1 > x_1, X_2 \leqslant x_2, \cdots, X_{2k-1} > x_{2k-1}, \ X_j \leqslant x_j, 2k \leqslant j \leqslant n).
\end{aligned}
$$

则在 G_k 存在 n 阶连续混合偏导数的区域内, F 存在 n 阶连续混合偏导数, 并且

$$
\frac{\partial^n F(x_1, x_2, \cdots, x_n)}{\partial x_n \partial x_{n-1} \cdots \partial x_1} = (-1)^k \frac{\partial^n G_k(x_1, x_2, \cdots, x_n)}{\partial x_n \partial x_{n-1} \cdots \partial x_1}. \quad (2.5)
$$

*证明 对于 k 作归纳法. 容易验证当 $k = 1$ 时结论成立. 设 (2.5) 对于 k 成立, 由

$$
\{X_{2k+1} > x_{2k+1}\} = \{X_{2k+1} > -\infty\} - \{X_{2k+1} \leqslant x_{2k+1}\}
$$

得到

$$
\begin{aligned}
&G_{k+1}(x_1, x_2, \cdots, x_n)\\
&= P(X_1 > x_1, X_2 \leqslant x_2, \cdots, X_{2k+1} > x_{2k+1}, X_j \leqslant x_j,\\
&\quad 2k+2 \leqslant j \leqslant n)\\
&= P(X_1 > x_1, X_2 \leqslant x_2, \cdots, X_{2k+1} > -\infty, X_j \leqslant x_j,\\
&\quad 2k+2 \leqslant j \leqslant n) - G_k(x_1, x_2, \cdots, x_n).
\end{aligned}
$$

上式两边先对 x_{2k+1} 求偏导数, 然后对其他的 x_j 求偏导数, 交换求导数的次序后得到 (2.5) 对于 $k+1$ 成立.

下面讨论 $(S_1, S_2, \cdots, S_n)$ 的联合分布. 对于任何 $0 < s_1 < s_2 < \cdots < s_n$, 利用例 2.1 的符号和结论得到, 对 $n = 2k-1$,

$$
\begin{aligned}
&G(s_1, s_2, \cdots, s_n)\\
&= P(S_1 > s_1, S_2 \leqslant s_2, S_3 > s_3, \cdots, S_{n-1} \leqslant s_{n-1}, S_n > s_n)\\
&= P(A_1 B_2 \cdots B_{n-1} A_n) = P(A_1) P(B_2) \cdots P(B_{n-1}) P(A_n)\\
&= \mathrm{e}^{-\lambda s_1} \frac{(\lambda(s_2 - s_1))^2}{2} \mathrm{e}^{-\lambda(s_2 - s_1)} \mathrm{e}^{-\lambda(s_3 - s_2)} \cdots\\
&\quad \cdot \frac{(\lambda(s_{n-1} - s_{n-2}))^2}{2} \mathrm{e}^{-\lambda(s_{n-1} - s_{n-2})} \mathrm{e}^{-\lambda(s_n - s_{n-1})}\\
&= \lambda^{n-1} \frac{(s_2 - s_1)^2 (s_4 - s_3)^2 \cdots (s_{n-1} - s_{n-2})^2}{2^{k-1}} \mathrm{e}^{-\lambda s_n}.
\end{aligned}
$$

$G(s_1, s_2, \cdots, s_n)$ 在开区域 $D = \{(s_1, s_2, \cdots, s_n) | 0 < s_1 < s_2 < \cdots < s_n\}$ 中连续, 并有连续的 n 阶混合偏导数

$$
\begin{aligned}
g(s_1, s_2, \cdots, s_n) &= (-1)^k \frac{\partial^n G(s_1, s_2, \cdots, s_n)}{\partial s_n \partial s_{n-1} \cdots \partial s_1}\\
&= \lambda^n \mathrm{e}^{-\lambda s_n}, \quad (s_1, s_2, \cdots, s_n) \in D.
\end{aligned}
$$

由于 $P((S_1, S_2, \cdots, S_n) \in D) = 1$, 所以从引理 2.1 和 §1.2 定理 2.1 知道 $g(s_1, s_2, \cdots, s_n)$ 是 $(S_1, S_2, \cdots, S_n)$ 的联合密度. 对于 $n = 2k$ 也可作相同的推导.

现在把上面的结果总结在下面的定理中.

定理 2.2　设 $\{S_j\}$ 是强度为 λ 的泊松过程的呼叫流，则对 $n \geqslant 1$,

(1) $(S_1, S_2, \cdots, S_n)$ 有联合密度

$$g(s_1, s_2, \cdots, s_n) = \lambda^n \mathrm{e}^{-\lambda s_n}, \quad 0 < s_1 < s_2 < \cdots < s_n;$$

(2) S_n 服从 $\Gamma(n, \lambda)$ 分布，有密度函数

$$g_n(s) = \frac{\lambda^n}{\Gamma(n)} s^{n-1} \mathrm{e}^{-\lambda s}, \quad s \geqslant 0.$$

B. 等待间隔 X_n 的分布

设 $\{S_n\}$ 是泊松过程 $\{N(t)\}$ 的呼叫流，引入

$$X_n = S_n - S_{n-1}, \quad n = 1, 2, \cdots, \tag{2.6}$$

则 X_n 是第 $n-1$ 个事件发生后，等待第 n 个事件发生的等待间隔，称为第 n 个**等待间隔**.

从定理 2.2(2) 知道 $X_1 = S_1$ 有密度函数 $\lambda \mathrm{e}^{-\lambda t}$ $(t > 0)$, 所以 X_1 服从参数是 λ 的指数分布 $\mathcal{E}(\lambda)$. 为了得到 $\boldsymbol{X}_n = (X_1, X_2, \cdots, X_n)$ 的联合分布，先给出下面的引理 (参考 [1] 的 §3.4 定理 4.3).

引理 2.3　设 $\boldsymbol{S} = (S_1, S_2, \cdots, S_n)$ 有联合密度 $g(\boldsymbol{x})$,

$$\boldsymbol{X} = \big(u_1(\boldsymbol{S}), u_2(\boldsymbol{S}), \cdots, u_n(\boldsymbol{S})\big)$$

是 $\boldsymbol{S}$ 的函数，D 是 $\mathbf{R}^n$ 的区域使得 $P(\boldsymbol{X} \in D) = 1$. 如果有 D 上的 n 维向量值函数 $\boldsymbol{s}(\boldsymbol{x})$, 使得

(a) 对 $\boldsymbol{x} \in D$, 有 $\{\boldsymbol{X} = \boldsymbol{x}\} = \{\boldsymbol{S} = \boldsymbol{s}(\boldsymbol{x})\}$;

(b) $\boldsymbol{s}(\boldsymbol{x})$ 是 D 到其值域的可逆映射，偏导数连续，雅可比行列式的绝对值

$$\left| \frac{\partial \boldsymbol{s}}{\partial \boldsymbol{x}} \right| \neq 0, \quad \boldsymbol{x} \in D, \ i = 1, 2, \cdots, m,$$

则 $\boldsymbol{X}$ 有联合密度

$$f(\boldsymbol{x}) = \begin{cases} g\big(\boldsymbol{s}(\boldsymbol{x})\big) \left| \dfrac{\partial \boldsymbol{s}}{\partial \boldsymbol{x}} \right|, & \boldsymbol{x} \in D, \\ 0, & \boldsymbol{x} \in \overline{D}. \end{cases}$$

有了以上的预备，我们证明以下定理.

定理 2.4　泊松过程 $\{N(t)\}$ 的等待间隔 $X_1, X_2, \cdots$ 是来自指数总体 $\mathcal{E}(\lambda)$ 的随机变量.

证明　只需要对任何正整数 n, 证明 $X_1, X_2, \cdots, X_n$ 相互独立, 都服从 $\mathcal{E}(\lambda)$ 分布. 由于 $(S_1, S_2, \cdots, S_n)$ 是连续型随机向量, 所以 $X_j = S_j - S_{j-1}$ 是连续型随机变量, 满足 $P(X_j > 0) = 1$. 引入

$$\boldsymbol{X} = (X_1, X_2, \cdots, X_n), \quad \boldsymbol{x} = (x_1, x_2, \cdots, x_n),$$
$$\boldsymbol{S} = (S_1, S_2, \cdots, S_n), \quad \boldsymbol{s} = (s_1, s_2, \cdots, s_n),$$
$$D = \{\boldsymbol{x} \mid x_j > 0, 1 \leqslant j \leqslant n\},$$

有 $P(\boldsymbol{X} \in D) = 1$. 对于 $\boldsymbol{x} \in D$ 和 $s_j = x_1 + x_2 + \cdots + x_j$, $1 \leqslant j \leqslant n$, 有

(a)　$\{\boldsymbol{X} = \boldsymbol{x}\} = \{\boldsymbol{S} = \boldsymbol{s}\}$;

(b)　$\boldsymbol{s} = \boldsymbol{s}(\boldsymbol{x})$ 是 D 到其值域 $A_n = \{\boldsymbol{s} \mid 0 < s_1 < \cdots < s_n\}$ 的可逆映射, 偏导数连续并满足

$$\left|\frac{\partial \boldsymbol{s}}{\partial \boldsymbol{x}}\right| = 1, \quad \boldsymbol{x} \in D,$$

根据引理 2.3 得到 $\boldsymbol{X}$ 的联合密度

$$f(\boldsymbol{x}) = g(\boldsymbol{s}) = \lambda^n \mathrm{e}^{-\lambda s_n} = \lambda^n \mathrm{e}^{-\lambda(x_1 + x_2 + \cdots + x_n)}$$
$$= \prod_{j=1}^n \lambda \mathrm{e}^{-\lambda x_i} = \prod_{j=1}^n f_j(x_j), \quad \boldsymbol{x} \in D,$$

其中 $f_j(x_j) = \lambda \mathrm{e}^{-\lambda x_j}$ $(x_j > 0)$ 是 X_j 的边缘密度. 从 §1.2 的定理 2.2 知道结论成立.

C. 到达时刻的条件分布

用 $N(t)$ 表示放射物 V 在 t 秒内释放出的 α 粒子数. $\{N(t)\}$ 满足定义 1.2 中的条件 (a),(b),(c), 从而是强度为 λ 的泊松过程. 已知 $N(t) = 1$ 时, S_1 是这个 α 粒子的释放时刻. 对 $s \in (0, t)$, 有

$$P(S_1 \leqslant s \mid N(t) = 1) = P(N(s) \geqslant 1 \mid N(t) = 1)$$
$$= \frac{P(N(s) = 1, N(t) = 1)}{P(N(t) = 1)}$$

$$= \frac{P(N(s) = 1, N(t) - N(s) = 0)}{P(N(t) = 1)}$$

$$= \frac{\lambda s e^{-\lambda s} e^{-\lambda(t-s)}}{\lambda t e^{-\lambda t}}$$

$$= \frac{s}{t}.$$

这说明已知 $(0, t]$ 内有一个粒子释放出的条件下，释放的时刻 S_1 在 $[0, t]$ 中均匀分布.

已知 $N(t) = n$ 时，设想把 V 瓜分成 m 块，每个小块在 $(0, t]$ 内至多释放出一个粒子，显然 $m \geqslant n$. 根据上面的分析，已知第 i 个小块在 $(0, t]$ 内释放粒子的条件下，这个粒子的释放时间在 $[0, t]$ 内均匀分布，而且无论是哪 n 个小块释放了粒子，这 n 个释放时间是相互独立的. 现在用 $U_1, U_2, \cdots, U_n$ 表示这 n 个释放时间，则 $U_1, U_2, \cdots, U_n$ 独立同分布且在 $[0, t]$ 内均匀分布，其次序统计量 $(U_{(1)}, U_{(2)}, \cdots, U_{(n)})$ 等于已知 $N(t) = n$ 时的 $(S_1, S_2, \cdots, S_n)$，记做

$$(U_{(1)}, U_{(2)}, \cdots, U_{(n)}) = (S_1, S_2, \cdots, S_n) \big| N(t) = n.$$

对于事件 A 和随机向量 $\boldsymbol{S}, \boldsymbol{U}$，这里和以后用 $\boldsymbol{U} = \boldsymbol{S} | A$ 表示 $\boldsymbol{U}$ 等于已知 A 发生后的 $\boldsymbol{S}$.

对于一般的泊松过程 $\{N(t)\}$，可以把 $N(t)$ 设想成某块放射物在 $(0, t]$ 内释放的粒子数. 上面的分析说明在条件 $N(t) = n$ 下，$[0, t]$ 中的这 n 个事件的发生时刻，在不考虑先后次序时，是独立同分布且在 $[0, t]$ 中均匀分布的. 下面是数学的推导.

对于 $n = 1, 2, \cdots$，引入

$$\boldsymbol{s}_n = (s_1, s_2, \cdots, s_n), \quad A_n = \{\boldsymbol{s}_n | 0 < s_1 < s_2 < \cdots < s_n < t\}. \quad (2.7)$$

定理 2.5   在条件 $N(t) = n(> 0)$ 下，$\boldsymbol{S}_n = (S_1, S_2, \cdots, S_n)$ 有联合密度

$$h_n(\boldsymbol{s}_n) = \frac{n!}{t^n}, \quad \boldsymbol{s}_n \in A_n. \quad (2.8)$$

证明   由定理 2.2 知道 $\boldsymbol{S}_{n+1} = (S_1, S_2, \cdots, S_{n+1})$ 有联合密度

$$g_{n+1}(\boldsymbol{s}_{n+1}) = \lambda^{n+1} e^{-\lambda s_{n+1}}, \quad 0 < s_1 < s_2 < \cdots < s_{n+1}. \quad (2.9)$$

对于 $s_n \in A_n$, 利用 (2.1) 得到条件分布函数

$$H_n(s_n) = P(S_j \leqslant s_j, 1 \leqslant j \leqslant n \mid N(t) = n)$$

$$= \frac{1}{P(N(t)=n)} P(S_j \leqslant s_j, 1 \leqslant j \leqslant n, N(t) = n)$$

$$= \frac{1}{P(N(t)=n)} P(S_j \leqslant s_j, 1 \leqslant j \leqslant n; S_n \leqslant t, S_{n+1} > t) \ (\text{用} \ (2.1))$$

$$= \frac{n!}{(\lambda t)^n} e^{\lambda t} P(S_j \leqslant s_j, 1 \leqslant j \leqslant n; S_{n+1} > t) \ (\text{用} \ s_n \leqslant t)$$

$$= \frac{n!}{(\lambda t)^n} e^{\lambda t} \int_0^{s_1} \int_0^{s_2} \cdots \int_0^{s_n} \int_t^\infty g_{n+1}(t_1, t_2, \cdots, t_{n+1}) \, \mathrm{d}t_{n+1} \mathrm{d}t_n \cdots \mathrm{d}t_1.$$

$H_n(s_n)$ 在 A_n 上有连续的 n 阶混合偏导数. 从 $P(S_n \in A_n | N(t) = n) = 1$ 和 §1.2 定理 2.1 知道对于 $H_n(s_n)$ 依次求偏导数得到 $S_n = (S_1, S_2, \cdots, S_n)$ 的条件联合密度

$$h_n(s_n) = \frac{\partial^n H_n(s_n)}{\partial s_n \cdots \partial s_2 \partial s_1}$$

$$= \frac{n!}{(\lambda t)^n} e^{\lambda t} \int_t^\infty g_{n+1}(s_1, s_2, \cdots, s_n, t_{n+1}) \mathrm{d}t_{n+1}$$

$$= \frac{n!}{(\lambda t)^n} e^{\lambda t} \int_t^\infty \lambda^{n+1} e^{-\lambda t_{n+1}} \mathrm{d}t_{n+1}$$

$$= \frac{n!}{t^n} e^{\lambda t} \int_t^\infty \lambda e^{-\lambda t} \mathrm{d}t$$

$$= \frac{n!}{t^n}, \quad 0 < s_1 < s_2 < \cdots < s_n < t. \tag{2.10}$$

现设 U 在 $[0, t]$ 上均匀分布, $U_1, U_2, \cdots, U_n$ 是来自总体 U 的随机变量, 则它们的从小到大次序统计量 $(U_{(1)}, U_{(2)}, \cdots, U_{(n)})$ 有联合密度 (参考 §1.4 例 4.1)

$$h_n(u_1, u_2, \cdots, u_n) = \frac{n!}{t^n}, \quad 0 < u_1 < u_2 < \cdots < u_n < t. \tag{2.11}$$

注意, (2.11) 和 (2.8) 是一致的. 所以已知 $[0, t]$ 内有 n 个事件发生的条件下, 以 $V_1, V_2, \cdots, V_n$ 表示这 n 个事件的发生时刻时, $V_1, V_2, \cdots, V_n$ 的次序统计量 $(S_1, S_2, \cdots, S_n)$ 和 $(U_{(1)}, U_{(2)}, \cdots, U_{(n)})$

同分布. 据此我们说在条件 $N(t) = n$ 下, 不考虑先后次序时, $[0, t]$ 中的这 n 个事件的发生时刻 $V_1, V_2, \cdots, V_n$ 是独立同分布的且在 $[0, t]$ 中均匀分布的, 或者称这 n 个发生时刻是在 $[0, t]$ 中均匀混乱的.

设乘客按泊松过程到达公交车的始发站, t 时开出的公交车将 $[0, t]$ 内到达的乘客全部运走. 如果车上有 n 个人, 均匀混乱性说明: 在这 n 个乘客中任选一人时, 他的到达时刻在 $[0, t]$ 中均匀分布并和其他的到达时间独立.

设 X, Y 是随机变量, A 是随机事件. 如果在 A 发生的条件下, X 的条件分布与 Y 的分布相同, 即 $P(X \leqslant x | A) = P(Y \leqslant x)$, $x \in \mathbf{R}$, 则称 $X | A$ 和 Y 同分布. (2.10) 和 (2.11) 表明 $(S_1, S_2, \cdots, S_n) | N(t) = n$ 和 $(U_{(1)}, U_{(2)}, \cdots, U_{(n)})$ 同分布.

下面用 $X \sim \mathcal{U}[a, b]$ 表示随机变量 X 在区间 $[a, b]$ 上均匀分布.

例 2.2　设 $U \sim \mathcal{U}[0, t]$, $U_1, U_2, \cdots, U_n$ 是来自总体 U 的随机变量, $h(s)$ 是实函数, 则

(1) $\sum\limits_{i=1}^{n} S_i \big| N(t) = n$ 和 $\sum\limits_{i=1}^{n} U_i$ 同分布;

(2) $\sum\limits_{i=1}^{n} h(S_i) \big| N(t) = n$ 和 $\sum\limits_{i=1}^{n} h(U_i)$ 同分布;

(3) 当 $\mathrm{E}\, h(U)$ 存在时, $\mathrm{E}\left(\sum\limits_{i=1}^{n} h(S_i) \big| N(t) = n \right) = n\, \mathrm{E}\, h(U)$.

证明　(1) 因为 $(S_1, S_2, \cdots, S_n) | N(t) = n$ 和 $(U_{(1)}, U_{(2)}, \cdots, U_{(n)})$ 同分布, 所以 $\sum\limits_{i=1}^{n} S_i \big| N(t) = n$ 和 $\sum\limits_{i=1}^{n} U_i = \sum\limits_{i=1}^{n} U_{(i)}$ 同分布.

(2) 同理得 $\sum\limits_{i=1}^{n} h(S_i) \big| N(t) = n$ 和 $\sum\limits_{i=1}^{n} h(U_i) = \sum\limits_{i=1}^{n} h(U_{(i)})$ 同分布.

(3) 同分布的随机变量有相同的数学期望, 所以有

$$\mathrm{E}\left(\sum_{i=1}^{n} h(S_i) \big| N(t) = n \right) = \sum_{i=1}^{n} \mathrm{E}\, h(U_i) = n\, \mathrm{E}\, h(U).$$

对常数 a, 在上面的例子中还容易计算出

$$\mathrm{E}\, \mathrm{e}^{aU} = \frac{1}{t} \int_0^t \mathrm{e}^{as} \mathrm{d}s = \frac{1}{at}(\mathrm{e}^{at} - 1).$$

D. 简单呼叫流

如果 $\{Y_j\}$ 是来自指数总体 $\mathcal{E}(\lambda)$ 的随机变量, 就称

$$\xi_n = Y_1 + Y_2 + \cdots + Y_n, \quad n = 1, 2, \cdots$$

是简单呼叫流. 定理 2.4 说明泊松过程的呼叫流 $\{S_n\}$ 是简单呼叫流. 简单呼叫流又称为**泊松流**.

设 $\{\xi_n\}$ 是简单呼叫流, 认为每个呼叫时刻 ξ_n 有一个事件 (呼叫) 发生, 相应的计数过程记做 $\{M(t)\}$. 下面说明 $\{M(t)\}$ 是强度为 λ 的泊松过程. 由于 $M(t) = m$ 的充分必要条件是恰有 m 个 $\{\xi_j \leqslant t\}$ 发生, 于是可以用简单呼叫流 $\{\xi_n\}$ 将计数过程 $\{M(t)\}$ 表达出来:

$$M(t) = \sum_{j=1}^{\infty} \mathrm{I}\,[\xi_j \leqslant t], \quad t \in [0, \infty).$$

这里 $\mathrm{I}\,[A]$ 是事件 A 的示性函数.

对于强度为 λ 的泊松过程 $\{N(t)\}$ 及其呼叫流 $\{S_n\}$, 也有

$$N(t) = \sum_{j=1}^{\infty} \mathrm{I}\,[S_j \leqslant t], \quad t \in [0, \infty). \tag{2.12}$$

从 $\{\xi_n\}$ 和 $\{S_n\}$ 同分布知道对 $n \geqslant 1$ 和 $0 \leqslant t_1 < t_2 < \cdots < t_n$,

$$(M(t_1), M(t_2), \cdots, M(t_n)) \quad \text{和} \quad (N(t_1), N(t_2), \cdots, N(t_n))$$

同分布. 由 $\{N(t)\}$ 满足定义 1.1 知道 $\{M(t)\}$ 也满足定义 1.1, 所以也是强度为 λ 的泊松过程.

当汽车按强度为 λ 的泊松过程通过时, 称它的通过时刻是强度为 λ 的汽车流. 当旅客按强度为 λ 的泊松过程到达时, 称他的到达时刻是强度为 λ 的旅客流. 当电话交换台按强度为 λ 的泊松过程收到呼叫时, 称呼叫时刻是强度为 λ 的呼叫流. 这些都是简单呼叫流.

例 2.3 汽车按照强度为 λ 的泊松流通过广场, 第 i 辆汽车通过时造成的空气污染为 D_i. D_i 随着时间的推移而减弱, 经过时间 s 污染减弱为 $D_i e^{-as}$, 其中正常数 a 是扩散常数. 假设 $D_1, D_2, \cdots$ 是来自总体 D 的随机变量, 且与泊松流独立. 计算 $[0, t]$ 内通过的汽车在 t 时造成的平均污染.

解　用 $\{N(t)\}$ 表示所述的泊松过程，用 S_i 表示第 i 辆汽车的通过时间.　$[0,t]$ 内通过了 $N(t)$ 辆汽车，造成 t 时的污染是

$$D(t) = \sum_{i=1}^{N(t)} D_i \mathrm{e}^{-a(t-S_i)}.$$

注意 D_i 和 $N(t)$, S_i 独立，利用例 2.2 的结论得到

$$
\begin{aligned}
\mathrm{E}\,(D(t)|N(t)=n) &= \sum_{i=1}^{n} \mathrm{E}\,(D_i \mathrm{e}^{-a(t-S_i)}|N(t)=n) \\
&= \sum_{i=1}^{n} \mathrm{E}\,D_i \mathrm{e}^{-at}\,\mathrm{E}\,(\mathrm{e}^{aS_i}|N(t)=n) \\
&= \mathrm{E}\,D \mathrm{e}^{-at}\,\mathrm{E}\,\Big(\sum_{i=1}^{n} \mathrm{e}^{aS_i}\Big|N(t)=n\Big) \\
&= \mathrm{E}\,D \mathrm{e}^{-at}\,\mathrm{E}\,\sum_{i=1}^{n} \mathrm{e}^{aU_i} \\
&= \mathrm{E}\,D \mathrm{e}^{-at}\frac{n}{at}\,(\mathrm{e}^{at}-1) \\
&= \frac{n\,\mathrm{E}\,D}{at}\,(1-\mathrm{e}^{-at}).
\end{aligned}
$$

于是　　　　　　$$\mathrm{E}\,(D(t)|N(t)) = \frac{N(t)\,\mathrm{E}\,D}{at}(1-\mathrm{e}^{-at}).$$

最后得到

$$\mathrm{E}\,D(t) = \frac{\mathrm{E}\,N(t)\,\mathrm{E}\,D}{at}(1-\mathrm{e}^{-at}) = \frac{\lambda\,\mathrm{E}\,D}{a}(1-\mathrm{e}^{-at}).$$

容易看出，$\mathrm{E}\,D(t)$ 和强度 λ, 单辆汽车的平均污染 $\mathrm{E}\,D$ 成正比.　因为 $D(t)$ 是 a 的减函数，所以 $\mathrm{E}\,D(t)$ 是也 a 的减函数. 扩散常数 a 越大，平均污染 $\mathrm{E}\,D(t)$ 越小.

另外，对于充分大的 t, 空气污染稳定在 $\lambda\mathrm{E}\,D/a$ 处.

练　习　2.2

(1) 对于强度为 λ 的泊松过程 $\{N(t)\}$, 用 $N(t-)$ 表示区间 $[0,t)$ 内发生的事件数，则

(a) $N(t) - N(t-) = 0$ a.s. ;

(b) $N[s,t] = N(t) - N(s-)$ 是闭区间 $[s,t]$ 内发生的事件数;

(c) $N[s,t] = N(s,t]$ a.s.

(2) 对于强度为 λ 的泊松过程 $\{N(t)\}$ 及其呼叫流 $\{S_n\}$, 有

$$\sum_{n=1}^{\infty} P(S_n \leqslant t) = \lambda t, \quad t \in [0, \infty).$$

(3) 设 $\{N(t)\}$ 是泊松过程, $\mathrm{E}\,N(t) = \lambda t, \{M(t)\}$ 是计数过程. 如果对任何整数 $n \geqslant 1$ 和 $0 \leqslant t_1 < t_2 < \cdots < t_n,$

$$(M(t_1), M(t_2), \cdots, M(t_n)) \quad \text{和} \quad (N(t_1), N(t_2), \cdots, N(t_n))$$

同分布, 验证 $\{M(t)\}$ 是强度为 λ 的泊松过程.

(4) 对于 $n = 2k$, 验证

$$P(S_1 > s_1, S_2 \leqslant s_2, S_3 > s_3, \cdots, S_{n-1} > s_{n-1}, S_n \leqslant s_n)$$
$$= \lambda^{n-2} \frac{(s_2 - s_1)^2 (s_4 - s_3)^2 \cdots (s_{n-2} - s_{n-3})^2}{2^{k-1}} \mathrm{e}^{-\lambda s_n}$$
$$\times \sum_{j=2}^{\infty} \frac{\lambda^j (s_n - s_{n-1})^j}{j!}.$$

(5) 在例 2.2 中, 当 $\mathrm{E}\,h(U)$ 存在时, 证明

$$\mathrm{E} \sum_{i=1}^{N(t)} h(S_i) = \lambda t \,\mathrm{E}\,h(U).$$

§2.3　年龄和剩余寿命

一个使用寿命服从指数分布 $\mathcal{E}(\lambda)$ 的部件一旦失效后马上被换上同型号的备用部件继续工作. 用 $N(t)$ 表示 $(0, t]$ 中更换的部件数, 则 $\{N(t)\}$ 是强度为 λ 的泊松过程. 通常称更换部件的时刻为**呼叫时刻**. 用 $\{S_n\}$ 表示相应的泊松流.

当 $N(t) = n$ 时, S_n 是 t 时前最后一次呼叫时刻, S_{n+1} 是 t 时后第一次呼叫时刻. 无论 $N(t)$ 取何值, $S_{N(t)}$ 是 t 时前的最后一

次呼叫时刻, $S_{N(t)+1}$ 是 t 时后的第一个呼叫时刻, 可以用下图把

↓	↓		↓	↓	↓
S_k	S_{k+1}	$\cdots$	$S_{N(t)}$	t	$S_{N(t)+1}$

它们表示出来, 于是

$$S_{N(t)} \leqslant t < S_{N(t)+1}.$$

定义

$$\begin{aligned} A(t) &= t - S_{N(t)}, \\ R(t) &= S_{N(t)+1} - t. \end{aligned} \tag{3.1}$$

$A(t)$ 是 t 时服役的部件的使用年龄, $R(t)$ 是 t 时服役的部件的剩余寿命. 以后将 $A(t)$ 简称为**年龄**, 将 $R(t)$ 简称为**剩余寿命**.

定理 3.1   在上面的定义下, 有如下的结果:

(1) $R(t) \sim \mathcal{E}(\lambda)$;

(2) $P(A(t) \leqslant u) = \begin{cases} 1 - e^{-\lambda u}, & u \in [0,t), \\ 1, & u \geqslant t; \end{cases}$

(3) $A(t)$ 和 $R(t)$ 独立.

证明   (1) 对 $v \geqslant 0$ 有 $\{R(t) > v\} = \{N(t, t+v] = 0\}$. 于是 $P(R(t) > v) = e^{-\lambda v}$, 即 $R(t) \sim \mathcal{E}(\lambda)$.

(2) 由于 $A(t) \leqslant t$, 所以对 $u \geqslant t$, $P(A(t) \leqslant u) = 1$. 对于 $u < t$, 从 $\{A(t) > u\} = \{N[t-u, t] = 0\}$ 和练习 2.2(1) 知道

$$P(A(t) > u) = P(N(t-u, t] = 0) = e^{-\lambda u}.$$

这说明 (2) 成立.

(3) 对 $u, v \geqslant 0$, 从 $N[t-u, t]$ 和 $N(t, t+v]$ 独立得到 $A(t)$ 和 $R(t)$ 独立.

定理 3.1(1) 说明剩余寿命 $R(t)$ 也服从指数分布 $\mathcal{E}(\lambda)$. 该性质是由指数分布的无记忆性决定的 (参考 §1.8E).

指数分布 $\mathcal{E}(\lambda)$ 的数学期望是 λ^{-1}. 如果用 $X(t)$ 表示 t 时服役的部件的使用寿命, 则有

$$X(t) = A(t) + R(t), \quad \mathrm{E}\,X(t) = \mathrm{E}\,A(t) + \mathrm{E}\,R(t) > \lambda^{-1}.$$

于是, t 时服役的部件的平均使用寿命比同型号备用部件的平均使用寿命 $\mathrm{E}\,X_1 = \lambda^{-1}$ 要长.

注意 $A(t)$ 的分布函数在 t 处有一个跳跃高度 $\mathrm{e}^{-\lambda t}$, 用定理 3.1(2) 得到: 当 $t \to \infty$ 时,

$$
\begin{aligned}
\mathrm{E}\,A(t) &= \int_0^\infty u\,\mathrm{d}P(A(t) \leqslant u) \\
&= \int_0^t \lambda u\mathrm{e}^{-\lambda u}\mathrm{d}u + t\mathrm{e}^{-\lambda t} \\
&\to \int_0^\infty \lambda u\mathrm{e}^{-\lambda u}\mathrm{d}u = \frac{1}{\lambda},
\end{aligned}
$$

所以有

$$
\lim_{t \to \infty} \mathrm{E}\,X(t) = \lim_{t \to \infty} \big(\mathrm{E}\,A(t) + \mathrm{E}\,R(t) \big) = 2\lambda^{-1} = 2\,\mathrm{E}\,X_1. \tag{3.2}
$$

(3.2) 说明, 如果泊松过程在无穷远之前就开始了, 则 t 时服役的部件的平均使用寿命是同型号备用部件的平均使用寿命的两倍.

发生上述现象并不足为怪. 因为实际使用寿命长的部件在 t 时被遇到的概率比实际寿命短的部件被遇到的概率要大. 看下面的例子.

例 3.1 北京前门的公交车总站, 每 6 分钟发出一辆开往颐和园的公交车. 由于随机因素的干扰, 汽车到达圆明园站时, 两车之间的间隔时间成为独立同分布, 服从指数分布的随机变量. 设乘客甲等可能地到达车站候车, 计算

(1) 他在前门候车时的平均候车时间;

(2) 他在圆明园站候车时的平均候车时间.

解 (1) 用 T 表示甲到达前门站的时间. 对于任何长度为 6 分钟的发车间隔 $(0,6]$, 已知 $T \in (0,6]$ 时, T 在 $(0,6]$ 中均匀分布. 所以平均候车时间是 3 分钟.

下面的示意图表示在前门站的等间隔发车, 到达时刻 T 等可能地落在任何发车间隔内.

↓	↓	↓	↓	↓	↓
0	6	12	18	24	30

(2) 根据题意, 公交车按照强度为 λ 的泊松过程 $\{N(t)\}$ 到达圆明园站. 由于这路公交车都要经过圆明园站, 所以平均每6分钟停靠一辆, 即有 $EN(6) = 6\lambda = 1$. 于是 $\lambda = 1/6$. 按照剩余寿命的定义, 在 t 时到达的乘客的候车时间为 $R(t)$. 从 $R(t) \sim \mathcal{E}(\lambda)$ 知道平均候车时间为 $ER(t) = 6$(分钟).

下面的示意图表示公交车在圆明园站的到达不再是等间隔的, 甲的到达时刻 T 落在间隔较大的区间内的概率更大.

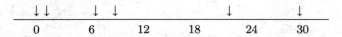

在我们的生活经验中, 到公交车总站候车时, 总感觉候车时间会少一些; 在离开总站较远的车站候车时, 会感觉候车的时间更长一些. 例 3.1 解释了出现这一现象的内在原因.

例 3.1 的结果告诉我们, 市内公交车的始发站和终点站距离太远时, 会延长乘客的平均候车时间和降低公交车的平均利用率.

练习 2.3

(1) 利用定理 3.1 验证 $S_{N(t)}$ 和 $S_{N(t)+1}$ 的分布函数分别为

$$P(S_{N(t)} \leqslant s) = \begin{cases} e^{-\lambda(t-s)}, & 0 \leqslant s \leqslant t, \\ 1, & s > t, \end{cases}$$

$$P(S_{N(t)+1} \leqslant s) = \begin{cases} 1 - e^{-\lambda(s-t)}, & s > t, \\ 0, & s \leqslant t. \end{cases}$$

(2) 对 $t > 0$, 证明 $P(A(t) > 0) = 1$.

(3) 设公交车按平均每 5 分钟一辆的泊松过程到达第 m 站.

(a) 求始发站的平均发车间隔;

(b) 求 t 时刻到达第 m 站的乘客的平均候车时间.

§2.4   泊松过程的汇合与分流

设 $\{N(t)\}$ 是计数过程, 则对每个 t, $N(t)$ 是随机变量. 以后把

$\{N(t)\}$ 中的任何有限个随机变量构成的向量 $\boldsymbol{X}$ 称为 $\{N(t)\}$ 的随机向量.

回忆随机过程相互独立的概念: 设 $\{N_1(t)\}$ 和 $\{N_2(t)\}$ 是两个计数过程. 如果 $\{N_1(t)\}$ 的任何随机向量 $\boldsymbol{X}_1$ 和 $\{N_2(t)\}$ 的任何随机向量 $\boldsymbol{X}_2$ 独立, 则称这两个计数过程相互独立.

容易理解, m 个计数过程相互独立是指在各计数过程中任取一个随机向量, 就得到 m 个相互独立的随机向量.

再回忆我们用 $N(s,t] = N(t) - N(s)$ 表示时间段 $(s,t]$ 中发生的事件数.

A. 泊松过程的汇合

在某长途汽车站, 乘 A 线的旅客按强度为 λ_1 的泊松过程 $\{N_1(t)\}$ 到达, 乘 B 线的旅客按强度 λ_2 的泊松过程 $\{N_2(t)\}$ 到达, 设这两个泊松过程相互独立. 这里和以后把相约的到达视为一次到达. 用 $N(t)$ 表示 $[0,t]$ 内该车站的旅客到达总次数, $\{N(t)\}$ 也应当具有独立增量性和普通性, 于是应当是泊松过程. 单位时间内的平均到达次数是以上两个泊松过程的到达次数之和, 所以 $\{N(t)\}$ 的强度应当是 $\lambda = \lambda_1 + \lambda_2$. 我们来证明这个结论.

定理 4.1　设 $\{N_1(t)\}$ 和 $\{N_2(t)\}$ 是相互独立的、强度分别为 λ_1 和 λ_2 的泊松过程, 则

$$N(t) = N_1(t) + N_2(t), \quad t \geqslant 0$$

是强度为 $\lambda = \lambda_1 + \lambda_2$ 的泊松过程.

证明　只需要验证定义 1.2 的 (a), (b) 和 (c). 因为 $\{N_1(t)\}$ 和 $\{N_2(t)\}$ 满足定义 1.2 的 (a),(b) 和 (c), 所以有

(a) $N(0) = N_1(0) + N_2(0) = 0 + 0 = 0$.

(b) 独立增量性和平稳增量性: 对任何正整数 n 和 $0 = t_0 < t_1 < \cdots < t_n$, 由 $\{N_1(t)\}$ 和 $\{N_2(t)\}$ 的独立增量性知道随机变量

$$N_1(t_{j-1}, t_j], \quad N_2(t_{j-1}, t_j], \quad j = 1, 2, \cdots, n$$

相互独立. 于是

$$N(t_{j-1}, t_j] = N_1(t_{j-1}, t_j] + N_2(t_{j-1}, t_j], \quad j = 1, 2, \cdots, n$$

相互独立. 说明 $\{N(t)\}$ 是独立增量过程.

又因为 $N_1(t_1, t_2]$ 和 $N_1(t_1 + s, t_2 + s]$ 同分布，$N_2(t_1, t_2]$ 和 $N_2(t_1 + s, t_2 + s]$ 同分布，所以 $N(t_1, t_2] = N_1(t_1, t_2] + N_2(t_1, t_2]$ 和

$$N(t_1 + s, t_2 + s] = N_1(t_1 + s, t_2 + s] + N_2(t_1 + s, t_2 + s]$$

同分布. 说明 $\{N(t)\}$ 是平稳增量过程.

(c) 普通性：设 $\lambda = \lambda_1 + \lambda_2$. 当正数 $h \to 0$, 利用 (1.6) 和 (1.7) 得到

$$
\begin{aligned}
P(N(h) &= 1) \\
&= P(N_1(h) = 1, N_2(h) = 0) + P(N_1(h) = 0, N_2(h) = 1) \\
&= P(N_1(h) = 1)P(N_2(h) = 0) + P(N_1(h) = 0)P(N_2(h) = 1) \\
&= (\lambda_1 h + o(h))(1 - \lambda_1 h + o(h)) + (\lambda_2 h + o(h))(1 - \lambda_2 h + o(h)) \\
&= (\lambda_1 + \lambda_2)h + o(h) = \lambda h + o(h).
\end{aligned}
$$

$$
\begin{aligned}
P(N(h) = 0) &= P(N_1(h) = 0, N_2(h) = 0) \\
&= (1 - \lambda_1 h + o(h))(1 - \lambda_2 h + o(h)) \\
&= 1 - (\lambda_1 + \lambda_2)h + o(h) = 1 - \lambda h + o(h).
\end{aligned}
$$

于是得到

$$
\begin{aligned}
P(N(h) \geqslant 2) &= 1 - P(N(h) = 0) - P(N(h) = 1) \\
&= 1 - [1 - \lambda h + o(h)] - [\lambda h + o(h)] = o(h).
\end{aligned}
$$

作为上述定理的推论可以得到下面的结果.

定理 4.2　设 $\{N_j(t)\}$ $(j = 1, 2, \cdots, m)$ 是相互独立的，强度分别为 λ_j 的泊松过程，则

$$N(t) = N_1(t) + N_2(t) + \cdots + N_m(t), \quad t \geqslant 0$$

是强度为 $\lambda = \lambda_1 + \lambda_2 + \cdots + \lambda_m$ 的泊松过程.

定理 4.2 描述的性质被称为泊松过程的**可加性**.

B. 泊松过程的分流

下面还是把相约的到达视为一次到达. 设旅客按照强度为 λ 的泊松过程到达长途汽车站, 每次到达的旅客乘 A 线的概率是 p, 乘 B 线的概率是 $q = 1 - p$, 且与其到达时间独立, 也与其他的到达行为独立. 用 $N_1(t)$ 表示 $[0, t]$ 内乘 A 线的旅客到达次数, 用 $N_2(t)$ 表示 $[0, t]$ 内乘 B 线的旅客到达次数. 因为旅客前往 A 线还是 B 线是他们事先决定的, 与其他旅客的行为无关, 所以前往 A 线的旅客流与前往 B 线的旅客流是独立的, 也就是说计数过程 $\{N_1(t)\}$ 和 $\{N_2(t)\}$ 应当是相互独立的. 从问题的背景也能够想到 $\{N_1(t)\}$, $\{N_2(t)\}$ 是相互独立的泊松过程. 用 λ_1 和 λ_2 分别表示它们的强度时, 还应当有 $\lambda = \lambda_1 + \lambda_2$.

下面用数学符号把上面的叙述表达出来. 设 $\{N(t)\}$ 是强度为 λ 的泊松过程. 引入独立同分布的随机变量

$$Y_j = \begin{cases} 1, & \text{当第 } j \text{ 次到达乘 A 线,} \\ 0, & \text{当第 } j \text{ 次到达乘 B 线,} \end{cases} \tag{4.1}$$

则有

$$P(Y_j = 1) = p, \quad P(Y_j = 0) = q, \quad j = 1, 2, \cdots. \tag{4.2}$$

如果已知 $[0, t]$ 内有 $N(t) = n$ 次到达, 则 $[0, t]$ 内有 $\sum_{j=1}^{n} Y_j$ 次到达是前往 A 线的. 当 $[0, t]$ 内有 $N(t)$ 次到达时, 有

$$N_1(t) = \sum_{j=1}^{N(t)} Y_j \tag{4.3}$$

次到达是前往 A 线的. 同理有

$$N_2(t) = \sum_{j=1}^{N(t)} (1 - Y_j) \tag{4.4}$$

次到达是前往 B 线的.

这里和以后对 $a < b$, 总规定 $\sum_{j=b}^{a} (\cdot) = 0$. 对于 $k < 0$ 或 $k > n$, 总规定 $C_n^k = 0$.

定理 4.3 设 $\{N(t)\}$ 是强度为 λ 的泊松过程, $\{Y_j\}$ 是独立同分布的随机序列, 服从两点分布 (4.2), 计数过程 $\{N_1(t)\}$ 和 $\{N_2(t)\}$ 分别由 (4.3) 和 (4.4) 定义. 如果 $\{Y_j\}$ 与 $\{N(t)\}$ 独立, 则 $\{N_1(t)\}$ 和 $\{N_2(t)\}$ 相互独立, 分别是强度为 $\lambda_1 = \lambda p$ 和 $\lambda_2 = \lambda q$ 的泊松过程.

定理的证明见附录 A 中的 A1.

在定理 4.3 中, $N_1(t)$ 和 $\{N_2(t)\}$ 被称为 $N(t)$ 的**分流过程**. 旅客按强度为 λ 的泊松过程到达长途汽车站后, 分别按强度 $\lambda_1 = p\lambda$ 的泊松过程分流到 A 线和强度 $\lambda_2 = q\lambda$ 的泊松过程分流到 B 线.

如果考虑乘 A 线的旅客以概率 p_i 前往 A_i 线, 则可以进一步把泊松过程 $\{N_1(t)\}$ 再进行分流. 于是得到下面的定理.

定理 4.4 设旅客按强度为 λ 的泊松过程到达某长途汽车站, 每次到达的旅客以概率 p_i 前往 A_i 线, 且前往哪个线路与到达时间独立, 也与其他的到达行为独立. 用 $N_i(t)$ 表示 $[0, t]$ 内前往 A_i 线的到达次数时, $\{N_i(t)\}$ 是强度 $\lambda_i = p_i\lambda$ 的泊松过程. 当 $p_1 + p_2 + \cdots + p_n = 1$ 时, 这 n 个泊松过程是相互独立的.

定理 4.4 描述的性质被称为泊松过程的**可分解性**.

例 4.1 汽车按泊松流驶向立体交叉桥 A. 经过调查知道, 由东面每分钟平均驶入 6 辆汽车, 由南面每分钟平均驶入 6.5 辆汽车, 由西面每分钟平均驶入 9 辆汽车, 由北面每分钟平均驶入 8.5 辆汽车. 在桥 A 上, 每辆车向左或向右转向行驶的概率是 0.3, 直行的概率是 0.35, 调头行驶的概率是 0.05. 计算各个方向上, 离开立交桥的汽车流的车流强度.

解 用 $\{N_1(t)\}$ 表示由东面驶入的汽车流. 根据题意, 每分钟平均驶入 $EN_1(t, t+1] = 6$ 辆汽车. 所以泊松过程 $\{N_1(t)\}$ 的强度是 $\lambda_1 = 6$(辆 / 分钟).

根据泊松过程的可分解性, 东面驶入的车流 $\{N_1(t)\}$ 分流给东、南、西、北的分流强度分别是 $0.05\lambda_1, 0.3\lambda_1, 0.35\lambda_1, 0.3\lambda_1$. 完全类似地可以列出其他方向汽车流的分流情况, 列入下面的分流表:

方向	向东分流	向南分流	向西分流	向北分流
东面驶入 $\lambda_1 = 6.0$	$0.05\lambda_1$	$0.30\lambda_1$	$0.35\lambda_1$	$0.30\lambda_1$
南面驶入 $\lambda_2 = 6.5$	$0.30\lambda_2$	$0.05\lambda_2$	$0.30\lambda_2$	$0.35\lambda_2$
西面驶入 $\lambda_3 = 9.0$	$0.35\lambda_3$	$0.30\lambda_3$	$0.05\lambda_3$	$0.30\lambda_3$
北面驶入 $\lambda_4 = 8.5$	$0.30\lambda_4$	$0.35\lambda_4$	$0.30\lambda_4$	$0.05\lambda_4$
驶出强度 (辆 / 分钟)	$\lambda_E = 7.95$	$\lambda_S = 7.80$	$\lambda_W = 7.05$	$\lambda_N = 7.20$

表中最后一行中的 $\lambda_E = 7.95$ 是向东驶出立交桥的车流强度, 是 λ_E 所在列的各分流强度之和; $\lambda_S = 7.80$ 是向南驶出立交桥的车流强度, 是 λ_S 所在列的各分流强度之和; $\lambda_W = 7.05$ 是向西驶出立交桥的车流强度, 是 λ_W 所在列的各分流强度之和; $\lambda_N = 7.20$ 是向北驶出立交桥的车流强度, 是 λ_N 所在列的各分流强度之和. 所有的分流都是泊松流.

利用例 4.1 中制作分流表的方法, 可以对更加复杂的问题做出解答.

例 4.2 从 $t = 0$ 开始, 客户按强度为 λ 的泊松流点击一个网站. 每个客户点击后的浏览时间是相互独立的, 有共同的分布函数 $G(t)$. 用 $N_1(t)$ 表示 t 时已经离线的客户数, 用 $N_2(t)$ 表示 t 时在线的客户数, 则 $N_1(t), N_2(t)$ 是两个相互独立的泊松随机变量, 分别有数学期望

$$\mathrm{E}\, N_1(t) = \lambda \int_0^t G(s)\mathrm{d}s, \quad \mathrm{E}\, N_2(t) = \lambda \int_0^t \overline{G}(s)\mathrm{d}s, \qquad (4.5)$$

其中 $\overline{G}(s) = 1 - G(s)$.

证明 对于一个客户来讲, 用 S 表示他进入网站的时间, 用 A 表示他 t 时已经离线, 用 Y 表示他的在线时间. 对于 $s \leqslant t$, 有 $P(A|S = s) = P(Y \leqslant t - s) = G(t - s)$. 因为 $S \leqslant t$ 时, S 在 $[0, t]$ 内均匀分布, 且 $P_t(A) \equiv P(A|S \leqslant t)$ 是概率, 所以用 §1.1(7) 得到

$$p = P(A|S \leqslant t) = P_t(A) = \int_0^t P_t(A|S = s)\mathrm{d}P_t(S \leqslant s)$$

$$= \int_0^t P(A|S \leqslant t, S = s)\mathrm{d}P(S \leqslant s|S \leqslant t)$$

$$= \frac{1}{t} \int_0^t P(A|S=s)\mathrm{d}s = \frac{1}{t} \int_0^t G(t-s)\mathrm{d}s = \frac{1}{t} \int_0^t G(s)\mathrm{d}s,$$

$$q = P(\overline{A}|S \leqslant t) = 1 - p = \frac{1}{t} \int_0^t \overline{G}(s)\mathrm{d}s.$$

每个在 $[0,t]$ 内进入网站的人在 t 时离线的概率是 p, 在线的概率是 q, 与其他客户的行为独立. 用 $\{N(t)\}$ 表示所述的泊松过程, 利用二项分布得到

$$P(N_1(t)=k, N_2(t)=j|N(t)=k+j) = \mathrm{C}_{k+j}^k p^k q^j.$$

于是得到

$$P(N_1(t)=k, N_2(t)=j))$$
$$= P(N(t)=k+j)P(N_1(t)=k, N_2(t)=j|N(t)=k+j)$$
$$= P(N(t)=k+j)\mathrm{C}_{k+j}^k p^k q^j$$
$$= \frac{(\lambda t p)^k}{k!} \mathrm{e}^{-\lambda t p} \frac{(\lambda t q)^j}{j!} \mathrm{e}^{-\lambda t q}.$$

分别对 j, k 求和, 就得到边缘分布

$$P(N_1(t)=k) = \frac{(\lambda t p)^k}{k!}\mathrm{e}^{-\lambda t p}, \quad P(N_2(t)=j) = \frac{(\lambda t q)^j}{j!}\mathrm{e}^{-\lambda t q}.$$

这说明 $N_1(t)$, $N_2(t)$ 是相互独立的泊松随机变量, 分别有数学期望 $\lambda t p$ 和 $\lambda t q$, 即有

$$\mathrm{E}\, N_1(t) = \lambda t p = \lambda \int_0^t G(s)\mathrm{d}s, \quad \mathrm{E}\, N_2(t) = \lambda t q = \lambda \int_0^t \overline{G}(s)\mathrm{d}s.$$

所以 (4.5) 成立.

用 $b_G = \inf\{s|G(s)=1\}$ 表示 $G(t)$ 的右端点, 用 μ_G 表示 $G(t)$ 的数学期望. 当 $t \geqslant b_G$ 时,

$$\mathrm{E}\, N_2(t) = \lambda \int_0^{b_G} \overline{G}(s)\mathrm{d}s = \lambda \mu_G,$$
$$\mathrm{E}\, N_1(t) = \mathrm{E}\, N(t) - \mathrm{E}\, N_2(t) = \lambda(t - \mu_G),$$

这说明 $t \geqslant b_G$ 后, 在线的客户平均数稳定在 $\mathrm{E}\,N_2(t) = \lambda\mu_G$. 在 $(b_G, b_G + t]$ 中离线的客户数

$$N_3(t) = N_1(t + b_G) - N_1(b_G), \quad t \geqslant 0$$

有数学期望

$$\mathrm{E}\,N_3(t) = \mathrm{E}\,N_1(t + b_G) - \mathrm{E}\,N_1(b_G) = \lambda t.$$

请读者进一步考虑 $\{N_3(t)\}$ 是否是泊松过程 (参考习题 2.24).

C. 复合泊松过程

讨论旅客按照强度为 λ 的泊松过程到达长途汽车站时, 我们把相约的到达视为一次到达. 如果第 i 次到达的旅客数是 Z_i 时, $[0, t]$ 内到达了多少旅客呢?

如果已知 $[0, t]$ 内有 $N(t) = n$ 次到达, 则 $[0, t]$ 内到达的旅客数是 $\sum\limits_{j=1}^{n} Z_j$. 当 $[0, t]$ 内有 $N(t)$ 次到达, 称 $[0, t]$ 内到达的旅客数

$$M(t) = \sum_{j=1}^{N(t)} Z_j \tag{4.6}$$

为**复合泊松过程**. $\mathrm{E}\,M(t)$ 是 $[0, t]$ 内平均到达的旅客数, $\mathrm{Var}\,(M(t))$ 是 $[0, t]$ 内到达的旅客数的方差.

设 $\{Z_j\}$ 相互独立, 有共同的数学期望 $\mu = \mathrm{E}\,Z_j$ 和有限方差 $\sigma^2 = \mathrm{Var}\,(Z_j)$, 并且和 $\{N(t)\}$ 独立. 下面计算 $\mathrm{E}\,M(t)$ 和 $\mathrm{Var}\,(M(t))$.

已知 $N(t) = n$ 时, $M(t)$ 有条件数学期望

$$\mathrm{E}\,\big(M(t)|N(t) = n\big) = \mathrm{E}\Big(\sum_{j=1}^{n} Z_j | N(t) = n\Big)$$

$$= \mathrm{E}\sum_{j=1}^{n} Z_j = n\,\mathrm{E}\,Z_j = n\mu.$$

于是得到 $\mathrm{E}\,\big(M(t)|N(t)\big) = N(t)\mu$. 再求数学期望得到

$$\mathrm{E}\,M(t) = \mathrm{E}\big(\mathrm{E}\,(M(t)|N(t))\big) = \mathrm{E}\,N(t)\mu = \lambda t\mu.$$

$M^2(t)$ 有条件数学期望

$$\mathrm{E}\left(M^2(t)|N(t)=n\right)=\mathrm{E}\left(\left(\sum_{j=1}^{n}Z_j\right)^2|N(t)=n\right)$$

$$=\mathrm{E}\left(\sum_{j=1}^{n}Z_j\right)^2=\mathrm{Var}\left(\sum_{j=1}^{n}Z_j\right)+\left(\mathrm{E}\sum_{j=1}^{n}Z_j\right)^2$$

$$=n\sigma^2+(n\mu)^2.$$

所以有

$$\mathrm{E}\left(M^2(t)|N(t)\right)=N(t)\sigma^2+N^2(t)\mu^2.$$

两边再求数学期望, 利用 $\mathrm{E}\,N(t)=\mathrm{Var}\,(N(t))=\lambda t$, $\mathrm{E}\,N^2(t)=\lambda t+(\lambda t)^2$, 得到

$$\mathrm{E}\,M^2(t)=\mathrm{E}\,N(t)\sigma^2+\mathrm{E}\,N^2(t)\mu^2$$

$$=\lambda t\sigma^2+[\lambda t+(\lambda t)^2]\mu^2.$$

最后得到

$$\mathrm{Var}\,(M(t))=\mathrm{E}\,M^2(t)-[\mathrm{E}\,M(t)]^2=\lambda t\sigma^2+\lambda t\mu^2.$$

在上面的计算中, 我们只需要 Z_i 的数学期望和方差有限. 于是得到如下的结论.

定理 4.5 设 $\{N(t)\}$ 是强度为 λ 的泊松过程, $\{Z_j\}$ 是相互独立的随机序列, 有共同的数学期望 $\mu=\mathrm{E}\,Z_j$ 和方差 $\sigma^2=\mathrm{Var}\,(Z_j)$, 并且和 $\{N(t)\}$ 独立, 复合泊松过程 $\{M(t)\}$ 由 (4.6) 定义, 则

(1) $\mathrm{E}\,M(t)=\lambda t\mu$;

(2) 当 $\sigma^2<\infty$ 时, $\mathrm{Var}\,(M(t))=\lambda t(\sigma^2+\mu^2)$.

例 4.3 在上海证券交易所, 宝钢股份的交易流是强度为 λ (笔 / 分钟) 的泊松流. 设第 j 笔交易量是 Z_j 手, 如果 $\{Z_j\}$ 是来自总体 Z 的随机变量, $\mu=\mathrm{E}\,Z$, $\sigma^2=\mathrm{Var}\,(Z)$. 计算宝钢股份一小时内的交易量的数学期望和标准差.

解 用 $\{N(t)\}$ 表示所述的强度为 λ 的泊松过程. 60 分钟的交易量为

$$M(60)=\sum_{j=1}^{N(60)}Z_j.$$

根据定理 4.5, 一小时的平均交易量为 $\mathrm{E}\, M(60) = 60\lambda\mu$(手), 交易量的标准差是

$$\sqrt{\mathrm{Var}\,(M(60))} = \sqrt{60\lambda(\mu^2 + \sigma^2)} = \sqrt{60\lambda\,\mathrm{E}\, Z^2}\ (\text{手}).$$

练 习 2.4

(1) 设 $\{N_1(t)\}$ 和 $\{N_2(t)\}$ 是两个随机过程. 如果对于任何 $n \geqslant 1$ 和 $0 \leqslant t_1 < t_2 < \cdots < t_n$, 随机向量

$$\big(N_1(t_1), N_1(t_2), \cdots, N_1(t_n)\big) \ \text{和} \ \big(N_2(t_1), N_2(t_2), \cdots, N_2(t_n)\big)$$

独立, 则这两个计数过程相互独立.

(2) 设 $\{Y_i\}$ 相互独立, 都服从两点分布 $\mathcal{B}(1, p)$. 又设 $\{Y_i\}$ 与强度为 λ 的泊松过程 $\{N(t)\}$ 独立. 定义

$$N_1(t) = \sum_{j=1}^{N(t)} Y_j, \quad N_2(t) = \sum_{j=1}^{N(t)} (1 - Y_j), \quad t \geqslant 0.$$

计算 $N_1(t)$ 和 $N_2(t)$ 的概率分布.

(3) 设 $\{N(t)\}$ 是强度为 λ 的泊松过程, T 是和该泊松过程独立的随机变量. 当 T 服从参数为 β 的指数分布时,

(a) 求 $N(T)$ 的概率分布;

(b) 计算 $\mathrm{E}\, N(T)$.

(4) 在有很多鱼的湖中钓鱼时, 渔夫平均每小时钓到两条鱼. 如果渔夫每天的钓鱼时间 T 在 3 至 8 小时内均匀分布, 他平均每天钓多少条鱼? 方差是多少?

*§2.5　泊松过程的参数估计

A. 用 $N(t)$ 估计 λ

设 $N(t)$ 是强度为 λ 的泊松过程. 由 $N(t)$ 的概率分布

$$P(N(t) = n) = \frac{(\lambda t)^n}{n!}\mathrm{e}^{-\lambda t}, \quad n = 0, 1, \cdots$$

知道基于观测 $n = N(t)$ 的似然函数是

$$L(\lambda) = \frac{(\lambda t)^n}{n!} \mathrm{e}^{-\lambda t}. \tag{5.1}$$

对数似然函数是

$$l(\lambda) = \ln L(\lambda) = n \ln \lambda - \lambda t + c_0, \ c_0 \text{ 是常数}.$$

从 $l'(\lambda) = 0$ 得到 λ 的最大似然估计 n/t.

一般情况下, $[0, t]$ 内发生了 $N(t)$ 个事件, λ 的最大似然估计是

$$\hat{\lambda} = \frac{N(t)}{t}. \tag{5.2}$$

由于 $\mathrm{E} N(t) = \lambda t$, 所以 $\mathrm{E} \hat{\lambda} = \lambda$. 这说明 $\hat{\lambda}$ 是无偏估计.

对于每个 $t > 0$, 有正整数 n 使得 $n - 1 < t \leqslant n$ 成立. 这时

$$\frac{N(n-1)}{n} \leqslant \frac{N(t)}{t} \leqslant \frac{N(n)}{n-1}. \tag{5.3}$$

利用独立增量性和平稳增量性知道

$$N(n) = \sum_{j=1}^{n} N(j-1, j] \tag{5.4}$$

是独立同分布的随机变量 $N(j-1, j]$ 的和. 利用强大数律得到

$$\lim_{n \to \infty} \frac{N(n-1)}{n} = \mathrm{E} N(1) = \lambda \ \text{a.s.}, \quad \lim_{n \to \infty} \frac{N(n)}{n-1} = \mathrm{E} N(1) = \lambda \ \text{a.s.}.$$

于是从 (5.3) 得到

$$\lim_{t \to \infty} \frac{N(t)}{t} = \lambda \ \text{a.s.}, \tag{5.5}$$

说明 $\hat{\lambda}$ 是 λ 的强相合估计.

再利用独立增量性和平稳增量性知道

$$Y_j = N(jt/n) - N((j-1)t/n), \quad j = 1, 2, \cdots, n$$

是独立同分布的随机变量, 其部分和

$$N(t) = \sum_{j=1}^{n} Y_j$$

的数学期望和方差都是 λt. 从中心极限定理知道对于较大的 λt,

$$\xi = \frac{N(t) - \lambda t}{\sqrt{\lambda t}} \sim N(0, 1) \tag{5.6}$$

近似成立.

给定置信水平 $1 - \alpha$, 用 $z_{\alpha/2}$ 表示标准正态分布的 $\alpha/2$ 上分位数: $\Phi(z_{\alpha/2}) = 1 - \alpha/2$. 利用 $P(|\xi| \leqslant z_{\alpha/2}) \approx 1 - \alpha$, 对于较大的 λt, 可以得到 λ 的置信水平为 $1 - \alpha$ 的近似置信区间

$$J_\lambda = \left[\frac{b - \sqrt{b^2 - 4ac}}{2a}, \frac{b + \sqrt{b^2 - 4ac}}{2a} \right], \tag{5.7}$$

其中 $a = t^2$, $b = 2tN(t) + tz_{\alpha/2}^2$, $c = N^2(t)$.

实际上, $|\xi| \leqslant z_{\alpha/2}$ 当且仅当

$$|N(t) - \lambda t|^2 \leqslant \lambda t z_{\alpha/2}^2. \tag{5.8}$$

(5.8) 与 $g(\lambda) \equiv a\lambda^2 - b\lambda + c \leqslant 0$ 等价. $g(\lambda)$ 是开口向上的抛物线, 当且仅当 λ 属于区间 (5.7) 时 $g(\lambda) \leqslant 0$. 于是

$$P(\lambda \in J_\lambda) = P(g(\lambda) \leqslant 0) = P(|\xi| \leqslant z_{\alpha/2}) \approx 1 - \alpha.$$

这就证明了 λ 的置信水平为 $1 - \alpha$ 的近似置信区间是 (5.7).

定理 5.1 设 $\{N(t)\}$ 是强度为 λ 的泊松过程, 则由 (5.2) 定义的最大似然估计 $\hat\lambda$ 是 λ 的强相合无偏估计. 对于较大的 t, λ 的置信水平为 $1 - \alpha$ 的近似置信区间是 (5.7).

例 5.1 上海证券交易所开盘后, 在 10:00 至 10:30 之间一共有 36 万次成交. 假定在这段时间内股票的成交构成一个泊松流, 以秒为时间单位.

(1) 估计泊松流的强度 λ;

(2) 在置信水平 0.95 下, 计算强度 λ 的置信区间;

(3) 当 $\lambda = 200$ 时, 计算 5 秒内的成交次数大于 1050 次的概率.

解 (1) 因为在 $t = 30 \times 60$ 秒内有 $N(t) = 36$ 万次成交, 所以 λ 的最大似然估计是

$$\hat\lambda = \frac{36 \times 10^4}{30 \times 60} = 200.$$

(2) 对于置信水平 $1 - \alpha = 0.95$, 查附录 C2 得到 $z_{\alpha/2} = 1.96$. 容易计算出 (5.7) 中的

$$N(t) = 36 \times 10^4,$$
$$a = t^2 = 1800^2 = 3240000,$$
$$b = \left(2tN(t) + tz_{\alpha/2}^2\right) = 1.296 \times 10^9,$$
$$c = N^2(t) = 1.296 \times 10^{11},$$

将 a, b, c 代入 (5.7) 得到置信区间 $[199.9846, 200.0154]$.

(3) 因为每秒钟平均有 200 次交易, 所以从 (5.6) 知道

$$\xi = \frac{N(5) - 5\lambda}{\sqrt{5\lambda}} \sim N(0, 1)$$

近似成立. 于是

$$
\begin{aligned}
P(N(5) > 1050) &= P\Big(\frac{N(5) - 5\lambda}{\sqrt{5\lambda}} > \frac{1050 - 5\lambda}{\sqrt{5\lambda}}\Big) \\
&\approx P\Big(\xi > \frac{5}{\sqrt{10}}\Big) \\
&= 1 - \Phi(1.5811) \approx 0.057.
\end{aligned}
$$

B. 用 S_n 估计 λ

在实际问题中如果可以观测到第 n 个发生时刻 $S_n = s_n$, 从定理 2.2(2) 知道 λ 的似然函数

$$L(\lambda) = \frac{\lambda^n}{\Gamma(n)} s_n^{n-1} \mathrm{e}^{-\lambda s_n}.$$

对数似然函数是

$$l(\lambda) = \ln L(\lambda) = n \ln \lambda - \lambda s_n + c_0, \quad c_0 = \text{常数}.$$

由 $l'(\lambda) = n/\lambda - s_n = 0$, 得到 λ 的最大似然估计 $\tilde{\lambda} = n/s_n$. 实际问题中观测到 S_n, 最大似然估计是 $\tilde{\lambda} = n/S_n$.

$\tilde{\lambda} = n/S_n$ 不是 λ 的无偏估计 (见练习 2.5(1)), 但是是 λ 的强相合估计, 因为从强大数律得到 $n \to \infty$ 时,

$$\tilde{\lambda}^{-1} = \frac{S_n}{n} = \frac{X_1 + X_2 + \cdots + X_n}{n} \to \mathrm{E}\, X_1 = 1/\lambda \text{ a.s.}$$

于是有 $\tilde{\lambda} \to \lambda$ a.s.

下面再计算 λ 的置信区间. 利用定理 2.2 容易计算出 $\eta = 2\lambda S_n$ 的密度函数

$$f(t) = \frac{1}{2^n \Gamma(n)} t^{n-1} e^{-t/2}, \quad t > 0.$$

这正是 $2n$ 个自由度的 χ^2 分布的密度函数, 于是 $\eta = 2\lambda S_n \sim \chi^2(2n)$. 用 $\chi^2_{\alpha/2}$ 表示 $\chi^2(2n)$ 分布的上 $\alpha/2$ 分位数, 利用

$$P\left(\chi^2_{1-\alpha/2} \leqslant 2\lambda S_n \leqslant \chi^2_{\alpha/2}\right) = 1 - \alpha,$$

得到 λ 的置信水平为 $1 - \alpha$ 的置信区间

$$\left[\frac{\chi^2_{1-\alpha/2}}{2S_n}, \frac{\chi^2_{\alpha/2}}{2S_n}\right], \tag{5.9}$$

其中的 $\chi^2_{\alpha/2}$ 可以查附录 C3 得到.

C. 复合泊松过程的参数估计

对于由 (4.6) 定义的复合泊松过程

$$M(t) = \sum_{j=1}^{N(t)} Z_j, \quad t \geqslant 0,$$

得到观测值 $M(t)$ 后, 利用 $\mathrm{E}\, M(t) = \lambda t \mu$, 得到 $\mu = \mathrm{E}\, M(t)/\lambda t$. 如果有了 λ 的最大似然估计 $\hat{\lambda}$, 则可以用

$$\hat{\mu} = \frac{M(t)}{\hat{\lambda} t} \tag{5.10}$$

作为 μ 的估计. 关于 $\hat{\mu}$ 的强相合性, 只介绍下面的定理.

定理 5.2 设 $\{N(t)\}$ 是强度为 λ 的泊松过程, $\{Z_j\}$ 是独立同分布的随机序列, 与 $\{N(t)\}$ 独立, 则复合泊松过程 $\{M(t)\}$ 是独立增量过程和平稳增量过程, 并且当 $\mathrm{E}|Z_j| < \infty$ 时, $\hat{\mu} \to \mu$ a.s..

因为定理 5.2 的证明类似于定理 4.3 的证明, 所以略去.

练 习 2.5

(1) 对于 $\tilde{\lambda} = n/S_n$, 验证 $\mathrm{E}\,\tilde{\lambda} > \lambda$.

(2) 假设观众按照强度为 λ 的泊松过程到达艺术馆参观, 每次到达的人数是独立同分布的随机变量, 相互独立. 已知周日的参观人数有方差 800, 周三的参观人数有方差 700. 现在周日有 200 人参观了艺术馆, 周三有 280 人参观了艺术馆, 这两天的泊松强度有无显著的差异?

*§2.6   非时齐泊松过程

设泊松过程 $\{N(t)\}$ 有强度 λ, 则 $(s,t]$ 内发生的事件数 $N(s,t] = N(t) - N(s)$ 服从泊松分布. 其数学期望 $\lambda(t-s)$ 是强度 λ 与时间起点 s 及终点 t 围成的图形的面积 (见图 2.6.1).

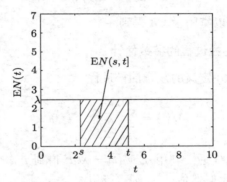

图 2.6.1 $\mathrm{E}\,N(s,t] = \lambda(t-s)$, $s = 2.2$, $t = 5.1$, $\lambda = 3.3$

在许多实际问题中, 泊松过程的强度 λ 并不是常数, 而是随着时间 t 的变化而变化的. 例如某段公路上的汽车流, 在高峰时间强度会大一些, 在其他时间强度会小一些; 火车站到达的旅客流在日间的强度更大一些; 办公电话收到的呼叫流在日间和夜间的强度也是不同的. 非时齐泊松过程就可以更准确地描述这样的计数过程.

A. 非时齐泊松过程

定义 6.1   如果计数过程 $\{N(t)\}$ 满足以下条件:

(a) $N(0) = 0$;

(b) 独立增量性: $\{N(t)\}$ 是独立增量过程;

(c) 非齐普通性：对任何 $t \geqslant 0$, 当正数 $h \to 0$ 时, 有

$$\begin{cases} P(N(t+h) - N(t) = 1) = \lambda(t)h + o(h), \\ P(N(t+h) - N(t) \geqslant 2) = o(h), \end{cases} \quad (6.1)$$

则称 $\{N(t)\}$ 是**非时齐泊松过程**, 称 $\lambda(t)$ 是 $\{N(t)\}$ 的**强度函数**.

这里非时齐 (nonhomogeneous) 是指强度函数随时间 t 变化, 也就是说关于时间不是整齐的. 和这个定义比较, 还可以把以前的泊松过程称为时齐 (homogeneous) 泊松过程. 因为当强度函数 $\lambda(t)$ 是常数时, 非时齐的泊松过程简化为时齐的泊松过程, 所以也可以把非时齐的泊松过程简称为泊松过程. 泊松过程是否时齐, 只要看强度函数是否为常数.

容易理解, 当强度函数 $\lambda(t)$ 变化平缓时, 在较小的时间段内可以用强度函数 $\lambda(t)$ 在这段时间中的平均代替 $\lambda(t)$, 从而在小时间段中, 可视 $\{N(t)\}$ 为时齐的泊松过程. 例如对于较小的时间段 $(s, t]$ 中, 可以将汽车流视为时齐的泊松流, 这时的强度 λ 是原非时齐泊松过程的强度函数 $\lambda(t)$ 在 $(s, t]$ 上的平均:

$$\lambda = \frac{1}{t-s} \int_s^t \lambda(u) \mathrm{d}u.$$

用

$$m(s, t] = \int_s^t \lambda(u) \mathrm{d}u \quad (6.2)$$

表示 $\lambda(t)$ 与时间起点 s 及终点 t 围成的图形的面积 (图 2.6.2), 有如下的定理.

定理 6.1　设 $\{N(t)\}$ 是强度函数为 $\lambda(t)$ 的泊松过程, 则 $(s, t]$ 内发生的事件数 $N(s, t] = N(t) - N(s)$ 服从数学期望为 $m(s, t]$ 的泊松分布, 即

$$P(N(s, t] = k) = \frac{m^k(s, t]}{k!} \exp(-m(s, t]), \quad k = 0, 1, \cdots. \quad (6.3)$$

仿照定理 1.1 的证明可以得到本定理的证明, 不再赘述.

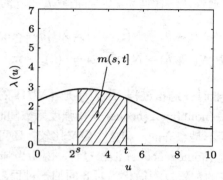

图 2.6.2 $\mathrm{E}\,N(s,t] = m(s,t]$, $s = 2.2$, $t = 5.1$

设泊松过程 $\{N(t)\}$ 有强度函数 $\lambda(t)$, 事件按照 $\{N(t)\}$ 依次发生. 对 $a > 0$, 在时刻 a 重新计数时, 得到的计数过程是

$$\tilde{N}(t) = N(t+a) - N(a), \quad t \geqslant 0. \tag{6.4}$$

定理 6.2   设泊松过程 $\{N(t)\}$ 有强度函数 $\lambda(t)$, 则对于任何 $a > 0$, 计数过程 (6.4) 是泊松过程, 有强度函数 $\tilde{\lambda}(t) = \lambda(t+a)$.

证明   容易看出定义 6.1 的条件 (a) 和 (b) 成立. 下面验证 (c).

$$
\begin{aligned}
P(\tilde{N}(t+h) - \tilde{N}(t) = 1) &= P(N(t+h+a) - N(t+a) = 1) \\
&= \lambda(t+a)h + o(h), \\
P(\tilde{N}(t+h) - \tilde{N}(t) \geqslant 2) &= P(N(t+h+a) - N(t+a) \geqslant 2) \\
&= o(h).
\end{aligned}
$$

注   非时齐泊松过程的其他性质见习题 2.14 和 2.15.

B. 强度函数的估计

很多实际问题中, 非时齐泊松过程的强度函数 $\lambda(t)$ 是周期函数. 例如, 公路上的汽车流, 超市的顾客流, 车站的乘客流, 电话的呼叫流, 交通事故的计数流, 等等. 假设强度函数 $\lambda(t)$ 有周期 d, 要估计强度函数在 t_0 的值时, 我们可以取一个适当的小区间 $(s,t] =$

$(t_0 - \delta, t_0 + \delta]$, 从中值定理知道

$$\lambda(t_0) \approx \lambda_0 \equiv \frac{1}{2\delta} \int_{t_0-\delta}^{t_0+\delta} \lambda(u)\mathrm{d}u = \frac{m(s,t]}{2\delta}.$$

这时

$$N(s+jd-d, t+jd-d], \quad j = 1, 2, \cdots, n$$

相互独立, 有共同的概率分布 (6.3). 得到观测值

$$k_j = N(s+jd-d, t+jd-d], \quad j = 1, 2, \cdots, n \qquad (6.5)$$

后, λ_0 的似然函数是

$$L(\lambda_0) = \prod_{j=1}^{n} \left(\frac{(2\delta\lambda_0)^{k_j}}{k_j!} \exp(-2\delta\lambda_0) \right),$$

其中 $2\delta = t - s$. 对数似然函数是

$$l(\lambda_0) = \sum_{j=1}^{n} k_j \ln \lambda_0 - n(t-s)\lambda_0 + c_0, \quad c_0 = 常数.$$

由 $l'(\lambda_0) = 0$, 得到 λ_0 的最大似然估计

$$\hat{\lambda}_0 = \frac{1}{n(t-s)} \sum_{j=1}^{n} k_j. \qquad (6.6)$$

不难看出 $\mathrm{E}\,\hat{\lambda}_0 = \lambda_0$, 所以 $\hat{\lambda}_0$ 是 λ_0 的无偏估计. 利用强大数律得到

$$\lim_{n \to \infty} \hat{\lambda}_0 = \frac{\mathrm{E}\,N(s,t]}{2\delta} = \lambda_0 \text{ a.s.},$$

所以 $\hat{\lambda}_0$ 是 λ_0 的强相合估计.

因为

$$\mathrm{Var}\,(\hat{\lambda}_0) = \frac{1}{n(2\delta)^2} \mathrm{Var}\,(N(s,t]) = \frac{\lambda_0}{2n\delta},$$

对于较大的 n, 利用中心极限定理得到

$$\frac{\hat{\lambda}_0 - \lambda_0}{\sqrt{\lambda_0/(2n\delta)}} \sim N(0,1)$$

近似成立.

从

$$\frac{|\hat{\lambda}_0 - \lambda_0|}{\sqrt{\lambda_0/(2n\delta)}} \leqslant z_{\alpha/2}$$

等价于 $g(\lambda_0) = a\lambda_0^2 - b\lambda_0 + c \leqslant 0$, 其中

$$a = 1, \quad b = 2\hat{\lambda}_0 + \frac{z_{\alpha/2}^2}{2n\delta}, \quad c = \hat{\lambda}_0^2,$$

知道在置信水平 $1 - \alpha$ 下, λ_0(或 $\lambda(t_0)$) 的近似置信区间是

$$\left[\frac{b - \sqrt{b^2 - 4ac}}{2a}, \frac{b + \sqrt{b^2 - 4ac}}{2a}\right]. \tag{6.7}$$

例 6.1   一位交通局的退休干部每天记录 10:00 至 10:10 之间路过他家楼下由东向西的出租车数量, 得到了下面数据:

$$
\begin{array}{cccccccccc}
13 & 9 & 19 & 16 & 15 & 20 & 20 & 17 & 16 & 20 \\
20 & 8 & 15 & 23 & 25 & 15 & 18 & 19 & 15 & 22 \\
12 & 17 & 19 & 15 & 14 & 16 & 18 & 17 & 22 & 10.
\end{array}
$$

以分钟为时间单位, 估计 10:00 至 10:10 之间这段路上出租车流的平均强度 λ_0. 计算 λ_0 的置信水平为 0.95 的置信区间.

解   用 k_j 表示第 j 次观测到的出租车数, $n = 30, 2\delta = 10$. 利用公式 (6.6) 计算出最大似然估计

$$\hat{\lambda}_0 = \frac{1}{30 \times 10} \sum_{j=1}^{n} k_j = 1.683 \ (辆 / 分钟).$$

对 $1 - \alpha = 0.95$, 查附录 C2 得到 $z_{\alpha/2} = 1.96$. 用 (6.7) 计算置信区间时,

$$a = 1, \quad 2\delta = 10, \quad n = 30,$$
$$b = 2\hat{\lambda}_0 + 1.96^2/300 = 3.3788,$$
$$c = \hat{\lambda}_0^2 = 2.8325.$$

将上面的数代入 (6.7), 得到置信水平 0.95 下, λ_0 的置信区间是

[1.5425, 1.8363].

例 6.2 国内航班的飞机在起飞前 30 分钟开始登机, 开始登机 6 分钟后仍然有旅客陆续到达登机口. 根据对于 $n = 50$ 个正点起飞的波音 737 航班的随机调查, 得到了从开始登机后的第 5 分钟至 35 分钟的平均到达人数, 列在下面表中. 其中 $\tilde{N}(k) = N(5, k]$ 是时间段 $(5, k]$ 内 50 个航班的平均到达人数 (相约的到达认为是一人到达).

k	$\tilde{N}(k)$	$\tilde{N}(k+1)$	$\tilde{N}(k+2)$	$\tilde{N}(k+3)$	$\tilde{N}(k+4)$	$\tilde{N}(k+5)$
6	5.7900	10.0800	12.2033	13.7433	14.9333	15.8900
12	16.6800	17.3450	17.9128	18.4028	18.8291	19.2025
18	19.5309	19.8209	20.0776	20.3051	20.5069	20.6858
24	20.8442	20.9842	21.1075	21.2157	21.3100	21.3917
30	21.4617	21.5209	21.5702	21.6102	21.6416	21.6649

认为登机旅客按照非时齐的泊松流到达时, 对于 $t \in (5, 35]$ 绘出强度函数 $\lambda(t)$ 的估计图形. 估计时间段 $(30, 35]$ 内仍有旅客到达的概率.

解 用 $N_j(t)$ 表示第 j 个航班从登机开始到 t 时的到达人数, 根据所给的条件, $\{N_j(t)\}$ $(j = 1, 2, \cdots, n)$ 是相互独立的非时齐的泊松过程, 有相同的强度函数 $\lambda(t)$. 用

$$\hat{\lambda}(k) = \frac{1}{n} \sum_{j=1}^{n} N_j(k-1, k]$$

作为 $\lambda(t)$ 在时间段 $(k-1, k]$ 内的平均的估计, 则有

$$\hat{\lambda}(6) = \tilde{N}(6), \quad \hat{\lambda}(k) = \tilde{N}(k) - \tilde{N}(k-1), \quad k = 7, 8, \cdots, 35.$$

计算结果如下表所示:

k	$\hat{\lambda}(k)$	$\hat{\lambda}(k+1)$	$\hat{\lambda}(k+2)$	$\hat{\lambda}(k+3)$	$\hat{\lambda}(k+4)$	$\hat{\lambda}(k+5)$
6	5.7900	4.2900	2.1233	1.5400	1.1900	0.9567
12	0.7900	0.6650	0.5678	0.4900	0.4264	0.3733
18	0.3285	0.2900	0.2567	0.2275	0.2018	0.1789
24	0.1584	0.1400	0.1233	0.1082	0.0943	0.0817
30	0.0700	0.0592	0.0493	0.0400	0.0314	0.0233

将 $(k, \hat{\lambda}(k))$ 绘在坐标系中, 得到图 2.6.3. 这是对 $\lambda(t)$ 的估计图形.

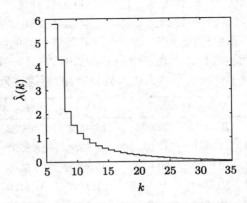

图 2.6.3   例 6.2 中的 $\hat{\lambda}(k)$ 的图形

下面计算在 $(30, 35]$ 内仍有旅客登机的概率.

用 A_j 表示 $(j-1, j]$ 内有人到达登机口, 则 $B = \bigcup\limits_{j=31}^{35} A_j$ 表示 $(30, 35]$ 中有人到达. 从 $P(\overline{A}_j) = \exp(-\hat{\lambda}_j)$ 得到

$$
\begin{aligned}
P(B) &= 1 - \prod_{j=31}^{35} P(\overline{A}_j) \\
&= 1 - \prod_{j=31}^{35} \exp(-\hat{\lambda}_j) \\
&= 1 - \exp(-0.2032) \\
&= 0.1839.
\end{aligned}
$$

也就是说由于旅客登机问题造成原本正点起飞的航班延误 5 分钟以内的概率大约是 18.39%.

习 题 二

2.1   设 $U_1, U_2, \cdots, U_n$ 独立同分布, 都在 $(0, 1)$ 上均匀分布, $(U_{(1)}, U_{(2)}, \cdots, U_{(n)})$ 是从小到大次序统计量. 定义 $X_j = \mathrm{I}[U_j \leqslant p]$,

$j = 1, 2, \cdots, n$, $S_n = X_1 + X_2 + \cdots X_n$.

(a) 计算 $P(S_n \geqslant k)$;

(b) 计算 $P(U_{(k)} \leqslant p)$;

(c) 验证公式 $\sum\limits_{j=k}^{n} C_n^j p^j (1-p)^{n-j} = k C_n^k \int_0^p t^{k-1}(1-t)^{n-k}\, \mathrm{d}t$.

2.2 设强度为 λ 的泊松过程 $\{N(t)\}$ 的第 j 个到达时间是 S_j, 对于 $j \leqslant n$ 计算 $\mathrm{E}(S_j | N(t) = n)$, 对于 $j \leqslant N(t)$ 计算 $\mathrm{E}(S_j | N(t))$.

2.3 设 $\{N(t);\ t \geqslant 0\}$ 是强度为 λ 的泊松过程.

(a) 对 $t > s \geqslant 0$, 计算 $P(N(t) = n | N(s) = m)$;

(b) 给出几乎处处极限 $\lim\limits_{t \to \infty} N(t)/t$;

(c) 给出极限 $\lim\limits_{t \to \infty} P((N(t) - \lambda t)/\sqrt{t\lambda} \leqslant x)$.

2.4 实验室共有 m 台计算机, 每台计算机等待被病毒感染的时间是相互独立的, 服从均值为 $1/\lambda$ 指数分布. 假设计算机一旦被感染可以很快被修复 (修复时间忽略不计).

(a) 给出一个计数过程记录 $[0, t]$ 内被病毒感染的计算机总次数;

(b) $[0, t]$ 内平均有几台次计算机被病毒感染?

2.5 设有 $N = \sum\limits_{j=1}^{n} m_j$ 条线段, 其中有 m_j 条的长度是 x_j, x_1, $x_2, \cdots, x_n$ 互不相同. 将所有线段连接起来得到长度为 $L = \sum\limits_{j=1}^{n} m_j x_j$ 的线段. 在该线段上任取一点, 用 X 表示该点所在线段的长度.

(a) 计算 $\mu_1 = \mathrm{E}X$;

(b) 计算所有线段的平均长度 μ_2;

(c) 验证 $\mu_1 > \mu_2$, 并解释其原因.

2.6 设钻井需要 1500 小时. 假设钻头的寿命服从参数是 λ 的指数分布, 求需要钻头数的概率分布.

2.7 设火灾发生的累积次数是强度为 λ 的泊松过程 $\{N(t)\}$, 发生第 j 次火灾后保险公司需要支付的赔付金为 Y_j, $\mu = \mathrm{E}Y_j < \infty$. 用 $W(t)$ 表示 $[0, t]$ 内保险公司支付的赔付金总数. 如果 $\{Y_j\}$ 与火

灾的发生时刻独立, 计算 $\mathrm{E}[W(t)|N(t)]$ 和 $\mathrm{E}W(t)$.

2.8   设小卧车按强度为 λ 的泊松过程通过一雷达测速站, 卡车按强度为 μ 的泊松过程通过该雷达测速站, 这两个泊松过程是相互独立的.

(a) 从 t 时开始, 计算等待下一辆车到达平均需要的时间;

(b) 已知下一辆通过的是小卧车时, 期望等待这辆小卧车多长时间;

(c) 已知下一辆通过的是卡车时, 期望等待这辆卡车多长时间;

(d) 计算下一辆汽车是小卧车的概率.

2.9   乘客按照每分钟 2 人的泊松流到达车站候车, 公交车每 5 分钟到达一辆. 用 W 表示时间 $(0,5]$ 内到达的乘客的候车时间之和. 当 $t=0$ 时有车到达, 计算 $\mathrm{E}W$.

2.10   对于简单呼叫流 $\{S_j\}$, 在条件 $S_n=t$ 下, 计算

$$(S_1, S_2, \cdots, S_{n-1})$$

的联合密度. 如果不考虑先后次序, 这 $n-1$ 个事件的发生时刻是如何分布的?

2.11   展览馆开馆后观众按每小时 9 次的简单呼叫流到达. 假设每次到达只有一位观众,

(a) 要接待完 n 个观众, 展览馆每天平均售票多长时间?

(b) 如果每天售票 8 小时, 展览馆每天平均接待多少观众?

2.12   公交车从停车场开出后, 第 i 站上车的人数 N_i 是均值为 λ_i 的泊松随机变量. 第 i 站上车的乘客以概率 p_{ij} 在第 j 站下车. 假设所有乘客的行动相互独立, 计算

(a) 第 j 站下车人数的数学期望;

(b) 第 j 站下车人数的概率分布;

(c) 第 i 站的下车人数和第 j 站下车的人数的联合分布.

2.13   设非时齐泊松过程 $\{N(t)\}$ 有恒正的强度函数 $\lambda(t)$ 和数学期望 $m(t)=\mathrm{E}N(t)$, 则

$$N_1(t) = N(m^{-1}(t)), \quad t \geqslant 0$$

是强度为 1 的泊松过程.

2.14   设非时齐泊松过程 $\{N(t)\}$ 有强度函数 $\lambda(t)$ 和 $m(t) = \mathrm{E}\,N(t) > 0$, 用 S_1 表示第一个事件的发生时刻, 则

(a) 已知 $N(t) = 1$ 时, $g(s) = \lambda(s)/m(t)$, $s \in [0, t]$, 是 S_1 的概率密度函数;

(b) 当 $Y_1, Y_2, \cdots, Y_n$ 是来自总体密度为 $g(s)$ 的随机变量, 次序统计量 $(Y_{(1)}, Y_{(2)}, \cdots, Y_{(n)})$ 有联合密度

$$h(\boldsymbol{x}) = \begin{cases} n! \prod_{j=1}^{n} g(x_j), & \text{当 } 0 < x_1 < x_2 < \cdots < x_n < t, \\ 0, & \text{其他}; \end{cases}$$

(c) 已知 $N(t) = n$ 时, $[0, t]$ 内的依次到达时刻 $(S_1, S_2, \cdots, S_n)$ 与 $(Y_{(1)}, Y_{(2)}, \cdots, Y_{(n)})$ 同分布,

(d) 在条件 $N(t) = n$ 下, $[0, t]$ 中的这 n 个事件是如何发生的?

2.15   从 $t = 0$ 开始, 图书馆按照均值为 $m(t)$ 的非时齐泊松过程每次借出一本书. 每本书在馆外流通的时间是相互独立的, 有共同的分布函数 $F(t)$. 用 $X(t)$ 表示 t 时在馆外的图书数, 计算 $\mathrm{E}\,X(t)$, $\mathrm{Var}\,(X(t))$.

2.16   从 $t = 0$ 开始, 汽车按照强度为 λ 的泊松流驶入京沪高速路, 车速是独立同分布的随机变量, 有共同的分布函数 $G(t)$. 在时刻 t, 用 X 表示从北京驶往上海且位于公路段 $[a, b]$ 的汽车数, 计算 X 的概率分布.

2.17   设 $h(s)$ 是非负函数, 对强度为 λ 的泊松流 $S_1, S_2, \cdots$, 有

$$\mathrm{E} \sum_{i=1}^{\infty} h(S_i) = \lambda \int_0^{\infty} h(s)\mathrm{d}s.$$

2.18   乘客按照强度为 λ 的泊松过程到达车站候车, 公交车每隔 5 分钟将候车的乘客全部送走. 为了缩短高峰时刻的乘客候车时间, 预备在两次发车时间中加发一班车 (将候车乘客全部运走). 请设计加车的时间使得乘客的平均候车时间最短.

2.19   汽车流按照强度为 λ 的泊松过程在交通网络中运行 (图 2.19). 图中所标的数字是各路段泊松流的强度. 请填补没有标注的泊松流的强度.

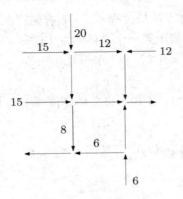

题 2.19 图 (交通流量图)

2.20   人造卫星按照强度为 λ 的泊松流路过靶场上空. 如果试射一枚导弹需要的时间为 s, 计算在时刻 t 发射的导弹不被卫星监测的概率.

2.21   汽车按照强度为 λ 的泊松流通过广场, 车流中的 3/5 是卧车, 1/5 是公交车, 1/5 是运输车. 卧车通过时造成的空气污染来自总体 D_1, 公交车通过时造成的污染来自总体 D_2, 货车通过时造成的污染来自总体 D_3. 所有 D_i 随着时间的推移而减弱, 经过时间 s 污染减弱为 $D_i h(s)$. 假设所有的车辆造成的污染是相互独立的, 也与汽车流独立. 计算 $[0,t]$ 内通过的车辆对广场造成的平均污染.

2.22   保险公司的赔付按强度为 λ 的泊松流发生, 赔付数是来自总体 V 的随机变量. 该保险公司的保费及其投资收益按强度为 μ 的泊松流发生, 收益数是来自总体 U 的随机变量. 假设赔付, 收益及两个泊松流是相互独立的. 计算保险公司在 $[0,t]$ 内的平均收益.

2.23   设公路上同方向行驶的车辆之间的距离服从均值为 0.1 千米的指数分布, 求 5 千米的公路上有 50 至 59 辆车的概率.

2.24   从 $t=0$ 开始, 顾客按强度为 λ 的泊松流到达有无穷个服务员的服务站. 服务员对每个顾客的服务时间是独立同分布的, 有公共的分布函数 $G(t)$, 且与所有的到达时刻独立. 用 $N_1(t)$ 表示 $[0,t]$ 内离开服务站的顾客数, 则

(a) $\{N_1(t)\}$ 是以 $\lambda G(t)$ 为强度函数的非时齐泊松过程;

(b) 设 $b_G = \inf\{s|G(s) = 1\} < \infty$, 用 μ_G 表示 $G(t)$ 的数学期望. 说明 $t > b_G$ 以后, 服务站的输出过程

$$N_2(t) = N_1(t + b_G) - N_1(b_G), \quad t \geqslant 0$$

是强度为 λ 的泊松过程.

第三章 更 新 过 程

按照 §2.2 的定理 2.4, 当计数过程 $\{N(t)\}$ 的等待间隔 $X_1, X_2, \cdots$ 是来自指数总体 $\mathcal{E}(\lambda)$ 的随机变量时, $\{N(t)\}$ 是泊松过程. 在实际问题中, 还有很多计数过程, 其等待间隔是独立同分布的随机变量, 但并不服从指数分布, 人们称这样的计数过程为**更新过程** (renewal process), 称等待间隔 $X_1, X_2, \cdots$ 为**更新间隔**.

例如电子石英钟使用一节电池驱动, 每当电池的电量用尽后换上用同型号的电池. 用 $N(t)$ 表示 $(0, t]$ 中电池的更换次数, $\{N(t)\}$ 是更新过程. 这里的更新间隔是电池的使用寿命加上石英钟的停摆时间.

许多大型设备的某些易损部件也需要用同型号的部件进行更新, 用 $N(t)$ 表示 $(0, t]$ 中某个特定部件的更换次数, $\{N(t)\}$ 是更新过程. 在实际问题中, 设备部件的损坏有时会导致设备的整体停工, 造成更大的损失. 为了避免损失, 往往在部件没有损坏前就要更新部件. 容易理解, 如果部件的剩余寿命随着使用时间的推移不断减少, 使用寿命就不具备无后效性, 从而不服从指数分布. 这时的更新过程就不是泊松过程.

尽管更新间隔不是指数分布的, 泊松过程的一些统计性质在更新过程中也得到体现, 只是具体的表现形式有所不同.

§3.1 更 新 过 程

设 X 是非负随机变量, 来自总体 X 的随机变量 $X_1, X_2, \cdots$ 是更新过程 $\{N(t)\}$ 的第 $1, 2, \cdots$ 个更新间隔. 定义

$$S_0 = 0, \quad S_n = X_1 + X_2 + \cdots + X_n, \quad n \geqslant 1. \tag{1.1}$$

S_n 是第 n 个更新的发生时刻. 根据计数过程和到达时间的关系, 知

道有关系式

$$\boxed{\begin{array}{l} \{N(t) < n\} = \{S_n > t\} \\ \{N(t) = n\} = \{S_n \leqslant t < S_{n+1}\} \end{array}} \tag{1.2}$$

注意 $N(t)$ 也是集合 $\{n | S_n \leqslant t, n \geqslant 1\}$ 中元的个数, 所以有关系式

$$N(t) = {}^\# \{n | S_n \leqslant t, n \geqslant 1\} = \sum_{n=1}^{\infty} \mathrm{I}[S_n \leqslant t], \quad t \in [0, \infty), \tag{1.3}$$

其中 $^\# A$ 表示集合 A 中的元素个数, $\mathrm{I}[A]$ 是 A 的示性函数.

　　以下总约定更新间隔 $X_1, X_2, \cdots$ 是来自非负总体 X 的随机变量,

$$F(x) = P(X \leqslant x), \quad \mu = \mathrm{E}X > 0$$

分别是总体 X 的分布函数和数学期望. 无特殊说明时, 本章以后的随机变量都是非负的.

A. 极限定理

　　由于 $N(t)$ 是 $[0, t]$ 中的更新次数, 所以对于充分大的 t, $t/N(t)$ 近似等于 $[0, t]$ 中的平均等待间隔 μ. 当 $t \to \infty$, 应当得到 $t/N(t) \to \mu$, 从而得到

$$\frac{N(t)}{t} \to \frac{1}{\mu} \quad \text{a.s.}. \tag{1.4}$$

为了在数学上证明 (1.4), 先做一点必要的准备.

　　根据强大数律, 当 $n \to \infty$ 时,

$$\frac{S_n}{n} \to \mu \quad \text{a.s.}, \tag{1.5}$$

所以有

$$S_n \to \infty \quad \text{a.s.}.$$

更新过程 $N(t)$ 是计数过程, 所以是 t 的单调不减函数. 当 $t \to \infty$ 时, $N(t)$ 的极限等于它的子序列 $N(S_n)$ 的极限. 于是得到

$$\lim_{t \to \infty} N(t) = \lim_{n \to \infty} N(S_n) \geqslant \lim_{n \to \infty} n = \infty \quad \text{a.s.}. \tag{1.6}$$

(1.6) 式说明更新次数随着时间的延长而无限的增加. 以后把 (1.6) 记成 $N(\infty) = \infty$ a.s..

按照 §2.3, $S_{N(t)}$ 是 $[0, t]$ 内的最后一次更新时刻, $S_{N(t)+1}$ 是 (t, ∞) 中的第一个更新时刻, 所以有

$$S_{N(t)} \leqslant t < S_{N(t)+1}. \tag{1.7}$$

于是得到

$$\frac{S_{N(t)}}{N(t)} \leqslant \frac{t}{N(t)} < \frac{S_{N(t)+1}}{N(t)}. \tag{1.8}$$

令 $t \to \infty$, 利用 (1.5) 和 (1.6) 得到

$$\lim_{t \to \infty} \frac{S_{N(t)+1}}{N(t)} = \lim_{t \to \infty} \frac{S_{N(t)}}{N(t)} = \lim_{n \to \infty} \frac{S_n}{n} = \mu \quad \text{a.s.},$$

于是从 (1.8) 得到 (1.4).

(1.4) 表明以概率 1, $N(t)$ 和 t/μ 是同阶无穷大. 或者说在几乎处处的意义下, $N(t)$ 的发散速度是 t/μ. 下面定理 1.1 中的 (2) 和 (3) 给出了 $N(t)$ 的依概率增加速度.

定理 1.1　设更新间隔 $X_1, X_2, \cdots$ 有数学期望 $\mu > 0$, 则

(1) 当 $t \to \infty$ 时, $N(t)/t \to 1/\mu$ a.s..

(2) 定义 $\lambda_t = t/\mu$, $\sigma_t = \sigma\sqrt{t/\mu^3}$. 如果 $\sigma^2 = \text{Var}(X) \in (0, \infty)$, 则对任何实数 x,

$$\lim_{t \to \infty} P\left(\frac{N(t) - \lambda_t}{\sigma_t} \leqslant x\right) = \Phi(x),$$

其中 $\Phi(x)$ 是 $N(0, 1)$ 的分布函数.

(3) 对于较大的 t, 在置信水平 0.95 下, $N(t)$ 的近似置信区间是

$$\left[\frac{t}{\mu} - 1.96\sigma\sqrt{\frac{t}{\mu^3}},\ \frac{t}{\mu} + 1.96\sigma\sqrt{\frac{t}{\mu^3}}\right]. \tag{1.9}$$

证明　只需要证明 (2) 和 (3). 用 $[a]$ 表示小于等于 a 的整数.

引入 $r_t = \lambda_t + x\sigma_t,\ n \equiv n(t) = [r_t] + 1$, 有

$$
\begin{aligned}
P\Big(\frac{N(t) - \lambda_t}{\sigma_t} \leqslant x\Big) &= P\big(N(t) \leqslant r_t\big) \\
&= P\big(N(t) < n\big) = P\big(S_n > t\big) \\
&= P\Big(\frac{S_n - n\mu}{\sigma\sqrt{n}} > \frac{t - n\mu}{\sigma\sqrt{n}}\Big).
\end{aligned}
$$

根据 §1.5 定理 5.2 知道只要再证明

$$
\lim_{t\to\infty} \frac{t - n\mu}{\sigma\sqrt{n}} = -x.
$$

实际上，当 $t \to \infty$ 时，有

$$
r_t \to \infty, \quad |r_t - n| \leqslant 1, \quad \sigma_t/\lambda_t \to 0,
$$
$$
\mu\sigma_t = \mu\sigma\sqrt{t/\mu^3} = \sigma\sqrt{\lambda_t},
$$

于是有

$$
\begin{aligned}
\lim_{t\to\infty} \frac{t - n\mu}{\sigma\sqrt{n}} &= \lim_{t\to\infty} \frac{t - r_t\mu - (n - r_t)\mu}{\sigma\sqrt{n/r_t}\sqrt{r_t}} \\
&= \lim_{t\to\infty} \frac{t - r_t\mu}{\sigma\sqrt{r_t}} = \lim_{t\to\infty} \frac{t - (\lambda_t + x\sigma_t)\mu}{\sigma\sqrt{\lambda_t + x\sigma_t}} \\
&= \lim_{t\to\infty} \frac{-x\mu\sigma_t}{\sigma\sqrt{\lambda_t}} = -x.
\end{aligned}
$$

最后由 $z_{0.025} = 1.96$ 得到 (3).

置信区间 (1.9) 说明，对于较大的 t, 我们以大约 95% 的把握保证 $N(t)$ 满足

$$
\Big|N(t) - \frac{t}{\mu}\Big| \leqslant 1.96\sigma\sqrt{\frac{t}{\mu^3}}.
$$

B. 更新函数

对于更新过程 $\{N(t)\}$, 人们自然关心数学期望 $\mathrm{E}\,N(t)$, 以便备足部件随时更新. 人们称 $[0, t]$ 中的平均更新次数

$$
m(t) = \mathrm{E}\,N(t), \quad t \geqslant 0 \tag{1.10}
$$

为更新过程 $N(t)$ 的**更新函数**. 下面讨论更新函数的性质.

设更新间隔 $X_1, X_2, \cdots$ 的分布函数是 $F(t) = P(X_1 \leqslant t)$, 到达时刻 S_n 的分布函数是

$$F_n(t) = P(S_n \leqslant t). \tag{1.11}$$

对于 $n, m \geqslant 0$, 利用 S_n 和 $S_{n+m} - S_n$ 独立得到

$$\begin{aligned}
F_{n+m}(t) &= P(S_n + [S_{n+m} - S_n] \leqslant t) \\
&\leqslant P(S_n \leqslant t, S_{n+m} - S_n \leqslant t) \\
&= F_n(t) F_m(t). \tag{1.12}
\end{aligned}$$

这就得到对于任何 $m, k \geqslant 1$,

$$F_{mk}(t) \leqslant F_m F_{m(k-1)}(t) \leqslant \cdots \leqslant [F_m(t)]^k, \quad t \geqslant 0. \tag{1.13}$$

利用单调收敛定理 (§1.5 定理 5.3) 和 (1.3) 得到

$$m(t) = \sum_{n=1}^{\infty} \mathrm{E}\, \mathrm{I}[S_n \leqslant t] = \sum_{n=1}^{\infty} F_n(t), \quad t \geqslant 0. \tag{1.14}$$

再利用 (1.13) 得到 $F_n(t) \leqslant F^n(t)$, 从而得到

$$m(t) \leqslant F(t) \sum_{n=1}^{\infty} [F(t)]^{n-1} = \frac{F(t)}{1 - F(t)}, \quad t \geqslant 0. \tag{1.15}$$

从 (1.15) 知道, 如果更新间隔 X_i 是无界随机变量, 即对所有的 $t < \infty$, $F(t) = P(X_i < t) < 1$, 则 $m(t) < \infty$ 总成立.

下面证明对于一切 $t \geqslant 0$, 更新函数 $m(t) < \infty$. 也就是说, 无论部件的质量如何, 只要平均使用寿命 $\mu > 0$, 在有限的时间内平均只需要有限次更新.

对于确定的 t, 总有 m 使得 $F_m(t) = P(S_m \leqslant t) < 1$. 这时对于任何正整数 n, 有整数 k, r 使得 $n = km + r$, $1 \leqslant r \leqslant m$. 利用 (1.12) 和 (1.13) 得到

$$F_{km+r}(t) \leqslant F_{km}(t) F_r(t) \leqslant [F_m(t)]^k F_r(t).$$

于是得到

$$m(t) = \sum_{n=1}^{\infty} F_n(t) = \sum_{k=0}^{\infty} \sum_{r=1}^{m} F_{mk+r}(t)$$

$$\leqslant \sum_{k=0}^{\infty} \sum_{r=1}^{m} [F_m(t)]^k F_r(t)$$

$$= \frac{1}{1 - F_m(t)} \sum_{r=1}^{m} F_r(t) < \infty.$$

下面是更新函数的基本性质.

定理 1.2　对 $F_n(t) = P(S_n \leqslant t)$, 更新函数 $m(t)$ 有如下的性质:

(1) 对于 $t \geqslant 0$, $m(t) < \infty$;

(2) $m(t) = \sum\limits_{n=1}^{\infty} F_n(t)$ 是单调不减的右连续函数;

(3) 当 $t \to \infty$ 时, $m(t) \to \infty$;

(4) $m(0) = F(0)/[1 - F(0)]$.

证明　只需要证明 (2), (3) 和 (4). 首先, 从 (1.14) 知道 $m(t) = \sum\limits_{n=1}^{\infty} F_n(t)$ 成立. 由于 $F_n(t)$ 单调不减, 所以 $m(t)$ 也单调不减. 对任何 $t \geqslant 0, \varepsilon > 0$, 由 $m(t) < \infty$ 知道有 M 使得

$$\sum_{n=M}^{\infty} F_n(t+1) \leqslant \varepsilon.$$

分布函数 F_n 右连续, 所以当 $n \to \infty$ 时,

$$\lim_{n\to\infty} m(t+1/n) \leqslant \lim_{n\to\infty} \sum_{n=1}^{M} F_n(t+1/n) + \varepsilon$$

$$= \sum_{n=1}^{M} F_n(t) + \varepsilon \leqslant m(t) + \varepsilon.$$

由 ε 的任意性知道 $m(t+1/n) \to m(t)$.

(3) 对于任何大数 M, 由 $\lim\limits_{t\to\infty} F_n(t) = 1$ 和

$$\lim_{t\to\infty} m(t) \geqslant \lim_{t\to\infty} \sum_{n=1}^{M} F_n(t) = M$$

得到结果.

(4) 由于更新间隔是非负的随机变量，所以

$$F_n(0) = P(S_n = 0) = P(X_1 = 0, X_2 = 0, \cdots, X_n = 0)$$
$$= P^n(X = 0) = [F(0)]^n.$$

再从 (2) 得到

$$m(0) = \sum_{n=1}^{\infty} F_n(0) = \sum_{n=1}^{\infty} [F(0)]^n = \frac{F(0)}{1 - F(0)}.$$

C. 更新流

类似于把泊松过程称为泊松流，在实际问题中，人们也称更新过程 $\{N(t)\}$ 的更新时刻

$$S_0 = 0, \quad S_j = X_1 + X_2 + \cdots + X_j, \quad j = 1, 2, \cdots \qquad (1.16)$$

为**更新流**. 称事件按更新流 $\{S_j\}$ 发生，意指事件按更新过程 $\{N(t)\}$ 发生.

泊松过程是具有独立增量性和平稳增量性的计数过程. 容易想到，更新过程如果具有平稳增量性和独立增量性就可能是泊松过程. 下面的例子给出了肯定的回答.

例 1.1   用 $\{X_j\}$ 表示更新过程 $\{N(t)\}$ 的更新间隔. 如果 $\{N(t)\}$ 具有独立增量性和平稳增量性，且 $P(X_1 = 0) = 0$, 则 $\{N(t)\}$ 是泊松过程.

证明   只要证明 X_1 服从指数分布. 对 $s, t > 0$, 由

$$P(X_1 > s + t | X_1 > s) = P(N(s + t) = 0 | N(s) = 0)$$
$$= P(N(s + t) - N(s) = 0 | N(s) = 0)$$
$$= P(N(s, s + t] = 0) = P(N(t) = 0)$$
$$= P(X_1 > t)$$

知道 X_1 具有无记忆性，所以服从指数分布 (参考 §1.8E).

例 1.2   单行道上汽车按更新流 $\{S_j\}$ 驶过，单位是秒. 如果行人横穿该公路需要 a 秒钟，计算在 $t = 0$ 时到达的行人平均等待多少时间才能横穿公路.

解 用 Y 表示该行人的等待时间. 已知 $S_1 = s > a$ 时, $\mathrm{E}Y = 0$. 已知 $S_1 = s \leqslant a$ 时, 第一辆车在 $S_1 = s$ 时刻驶过后, 他白等了 s 秒, 需要在 s 时重新开始等候. 这说明对 $s \leqslant a, Y|X_1 = s$ 和 $s+Y$ 同分布. 从上面的分析得到

$$Y|S_1 = s \text{ 和 } W \equiv \begin{cases} 0, & s > a, \\ s+Y, & s \leqslant a \end{cases} \text{ 同分布}.$$

设 $F(x)$ 是 S_1 的分布函数. 利用全概率公式 (§1.3C(5)) 得到

$$\begin{aligned}
\mathrm{E}Y &= \int_0^\infty \mathrm{E}(Y|S_1 = s)\mathrm{d}F(s) \\
&= \int_0^a \mathrm{E}(Y|S_1 = s)\mathrm{d}F(s) + \int_{a+}^\infty \mathrm{E}(Y|S_1 = s)\mathrm{d}F(s) \\
&= \int_0^a \mathrm{E}(s+Y)\mathrm{d}F(s) + 0 \\
&= \int_0^a s\mathrm{d}F(s) + F(a)\,\mathrm{E}Y,
\end{aligned}$$

其中 $\int_{a+}^\infty$ 表示 (a,∞) 上的积分. 于是得到平均等候时间

$$\mathrm{E}Y = \frac{1}{\overline{F}(a)} \int_0^a s\mathrm{d}F(s) \text{ (秒)}.$$

练 习 3.1

(1) 证明 $P($ 所有的更新间隔有限 $) = 1$.

(2) 设更新间隔 X_j 有密度函数 $f(t)$.

(a) 证明到达时刻 S_n 是连续型随机变量, 从而有密度函数 $f_n(t)$;

(b) 定义 $\{N(t)\}$ 的**更新密度** $m'(t) = \sum_{n=1}^\infty f_n(t)$, $t \geqslant 0$, 证明

$$m(t) = \int_0^t m'(s)\mathrm{d}s, \quad t \geqslant 0.$$

(3) 设更新过程 $\{N(t)\}$ 的更新间隔服从两点分布 $\mathcal{B}(1,p)$. 计算 $P(N(k) = j)$, 并说明 $N(k) \geqslant k$.

(4) 指出以下哪些等式成立, 对于不成立的举出反例:

(a) $\{N(t) < n\} = \{S_n > t\}$;

(b) $\{N(t) \geqslant n\} = \{S_n \leqslant t\}$;

(c) $\{N(t) > n\} = \{S_n < t\}$;

(d) $\{N(t) \leqslant n\} = \{S_n \geqslant t\}$.

(5) 证明更新函数 $m(t)$ 和更新间隔的分布函数相互唯一决定.

§3.2　更新定理

前面已经证明了结论

$$\lim_{t \to \infty} \frac{N(t)}{t} = \frac{1}{\mu} \text{ a.s..}$$

由于 $m(t) = \mathrm{E}\,N(t)$, 所以自然想到有

$$\lim_{t \to \infty} \frac{m(t)}{t} = \lim_{t \to \infty} \frac{\mathrm{E}\,N(t)}{t} = \frac{1}{\mu}. \tag{2.1}$$

数学上证明 (2.1) 还需要一些准备知识.

A. 停时

为了解停时的含义, 先看一个例子. 一投资人在 2006 年 4 月 17 日以每股 10.5 元的开盘价购买了 1000 手中集集团的股票, 他决心在该股票上涨到每股 12.5 元时停止持有该股票 (卖出股票). 用 Y_0 表示该股票当日的最高成交价, 这是第 0 日的最高成交价. 从次日算起, 对于 $n \geqslant 1$, 用 Y_n 表示第 n 个交易日中集集团的最高成交价, 则 Y_n 是随机变量, $\{Y_n\}$ 是随机序列. 设投资人在第 T 个交易日卖出股票, 则

$\{T = n\}$ 表示他在第 n 个交易日卖出股票;

$\{T \leqslant n\}$ 表示他在前 n 个交易日卖出股票;

$\{T > n\}$ 表示他在第 n 个交易日还继续持有该股票.

因为上海证券交易所规定买入的股票不能在当天卖出, 所以 T 是取正整数值的随机变量, 描述投资人卖出股票的时间. 要看投资人到第 n 个交易日是否卖出了股票, 即是否有 $T \leqslant n$, 只要看前 n 天的最高价格 $Y_1, Y_2, \cdots, Y_n$ 就够了. 这时我们说随机事件 $\{T \leqslant n\}$

由随机向量 $(Y_1, Y_2, \cdots, Y_n)$ 唯一决定.

随机变量 T 描述的是投资人停止持有股票的时间. 对于正整数 n, $\{T \leqslant n\}$ 由随机向量 $(Y_1, Y_2, \cdots, Y_n)$ 唯一决定, 所以称 T 是随机序列 $\{Y_n\}$ 的一个停止时间, 简称为**停时** (stopping time).

下面定义中的 $\{Y_n\}$ 可以是 $\{Y_n | n \geqslant 0\}$, 也可以是 $\{Y_n | n \geqslant 1\}$.

定义 2.1 设 $\{Y_n\}$ 是随机序列, T 是取正整数值的随机变量, 如果对任何正整数 n, 随机事件 $\{T \leqslant n\}$ 由 $(Y_1, Y_2, \cdots, Y_n)$ 唯一决定, 则称 T **是** $\{Y_n\}$ **的停时**.

在定义 2.1 中, 事件 $\{T \leqslant n\}$ 由 $(Y_1, Y_2, \cdots, Y_n)$ 唯一决定的含义是通过观测 $(Y_1, Y_2, \cdots, Y_n)$ 就能够确定 $\{T \leqslant n\}$ 是否发生. 如果观测到 $(Y_1, Y_2, \cdots, Y_n)$ 后还不能确定 $\{T \leqslant n\}$ 是否发生, T 就不是 $\{Y_n\}$ 的停时.

用数学的语言讲, 随机事件 $\{T \leqslant n\}$ 由 $(Y_1, Y_2, \cdots, Y_n)$ 唯一决定的含义是指可以用随机变量 $Y_1, Y_2, \cdots, Y_n$ 把事件 $\{T \leqslant n\}$ 表示出来. 在上面的例子中,

$$\{T \leqslant n\} = \{\max_{1 \leqslant j \leqslant n} Y_j \geqslant 12.5\}.$$

由于

$$\{T = n\} = \{T \leqslant n\} - \{T \leqslant n - 1\},$$
$$\{T > n\} = \Omega - \{T \leqslant n\},$$

所以, 只要 T 是 $\{Y_n\}$ 的停时, 则 $\{T = n\}$ 和 $\{T > n\}$ 都可以由 $(Y_1, Y_2, \cdots, Y_n)$ 唯一决定. 看下面的例子.

例 2.1 继续用 Y_n 表示第 n 个交易日中集集团的最高交易价, 用 T 表示投资人停止持有该股票的时间.

(1) 解释随机变量 Y_T 和向量 $(Y_0, Y_1, \cdots, Y_T)$ 的含义;

(2) 用 $Y_1, Y_2, \cdots, Y_n$ 表示出 $\{T \leqslant n\}$, $\{T = n\}$ 和 $\{T > n\}$.

解 (1) 由于 T 是卖出股票的交易日, 所以 Y_T 是成交价首次大于等于 12.5 元那天的最高成交价. 这是有明确含义的随机变量. $(Y_0, Y_1, \cdots, Y_T)$ 表示卖出股票的那个交易日之前的最高成交价的情况, 这个随机向量的维数也是随机变量, 但是有明确的实际含义.

(2) 解答如下：

$$\{T \leqslant n\} = \bigcup_{j=1}^{n} \{Y_j \geqslant 12.5\};$$

$$\{T = n\} = \Big(\bigcap_{j=1}^{n-1} \{Y_j < 12.5\}\Big) \bigcap \{Y_n \geqslant 12.5\};$$

$$\{T > n\} = \bigcap_{j=1}^{n} \{Y_j < 12.5\}.$$

例 2.1 中，遇到了下标是随机变量的随机向量 $(Y_0, Y_1, \cdots, Y_T)$，这类维数也是随机变量的随机向量在实际中往往都有明确的含义.

定理 2.1 (瓦尔德 (Wald) 定理)　设随机变量 $Y_1, Y_2, \cdots$ 有相同的数学期望 μ，$\max\limits_{1 \leqslant j < \infty} \mathrm{E}\,|Y_j| \leqslant M$，$T$ 是取非负整数值的随机变量，$\mathrm{E}\,T < \infty$，定义

$$S_T = \sum_{j=1}^{T} Y_j. \tag{2.2}$$

(1) 如果对于任何 j，$\{T \leqslant j\}$ 和 Y_{j+1} 独立，则 $\mathrm{E}\,S_T = \mu\,\mathrm{E}\,T$；

(2) 如果 $\{Y_n\}$ 相互独立，T 是 $\{Y_n\}$ 的停时，则 $\mathrm{E}\,S_T = \mu\,\mathrm{E}\,T$.

证明　(1) 先设 $\{Y_j\}$ 是非负的随机序列. 用 $\mathrm{I}\,[T \geqslant j]$ 表示事件 $\{T \geqslant j\}$ 的示性函数，则 $\mathrm{I}\,[T \geqslant j] = 1 - \mathrm{I}\,[T \leqslant j-1]$ 与 Y_j 独立，且

$$S_T = \sum_{j=1}^{T} Y_j = \sum_{j=1}^{T} Y_j\,\mathrm{I}\,[T \geqslant j] = \sum_{j=1}^{\infty} Y_j\,\mathrm{I}\,[T \geqslant j]. \tag{2.3}$$

在 (2.3) 两边求数学期望，利用单调收敛定理和 §1.3C(1) 得到

$$\mathrm{E}\,S_T = \sum_{j=1}^{\infty} \mathrm{E}\,Y_j\,\mathrm{E}\,\mathrm{I}\,[T \geqslant j] \leqslant \sum_{j=1}^{\infty} MP(T \geqslant j) = M\,\mathrm{E}\,T < \infty.$$

对于一般的 $\{Y_j\}$，引入非负随机变量

$$Y_j^+ = (|Y_j| + Y_j)/2, \quad Y_j^- = (|Y_j| - Y_j)/2,$$

则 $Y_j = Y_j^+ - Y_j^-$. 从 (2.3) 得到

$$S_T = \sum_{j=1}^{\infty} Y_j^+\,\mathrm{I}\,[T \geqslant j] - \sum_{j=1}^{\infty} Y_j^-\,\mathrm{I}\,[T \geqslant j].$$

因为 $I[T \geqslant j]$ 与 Y_j^+, Y_j^- 分别独立, $E Y_j^+ + E Y_j^- = E|Y_j| \leqslant M$, 所以上面两个求和项的数学期望都有限. 最后得到

$$
\begin{aligned}
E S_T &= \sum_{j=1}^{\infty} E Y_j^+ P(T \geqslant j) - \sum_{j=1}^{\infty} E Y_j^- P(T \geqslant j) \\
&= \sum_{j=1}^{\infty} E(Y_j^+ - Y_j^-) P(T \geqslant j) \\
&= \sum_{j=1}^{\infty} \mu P(T \geqslant j) \\
&= \mu E T.
\end{aligned}
$$

(2) 由 (1) 直接推得.

B. 基本更新定理

下面回到更新过程的讨论. 用 $X_1, X_2, \cdots$ 表示更新过程 $N(t)$ 的更新间隔.

例 2.2 用 $S_{N(t)+1}$ 表示 t 以后的第一个更新时刻.

(1) 对于任何 t, $T = N(t) + 1$ 是 $X_1, X_2, \cdots$ 的停时;

(2) 当 $\mu = E X_1 < \infty$ 时, 有 $E S_{N(t)+1} = \mu(m(t) + 1)$;

(3) 如果所有的 X_j 有界: $|X_j| \leqslant M$, 则 $m(t)/t \to 1/\mu$.

证明 (1) 对任何 $n \geqslant 1$, 事件

$$\{T \leqslant n\} = \{N(t) < n\} = \{S_n > t\}$$

由 $S_n = \sum_{j=1}^{n} X_j$ 唯一决定, 所以 T 是 $X_1, X_2, \cdots$ 的停时.

(2) 利用 $E T = m(t) + 1 < \infty$, $E X_j = \mu$, $S_{N(t)+1} = S_T$ 和瓦尔德定理得到 $E S_{N(t)+1} = \mu E T = \mu(m(t) + 1)$.

(3) 用 $S_{N(t)}$ 表示更新过程在 t 以前的最后一次更新时刻, 则有 $S_{N(t)} \leqslant t < S_{N(t)+1}$. 因为 X_j 有界, 所以有 $S_{N(t)+1} - M \leqslant S_{N(t)}$, 于是得到

$$S_{N(t)+1} - M \leqslant t < S_{N(t)+1}.$$

求数学期望后得到

$$\mu(m(t) + 1) - M \leqslant t \leqslant \mu(m(t) + 1). \tag{2.4}$$

上式除以 $m(t)$, 用 $m(t) \to \infty$ 得到 $t/m(t) \to \mu$. 于是得到结论 (3).

定理 2.2 (基本更新定理) 如果平均更新间隔 $\mu = \mathrm{E}\,X_1 < \infty$, 则更新函数 $m(t)$ 满足

$$\lim_{t \to \infty} \frac{m(t)}{t} = \frac{1}{\mu}. \tag{2.5}$$

证明 从 $t < S_{N(t)+1}$ 得到 (2.4) 的右半边不等式成立, 从而有

$$\varliminf_{t \to \infty} \frac{m(t)}{t} \geqslant \frac{1}{\mu}.$$

只需要再证明

$$\varlimsup_{t \to \infty} \frac{m(t)}{t} \leqslant \frac{1}{\mu}. \tag{2.6}$$

对于正整数 M 和 $j = 1, 2, \cdots$, 引入随机变量

$$\tilde{X}_j = \begin{cases} X_j, & \text{当 } X_j \leqslant M, \\ M, & \text{当 } X_j > M \end{cases} \quad \text{及其数学期望} \quad \mu_M = \mathrm{E}\,\tilde{X}_j.$$

用 $\tilde{N}(t)$ 和 $\{\tilde{S}_j\}$ 分别表示以 $\{\tilde{X}_j\}$ 为更新间隔的更新过程和更新流, 用 $\tilde{m}(t) = \mathrm{E}\,\tilde{N}(t)$ 表示更新函数. 由于 $\tilde{X}_j \leqslant X_j$, 所以

$$N(t) = {}^{\#}\{j \mid S_j \leqslant t\} \leqslant {}^{\#}\{j \mid \tilde{S}_j \leqslant t\} = \tilde{N}(t),$$

从而得到 $m(t) \leqslant \tilde{m}(t)$. 用例 2.2(3) 得到

$$\varlimsup_{t \to \infty} \frac{m(t)}{t} \leqslant \varlimsup_{t \to \infty} \frac{\tilde{m}(t)}{t} = \frac{1}{\mu_M}.$$

令 $M \to \infty$, 得到 $\mu_M \to \mu$ (参考 §1.5 例 5.2), 从而得到 (2.6).

基本更新定理表明更新函数 $m(t)$ 和 t/μ 是同阶无穷大:

$$\frac{m(t)}{t/\mu} \to 1, \quad \text{当 } t \to \infty \text{ 时}.$$

C. 布莱克威尔定理

在基本更新定理中, 如果更新函数严格单调上升, 有连续的导函数 $m'(t)$, 利用洛必达法则得到

$$\lim_{t\to\infty} m'(t) = \lim_{t\to\infty} \frac{m(t)}{t} = \frac{1}{\mu}.$$

于是对任何非负常数 $a < b$, 利用中值定理知道有 c_t 使得

$$\lim_{t\to\infty}[m(b+t) - m(a+t)]$$
$$= \lim_{t\to\infty} m'(a+t+c_t)(b-a)$$
$$= \frac{b-a}{\mu}. \tag{2.7}$$

在一般的情况下, $m(t)$ 是 $[0,t]$ 中的平均更新次数. 因为 μ 是平均更新间隔, 所以对充分大的 t, t/μ 也近似等于 $[0,t]$ 中的平均更新次数, 也就是说对充分大的 t 有

$$m(t) \approx \frac{t}{\mu}.$$

从而得到

$$m(b+t) - m(t+a) \approx \frac{b+t}{\mu} - \frac{a+t}{\mu}$$
$$= \frac{b-a}{\mu}.$$

令 $t \to \infty$, 形式上也得到 (2.7).

定义 2.2 如果随机变量 X 只在正常数 d 的倍数上取值:

$$\sum_{n=0}^{\infty} P(X = nd) = 1, \tag{2.8}$$

则称 X 是**格点随机变量**. 如果 d 是使得 (2.8) 成立的最大正数, 则称 d 是 X 的**周期**.

如果 X 是有周期 d 的非负格点随机变量, 更新间隔 $\{X_j\}$ 来自总体 X, 则所有的 X_j 都是格点随机变量, 从而到达时刻 S_n 也都是格点随机变量. 这时更新只可能在 $t = nd$ 处发生 (见下图). 当 n 充

↓	↓	↓	↓	↓	......	↓
0	d	$2d$	$3d$	$4d$	......	nd

分大时, 可以理解有

$$m(nd) \approx \frac{nd}{\mu},$$

于是得到

$$m(nd) - m(nd - d) \approx \frac{nd}{\mu} - \frac{nd - d}{\mu} = \frac{d}{\mu}.$$

令 $n \to \infty$, 形式上得到

$$m(nd) - m(nd - d) \to d/\mu.$$

注意, $m(nd) - m(nd - d) = \mathrm{E} N(nd - d, nd]$ 是 $(nd - d, nd]$ 中的平均更新次数, 从而是 $t = nd$ 处的平均更新次数.

从以上分析可以得到下面的布莱克威尔 (Blackwell) 定理. 数学的严格证明可参考 [3].

定理 2.3 (布莱克威尔定理)　设 $\mu = \mathrm{E} X_1$ 是更新过程的平均更新间隔.

(1) 如果 X_1 不是格点随机变量, 则对 $b > a \geqslant 0$, 当 $t \to \infty$ 时,

$$m(b + t) - m(a + t) \to \frac{b - a}{\mu};$$

(2) 如果格点随机变量 X_1 有周期 d, 则当 $t \to \infty$ 时,

$$m(nd) - m(nd - d) \to \frac{d}{\mu}.$$

D. 关键更新定理

设 $h(t)$ 是 $[a, b)$ 上的函数, 如果 $\int_a^b |h(t)| \mathrm{d}t < \infty$, 则称 $h(t)$ 在 $[a, b)$ 上可积, 或称 $h(t)$ 是 $[a, b)$ 上的**可积函数**. 对于 $[0, \infty)$ 上的可积函数 $h(s)$, 当 $M \to \infty$ 时, 有

$$\int_M^\infty |h(s)| \mathrm{d}s \to 0.$$

设 $h(t)$ 是 $[0, \infty)$ 上的非负函数. 对于 $a > 0$, 用 $\underline{m_n}(a)$ 和 $\overline{m_n}(a)$ 分别表示 $h(t)$ 在 $[(n-1)a, na]$ 中的上确界和下确界. 如果对 $a > 0$, $\sum_{n=1}^\infty \overline{m_n}(a) < \infty$, 且

$$\lim_{a \to 0} \sum_{n=1}^\infty a \underline{m_n}(a) = \lim_{a \to 0} \sum_{n=1}^\infty a \overline{m_n}(a) < \infty,$$

则称 $h(t)$ **直接黎曼可积**.

如果能将 $[0,\infty)$ 分成有限段的并, 使得 $h(t)$ 在各段上有界且单调可积, 则 $h(t)$ 直接黎曼可积. 直接黎曼可积函数是 $[0,\infty)$ 上的可积函数 (参考 [3]).

引进直接黎曼可积的定义是为了介绍下面的关键更新定理 (key renewal theorem), 这是更新过程中最重要的极限定理之一.

定理 2.4 (关键更新定理)　设 $\mu = \mathrm{E}\, X_1 < \infty$ 是平均更新间隔. 如果 X_1 不是格点随机变量, 则对 $[0,\infty)$ 上的任何直接黎曼可积函数 $h(s)$, 有

$$\lim_{t\to\infty}\int_0^t h(t-x)\mathrm{d}m(x) = \frac{1}{\mu}\int_0^\infty h(s)\mathrm{d}s.$$

*证明　只对更新密度 $m'(t)$ 连续有界的情况给出证明 (参考练习 3.1(2)). 设 $\sup_t m'(t) + 1/\mu \leqslant M_0$, 从定理 2.2 和洛必达法则知道 $m'(t) \to \mu^{-1}$. 对于充分大的 t, 有 $M > 0$ 使得

$$\sup_{0\leqslant s\leqslant M}|m'(t-s) - \mu^{-1}| < \varepsilon, \quad \frac{1}{\mu}\int_t^\infty h(s)\mathrm{d}s = o(1), \quad t\to\infty.$$

于是当 $t\to\infty$ 时, 得到

$$\left|\int_0^t h(t-x)\mathrm{d}m(x) - \frac{1}{\mu}\int_0^\infty h(s)\mathrm{d}s\right|$$

$$= \left|\int_0^t h(s)m'(t-s)\mathrm{d}s - \frac{1}{\mu}\int_0^t h(s)\mathrm{d}s + o(1)\right|$$

$$\leqslant \int_0^t h(s)\big|m'(t-s) - \mu^{-1}\big|\mathrm{d}s + o(1)$$

$$\leqslant \int_0^M h(s)\big|m'(t-s) - \mu^{-1}\big|\mathrm{d}s$$

$$+ \int_M^t h(s)\big|m'(t-s) - \mu^{-1}\big|\mathrm{d}s + o(1)$$

$$\leqslant \varepsilon\int_0^\infty h(s)\mathrm{d}s + M_0\int_M^\infty h(s)\mathrm{d}s + o(1).$$

在上式左端令 $t\to\infty$, 然后右端令 $M\to\infty$, 最后令 $\varepsilon\to 0$, 知道上式左端趋于 0.

一般情况下的证明可参考 [3] 的 §4.2 定理 3.3. 在使用关键更新定理时, 验证 $h(t)$ 在 $[0,\infty)$ 上直接黎曼可积有时是一件麻烦的事情. 为了方便以后的应用, 再给出下面的推论.

推论 2.5 设 $\mu = \mathrm{E}\,X_1 < \infty$, X_1 不是格点随机变量, 则对 $[0,\infty)$ 上单调不增的非负函数 $h(t)$, 有

$$\lim_{t\to\infty} \int_0^t h(t-x)\mathrm{d}m(x) = \frac{1}{\mu} \int_0^\infty h(s)\mathrm{d}s.$$

证明 因为 $h(s)$ 是单调不增的非负函数, 所以它在 $[0,\infty)$ 中可积时, 必然直接黎曼可积, 这时结论成立. 下面对 $[0,\infty)$ 上的积分等于无穷的 $h(s)$, 验证

$$\lim_{t\to\infty} \int_0^t h(t-x)\mathrm{d}m(x) = \infty. \tag{2.9}$$

对 $n \geqslant 1$, 定义

$$h_n(s) = \begin{cases} h(s), & \text{当 } s \leqslant n, \\ 0, & \text{当 } s > n, \end{cases}$$

则有 $h_n(s) \leqslant h(s)$. h_n 在 $[0,\infty)$ 上单调不增非负可积, 于是得到

$$\begin{aligned} \lim_{t\to\infty} \int_0^t h(t-x)\mathrm{d}m(x) &\geqslant \lim_{t\to\infty} \int_0^t h_n(t-x)\mathrm{d}m(x) \\ &= \frac{1}{\mu} \int_0^\infty h_n(s)\mathrm{d}s \\ &= \frac{1}{\mu} \int_0^n h(s)\mathrm{d}s. \end{aligned}$$

令 $n \to \infty$ 得到 (2.9).

练 习 3.2

(1) 一个系统由 r 个部件并联而成, 各部件独立工作, 部件的失效时刻称为系统的更新时刻. 如果第 i 个部件的使用寿命是来自指数总体 $\mathcal{E}(\lambda_i)$ 的随机变量, 失效的部件可以在瞬时被更换. 证明系统的更新按泊松流发生, 并计算该泊松流的强度.

(2) 探险家不幸落入漆黑的溶洞, 有两条路供随机选择: 沿第一条路摸索 2 小时可以走出溶洞, 沿第二条路摸索 1 小时返回原地.

回到原地后只能再次进行随机选择. 用 T 表示他走出溶洞所用的时间, 试用更新间隔和停时描述 T, 并计算他走出溶洞平均需要的时间.

(3) 设 $\{Y_i|i \geqslant 1\}$ 独立同分布, 且 $P(Y_i = 1) = p$, $P(Y = -1) = 1 - p$. 定义 $X_0 = 0$, $X_n = Y_1 + Y_2 + \cdots + Y_n$. 称 $\{X_n\}$ 是直线上从原点出发的简单随机游动: 质点每次向右移动一步的概率是 p, 向左移动一步的概率是 $1 - p$. 对于正整数 a, 用 T_a 表示质点首次到达 a 的时刻: $T_a = \inf\{n|n > 0, X_n = a\}$.

(a) 验证 T_a 是 $\{Y_i|i \geqslant 1\}$ 的停时;

(b) 用瓦尔德定理验证 $\mathrm{E}\,T_a < \infty$ 的充分必要条件是 $p > 0.5$.

(4) 在对更新过程 $\{N(t)\}$ 进行记录时, 每个事件都以概率 p 被漏记. 问记录下来的计数过程是否为更新过程? 如果是, 求更新间隔的分布和原更新间隔分布之间的关系.

(5) 证明: 当 $\mu = \infty$ 时, 定理 2.2 的结论也成立.

§3.3　更新方程和分支过程

A. 卷积及其性质

为了方便地得到更新方程的性质, 先学习一点卷积的基本知识.

在 §1.3A 中已经规定用 $\int_a^b$ 表示闭区间 $[a,b]$ 上的积分.

当自变元在 $(-\infty, 0)$ 中变化时, 本节所有函数的取值都是 0.

设非负随机变量 X, Y 独立, 分别有分布函数 $F(x)$, $G(x)$, 则 $U = X + Y$ 有分布函数

$$\begin{aligned} F * G(t) &= P(X + Y \leqslant t) \\ &= \int_0^t P(X + Y \leqslant t|Y = s)\mathrm{d}G(s) \\ &= \int_0^t F(t - s)\mathrm{d}G(s). \end{aligned} \tag{3.1}$$

人们称 $F * G(t)$ 为 F, G 的**卷积** (convolution). 由于 $X + Y = Y + X$,

所以有

$$F * G(t) = G * F(t).$$

再设 $Z \geqslant 0$, 有分布函数 H, 和 X, Y 独立, 则 $X + Y + Z = U + Z$ 有分布函数 $(F * G) * H$. 利用 $(X + Y) + Z = X + (Y + Z)$, 得到 $(F * G) * H = F * (G * H)$. 于是可以把 $(F * G) * H$ 写成 $F * G * H$.

现在设 $h(t)$ 是 $[0, \infty)$ 上的 **局部有界函数** (指在任何有限区间 $[0, b)$ 上有界的函数), $G(t)$ 是 $[0, \infty)$ 上单调不减的右连续函数, 也称

$$h * G(t) = \int_0^t h(t - s) \mathrm{d}G(s), \quad t \geqslant 0 \tag{3.2}$$

为 h, G 的卷积. 令 $t = 0$ 时得到 $h * G(0) = h(0)G(0)$, 并且有

$$\sup_{0 \leqslant t \leqslant b} |h * G(t)| \leqslant \int_0^b \sup_{0 \leqslant t \leqslant b} |h(t)| \mathrm{d}G(s) = \sup_{0 \leqslant t \leqslant b} |h(t)| G(b),$$

所以 $h * G(t)$ 也是 $[0, \infty)$ 上的局部有界函数. 对于另外的 $[0, \infty)$ 上单调不减的右连续函数 H, 可以定义 $(h * G) * H(t)$. 下面证明

$$(h * G) * H(t) = h * (G * H)(t), \quad t \geqslant 0. \tag{3.3}$$

由于只需要对每个固定的 t 证明 (3.3), 所以无妨设 G, H 分别是 Y, Z 的分布函数, Y, Z 独立. 这就得到

$$\mathrm{E}\left(h(t - (Y + Z)) \mathrm{I}\left[Y + Z \leqslant t \right] \right)$$
$$= \int_0^t \mathrm{E}\left(h(t - Y - z) \mathrm{I}\left[Y + z \leqslant t \right] \mid Z = z \right) \mathrm{d}H(z)$$
$$= \int_0^t \left(\int_0^{t-z} h(t - y - z) \mathrm{d}G(y) \right) \mathrm{d}H(z)$$
$$= \int_0^t h * G(t - z) \mathrm{d}H(z)$$
$$= (h * G) * H(t), \quad t \geqslant 0.$$

另一方面, $U = Y + Z$ 有分布函数 $G * H$, 所以又有

$$\mathrm{E}\left(h(t - (Y + Z)) \mathrm{I}\left[Y + Z \leqslant t \right] \right) = \mathrm{E}\left(h(t - U) \mathrm{I}\left[U \leqslant t \right] \right)$$
$$= \int_0^t h(t - u) \mathrm{d}(G * H)(u) = h * (G * H)(t).$$

于是 (3.3) 成立.

这样也可以把 (3.3) 中的括号省去, 得到

$$h * G * H(t) = h * (G * H)(t) = (h * G) * H(t).$$

如果 $\{X_i\}$ 是独立同分布的非负随机变量序列, 有共同的分布函数 $F(x)$, 则用

$$F_n(t) = P(S_n \leqslant t)$$

表示 $S_n = X_1 + X_2 + \cdots + X_n$ 的分布函数时, 有

$$F_1(t) = F(t), \ F_2(t) = F * F(t), \ \cdots, \ F_n(t) = F * F * \cdots * F(t).$$

于是称 $F_n(t)$ 是 F 的 n 重卷积. 对任何使得 $i + j = n$ 的非负整数 i, j, 可以看出有公式

$$F_n(t) = F_i * F_j(t). \tag{3.4}$$

另外, 只要 $\mu = \mathrm{E} X_1 > 0$, 由强大数律得到 $S_n \to \infty$ a.s., 所以对任何 $t < \infty$,

$$\lim_{n \to \infty} F_n(t) = \lim_{n \to \infty} P(S_n \leqslant t) = 0.$$

下面总结卷积的基本性质.

定理 3.1 设 $F(t)$ 是非负随机变量 X 的分布函数, $h(t)$ 是 $[0, \infty)$ 上的局部有界函数, G, H 是 $[0, \infty)$ 上单调不减的右连续函数, 则对 $t \geqslant 0$, 有

(1) $G * H(t) = H * G(t)$;

(2) $h * (G + H) = h * G + h * H$;

(3) $h * G * H(t) = (h * G) * H(t) = h * (G * H)(t)$;

(4) $\lim\limits_{n \to \infty} F_n(t) = 0$;

(5) 已知 $F(t)$ 时, 方程 $h(t) = h * F(t)$ 只有零解 $h \equiv 0$;

(6) $m(t) = F(t) + m * F(t)$, 其中 $m(t) = \sum\limits_{k=1}^{\infty} F_k(t)$ 是更新函数 (参考 (1.14)).

证明　只需要证明 (5) 和 (6). 对于任何取定的 t, 从卷积的定义知道

$$|h * F_n(t)| \leqslant \sup_{0 \leqslant s \leqslant t} |h(s)| F_n(t) \to 0, \quad 当 n \to \infty 时.$$

于是反复用 $h(t) = h * F(t)$ 得到

$$h(t) = h * F(t) = (h * F) * F(t) = h * F_2(t)$$
$$= \cdots\cdots$$
$$= h * F_n(t) \to 0.$$

再证明 (6), 根据单调收敛定理 (见 §1.5 定理 5.3), 得到

$$m(t) = F(t) + \lim_{n \to \infty} \sum_{k=2}^{n} F_{k-1} * F(t)$$
$$= F(t) + \lim_{n \to \infty} \int_0^t \sum_{k=2}^{n} F_{k-1}(t-s) \mathrm{d}F(s)$$
$$= F(t) + \int_0^t \sum_{k=2}^{\infty} F_{k-1}(t-s) \mathrm{d}F(s)$$
$$= F(t) + \int_0^t m(t-s) \mathrm{d}F(s)$$
$$= F(t) + m * F(t).$$

B. 更新方程

下面讨论更新方程. 仍用 $\{N(t)\}$ 表示更新间隔为 $\{X_i\}$ 的更新过程. 设 $h(t)$ 是已知的局部有界函数, $F(t)$ 是更新间隔 X_i 的分布函数. 未知函数 $B(t)$ 满足的方程

$$B(t) = h(t) + \int_0^t B(t-s) \mathrm{d}F(s) \tag{3.5}$$

称为**更新方程**.

定理 3.2　更新方程 (3.5) 有唯一的局部有界解

$$B(t) = h(t) + \int_0^t h(t-s) \mathrm{d}m(s), \tag{3.6}$$

其中 $m(t) = \mathrm{E}\,N(t)$ 是更新函数.

注意 (3.5) 的等号右边有未知函数 $B(t)$, 而 (3.6) 式等号右边的函数都是已知的.

*证明 因为由 (3.6) 定义的 $B(t)$ 满足

$$\sup_{0\leqslant s\leqslant t} |B(s)| \leqslant \sup_{0\leqslant s\leqslant t} |h(s)| + \sup_{0\leqslant s\leqslant t} |h(s)|m(t) < \infty,$$

所以是局部有界函数. 下面验证它满足 (3.5). 用 $m(t) = F(t) + m * F(t)$ 得到

$$\begin{aligned}
B(t) &= h(t) + \int_0^t h(t-s)\mathrm{d}m(s) \\
&= h(t) + h * m(t) \\
&= h(t) + h * F(t) + h * m * F(t) \\
&= h(t) + (h + h * m) * F(t) \\
&= h(t) + B(t) * F(t) \\
&= h(t) + \int_0^t B(t-s)\mathrm{d}F(s).
\end{aligned}$$

所以由 (3.6) 定义的 $B(t)$ 是 (3.5) 的解. 如果 $B_1(t)$ 也是 (3.5) 的局部有界解, 则局部有界函数 $b(t) = B(t) - B_1(t)$ 满足

$$b(t) = \int_0^t b(t-s) * \mathrm{d}F(s) = b * F(t).$$

从定理 3.1(5) 知道 $b(t)$ 恒等于 0, 所以局部有界解是唯一存在的.

下面是定理 3.2 的应用.

C. 分支过程

一种生物的个体在寿终时以概率 p_i 分裂成 i 个后代. 所有后代独立存活, 寿终时又以概率 p_i 分裂成 i 个后代. 如果这种生物的寿命是来自总体 T 的随机变量, 我们关心随着时间 t 的推移, 生物总数的平均增长情况.

先考虑一个生物的分裂问题. 将这个生物的降生时刻记为零时刻, 用 $X(t)$ 表示 t 时刻该生物的后代数目. $\{X(t)\}$ 被称为**分支过**

程 (branching process). 我们讨论 $\mathrm{E}\,X(t)$ 的增长速度. 用 Y 表示以 $\{p_i\}$ 为概率分布的随机变量, 则每个生物寿终时平均分裂成

$$\mu_Y = \mathrm{E}\,Y = \sum_{i=0}^{\infty} i p_i$$

个生物.

例 3.1 对于分支过程 $\{X(t)\}$, 设 $X(0) = 1$, 用 T_1 表示第一个个体的寿命. 如果 $P(T_1 > 0) = 1$, 则有

$$\mathrm{E}\,(X(t)|T_1 = s) = \begin{cases} 1, & \text{当 } 0 \leqslant t < s, \\ \mu_Y\,\mathrm{E}\,X(t-s), & \text{当 } 0 < s \leqslant t. \end{cases} \tag{3.7}$$

证明 用 Y_1 表示第一个个体寿终时分裂出的后代数. 已知 $T_1 = s > t \geqslant 0$ 时, t 时只有一个个体, 故 $X(t) = 1$. 已知 $T_1 = s \leqslant t$ 时, 如果在 s 时刻该个体分裂成了 i 个个体, 则 $Y_1 = i$. 这 i 个个体独立生存, 并且从 s 开始计时, 经过 $t-s$ 时间, 这 i 个个体的平均后代数为 $i\,\mathrm{E}\,X(t-s)$. 于是对 $0 < s \leqslant t$, 用 §1.3 的结果 (8) 得到

$$\mathrm{E}\,(X(t)|T_1 = s)$$
$$= \sum_{i=0}^{\infty} \mathrm{E}\,(X(t)|T_1 = s, Y_1 = i) P(Y_1 = i|T_1 = s)$$
$$= \sum_{i=0}^{\infty} i\,\mathrm{E}\,X(t-s) p_i = \mu_Y\,\mathrm{E}\,X(t-s).$$

用 $G(y) = P(Y \leqslant y)$ 表示 Y 的分布函数. $\mu_Y = \mathrm{E}\,Y \leqslant 1$ 表明每个个体的平均后代数不大于 1. 这样的生物群体最终一定会消亡 (参考 §4.7 定理 7.1), 不必讨论. 下面讨论 $\mu_Y > 1$ 的情况.

例 3.2 对于分支过程 $\{X(t)\}$, 用 $M(t) = \mathrm{E}\,X(t)$ 表示 t 时单一个体的后代平均数, 假设生物的寿命 T 不是格点随机变量, 有分布函数 $F(x) = P(T \leqslant x)$ 和数学期望 $\mu_Y > 1$, 且 $F(0) = 0$, 则有

$$\lim_{t \to \infty} \frac{M(t)}{\mathrm{e}^{\alpha t}} = \frac{\mu_Y - 1}{\mu_Y^2 \alpha\,\mathrm{E}\,(T\mathrm{e}^{-\alpha T})},$$

其中 α 是方程

$$\mathrm{E}\,\mathrm{e}^{-\alpha T} = \frac{1}{\mu_Y} \tag{3.8}$$

的唯一解.

证明 首先不难看到 $\psi(\alpha) = \mathrm{E}\,\mathrm{e}^{-\alpha T} = \int_0^\infty \mathrm{e}^{-\alpha s}\mathrm{d}F(s)$ 是 α 的单调连续函数，$\psi(0) = 1 > 1/\mu_Y$, $\psi(\infty) = 0 < 1/\mu_Y$, 故 (3.8) 有唯一解 α.

用 T_1 表示第一个个体的寿命. 利用全概率公式和 (3.7) 得到

$$M(t) = \mathrm{E}\,X(t) = \int_0^\infty \mathrm{E}\,(X(t)|T_1 = s)\mathrm{d}F(s)$$

$$= \int_{t+}^\infty 1\mathrm{d}F(s) + \int_0^t \mu_Y M(t-s)\mathrm{d}F(s)$$

$$= \overline{F}(t) + \int_0^t \mu_Y M(t-s)\mathrm{d}F(s),$$

其中 $\int_{t+}^\infty = \int_{(t,\infty)}$. 在上式两边同时乘以 $\mathrm{e}^{-\alpha t}$, 得到更新方程

$$\frac{M(t)}{\mathrm{e}^{\alpha t}} = \mathrm{e}^{-\alpha t}\overline{F}(t) + \int_0^t \mathrm{e}^{-\alpha(t-s)}M(t-s)\mathrm{d}G(s),$$

其中

$$G(s) = \mu_Y \int_0^s \mathrm{e}^{-\alpha u}\mathrm{d}F(u)$$

是概率分布函数, 使得 $\mathrm{d}G(s) = \mu_Y \mathrm{e}^{-\alpha s}\mathrm{d}F(s)$. 从定理 3.2 得到

$$\frac{M(t)}{\mathrm{e}^{\alpha t}} = \mathrm{e}^{-\alpha t}\overline{F}(t) + \int_0^t \mathrm{e}^{-\alpha(t-s)}\overline{F}(t-s)\mathrm{d}m_G(s),$$

其中 $m_G(s) = \sum_{n=1}^\infty G_n(s)$ 是更新函数. 再利用关键更新定理 (见定理 2.4) 和 $\mathrm{e}^{-\alpha t}\overline{F}(t) \to 0 \ (t \to \infty)$, 得到

$$\lim_{t\to\infty} \frac{M(t)}{\mathrm{e}^{\alpha t}} = \frac{1}{\mu_G}\int_0^\infty \mathrm{e}^{-\alpha t}\overline{F}(t)\mathrm{d}t,$$

其中

$$\mu_G = \int_0^\infty t\mathrm{d}G(t) = \mu_Y \int_0^\infty t\mathrm{e}^{-\alpha t}\mathrm{d}F(t) = \mu_Y \,\mathrm{E}\,(T\mathrm{e}^{-\alpha T}),$$

$$\int_0^\infty \mathrm{e}^{-\alpha t}\overline{F}(t)\mathrm{d}t = \int_0^\infty \mathrm{e}^{-\alpha t}\int_t^\infty \mathrm{d}F(s)\mathrm{d}t$$

$$= \int_0^\infty \left(\int_0^s \mathrm{e}^{-\alpha t}\mathrm{d}t\right)\mathrm{d}F(s)$$

$$= \frac{1}{\alpha}\int_0^\infty (1 - \mathrm{e}^{-\alpha t})\mathrm{d}F(s)$$

$$= \frac{1}{\alpha}(1 - \mathrm{E}\,\mathrm{e}^{-\alpha T})$$

$$= \frac{1}{\alpha}\left(1 - \frac{1}{\mu_Y}\right) = \frac{\mu_Y - 1}{\alpha\mu_Y}.$$

于是得到

$$\lim_{t\to\infty}\frac{M(t)}{\mathrm{e}^{\alpha t}} = \frac{(\mu_Y - 1)/\alpha\mu_Y}{\mu_Y\,\mathrm{E}\,(T\mathrm{e}^{-\alpha T})} = \frac{\mu_Y - 1}{\mu_Y^2\alpha\,\mathrm{E}\,(T\mathrm{e}^{-\alpha T})}.$$

例 3.2 表明只要 $\mu_Y > 1$, $M(t) = \mathrm{E}\,X(t)$ 和 $\mathrm{e}^{\alpha t}$ 有相同的增长速度, 也就是说分支过程的平均增长速度是指数阶的.

禽流感是禽流行性感冒的简称, 被国际兽疫局定为甲类传染病. 2005 年冬至 2006 年春, 许多国家爆发了禽流感. 由于我国新疆地处东非至西亚的候鸟迁徙线上, 所以禽流感灾情普遍严重. 据报道, 2006 年初为控制疫情的蔓延, 在吐鲁番的一个疫点周围的 3 千米范围内就扑杀家禽 5 千只; 在新源县的某疫点周围 3 千米范围内扑杀家禽 11.8 万只. 根据前面对分支过程的分析知道, 禽流感传播的速度是指数阶的. 所以为了有效控制疫情的发展, 必须对疫点及其周围的家禽进行扑杀和疫情消毒.

练 习 3.3

(1) 设 $\{X_i\}$ 是相互独立的随机变量, 其中 $\{X_{2j}\}$ 来自非负总体 U, $\{X_{2j+1}\}$ 来自非负总体 V. 设 $U \sim F(t)$, $V \sim G(t)$. 用 $\{N(t)\}$ 表示以 $\{X_i\}$ 为更新间隔的更新过程. 设 $\mathrm{E}\,U + \mathrm{E}\,V < \infty$, 计算

(a) $\lim_{t\to\infty} N(t)/t$;   (b) $\lim_{t\to\infty} \mathrm{E}\,N(t)/t$.

(2) 设 X 和 X_1 是非负随机变量, $\{X_j | j \geqslant 2\}$ 相互独立和 X 同分布, 且和 X_1 独立. 称以 $\{X_j\}$ 为更新间隔的更新过程 $\{N_D(t)\}$ 为延迟更新过程. 对延迟更新过程计算 $m_D(t) = \mathrm{E}\,N_D(t)$, 并推导更

新方程

$$m_D(t) = G(t) + \int_0^t m_D(t-s)\mathrm{d}F(s),$$

其中 $G(x)$, $F(x)$ 分别是 X_1, X 的分布函数.

(3) 已知更新过程的更新间隔是来自总体 X 的随机变量，$X \sim \mathcal{U}(0,b)$. 观测到更新流 $S_0, S_1, \cdots, S_n$ 后，计算 b 的矩估计和最大似然估计.

(4) 已知更新过程的更新间隔是来自总体 X 的随机变量，$\mu = \mathrm{E}X, \sigma^2 = \mathrm{Var}(X) < \infty$. 对于较大的 n, 观测到更新流 $S_0, S_1, \cdots, S_n$ 后，在置信度 0.95 下，计算 μ 的近似置信区间.

§3.4　开 关 系 统

A. 开关系统

电冰箱压缩机工作时的耗电量是 0.8kW/h, 但是压缩机并不是总处于工作状态. 冰箱刚开始使用时，压缩机进入工作状态；工作 U_1 小时后压缩机进入休息状态，休息 V_1 小时后进入工作状态；工作 U_2 小时后压缩机进入休息状态，休息 V_2 小时后进入工作状态；$\cdots\cdots$；工作 U_i 小时后压缩机进入休息状态，休息 V_i 小时后进入工作状态；$\cdots\cdots$.

如果把冰箱视为一个工作系统，则称 U_i 为系统的第 i 个开状态时间，称 V_i 为系统的第 i 个关状态时间. 由于系统只有开关两个状态，所以称为**开关系统**.

系统处于开状态的耗电量为 0.8kW 时，我们关心这个系统在一周，或一个月中的平均耗电量. 如果同时有 2000 个系统在运行，我们还关心在同一时刻有多少个系统处于开状态.

可以理解，冰箱在运行一段时间后，可以认为压缩机处于开状态的时间 $\{U_i\}$ 是相互独立的，也可以认为压缩机处于关状态的时间 $\{V_i\}$ 是相互独立的. 为了理论上分析的方便，假设 (U_i, V_i) ($i = 1, 2, \cdots$) 是来自总体 (U, V) 的随机向量，或者等价地说 (U_i, V_i) ($i = 1, 2, \cdots$) 是独立同分布的随机向量，和 (U, V) 同分布. 这时，开状

态序列 $\{U_i\}$ 是来自总体 U 的随机变量, 关状态序列 $\{V_i\}$ 是来自总体 V 的随机变量, 但是 U_i 和 V_i 不必独立.

用 "t 时开" 表示 t 时刻压缩机处于开状态. 对于很小的 t(比如 $t = 0.01h$), t 时系统处于开状态的概率 $P(t) = P(t$ 时开$)$ 很大. 但是对于充分大的 t, 系统处于开状态的概率 $P(t)$ 与 t 的关系就不明显了. 这就提示我们, 当 t 很大时, $P(t)$ 会稳定下来. 也就是说当 $t \to \infty$ 时, $P(t)$ 的极限应当存在.

引入更新间隔 $X_i = U_i + V_i\ (i \geqslant 1)$. 称以 $\{X_i\}$ 为更新间隔的更新过程 $\{N(t)\}$ 为**交替更新过程**.

在前 n 次更新中, 系统处于开状态的比例是

$$\frac{\sum\limits_{i=1}^{n} U_i}{\sum\limits_{i=1}^{n} (U_i + V_i)}.$$

再引入 $X = U + V$, 则 $\{X_i\}$ 是来自总体 X 的随机变量. 设

$$\mu_U = \mathrm{E}\,U, \quad \mu_V = \mathrm{E}\,V, \quad \mu_X = \mathrm{E}\,X = \mu_U + \mu_V. \tag{4.1}$$

利用强大数律得到

$$\lim_{n \to \infty} \frac{\sum\limits_{i=1}^{n} U_i}{\sum\limits_{i=1}^{n} (U_i + V_i)} = \lim_{n \to \infty} \frac{\frac{1}{n}\sum\limits_{i=1}^{n} U_i}{\frac{1}{n}\sum\limits_{i=1}^{n} (U_i + V_i)}$$

$$= \frac{\mu_U}{\mu_U + \mu_V} \quad \text{a.s..}$$

所以 t 充分大时, "t 时开" 的概率 $P(t$ 时开$)$ 会收敛到 $\dfrac{\mu_U}{(\mu_U + \mu_V)}$. 下面我们证明这个结论.

用 $\overline{G}(t)$ 表示 U_1 的生存函数, 用 $F_n(x) = P(S_n \leqslant x)$ 表示 S_n 的分布函数, 则 $F(x) = F_1(x)$.

定理 4.1   如果 X_1 不是格点随机变量, μ_U, μ_V 是正数, 则

$$\lim_{t\to\infty} P(t\ \text{时开}) = \frac{\mu_U}{\mu_U + \mu_V},$$
$$\lim_{t\to\infty} P(t\ \text{时关}) = \frac{\mu_V}{\mu_U + \mu_V}. \tag{4.2}$$

*证明　对于 $t>0$, 利用 $\{N(t)=0\} = \{X_1 > t\}$ 得到

$$P(t\ \text{时开}, N(t)=0) = P(t\ \text{时开}, X_1 > t)$$
$$= P(U_1 > t, X_1 > t) = P(U_1 > t)$$
$$= \overline{G}(t).$$

对于 $n \geqslant 1$ 和 $s \in [0,t]$, 在条件 $S_n = s$ 下，$S_{n+1} = s + X_{n+1} > t$ 发生时，有 $\{t\ \text{时开}\} = \{U_{n+1} > t-s\}$, 如下图所示. 这表明：对

↓	←— U_{n+1} —→	↓	←— V_{n+1} —→	↓

$\cdots\ \ s = S_n \qquad\qquad t \qquad\qquad\qquad S_{n+1}\ \cdots$

$s \leqslant t$, 有

$$P(t\ \text{时开}, N(t)=n\,|\,S_n=s)$$
$$= P(t\ \text{时开}, S_n \leqslant t, S_{n+1} > t\,|\,S_n=s)$$
$$= P(U_{n+1} > t-s, s + X_{n+1} > t\,|\,S_n=s)$$
$$= P(U_{n+1} > t-s, X_{n+1} > t-s)$$
$$= P(U_{n+1} > t-s) = \overline{G}(t-s).$$

事件 $\{N(t)=n\}\ (n=0,1,\cdots)$ 构成完备事件组. 利用全概率公式和 §1.3(3.5) 得到

$$P(t\ \text{时开}) = P(t\ \text{时开}, N(t)=0) + \sum_{n=1}^{\infty} P(t\ \text{时开}, N(t)=n)$$
$$= \overline{G}(t) + \sum_{n=1}^{\infty} \int_0^t P(t\ \text{时开}, N(t)=n\,|\,S_n=s)\mathrm{d}F_n(s)$$
$$= \overline{G}(t) + \sum_{n=1}^{\infty} \int_0^t \overline{G}(t-s)\mathrm{d}F_n(s)$$
$$= \overline{G}(t) + \int_0^t \overline{G}(t-s)\mathrm{d}m(s). \tag{4.3}$$

X_1 不是格点随机变量，$\overline{G}(s)$ 是单调不增函数，积分

$$\int_0^\infty \overline{G}(s)\mathrm{d}s = \mu_U < \infty.$$

所以当 $t \to \infty$ 时，用 $\overline{G}(t) \to 0$ 和关键更新定理得到

$$P(t \text{ 时开}) \to \frac{1}{\mu_X}\int_0^\infty \overline{G}(s)\mathrm{d}s = \frac{\mu_U}{\mu_U + \mu_V}.$$

最后得到

$$P(t \text{ 时关}) = 1 - P(t \text{ 时开}) \to 1 - \frac{\mu_U}{\mu_U + \mu_V} = \frac{\mu_V}{\mu_U + \mu_V}.$$

对于 $b > a \geqslant 0$，为了研究时间段 $(a, b]$ 中开状态的平均长度，引入

$$U(t) = \begin{cases} 1, & \text{当 } t \text{ 是开状态,} \\ 0, & \text{当 } t \text{ 是关状态,} \end{cases}$$

则

$$W(t) = \int_0^t U(s)\mathrm{d}s$$

是 $[0, t]$ 中开状态时间的长度，

$$W(a, b] = \int_a^b U(s)\mathrm{d}s$$

是 $(a, b]$ 中开状态时间的长度，$\mathrm{E}\,W(a, b]$ 是 $(a, b]$ 中开状态的平均长度. 从 (4.3) 知道

$$h(t) = \mathrm{E}\,U(t) = P(t \text{ 时开})$$

是 $(a, b]$ 中的黎曼可积函数，

定理 4.2　如果 μ_U, μ_V 是正数，X_1 不是格点随机变量，则

$$\lim_{t \to \infty} \mathrm{E}\,W(a + t, b + t] = \frac{(b - a)\mu_U}{\mu_U + \mu_V}.$$

证明　因为 $\{N(t)\}$ 在 $(a, b]$ 中只有有限次更新，所以 $U(t)$ 的每条轨迹都是 $(a, b]$ 中的阶梯函数，只有有限个跳跃点，从而是黎曼可积函数. 按黎曼积分的定义，将 $(a, b]$ 进行 n 等分，用

$$a_k = a + (b - a)k/n, \quad k = 0, 1, 2, \cdots, n$$

表示等分点, 则有

$$\int_a^b U(s)\mathrm{d}s = \lim_{n\to\infty} \xi_n \text{ a.s.,} \quad \text{其中 } \xi_n = \sum_{k=1}^n \frac{b-a}{n} U(a_k).$$

因为 ξ_n 有界: $|\xi_n| \leqslant b-a$, 所以用有界收敛定理 (§1.5 定理 5.4) 得到

$$
\begin{aligned}
\mathrm{E}\,W(a,b] &= \mathrm{E}\int_a^b U(s)\mathrm{d}s = \lim_{n\to\infty} \mathrm{E}\,\xi_n \\
&= \lim_{n\to\infty} \sum_{k=1}^n \frac{b-a}{n} \mathrm{E}\,U(a_k) = \lim_{n\to\infty} \sum_{k=1}^n \frac{b-a}{n} h(a_k) \\
&= \int_a^b h(s)\mathrm{d}s.
\end{aligned}
$$

把 a, b 分别换成 $a+t, b+t$, 得到

$$\mathrm{E}\,W(a+t, b+t] = \int_{a+t}^{b+t} h(s)\mathrm{d}s = \int_a^b h(t+s)\mathrm{d}s.$$

其中的 $h(t)$ 有界, $\lim_{t\to\infty} h(t) = \mu_U/(\mu_U + \mu_V)$, 所以再用有界收敛定理得到

$$\lim_{t\to\infty} \mathrm{E}\,W(a+t, b+t] = \lim_{t\to\infty} \int_a^b h(t+s)\mathrm{d}s = \frac{(b-a)\mu_U}{\mu_U + \mu_V}.$$

例 4.1 设开关系统的平均更新间隔是 0.24 h, 在开状态耗电 0.8kW/h, 在关状态的耗电忽略不计.

(1) 运行了 10 天的系统在下一周中的平均耗电量是多少?

(2) 如果这个系统的 $\mu_U = 0.03\,\mathrm{h}$, $\mu_V = 0.21\,\mathrm{h}$, 系统在下一周中的平均耗电量是多少 kW?

解 相对于平均更新间隔 0.24h, 10 天已经足够长了. 按照定理 4.2, 以后的一周中, 系统处于开状态的平均时间为

$$7 \times 24 \times \frac{\mu_U}{\mu_U + \mu_V} = \frac{168\mu_U}{\mu_U + \mu_V}.$$

(1) 工作时耗电 $0.8\,\mathrm{kW/h}$, 所以一周的平均耗电是

$$\frac{0.8 \times 168\mu_U}{\mu_U + \mu_V} = \frac{134.4\mu_U}{\mu_U + \mu_V} \text{ (kW)}.$$

(2) 将 $\mu_U = 0.03\,\text{h}$, $\mu_V = 0.21\,\text{h}$ 代入上面的公式, 得到一周的平均耗电量为

$$\frac{134.4 \times 0.03}{0.03 + 0.21}\,\text{kW} = 16.8\,\text{kW}.$$

例 4.2 一个住宅小区有 2000 台冰箱. 设每台冰箱的开关时间分别有数学期望 $\mu_U = 0.03$, $\mu_V = 0.21$. 在时刻 t,

(1) 计算处于开状态冰箱数 ξ 的数学期望 μ 和标准差 σ;

(2) 在置信度 0.95 下, 计算处于开状态的冰箱数 ξ 的置信区间.

解 t 时任何一台冰箱处于开状态的概率是

$$p = \frac{0.03}{0.03 + 0.21} = 0.125.$$

对 $m = 2000$ 和 $i = 1, 2, \cdots, m$, 引入

$$\xi_i = \begin{cases} 1, & \text{当 } t \text{ 时第 } i \text{ 台在工作}, \\ 0, & \text{否则}, \end{cases}$$

则 $\xi_1, \xi_2, \cdots, \xi_m$ 相互独立, 有共同的数学期望 p 和方差 $p(1-p)$.

(1) t 时处于开状态的冰箱数是 $\xi = \xi_1 + \xi_2 + \cdots + \xi_m$, 要计算的数学期望是

$$\mu = \text{E}\,\xi = mp = 2000 \times 0.125 = 250(\text{台}),$$

标准差是

$$\sigma = \sqrt{\text{Var}\,(\xi)} = \sqrt{mp(1-p)} = 14.79(\text{台}).$$

(2) 由中心极限定理知道近似地有

$$\frac{\xi - \mu}{\sigma} \sim N(0, 1).$$

于是从

$$P(|\xi - \mu| \leqslant 1.96\sigma) = P\left(\frac{|\xi - \mu|}{\sigma} \leqslant 1.96\right) \approx 0.95$$

得到 ξ 的置信度为 0.95 的置信区间

$$[\mu - 1.96\sigma, \mu + 1.96\sigma] \approx [221, 279].$$

也就是说, 以 0.95 的概率保证, t 时处于开状态的冰箱数在 221 和 279 台之间.

在上面的叙述中, 如果把 "冰箱" 说成 "系统", 则得到开关系统的相应结论.

B. 多个状态的系统

设一个系统有 r 个工作状态. 系统在一开始处于状态 1, 在状态 1 工作 U_{11} 时间后进入状态 2, 在状态 2 工作 U_{12} 时间后进入状态 3, ……, 在状态 $r-1$ 工作 $U_{1,r-1}$ 时间后进入状态 r, 在状态 r 工作 U_{1r} 时间后完成一次循环, 重新进入状态 1; 在状态 1 工作 U_{21} 时间后进入状态 2, 在状态 2 工作 U_{22} 时间后进入状态 3, ……, 在状态 $r-1$ 工作 $U_{2,r-1}$ 时间后进入状态 r, 在状态 r 工作 U_{2r} 时间后完成一次循环, 重新进入状态 1; …….

可以看出 U_{ij} 是第 i 次循环处于状态 j 的工作时间长度. 引入

$$X = (U_1, U_2, \cdots, U_r).$$

认为

$$U_i = (U_{i1}, U_{i2}, \cdots, U_{ir}), \quad i = 1, 2, \cdots$$

是来自总体 X 的随机向量. 对于 $j = 1, 2, \cdots, r$, 当 j 确定后, $\{U_{ij} | i = 1, 2, \cdots\}$ 是来自总体 U_j 的随机变量.

引入更新间隔

$$X_i = U_{i1} + U_{i2} + \cdots + U_{ir}, \quad i = 1, 2, \cdots, \tag{4.4}$$

和以 $\{X_i\}$ 为更新间隔的更新过程 $\{N(t)\}$, 称 $\{N(t)\}$ 为有 r 个状态的更新过程. 这时 $\{X_i\}$ 是来自总体 $X = U_1 + U_2 + \cdots + U_r$ 的随机变量.

用 $\mu_i = \mathrm{E}U_i$ 表示一个循环中系统处于第 i 个状态的平均长度, 有以下的结论.

定理 4.3 如果 X 不是格点随机变量, 数学期望 $\mu = \mathrm{E}X \in (0, \infty)$, 则

$$\lim_{t \to \infty} P(t \text{ 时处于状态 } j) = \frac{\mu_j}{\mu_1 + \mu_2 + \cdots + \mu_r}. \tag{4.5}$$

*证明　当 $j=1$ 时, 把状态 1 称为开状态, 把其余的状态统称为关状态. 这相当于在开关系统中

$$U_i = U_{i1}, \quad V_i = U_{i2} + \cdots + U_{ir}, \quad i = 1, 2, \cdots.$$

利用定理 4.1 得到 (4.5).

当 $j=r$ 时, 把状态 $1,2,\cdots,r-1$ 都称为开状态, 把状态 r 称为关状态. 这相当于在开关系统中

$$U_i = U_{i1} + \cdots + U_{i,r-1}, \quad V_i = U_{ir}, \quad i = 1, 2, \cdots.$$

利用定理 4.1 得到 (4.5).

当 $1 < j < r$ 时, 对 $i = 1, 2, \cdots$, 引入

$$U_i = U_{i1} + \cdots + U_{i,j-1}, \quad W_i = U_{ij}, \quad V_i = U_{i,j+1} + \cdots + U_{ir},$$

则 $X_i = U_i + W_i + V_i$. 将 $\{N(t)\}$ 视为有 U, W, V 三种状态的工作系统, 则有

$$P(t\text{时处于状态 } U) + P(t\text{时处于状态 } W) + P(t\text{时处于状态 } V) = 1.$$

利用刚证完的结果得到

$$
\begin{aligned}
\lim_{t \to \infty} P(t\text{时处于状态 } j) &= \lim_{t \to \infty} P(t\text{时处于状态 } W) \\
&= 1 - \lim_{t \to \infty} P(t\text{时处于状态 } U) - \lim_{t \to \infty} P(t\text{时处于状态 } V) \\
&= 1 - \frac{\mu_1 + \cdots + \mu_{j-1}}{\mu_1 + \mu_2 + \cdots + \mu_r} - \frac{\mu_{j+1} + \cdots + \mu_r}{\mu_1 + \mu_2 + \cdots + \mu_r} \\
&= \frac{\mu_j}{\mu_1 + \mu_2 + \cdots + \mu_r}.
\end{aligned}
$$

练 习　3.4

(1) 计算机有三种状态: 正常工作 → 带病毒工作 → 被维修. 设正常工作时间是来自总体 Y_1 的随机变量, 带病毒工作时间是来自总体 Y_2 的随机变量, 维修时间是来自总体 Y_3 的随机变量. 对于非格点的 $Y_1 + Y_2 + Y_3$ 和充分大的 t, 计算 t 时计算机处于各种状态的概率.

(2) 一个系统有 r 个部件并联而成, 只要一个部件工作, 系统就可以运行. 当系统停止工作后, 将所有的部件统一更新, 更新部件占用的时间忽略不计. 用 $\{N(t)\}$ 表示这个更新过程, 当所有部件的使用寿命是来自总体 $\mathcal{E}(\lambda)$ 的随机变量, 计算

(a) 更新间隔的密度和平均更新间隔;

(b) $\lim\limits_{t\to\infty} \mathrm{E}\, N(t)/t$.

(3) 装修一套毛坯房需要 m 道工序, 第 i 道工序平均需要 μ_i 天. 一个小区有 3000 套房正在陆续进入装修, 装修队来自相互独立的装修公司. 估算处于第 i 道装修工序的房屋在所有装修的房屋中的比例.

§3.5　年龄和剩余寿命

本节利用关键更新定理讨论更新过程中 t 时服役部件的年龄和剩余寿命的分布.

用非负随机变量 X 表示交叉路口的信号灯的使用寿命. 则 t 时服役的信号灯的更新时刻为 t 以前的最后一次更新时刻 $S_{N(t)}$, 寿终时刻是 t 之后的第一次更新时刻 $S_{N(t)+1}$. 仍然称 $A(t) = t - S_{N(t)}$ 为该信号灯的使用年龄, 简称为年龄, 称 $R(t) = S_{N(t)+1} - t$ 为该信号灯的剩余使用寿命, 简称为剩余寿命.

如果 X 服从参数为 λ 的指数分布, 相应的更新过程就是强度为 λ 的泊松过程, 这时的年龄 $A(t)$ 和剩余寿命 $R(t)$ 独立 (参考 §2.3 定理 3.1). 由指数分布的无后效性知道 $R(t)$ 服从参数为 λ 的指数分布. 对于很大的 t, $A(t)$ 也近似服从参数为 λ 的指数分布, 于是这只信号灯的使用寿命

$$X_{N(t)+1} = A(t) + R(t) = S_{N(t)+1} - S_{N(t)}$$

随机大于更新间隔 X, 它的平均使用寿命大约是平均更新间隔的 2 倍:

$$\mathrm{E}\, X_{N(t)+1} = \mathrm{E}\, A(t) + \mathrm{E}\, R(t) \approx \mathrm{E}\, X + \mathrm{E}\, X = 2\,\mathrm{E}\, X.$$

以上结论的推导利用了指数分布的无后效性. 严格说来信号灯的使用寿命并不服从指数分布,所以用更新过程来描述它更加合适. 由于这时的更新间隔不服从指数分布, 所以对于充分小的 s, s 时服役的信号灯的剩余寿命和 $t(t > s)$ 时服役的信号灯的剩余寿命的分布应当是不同的. 取 $s = 1$ 小时, $t = 500$ 小时就可以理解这一点. 由于在公路上使用信号灯的时间已经很久了,这相当于更新过程在很久以前就开始了,所以研究现在服役的信号灯还能工作多长时间,只需要研究 $t \to \infty$ 的极限

$$\lim_{t \to \infty} P(R(t) \leqslant y).$$

同理,要想知道正在服役的信号灯的年龄的分布,只需要研究极限

$$\lim_{t \to \infty} P(A(t) \leqslant y).$$

下面对于更新间隔为 $X_1, X_2, \cdots$ 的更新过程 $\{N(t)\}$ 研究年龄和剩余寿命的极限分布.

用 $F(y)$ 表示更新间隔 X_i 的分布函数:

$$F(y) = P(X_i \leqslant y).$$

用 $\mu = \mathrm{E} X_i$ 表示 X_i 的数学期望. 下面设 $\mu \in (0, \infty)$.

A. 年龄 $A(t)$ 的分布

设一个工作系统的某易损部件有独立同分布的使用寿命 X_1, X_2, $\cdots$. 部件损坏后立即更新. 相应的更新过程是 $\{N(t)\}$. 对于固定的 $y > 0$, 设每个部件的试用期为 y, 试用期后进入工作期. 让我们把试用期称为开状态,把工作期称为关状态. 一个部件的使用寿命如果小于 y, 则只有开状态, 没有关状态.

用数学符号表示出来: 第 i 个部件的试用期是 $U_i = \min(y, X_i)$, 工作期是 $V_i = X_i - U_i$. 可以看出 (U_i, V_i) $(i = 1, 2, \cdots)$ 是独立同分布的随机向量序列, $X_i = U_i + V_i$. 对于 $\{N(t)\}$ 来讲, t 时为开状态的充分必要条件是 t 时的服役部件的年龄 $A(t) \leqslant y$, 即有

$$\{A(t) \leqslant y\} = \{t \text{ 时是开状态}\}.$$

根据定理 4.1, 如果 X_i 不是格点随机变量, 则

$$\lim_{t \to \infty} P(A(t) \leqslant y) = \lim_{t \to \infty} P(t \text{ 时开}) = \frac{\mathrm{E}\,U_1}{\mu}.$$

因为

$$\mathrm{E}\,U_1 = \mathrm{E} \min(y, X_1) = \int_0^\infty P(\min(y, X_1) > s)\mathrm{d}s$$

$$= \int_0^y P(y > s, X_1 > s)\mathrm{d}s = \int_0^y P(X_1 > s)\mathrm{d}s$$

$$= \int_0^y \overline{F}(s)\mathrm{d}s,$$

所以有

$$\lim_{t \to \infty} P(A(t) \leqslant y) = \frac{1}{\mu} \int_0^y \overline{F}(s)\mathrm{d}s.$$

也就是说, 对于较大的 t, 年龄 $A(t)$ 的分布函数可以用

$$F_A(y) = \frac{1}{\mu} \int_0^y \overline{F}(s)\mathrm{d}s, \quad y \geqslant 0$$

近似, 其中 $\mu = \mathrm{E}\,X_i$.

B. 剩余寿命 $R(t)$ 的分布

如果认为易损部件在寿终前的 y 小时进入异常状态, 并把异常状态称为关状态, 把异常状态之前的正常状态称为开状态, 则第 i 个部件的关状态时间长为 $V_i = \min(y, X_i)$, 开状态时间长为 $U_i = X_i - V_i$.

可以看出 (U_i, V_i) $(i = 1, 2, \cdots)$ 也是独立同分布的随机向量序列, $X_i = U_i + V_i$. $\{N(t)\}$ 是以 $\{X_i\}$ 为更新间隔的更新过程. 对于 $\{N(t)\}$ 来讲, t 时是关状态的充分必要条件是 t 时服役部件的剩余寿命 $R(t) \leqslant y$, 即

$$\{R(t) \leqslant y\} = \{t \text{ 时是关状态}\}.$$

根据定理 4.1, 如果 X_i 不是格点随机变量, 则

$$\lim_{t \to \infty} P(R(t) \leqslant y) = \lim_{t \to \infty} P(t \text{ 时关}) = \frac{\mathrm{E}\,V_1}{\mu}.$$

因为

$$\mathrm{E}\, V_i = \mathrm{E} \min(y, X_1) = \frac{1}{\mu} \int_0^y \overline{F}(s)\mathrm{d}s,$$

所以得到

$$\lim_{t\to\infty} P(R(t) \leqslant y) = \frac{1}{\mu} \int_0^y \overline{F}(s)\mathrm{d}s.$$

也就是说，对于较大的 t, 剩余寿命 $R(t)$ 的分布函数也可以用

$$F_R(y) = \frac{1}{\mu} \int_0^y \overline{F}(s)\mathrm{d}s, \quad y \geqslant 0$$

近似，其中 $\mu = \mathrm{E}\, X_i$.

C. t 时服役部件的寿命分布

t 时服役部件的寿命是该部件在 t 时的年龄和剩余寿命之和：

$$X_{N(t)+1} = A(t) + R(t) = S_{N(t)+1} - S_{N(t)}. \tag{5.1}$$

对于确定的 $y > 0$, 为了得到 $X_{N(t)+1}$ 的极限分布，利用示性函数 $\mathrm{I}[\cdot]$ 定义

$$U_i = X_i\, \mathrm{I}[X_i > y], \quad V_i = X_i\, \mathrm{I}[X_i \leqslant y], \quad i = 1, 2, \cdots. \tag{5.2}$$

由此可以看出 (U_i, V_i) $(i = 1, 2, \cdots)$ 是独立同分布的随机向量. 利用 $\mathrm{I}[X_i > y] + \mathrm{I}[X_i \leqslant y] = 1$, 得到 $X_i = U_i + V_i$. 用 $\{N(t)\}$ 表示以 $\{U_i\}$ 为开状态，以 $\{V_i\}$ 为关状态的开关系统. 对于更新过程 $\{N(t)\}$ 来讲，一个部件的使用寿命 $\leqslant y$ 时，这个部件就一直处于关状态，否则一直处于开状态. 于是服役部件在 t 时处于关状态的充分必要条件是其使用寿命 $X_{N(t)+1} \leqslant y$, 即

$$\{X_{N(t)+1} \leqslant y\} = \{t \text{ 是关状态}\}.$$

根据定理 4.1, 如果 X_i 不是格点随机变量，则

$$\lim_{t\to\infty} P(X_{N(t)+1} \leqslant y) = \lim_{t\to\infty} P(t \text{ 时关}) = \frac{\mathrm{E}\, V_1}{\mu}.$$

现在的

$$\mathrm{E}\, V_1 = \mathrm{E}\left(X_1\, \mathrm{I}[X_1 \leqslant y]\right) = \int_0^y s\, \mathrm{d}F(s).$$

所以得到

$$\lim_{t\to\infty} P(X_{N(t)+1} \leqslant y) = \frac{1}{\mu} \int_0^y s\, \mathrm{d}F(s).$$

也就是说，对于较大的 t, t 时服役部件的使用寿命可以用

$$F_X(y) = \frac{1}{\mu} \int_0^y s\, \mathrm{d}F(s)$$

近似，其中 $\mu = \mathrm{E}\, X_i$.

D. $S_{N(t)}$ 的分布函数

$S_{N(t)}$ 是 t 之前的最后一次更新时刻. 下面推导 $S_{N(t)}$ 的分布函数.

利用 $S_0 = 0$, $\{N(t) = n\} = \{S_n \leqslant t, S_{n+1} > t\}$, 对 $x \in [0, t]$ 得到

$$P(S_{N(t)} \leqslant x) = P(S_0 \leqslant x, N(t) = 0) + \sum_{n=1}^{\infty} P(S_n \leqslant x, N(t) = n)$$

$$= P(X_1 > t) + \sum_{n=1}^{\infty} P(S_n \leqslant x, S_{n+1} > t)$$

$$= \overline{F}(t) + \sum_{n=1}^{\infty} \int_0^x P(S_n \leqslant x, S_n + X_{n+1} > t | S_n = s)\mathrm{d}F_n(s)$$

$$= \overline{F}(t) + \sum_{n=1}^{\infty} \int_0^x P(X_{n+1} > t - s)\mathrm{d}F_n(s)$$

$$= \overline{F}(t) + \int_0^x \overline{F}(t - s)\mathrm{d}m(s).$$

再由此得到 $A(t)$ 的生存函数

$$P(A(t) > x) = P(t - S_{N(t)} > x) = P(S_{N(t)} < t - x)$$

$$= \overline{F}(t) + \int_0^{(t-x)-} \overline{F}(t - s)\mathrm{d}m(s), \quad 0 \leqslant x \leqslant t,$$

其中 $\int_a^{b-}$ 表示区间 $[a, b)$ 上的积分. 我们把本节的结论总结在下面的定理中.

定理 5.1　设 $\{X_i\}$ 是更新过程 $\{N(t)\}$ 的更新间隔，$m(t) = \mathrm{E}\,N(t)$ 是更新函数，$\overline{F}(s) = P(X_1 > s)$, $\mu = \mathrm{E}\,X_1 \in (0, \infty)$, 则

(1) $S_{N(t)}$ 有分布函数

$$F_{S_{N(t)}}(x) = P(S_{N(t)} \leqslant x) = \overline{F}(t) + \int_0^x \overline{F}(t-s)\mathrm{d}m(s), \quad 0 \leqslant x \leqslant t;$$

(2) $A(t)$ 有生存函数

$$\overline{F}_{A(t)}(x) = \overline{F}(t) + \int_0^{(t-x)-} \overline{F}(t-s)\mathrm{d}m(s);$$

(3) 当 X_1 不是格点随机变量，有

$$\lim_{t \to \infty} P(A(t) \leqslant y) = \frac{1}{\mu} \int_0^y \overline{F}(s)\mathrm{d}s,$$

$$\lim_{t \to \infty} P(R(t) \leqslant y) = \frac{1}{\mu} \int_0^y \overline{F}(s)\mathrm{d}s,$$

$$\lim_{t \to \infty} P(X_{N(t)+1} \leqslant y) = \frac{1}{\mu} \int_0^y s\mathrm{d}F(s).$$

从定理 5.1(1) 得到

$$P(S_{N(t)} = 0) = \overline{F}(t) + \overline{F}(t)m(0) = \overline{F}(t)[1 + m(0)].$$

这说明 $S_{N(t)}$ 不是连续型随机变量.

另外，关于 x 微分时，从 (1) 得到

$$\mathrm{d}F_{S_{N(t)}}(x) = \overline{F}(t-x)\mathrm{d}m(x), \quad 0 < x \leqslant t.$$

注意 $S_{N(t)} = 0$ 表示 $(0, t]$ 中没有更新发生，所以 $F(x)$ 连续时，

$$\{S_{N(t)} = 0\} = \{X_1 > t\}.$$

对于开关系统，在条件 $S_{N(t)} = 0$ 下，$U_1 > t$ 表示系统的第一次开状态还没有结束，所以 $F(x)$ 连续时，

$$P(t \text{ 时开} \,|\, S_{N(t)} = 0) = P(U_1 > t | X_1 > t) = \frac{P(U_1 > t)}{P(X_1 > t)}.$$

下面为解例 5.1 做点准备. 用 $N_Y(t)$ 表示以 $\{Y_i\}$ 为更新间隔的更新过程，对于更新时刻 $\xi_n = Y_1 + Y_2 + \cdots + Y_n$ 和 $n \geqslant 1$, $t \geqslant 0$, 从

(1.2) 得到

$$\{\xi_{n-1} \leqslant t < \xi_n\} = \{N_Y(t) = n-1\}. \tag{5.3}$$

例 5.1 甲一开始为自己的手机充值 b 元, 并决定只要发现手机余额少于 a 元就立即充值到 b 元, 以此类推. 假设他的通话间隔是独立同分布的随机变量 $\{X_i\}$, 每次的通话费是独立同分布的随机变量 $\{Y_i\}$, 与 $\{X_i\}$ 独立. 将通话时间忽略不记时, 对于充分大的 t, 估算 t 时手机中至少有 x 元余额的概率 p.

解 用 $\xi_n = Y_1 + Y_2 + \cdots + Y_n$ 表示前 n 次通话的总消费. 设第 N_a 次通话后的余额首次少于 a 元, 则有

$$
\begin{aligned}
\{N_a = n\} &= \{b - \xi_{n-1} \geqslant a, b - \xi_n < a\} \\
&= \{\xi_{n-1} \leqslant b-a < \xi_n\} = \{N_Y(b-a) = n-1\} \\
&= \{N_Y(b-a) + 1 = n\}.
\end{aligned}
$$

于是得到

$$N_a = N_Y(b-a) + 1. \tag{5.4}$$

把每次充值视为一次更新, 第一个更新间隔为

$$Z_1 = \sum_{i=1}^{N_a} X_i.$$

对 $x \geqslant a$, 将上面的 a 换成 x, 就知道第 $N_x = N_Y(b-x) + 1$ 次通话后余额首次少于 x 元, 并且

$$U_1 = \sum_{i=1}^{N_x} X_i$$

是余额首次少于 x 元的时间. 将余额大于 x 元的时间段 $[0, U_1)$ 称为开状态, 少于等于 x 元的时间段称为关状态, 则有

$$p \approx \lim_{t\to\infty} P(t \text{ 时开}) = \frac{\mathrm{E}\,U_1}{\mathrm{E}\,Z_1}. \tag{5.5}$$

N_a, N_x 由 $\{Y_i\}$ 决定, 与 $\{X_i\}$ 独立. 用瓦尔德定理 (见 §3.2 定理 2.1) 得到

$$
\begin{aligned}
\mathrm{E}\,Z_1 &= \mathrm{E}\,N_a\,\mathrm{E}\,X_1 = (m_G(b-a)+1)\,\mathrm{E}\,X_1, \\
\mathrm{E}\,U_1 &= \mathrm{E}\,N_x\,\mathrm{E}\,X_1 = (m_G(b-x)+1)\,\mathrm{E}\,X_1.
\end{aligned}
$$

其中的 $m_G(t) = \mathrm{E}\,N_Y(t)$ 是 $N_Y(t)$ 的更新函数. 代入 (5.5) 得到

$$p \approx \frac{1 + m_G(b-x)}{1 + m_G(b-a)}.$$

练 习 3.5

(1) 对于更新过程的年龄 $A(t)$ 和剩余寿命 $R(t)$, 回答以下问题:

(a) $P(R(t) > x) = P(A(\qquad) > \quad)$;

(b) 当 $\mu = \mathrm{E}\,X < \infty$, 证明 $t \to \infty$ 时, $X_{N(t)+1}/t \to 0$ a.s.

(2) 对于更新过程的年龄 $A(t)$ 和剩余寿命 $R(t)$, 回答以下问题:

(a) $A(t) < x$ 表示在 "   　　　　" 中有事件发生;

(b) $R(t) > x$ 表示在 "   　　　　" 中没有事件发生.

(3) 对于 $x \geqslant 0, y \geqslant 0$, 推导公式

$$\lim_{t \to \infty} P(A(t) > x, R(t) > y) = \frac{1}{\mu} \int_{x+y}^{\infty} \overline{F}(s)\mathrm{d}s.$$

(4) 证明更新过程是泊松过程的充分必要条件是剩余寿命 $R(t)$ 与更新间隔 X 同分布.

§3.6 年龄, 剩余寿命和更新间隔的比较

设来自非负总体 X 的随机变量 $\{X_i\}$ 是更新过程 $\{N(t)\}$ 的更新间隔. 为了比较年龄和更新间隔, 需要引入随机大、小的概念.

定义 6.1 称随机变量 X **随机小于**随机变量 Y, 如果对于一切 $s, P(X \leqslant s) \geqslant P(Y \leqslant s)$.

X 随机小于 Y, 指对于任何 s, 事件 $\{X \leqslant s\}$ 发生的概率大于等于 $\{Y \leqslant s\}$ 发生的概率. 容易理解, 当 $X \leqslant Y$ 时, X 随机小于 Y. 但是 X 随机小于 Y 时, $X \leqslant Y$ 不必成立.

当 X 随机小于 Y 时, 也称 Y **随机大于** X. 于是, Y 随机大于 X 的充分必要条件是对于一切 $s, P(Y > s) \geqslant P(X > s)$.

例 6.1 如果非负随机变量 X 随机小于 Y, 则 Y 是非负随机变量, 并且有

$$\mathrm{E}\,X \leqslant \mathrm{E}\,Y.$$

证明　设 X, Y 分别有生存函数 $\overline{F}(s) = P(X > s)$, $\overline{G}(s) = P(Y > s)$, 则对任何 s, $\overline{G}(s) \geqslant \overline{F}(s)$. 于是有

$$P(Y \geqslant 0) = \overline{G}(0-) \geqslant \overline{F}(0-) = 1.$$

所以 Y 是非负随机变量，并且有

$$\mathrm{E}Y = \int_0^\infty \overline{G}(s)\mathrm{d}s \geqslant \int_0^\infty \overline{F}(s)\mathrm{d}s = \mathrm{E}X.$$

A. $A(t)$, $R(t)$ 和更新间隔的比较

在更新过程中，容易猜想 $A(t)$ 和 $R(t)$ 都可能随机小于更新间隔 X_i. 当更新间隔服从泊松分布时，确实如此 (参考 §2.3). 但是对于更新过程上述结论并不一定成立. 看下面的例子.

例 6.2　设 $\{X_i\}$ 独立同分布，共同的密度函数是

$$F'(x) = f(x) = \frac{1}{\sqrt{2\pi x}}\mathrm{e}^{-x/2}, \quad x \geqslant 0.$$

这是 1 个自由度的卡方分布的密度，容易验证 $\mu = \mathrm{E}X_1 = 1$. 用 η 表示以

$$F_A(x) = \frac{1}{\mu}\int_0^x \overline{F}(x)\mathrm{d}x$$

为分布函数的随机变量. 利用洛必达法则得到

$$\lim_{x\downarrow 0}\frac{F(x)}{F_A(x)} = \lim_{x\downarrow 0}\frac{\mu f(x)}{1 - F(x)} = \infty.$$

所以对于充分小的正数 x_0, $F(x_0) > F_A(x_0)$. 利用

$$\lim_{t\to\infty} P(A(t) \leqslant x) = F_A(x)$$

知道，当 t 充分大，有

$$P(A(t) \leqslant x_0) < P(X_1 \leqslant x_0).$$

所以 $A(t)$ 并不随机小于 X_1.

类似的可以举例说明对于充分大的 t, $R(t)$ 也不必随机小于更新间隔 X_1.

B. $X_{N(t)+1}$ 随机大于更新间隔

对于泊松过程，t 时的年龄 $A(t)$ 是非负随机变量，t 时的剩余寿命 $R(t)$ 和更新间隔 $\{X_i\}$ 同分布，所以 t 时服役部件的工作寿命 $X_{N(t)+1} = A(t) + R(t)$ 随机大于更新间隔. 下面对更新过程证明此性质.

首先从定理 5.1(1) 和 $S_{N(t)} \leqslant t$ 得到

$$\overline{F}(t) + \int_0^t \overline{F}(t-s)\mathrm{d}m(s) = P(S_{N(t)} \leqslant t) = 1. \tag{6.1}$$

用 $\{X_i\}$ 表示更新间隔，引人

$$U_i = X_i\,\mathrm{I}\,[X_i > x], \quad V_i = X_i\,\mathrm{I}\,[X_i \leqslant x], \quad i = 1, 2, \cdots, \tag{6.2}$$

则 (U_i, V_i) $(i = 1, 2, \cdots)$ 是独立同分布的随机向量序列，使得 $X_i = U_i + V_i$. 这时，$\{N(t)\}$ 又是以 $\{U_i\}$ 为开状态，以 $\{V_i\}$ 为关状态的开关系统. 对于更新过程 $\{N(t)\}$ 来讲，一个服役部件的使用寿命大于 x 时，这个部件就一直处于开状态，否则一直处于关状态. 于是 t 时服役的部件在 t 时处于开状态的充分必要条件是其使用寿命 $X_{N(t)+1} > x$，即

$$\{X_{N(t)+1} > x\} = \{t\text{ 是开状态}\}.$$

U_1 的生存函数 $\overline{G}(t)$ 满足

$$\begin{aligned}
\overline{G}(t) &= P(U_1 > t) = P(X_1 > x, X_1 > t) \\
&\geqslant P(X_1 > x)P(X_1 > t) = \overline{F}(x)\overline{F}(t), \quad t \geqslant 0. \tag{6.3}
\end{aligned}$$

利用 (4.3), (6.3) 和 (6.1) 得到

$$\begin{aligned}
P(X_{N(t)+1} > x) &= P(t\text{ 时开}) \\
&= \overline{G}(t) + \int_0^t \overline{G}(t-s)\mathrm{d}m(s) \\
&\geqslant \overline{F}(x)\overline{F}(t) + \int_0^t \overline{F}(x)\overline{F}(t-s)\mathrm{d}m(s)
\end{aligned}$$

$$=\overline{F}(x)\left[\overline{F}(t)+\int_0^t \overline{F}(t-s)\mathrm{d}m(s)\right]$$

$$=\overline{F}(x).$$

这就证明了 $X_{N(t)+1}$ 随机大于更新间隔 X_i. 于是我们对 $X_{N(t)+1}$ 的期望也大于对 X_i 的期望, 即 $\mathrm{E}\,X_{N(t)+1}\geqslant \mathrm{E}\,X_i$.

造成以上结果的原因在泊松过程的讨论中已经解释, 不再赘述.

C. $\mathrm{E}A(t)$, $\mathrm{E}R(t)$ 和 $\mathrm{E}X_{N(t)+1}$ 的极限

下面证明

$$\lim_{t\to\infty}\mathrm{E}\,X_{N(t)+1}=\frac{\mathrm{E}\,X^2}{\mu}. \tag{6.4}$$

引入符号 $a\vee b=\max(a,b)$, 则 $U=X\,\mathrm{I}\,[X>x]$ 有生存函数

$$\overline{G}(t)=P(X>x, X>t)=\overline{F}(x\vee t).$$

从 (4.3) 得到

$$P(X_{N(t)+1}>x)=P(\,t\,\text{时开}\,)$$

$$=\overline{G}(t)+\int_0^t \overline{G}(t-s)\mathrm{d}m(s)$$

$$=\overline{F}(x\vee t)+\int_0^t \overline{F}(x\vee(t-s))\mathrm{d}m(s).$$

引入 t 的单调不增非负函数

$$h(t)=\int_0^\infty \overline{F}(x\vee t)\mathrm{d}x.$$

利用计算数学期望的公式 §1.3C(2), 得到

$$\mathrm{E}\,X_{N(t)+1}=\int_0^\infty P(X_{N(t)+1}>x)\mathrm{d}x$$

$$=\int_0^\infty \overline{F}(x\vee t)\mathrm{d}x+\int_0^\infty\left(\int_0^t \overline{F}(x\vee(t-s))\mathrm{d}m(s)\right)\mathrm{d}x$$

$$=h(t)+\int_0^t\left(\int_0^\infty \overline{F}(x\vee(t-s))\mathrm{d}x\right)\mathrm{d}m(s)$$

$$= h(t) + \int_0^t h(t-s)\mathrm{d}m(s).$$

当 $t \to \infty$ 时，用 $\mu = \mathrm{E}\,X_1 < \infty$ 得到

$$h(t) = \int_0^t \overline{F}(t)\mathrm{d}x + \int_t^\infty \overline{F}(x)\mathrm{d}x = t\overline{F}(t) + \int_t^\infty \overline{F}(x)\mathrm{d}x$$

$$\leqslant \int_t^\infty x\mathrm{d}F(x) + \int_t^\infty \overline{F}(x)\mathrm{d}x \to 0.$$

如果 X 不是格点的，则用关键更新定理 (推论 2.5) 得到

$$\lim_{t\to\infty} \int_0^t h(t-s)\mathrm{d}m(s) = \frac{1}{\mu} \int_0^\infty h(t)\mathrm{d}t$$

$$= \frac{1}{\mu} \int_0^\infty \Big(\int_0^\infty \overline{F}(x \vee t)\mathrm{d}x \Big) \mathrm{d}t$$

$$= \frac{1}{\mu} \int_0^\infty \Big(\int_0^t \overline{F}(t)\mathrm{d}x + \int_t^\infty \overline{F}(x)\mathrm{d}x \Big) \mathrm{d}t$$

$$= \frac{1}{\mu} \Big[\int_0^\infty t\overline{F}(t)\mathrm{d}t + \int_0^\infty \Big(\int_0^x \overline{F}(x)\mathrm{d}t \Big) \mathrm{d}x \Big] \quad \text{(交换积分次序)}$$

$$= \frac{1}{\mu} \int_0^\infty 2t\overline{F}(t)\mathrm{d}t$$

$$= \mathrm{E}\,X^2/\mu. \quad \text{(用 §1.3C(2))}$$

所以当 $\mu < \infty$ 时，(6,4) 成立.

定理 6.1 设 $\{X_i\}$ 是更新过程 $\{N(t)\}$ 的更新间隔，$\mu = \mathrm{E}\,X_1 \in (0,\infty)$. 如果 X_1 不是格点随机变量，则有以下结论:

(1) $\lim\limits_{t\to\infty} \mathrm{E}\,X_{N(t)+1} = \mathrm{E}\,X_1^2/\mu$;

(2) $\lim\limits_{t\to\infty} \mathrm{E}\,A(t) = \mathrm{E}\,X_1^2/(2\mu)$;

(3) $\lim\limits_{t\to\infty} \mathrm{E}\,R(t) = \mathrm{E}\,X_1^2/(2\mu)$;

(4) $\lim\limits_{t\to\infty} [m(t) - t/\mu + 1] = \mathrm{E}\,X_1^2/(2\mu^2)$.

在上面的结论中，如果 $\mathrm{E}\,X_1^2 = \infty$，则等式两边都是正无穷.

证明   可以用证明 (1) 的方法证明 (2) 和 (3)，不再赘述. 下面证明 (4)，利用 $R(t) = S_{N(t)+1} - t$ 和例 2.2(2) 得到

$$\mathrm{E}\,R(t) = \mathrm{E}\,S_{N(t)+1} - t = (m(t) + 1)\mu - t.$$

于是用结论 (3) 得到

$$m(t) - t/\mu + 1 = \mathrm{E}\,R(t)/\mu \to \mathrm{E}\,X^2/(2\mu^2).$$

在更新过程中，如果更新间隔 X_i 的方差 $\sigma^2 = \mathrm{Var}\,(X_1) > \mu^2$，则有

$$\frac{\mathrm{E}\,X^2}{2\mu} = \frac{\sigma^2 + \mu^2}{2\mu} > \frac{\mu^2 + \mu^2}{2\mu} = \mu.$$

于是对于充分大的 t, 有

$$\mathrm{E}\,A(t) > \mu, \quad \mathrm{E}\,R(t) > \mu.$$

也就是说 t 时服役部件的平均年龄或平均剩余寿命，都有可能大于同类备用部件的平均寿命 μ.

在工程技术中，**威布尔分布** 经常用来描述系统部件的使用寿命. 对 $Y \sim \mathcal{E}(1)$, 和正的常数 α, m, 可以计算出 $X = (\alpha Y)^{1/m}$ 的密度函数

$$f(x) = \frac{m}{\alpha} x^{m-1} \mathrm{e}^{-x^m/\alpha}, \quad x \geqslant 0.$$

这时称 X 服从参数为 m, α 的威布尔分布，记做 $X \sim W(m, \alpha)$.

例 6.3 如果更新间隔 X 服从参数为 $m = 0.9, \alpha = 6$ 的威布尔分布，则对充分大的 t, $\mathrm{E}\,A(t) > \mu$, $\mathrm{E}\,R(t) > \mu$.

证明 可以直接计算出:

$$\mu = \mathrm{E}\,X = \alpha^{1/m}\Gamma\Big(1 + \frac{1}{m}\Big),$$

$$\sigma^2 = \mathrm{Var}\,(X) = \alpha^{2/m}\Big[\Gamma\Big(1 + \frac{2}{m}\Big) - \Gamma^2\Big(1 + \frac{1}{m}\Big)\Big].$$

对于 $m = 0.9, \alpha = 6$, 密度函数 $f(x)$ 见图 3.6.1. 可以计算出

$$\mu = 7.7038, \quad \sigma^2 = 73.5228,$$
$$\frac{\mathrm{E}\,X^2}{2\mu} = \frac{\sigma^2 + \mu^2}{2\mu} = 8.6238.$$

这说明同类备用部件的平均寿命约为 7.7 天时，当 t 充分大，t 时服役部件的平均使用年龄可以达到 8.6 天，平均剩余寿命也可以达到 8.6 天，t 时服役部件的平均寿命可以达到 $8.6 \times 2 = 17.2$ 天.

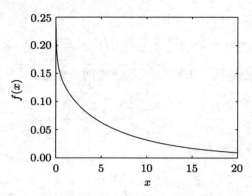

图 3.6.1 威布尔分布 $W(0.9,6)$ 的密度函数

练 习 3.6

(1) 仓库一开始存有 b 个备件, 一旦发现备件少于 a 个后马上备足 b 个. 假设车间对备件的需求按非格点更新流发生, 第 i 次的需求量为 Y_i, $\{Y_i\}$ 独立同分布. 对于充分大的 t, 计算仓库 t 时的备件数大于等于 x 的概率.

(2) 设非负非格点随机变量 X 有数学期望 μ 和分布函数 $F(x)$, Y 有分布函数

$$G(x) = \frac{1}{\mu} \int_0^x t\mathrm{d}F(t).$$

证明 X 随机小于 Y.

(3) 设非负随机变量 X 有数学期望 μ 和分布函数 $F(x)$, Y 有分布函数

$$F_e(x) = \frac{1}{\mu} \int_0^x \overline{F}(t)\mathrm{d}t.$$

若 X 在 $(0,b)$ 上均匀分布, 证明 X 随机大于 Y.

(4) 对 $Y \sim \mathcal{E}(1)$ 及正常数 α, m, 计算 $X = (\alpha Y)^{1/m}$ 的密度函数.

*§3.7　延迟更新过程

A. 平衡更新过程

在实际问题中, 对于更新过程 $\{N(t)\}$ 的记录或观测有时不是从 $t = 0$ 开始的. 如果在 t_0 时刻开始观测更新过程 $\{N(t)\}$, 等待第一个更新的时刻为原更新过程 $\{N(t)\}$ 的剩余寿命 $R(t_0)$, 第一个更新间隔结束后, 从第二个更新间隔开始, 更新过程的更新间隔和原来的更新间隔同分布.

如果更新过程在很久以前就开始了, 从 t_0 开始记录的更新过程的第一个更新间隔 $X_1 = R(t_0)$ 的分布函数近似等于 (参考定理5.1(3))

$$F_e(x) = \frac{1}{\mu} \int_0^x \overline{F}(s)\mathrm{d}s, \quad x \geqslant 0. \tag{7.1}$$

如果更新过程已经有无穷长的历史, 则在时刻 t 重新记录的更新过程的第一个更新间隔 X_1 有分布函数 (7.1), 其余的更新间隔 $\{X_j|j \geqslant 2\}$ 仍然是来自总体 X 的随机变量.

定义 7.1　设 X 和 X_1 是非负随机变量, 分布函数分别是 $F(x)$ 和由 (7.1) 定义的 $F_e(x)$. 如果 $\{X_j|j \geqslant 2\}$ 是来自总体 X 的随机变量, 和 X_1 独立, 则称以 $\{X_j|j \geqslant 1\}$ 为更新间隔的更新过程

$$N_e(t) = \sum_{j=1}^{\infty} \mathrm{I}\,[S_j \leqslant t], \quad t \geqslant 0 \tag{7.2}$$

为**平衡更新过程**(equilibrium renewal process), 称 X_j 为第 j 个更新间隔, 称

$$S_j = X_1 + X_2 + \cdots + X_j$$

为第 j 个更新时刻.

容易理解, 对于充分大的 t, 从 t 开始记录的更新过程可以用一个平衡更新过程进行近似描述.

对于平衡更新过程也可以定义时刻 t 的剩余寿命 $R_e(t)$. 由于平衡更新过程是有无穷长历史的更新过程, 所以对于 $t \geqslant 0$, t 时的剩

余寿命 $R_e(t)$ 应当有分布函数 $F_e(x)$(参考定理 5.1),此外,$N_e(t+s)$ $-N_e(t)$ 是具有无穷长历史的更新过程在区间 $(t,t+s]$ 中的更新次数,应当与 t 无关,所以平衡更新过程应当具有平稳增量性. 下面的定理肯定了上述性质 (略去证明).

定理 7.1　平衡更新过程 $\{N_e(t)\}$ 是平稳增量过程, 对于 $t \geqslant 0$, 剩余寿命 $R_e(t)$ 和 X_1 有相同的分布函数 $F_e(x)$.

例 7.1　强度为 λ 的泊松过程是平衡更新过程.

证明　泊松过程的更新间隔 X 服从指数分布. 由指数分布的无后效性知道剩余寿命 $R(t)$ 和 X 同分布, 于是 $X_1 \sim F_e(x) = F(x)$.

具有平稳增量的计数过程又称为**平稳点过程**. 平衡更新过程是平稳点过程.

B. 延迟更新过程

实际问题中的更新过程只有有限历史. 如果在 t_0 时刻开始记录一个更新过程, 等待第一个更新的时刻为原始更新过程的剩余寿命 $R(t_0)$, 这个更新间隔结束后, 更新过程的更新间隔回到原来的更新间隔. 人们把从 t_0 开始观测的更新过程称为**延迟更新过程** (delayed renewal process). 延迟更新过程的一般定义如下:

定义 7.2　设 X 和 X_1 是非负随机变量, $\{X_j|j \geqslant 2\}$ 是来自总体 X 的随机变量, X_1 和总体 X 独立. 称以 $\{X_j\}$ 为更新间隔的更新过程

$$N_D(t) = \sum_{j=1}^{\infty} \mathrm{I}[S_j \leqslant t], \quad t \geqslant 0 \tag{7.3}$$

为**延迟更新过程**, 称 X_j 为第 j 个更新间隔, 称

$$S_j = X_1 + X_2 + \cdots + X_j$$

为第 j 个更新时刻.

容易理解, 如果 X_1 也和 X 同分布, 则 $N_D(t)$ 简化成更新过程. 当 X 有分布函数 $F(x)$, X_1 的分布函数是 $F_e(x)$, 则 $N_D(t)$ 是平衡更新过程.

设 $G(x) = P(X_1 \leqslant x)$, $F(x) = P(X \leqslant x)$. 用 $m_D(t) = \mathrm{E}\,N_D(t)$ 表示延迟更新过程的更新函数, 用 F_0 表示常数 0 的分布函数, 则

有

$$m_D(t) = \sum_{j=1}^{\infty} \mathrm{E}\, \mathrm{I}\,[S_j \leqslant t]$$

$$= \sum_{j=1}^{\infty} P(X_1 + (S_j - X_1) \leqslant t)$$

$$= \sum_{j=1}^{\infty} G * F_{j-1}(t). \tag{7.4}$$

对于延迟更新过程, 也可以定义 t 时刻的年龄 $A_D(t)$ 和剩余寿命 $R_D(t)$ 如下:

$$A_D(t) = t - S_{N(t)}, \quad R_D(t) = S_{N(t)+1} - t.$$

引入 $X_D(t) = A_D(t) + R_D(t)$, 则 $X_D(t)$ 是 t 时服役部件的寿命.

因为 $P(X_1 < \infty) = 1$, 所以当时间充分长后, 延迟更新过程的轨迹和以 X 为更新间隔的更新过程有相似的行为. 于是延迟更新过程和更新过程服从相同的极限定理, 仅叙述如下 (证明可参考 [3]):

定理 7.2 设总体 X 有分布函数 $F(x)$, 数学期望 $\mu = \mathrm{E}\,X$, X_1 有分布函数 $G(x)$. 以下结果成立:

(1) 更新函数 $m_D(t) = \sum\limits_{n=1}^{\infty} G * F_{n-1}(t)$ 是更新方程

$$m(t) = G(t) + \int_0^t m(t-s)\mathrm{d}F(s)$$

的唯一局部有界解;

(2) 如果 $\sigma^2 = \mathrm{Var}\,(X) < \infty$, 则有中心极限定理

$$\lim_{t\to\infty} P\Big(\frac{N_D(t) - t/\mu}{\sigma\sqrt{t/\mu^3}} \leqslant x\Big) = \Phi(x), \quad x \in (-\infty, \infty),$$

其中 $\Phi(x)$ 是 $N(0,1)$ 的分布函数;

(3) 当 $t \to \infty$ 时, $\dfrac{N_D(t)}{t} \to \dfrac{1}{\mu}$ a.s.;

(4) 当 $t \to \infty$ 时, $\dfrac{m_D(t)}{t} \to \dfrac{1}{\mu}$;

(5) 当 X 不是格点随机变量，$t \to \infty$ 时，

$$m_D(t+a) - m_D(t) \to a/\mu;$$

(6) 设 X 和 X_1 是有相同周期 d 的格点随机变量，则

$$\lim_{n\to\infty} [m_D(nd) - m_D(nd-d)] = d/\mu;$$

(7) 设 X 不是格点随机变量，$\mu < \infty$, $h(x)$ 直接黎曼可积，则

$$\lim_{t\to\infty} \int_0^\infty h(t-x)\mathrm{d}m_D(x) = \frac{1}{\mu} \int_0^\infty h(x)\mathrm{d}x;$$

(8) 对 $t \geqslant x \geqslant 0$, $P(A_D(t) \geqslant x) = \overline{G}(t) + \int_0^{t-x} \overline{F}(t-s)\mathrm{d}m_D(s);$

(9) 对 $t, x \geqslant 0$, $P(R_D(t) > x) = \overline{G}(t+x) + \int_0^t \overline{F}(t-s+x)\mathrm{d}m_D(s);$

(10) 设 X 不是格点随机变量，则有

$$\lim_{t\to\infty} P(A_D(t)) \leqslant x) = \frac{1}{\mu} \int_0^x \overline{F}(s)\mathrm{d}s,$$

$$\lim_{t\to\infty} P(R_D(t)) \leqslant x) = \frac{1}{\mu} \int_0^x \overline{F}(s)\mathrm{d}s,$$

$$\lim_{t\to\infty} P(X_D(t)) \leqslant x) = \frac{1}{\mu} \int_0^x s\mathrm{d}F(s);$$

(11) 设 X 不是格点随机变量，$\mathrm{E}\,X_1 < \infty$, $\sigma^2 = \mathrm{Var}\,(X) < \infty$, 则有

$$\lim_{t\to\infty} \mathrm{E}\,A_D(t) = \frac{\sigma^2 + \mu^2}{2\mu},$$

$$\lim_{t\to\infty} \mathrm{E}\,R_D(t) = \frac{\sigma^2 + \mu^2}{2\mu},$$

$$\lim_{t\to\infty} \left(m_D(t) - \frac{t}{\mu}\right) = \frac{\sigma^2 + \mu^2}{2\mu^2} - \frac{\mu_1}{\mu}.$$

例 7.2　气象卫星利用二进制数据把搜集的气象资料传回地面气象站. 根据历史资料知道气象站将以概率 p 接收到信号 1, 以概率

$q = 1 - p$ 接收到信号 0. 接收的信号构成一个 0-1 序列：$Y_1, Y_2, \cdots$.
气象专家关心接收信号中字串 01011 出现的频率 f_0. 试在独立同分
布的假设下计算 f_0.

解 根据题意，$\{Y_i\}$ 是独立同分布的随机变量，服从两点分布
$P(Y_i = 1) = p, P(Y_i = 0) = q$. 每当字串 01011 结束时，认为有一个
更新发生. 例如接收信号是下图的第一行时 (第二行是序号)，更新

$$1\ 0\ 1\ 0\ 0\ 1\ 0\ 1\ 1\ \ 0\ 1\ 0\ 1\ 1\ 1\ 0\ 1\ 0\ 0\ 1\ 1\ \ 1\ 0\ 0\ 1\ 0\ 1\ 1\ \ 1\ 1$$
$$1\ 2\ 3\ 4\ 5\ 6\ 7\ 8\ 9\ \ 0\ 1\ 2\ 3\ 4\ 5\ 6\ 7\ 8\ 9\ 0\ 1\ \ 2\ 3\ 4\ 5\ 6\ 7\ 8\ \ 9\ 0$$

在 $S_1 = 9, S_2 = 14, S_3 = 28$ 处发生，更新间隔是 $X_1 = S_1 = 9$,
$X_2 = S_2 - S_1 = 5$, $X_3 = S_3 - S_2 = 14$. 用 $N(n)$ 表示前 n 个信号中
的更新次数，用 $[t]$ 表示 t 的整数部分，则

$$N(t) = N([t]), \quad t \geqslant 0$$

是一个延迟更新过程，且 $f_0 = 1/\operatorname{E} X_2$. 更新在 $t = n$ 处发生的充分
必要条件是

$$(Y_{n-4}, Y_{n-3}, Y_{n-2}, Y_{n-1}, Y_n) = (0, 1, 0, 1, 1).$$

于是

$$
\begin{aligned}
P(n\text{处有更新}) &= P((Y_{n-4}, Y_{n-3}, \cdots, Y_n) = (0, 1, 0, 1, 1)) \\
&= p^3 q^2, \quad n \geqslant 5, \\
P(n\text{处无更新}) &= P((Y_{n-4}, Y_{n-3}, \cdots, Y_n) \neq (0, 1, 0, 1, 1)) \\
&= 1 - p^3 q^2, \quad n \geqslant 5.
\end{aligned}
$$

X_1, X_2 都是周期为 1 的格点随机变量. 根据定理 7.2 的 (6)，

$$
\begin{aligned}
p^3 q^2 &= P(n\text{处有更新}) = P(N_D(n-1, n] = 1) \\
&= \operatorname{E}[N_D(n) - N_D(n-1)] \\
&= m_D(n) - m_D(n-1) \to \frac{1}{\operatorname{E} X_2} \quad (n \to \infty).
\end{aligned}
$$

于是对于字串 01011 的平均等待时间为 $\mathrm{E}\,X_2 = 1/(p^3q^2)$, 字串 01011 出现的频率

$$f_0 = \lim_{t \to \infty} \frac{N_D(t)}{t} = p^3q^2.$$

例 7.3 如果 $Y_1, Y_2, \cdots$ 是来自总体 Y 的随机变量,

$$P(Y = y_j) = p_j, \quad j \geqslant 1,$$

则 $Y_1, Y_2, \cdots$ 的轨迹 (或观测) 是以 $y_1, y_2, \cdots$ 为元素的无穷序列. 当关心字串 $y_1 y_2 \cdots y_r$ 出现的频率时, 仍然认为在字串 $y_1 y_2 \cdots y_r$ 结束时有一个更新发生.

用 $N(n)$ 表示前 n 个信号中的更新次数, 用 $[t]$ 表示 t 的整数部分, 则 $\{N(t)\} = \{N([t]), t \geqslant 0\}$ 是延迟更新过程. 更新在 $t = n$ 处发生的充分必要条件是 $\boldsymbol{Y}_n = \boldsymbol{y}_r$, 其中

$$\boldsymbol{Y}_n = (Y_{n-r+1}, Y_{n-r}, \cdots, Y_n), \quad \boldsymbol{y}_r = (y_1, y_2, \cdots, y_r).$$

于是

$$P(n\text{处有更新}) = P(\boldsymbol{Y}_n = \boldsymbol{y}_r) = p_1 p_2 \cdots p_r, \quad n \geqslant r,$$
$$P(n\text{处无更新}) = 1 - p_1 p_2 \cdots p_r, \quad n \geqslant r.$$

更新间隔 X_1, X_2 都是周期为 1 的格点随机变量. 根据定理 7.2(6),

$$P(n\text{处有更新}) = \mathrm{E}\,[N_D(n) - N_D(n-1)] = m_D(n) - m_D(n-1)$$
$$\to \frac{1}{\mathrm{E}\,X_2} \quad (n \to \infty).$$

于是得到平均等待间隔 $\mathrm{E}\,X_2 = 1/(p_1 p_2 \cdots p_r)$, 字串 $y_1 y_2 \cdots y_r$ 出现的频率 $f_0 = p_1 p_2 \cdots p_r$.

完全类似地可以得到对字串 $y_{j_1} y_{j_2} \cdots y_{j_r}$ 的平均等待时间为

$$\mathrm{E}\,X_2 = \frac{1}{p_{j_1} p_{j_2} \cdots p_{j_r}}.$$

于是字串 $y_{j_1} y_{j_2} \cdots y_{j_r}$ 出现的频率是 $f_0 = p_{j_1} p_{j_2} \cdots p_{j_r}$.

C. 延迟开关系统

设 $\{N(t)\}$ 是以 $\{X_j\}$ 为更新间隔的延迟更新过程, 更新时刻 $S_n = \sum_{j=1}^{n} X_j$. 又设 (U_i, V_i) $(i = 2, 3, \cdots)$ 是来自总体 (U, V) 的随机变量, 使得

$$X_j = U_j + V_j, \quad U_j \geqslant 0, \quad V_j \geqslant 0, \quad j = 2, 3, \cdots.$$

对于 $j \geqslant 1$, 当 $t \in [S_j, S_j + U_{j+1})$ 时, 称 t 时系统处于开状态; 当 $t \in [S_j + U_{j+1}, S_{j+1})$ 时, 称 t 时系统处于关状态. 则得到了一个有延迟的开关系统, 简称为**延迟开关系统**.

因为 $P(X_1 < \infty) = 1$, 所以随着 t 增大, 系统的初始状态对于 t 及其以后的影响逐步耗尽. 因而对 $t \to \infty$, 就更新过程的每一条轨迹来讲, 延迟开关系统应当和 §3.4 中的开关系统是一样的, 因而有如下的结论:

定理 7.3 对于 $\mu_U = \mathrm{E}U < \infty$, $\mu_V = \mathrm{E}V < \infty$, 如果 $X = U + V$ 不是格点随机变量, 则

$$\lim_{t \to \infty} P(t \text{ 时开}) = \frac{\mu_U}{\mu_U + \mu_V},$$

$$\lim_{t \to \infty} P(t \text{ 时关}) = \frac{\mu_V}{\mu_U + \mu_V}. \tag{7.5}$$

例 7.4 一部电话是一个开关系统, 占线时为关状态, 空闲时为开状态. 一个信息咨询台的 m 部电话相互独立地工作着, 每部电话是一个分系统. 第 k 部电话的开状态有数学期望 μ_k, 关状态有数学期望 λ_k. 当所有电话都占线时称咨询台处于关状态, 否则称为开状态时, 咨询台构成了一个延迟开关系统. 对于充分大的 t, 计算 t 是关状态的概率.

解 本问题中, 所有的更新间隔都是非格点随机变量. 用 $V_j(t)$ 表示第 j 部电话在 t 时处于关状态, 利用定理 7.3 得到

$$\lim_{t \to \infty} P(V_j(t)) = \frac{\lambda_j}{\mu_j + \lambda_j}.$$

对于咨询台来讲, 当 t 充分大后, 有

$$P(t\text{时关}) = P\Big(\bigcap_{j=1}^{m} V_j(t)\Big) = \prod_{j=1}^{m} P(V_j(t))$$

$$\approx \prod_{j=1}^{m} \frac{\lambda_j}{\mu_j + \lambda_j}. \tag{7.6}$$

在本问题中, 子系统的并联构成了总系统. 如果把 $\lim_{t\to\infty} P(t\text{时开})$ 称为稳定状态下总系统的**可靠度**, 则

$$\lim_{t\to\infty} P(t\text{时开}) \approx 1 - \prod_{j=1}^{m} \frac{\lambda_j}{\mu_j + \lambda_j}$$

说明一个简单事实: 在并联系统中, 子系统越多总系统就越可靠.

*§3.8 有偿更新过程

在许多实际问题中, 每次更新都伴随着费用的发生. 例如, 每次挂断手机都有话费发生; 每个顾客离开商场的付款台都增加了商场的营业额; 每个部件的更新都消耗了新部件的费用.

用 $\{N(t)\}$ 表示以 $\{X_j\}$ 为更新间隔的更新过程, 如果在第 j 个更新间隔 X_j 结束时有更新费用 Y_j 发生, 则在 $[0,t]$ 中发生的总费用是

$$M(t) = \sum_{j=1}^{N(t)} Y_j. \tag{8.1}$$

人们称 $\{M(t)|t \geqslant 0\}$ 为**有偿更新过程** (reward renewal process).

以下假设 (X_j, Y_j) $(j = 1, 2, \cdots)$ 是来自总体 (X, Y) 的随机向量,

$$\frac{M(t)}{t}$$

是 $[0,t]$ 中的平均费用. 由于第一个更新间隔的费用对于 $M(t)/t$ 的影响随着 t 的增加逐步耗尽, 而每个更新间隔的平均费用是

$$\frac{\mathrm{E}Y}{\mathrm{E}X},$$

所以应当有

$$\lim_{t\to\infty} \frac{M(t)}{t} = \frac{\mathrm{E}\,Y}{\mathrm{E}\,X}\ \text{a.s.}.$$

于是对于充分大的 t, 时间段 $(t, t+a]$ 中的平均费用应当是

$$\mathrm{E}\,[M(t+a) - M(t)] = a\frac{\mathrm{E}\,Y}{\mathrm{E}\,X}.$$

下面证明这些结论.

定理 8.1　对于有偿更新过程 $\{N(t)\}$, 设 $\mu_X = \mathrm{E}\,X < \infty$, $\mu_Y = \mathrm{E}\,Y < \infty$, a 是正常数, 则

(1) $\lim\limits_{t\to\infty} M(t)/t = \mu_Y/\mu_X$ a.s.;

(2) $\lim\limits_{t\to\infty} \mathrm{E}\,M(t)/t = \mu_Y/\mu_X$;

(3) 当 X 不是格点随机变量时, 有

$$\lim_{t\to\infty} [\mathrm{E}\,M(t+a) - \mathrm{E}\,M(t)] = a\frac{\mu_Y}{\mu_X}.$$

证明　利用 $\lim\limits_{t\to\infty} N(t) = \infty$ a.s. 和

$$\lim_{t\to\infty} \frac{N(t)}{t} = \frac{1}{\mathrm{E}\,X}\ \text{a.s.}, \quad \lim_{t\to\infty} \frac{\sum\limits_{j=1}^{N(t)} Y_j}{N(t)} = \mathrm{E}\,Y\ \text{a.s.}$$

得到

$$\lim_{t\to\infty} \frac{M(t)}{t} = \lim_{t\to\infty} \frac{N(t)}{t} \frac{1}{N(t)} \sum_{j=1}^{N(t)} Y_j = \frac{\mathrm{E}\,Y}{\mathrm{E}\,X}\ \text{a.s.},$$

这就证明了 (1).

为了方便, 只对 $\{Y_j\}$ 与 $\{X_j\}$ 独立的情况证明结论 (2) 和 (3). 因为更新过程 $\{N(t)\}$ 由更新间隔 $\{X_j\}$ 决定, 与 $\{Y_i\}$ 独立, 所以利用瓦尔德定理 (见定理 2.1) 得到

$$\mathrm{E}\,M(t) = \mathrm{E}\,\Big(\sum_{j=1}^{N(t)} Y_j\Big) = \mathrm{E}\,N(t)\,\mathrm{E}\,Y, \tag{8.2}$$

两边除以 t 后, 用定理 2.2 得到结论

$$\lim_{t\to\infty}\frac{\mathrm{E}\,M(t)}{t}=\lim_{t\to\infty}\frac{\mathrm{E}\,N(t)}{t}\,\mathrm{E}\,Y=\frac{\mathrm{E}\,Y}{\mathrm{E}\,X}.$$

利用 (8.2) 得到

$$\mathrm{E}\,M(t+a)-\mathrm{E}\,M(t)=\mathrm{E}\,N(t+a)\,\mathrm{E}\,Y-\mathrm{E}\,N(t)\,\mathrm{E}\,Y$$
$$=[m(t+a)-m(t)]\,\mathrm{E}\,Y,$$

其中 $m(t)=\mathrm{E}\,N(t)$ 是更新函数. 最后用定理 2.3 得到结论 (3).

定理 8.1 中的更新费用是在每次更新时发生的, 实际上费用也可以在每个更新间隔中逐步发生. 这时 Y_j 是第 j 个更新间隔中的费用之和, 可以证明这时定理 8.1 仍然成立. 另外, 容易理解定理 8.1 中的更新过程也可以换成延迟的更新过程, 但是需要 $\mathrm{E}\,X_1,\,\mathrm{E}\,Y_1$ 有限.

推论 8.2   对于 §3.7C 中的延迟开关系统, 当 $\mu_U+\mu_V<\infty$ 时,

$$\lim_{t\to\infty}\frac{[0,t]\ \text{内的开状态时间长度}}{t}=\frac{\mu_U}{\mu_U+\mu_V}\quad\text{a.s.}.$$

证明   用 $U(t)$ 表示 $[0,t]$ 内的开状态时间长度, 则关于有偿更新过程 $M(t)=\sum\limits_{j=1}^{N(t)}U_j$ 有关系式

$$M(t)\leqslant U(t)\leqslant M(t)+U_{N(t)+1}.$$

因为当 $t\to\infty$ 时,

$$\frac{M(t)}{t}\to\frac{\mathrm{E}\,U}{\mathrm{E}\,X}=\frac{\mu_U}{\mu_U+\mu_V}\quad\text{a.s.},$$

$$\frac{M(t)+U_{N(t)+1}}{t}=\frac{N(t)+1}{t}\Big(\frac{1}{N(t)+1}\sum_{j=1}^{N(t)+1}U_j\Big)$$

$$\to\frac{1}{\mathrm{E}\,X}\,\mathrm{E}\,U=\frac{\mu_U}{\mu_U+\mu_V}\quad\text{a.s.},$$

所以结论成立.

例 8.1   在北京市区丢失自行车是司空见惯的事情. 一位职工每天骑自行车上下班, 自行车丢失或损坏后马上用 Y 元购一辆新车继续使用. 设他靠骑车每周能节省 Z 元公交车费.

(1) 他平均多长时间更新一辆自行车才能保证骑车比乘车更省钱.

(2) 如果自行车的平均单价是 180 元, 每周的平均乘车费是 15 元, 平均每年更新一辆自行车, 他每周平均能节省多少元?

解　设 (X_j, Y_j, Z_j) $(j = 1, 2, \cdots)$ 是来自总体 (X, Y, Z) 的随机向量, 其中 $\{X_j\}$ 表示自行车的更新间隔, 单位是周; Y_j 是第 j 次更新自行车的费用, 单位是元; Z_j 是第 j 周的乘车费, 单位是元. 用 $\{N(t)\}$ 表示以 $\{X_j\}$ 为更新间隔的更新过程. $[0, t]$ 周内购车的费用是

$$M(t) = \sum_{j=1}^{N(t)} Y_j.$$

$[0, t]$ 周内的乘车费

$$Z(t) = \sum_{j=1}^{[t]} Z_j + (t - [t]) Z_{[t]+1}.$$

于是 $[0, t]$ 内骑车节省费用 $Z(t) - M(t)$, 每周节省的费用是

$$\frac{Z(t) - M(t)}{t}.$$

(1) 根据问题的背景知道所有随机变量的数学期望都存在. 在不等式

$$\sum_{j=1}^{[t]} Z_j \leqslant Z(t) \leqslant \sum_{j=1}^{[t]+1} Z_j$$

的各项除以 t 后, 利用强大数律得到

$$\lim_{t \to \infty} \frac{Z(t)}{t} = \lim_{t \to \infty} \frac{1}{t} \sum_{j=1}^{[t]} Z_j = \mathrm{E}\, Z \quad \text{a.s..}$$

再利用定理 8.1 得到该职工每周平均节省

$$M = \lim_{t \to \infty} \frac{Z(t) - M(t)}{t} = \mathrm{E}\, Z - \frac{\mathrm{E}\, Y}{\mathrm{E}\, X}.$$

于是，当只有当 $EZ > EY/EX$ 时才能够省钱.

(2) 当 $EY = 180$ 元， $EZ = 15$ 元， $EX = 365/7$ 周时，有

$$M = EZ - \frac{EY}{EX} = 15 - \frac{180 \times 7}{365} = 11.5479.$$

每周平均节省 11.55 元.

注   2007 年元月 1 日，北京市取消公交车的月票制度，同时大幅度下调了公交车的车费. 但是在此之前乘公交车的费用是较高的.

例 8.2   设波音 737 飞机的使用寿命为 T 年，购置费为 a 元. 飞机在服役期间每年创造利润 b 元. 如果在使用中飞机损坏，除了需要购置新飞机，还要承担额外损失 c 元. 为保险起见，航空公司决定飞机使用 s 年后就放弃不用，购置新的波音 737. 长期实施以上策略时，一架飞机每年平均贡献多少利润？

解   我们用有偿更新过程解决这个问题. 设第 n 架飞机的使用寿命为 T_n 年，则这架飞机的实际使用年限为

$$X_n = \min(T_n, s).$$

放弃第 n 架飞机时的获利为

$$Y_n = \begin{cases} sb - a, & \text{当}\, T_n > s, \\ T_n b - a - c, & \text{当}\, T_n \leqslant s. \end{cases}$$

用示性函数写出来就是

$$Y_n = (sb - a)\, I\,[T_n > s] + (T_n b - a - c)\, I\,[T_n \leqslant s].$$

当 $T_1, T_2, \cdots$ 是来自总体 T 的随机变量时， (X_j, Y_j) 就是独立同分布的随机向量. 用 $\{N(t)\}$ 表示以 $\{X_j\}$ 为更新间隔的更新过程，则在时间段 $[0, t]$ 中的获利为

$$M(t) = \sum_{j=1}^{N(t)} Y_j + A(t)b,$$

其中 $A(t) = t - S_{N(t)} \leqslant s$. 于是很长时间以后，一架飞机每年平均贡献的利润为

$$\frac{\operatorname{E} M(t)}{t} \approx \frac{\operatorname{E} Y_1}{\operatorname{E} X_1}.$$

用 $G(x) = P(T \leqslant x)$ 表示 T 的分布函数时, 有

$$\operatorname{E} X_1 = \int_0^\infty P(X_1 > x)\mathrm{d}x = \int_0^\infty P(T_1 > x, s > x)\mathrm{d}x$$
$$= \int_0^s P(T_1 > x)\mathrm{d}x = \int_0^s \overline{G}(x)\mathrm{d}x,$$
$$\operatorname{E} Y_1 = (sb - a)\operatorname{E} \operatorname{I}[T_n > s] + b\operatorname{E}(T_n \operatorname{I}[T_n \leqslant s])$$
$$- (a + c)\operatorname{E} \operatorname{I}[T_n \leqslant s]$$
$$= (sb - a)\overline{G}(s) + b\int_0^s x\mathrm{d}G(x) - (a + c)G(s).$$

于是一架飞机平均每年贡献的利润为

$$h(s) = \frac{(sb - a)\overline{G}(s) + b\int_0^s x\mathrm{d}G(x) - (a + c)G(s)}{\int_0^s \overline{G}(x)\mathrm{d}x}.$$

要想得到最大利润, 只要取 s 为 $h(s)$ 的最大值点即可.

习 题 三

3.1 乘客按照更新流 $S_1, S_2, \cdots$ 到达长途汽车站, 假设每次到达一人. 只要凑够 45 人就发一辆车, 将乘客全部运走. 计算每个乘客的平均候车时间.

3.2 设更新过程 $\{N(t)\}$ 的更新间隔有离散分布 $P(X_n = 1) = P(X_n = 2) = 0.5$, 对于 $k = 1, 2, 3$, 计算 $p_j = P(N(k) = j)$.

3.3 设事件 A 发生的概率是 p. 在独立重复试验中的, 如果第 n 次试验时 A 发生, 则称 n 是一个更新时刻, 并称任何两次更新之间的试验次数为更新间隔. 例如试验结果 $\overline{A}\,\overline{A}\,\overline{A}AA\overline{A}A\overline{A}\,\overline{A}A\cdots$ 的更新间隔依次是 $4, 2, 1, 3\cdots$. 用 $f^{(n)}$ 表示第 n 次试验时更新首次发生的概率,

(a) 计算 $f^{(n)}$;

(b) 用 $f^{(n)}$ 表示出 A 最终发生的概率 f^*;

(c) 用 Z 表示第 j 个更新间隔的长度, 计算 $\mathrm{E}\,Z$;

(d) 用 S_r 表示第 r 个更新的发生时刻, 计算 $f_r^{(n)} = P(S_r = n)$;

(e) 对 $r = i + j$, $i, j \geqslant 1$, 推导公式 $f_r^{(n)} = \sum_{k=i}^{n-j} f_i^{(k)} f_j^{(n-k)}$.

3.4 设 $T_1, T_2, \cdots$ 独立同分布, 都服从二项分布 $B(n, p)$, 且与更新过程 $\{N(t)\}$ 独立. 将 $\{N(t)\}$ 的第 i 个更新间隔扩大 T_i 倍后, 是否得到新的更新过程? 如果是, 计算新的更新间隔的分布函数.

3.5 设更新过程 $\{N(t)\}$ 的更新间隔有密度函数 $f(t) > 0$, 是否能找到来自总体 T 的随机变量 $\{T_i\}$, 使得将 $\{N(t)\}$ 的第 i 个更新间隔扩大 T_i 倍后, 得到强度为 λ 的泊松过程.

3.6 如果 $p = P(X = \infty) > 0$, 则称 X 是广义随机变量. 设 X 是广义随机变量, 当更新过程 $\{N(t)\}$ 的更新间隔 $\{X_n\}$ 是来自总体 X 的随机变量时, 用 $\eta \equiv \lim_{t \to \infty} N(t)$ 表示 $[0, \infty)$ 中的更新次数. 计算 η 的概率分布和数学期望.

3.7 对于泊松过程验证定理 1.2(2) 成立.

3.8 设更新过程 $\{N(t)\}$ 的更新间隔是来自总体 X 的随机变量.

(a) 当 $X \sim \mathcal{B}(5, p)$ 时, 计算 $P(N(t) = k)$;

(b) 当 $X \sim \mathcal{P}(\lambda)$ 时, 计算 $P(N(t) = k)$.

3.9 设更新过程 $\{N(t)\}$ 的更新间隔是 $\{X_n\}$, $i_1, i_2, \cdots, i_n$ 是 $1, 2, \cdots, n$ 的一个全排列. 对于 $n \geqslant 2$, 证明

(a) 在条件 $N(t) = n$ 下, $(X_1, X_2, \cdots, X_n)$ 和 $(X_{i_1}, X_{i_2}, \cdots, X_{i_n})$ 同分布;

(b) $\mathrm{E}(X_1 + X_2 + \cdots + X_{N(t)} \mid N(t) = n) = n\,\mathrm{E}(X_1 \mid N(t) = n)$;

(c) $\mathrm{E}\left(\dfrac{X_1 + X_2 + \cdots + X_{N(t)}}{N(t)} \,\Big|\, N(t) > 0\right) = \mathrm{E}(X_1 \mid X_1 < t)$.

3.10 在工作时间内, 校长办公室的每部电话是一个开关系统. 在关状态下电话占线, 无法接通. 设开状态的平均时间为 20 分钟, 关状态的平均时间是 3 分钟. 假设每台电话独立工作, 一共有 6 部电话, 估算上午 10:30 时恰有 5 部电话占线的概率.

3.11   眨眼使泪水均匀地涂在角膜和结膜表面，以保持眼球润湿而不干燥. 但是眨眼经常给照相带来麻烦. 照相时如果每个人平均 22 秒眨眼一次，眨眼的时间为 0.1 秒，100 个人照相时，计算至少有一个人眨眼的概率. 为了以 0.95 的概率保证相片中没有人眨眼，至少应当重复拍摄几次.

3.12   已知甲虫横穿公路需要 3 分钟，汽车流构成更新流，平均 5 分钟一辆通过该公路. 忽略汽车的长度.

(a) 更新间隔服从指数分布时，计算甲虫被撞的概率；

(b) 更新间隔服从均匀分布时，计算甲虫被撞的概率；

(c) 更新间隔是常数时，计算甲虫被撞的概率.

3.13   更新过程的更新间隔服从 $\Gamma(k, \lambda)$ 分布，密度函数是

$$f(t) = \frac{\lambda^k t^{k-1}}{(k-1)!} \mathrm{e}^{-\lambda t}, \quad t \geqslant 0.$$

对于充分大的 t，估算剩余寿命的密度.

3.14   假设所用的手机失手落地 N 次后就更换新手机. 设手机落地的事件按强度为 λ 的泊松流发生.

(a) 当 $N = 9$ 时，计算手机更新间隔的分布和数学期望，并对手机的剩余寿命证明 $\lim\limits_{t \to \infty} \mathrm{E}\, R(t) = 5/\lambda$；

(b) 当 N 服从参数为 p 的几何分布时，计算手机更新间隔的分布和数学期望，给出剩余寿命 $R(t)$ 的分布.

3.15   对于更新过程的年龄 $A(t)$ 和剩余寿命 $R(t)$，计算

$$P\big(R(t) > x | A(t) = s\big), \quad P\big(R(t) > 2x | A(t+x) = s\big).$$

3.16   在有偿更新过程中，当 $\{N(t)\}$ 的更新间隔不是格点随机变量，且数学期望有限时，以下结论是否成立？

$$\lim_{t \to \infty} \mathrm{E}\,\big[\text{在 } [t, t+s) \text{ 中的收益}\big] = s \frac{\mathrm{E}\,[\text{一个更新间隔中的收益}]}{\text{更新间隔的平均长度}}.$$

简要叙述成立或不成立的理由，再证明你的结果.

3.17   对于更新过程的年龄 $A(t)$，剩余寿命 $R(t)$ 和 $X_{N(t)+1} = A(t) + R(t)$，计算

(a) $\lim\limits_{t\to\infty}\dfrac{1}{t}\displaystyle\int_0^t A(s)\mathrm{d}s$;

(b) $\lim\limits_{t\to\infty}\dfrac{1}{t}\displaystyle\int_0^t R(s)\mathrm{d}s$;

(c) $\lim\limits_{t\to\infty}\dfrac{1}{t}\displaystyle\int_0^t X_{N(t)+1}\mathrm{d}s$.

3.18   自行车的使用寿命有分布函数 $F(t)$, 当自行车摔坏或使用了三年就换新车. 假设一辆旧车可以卖 80 元, 摔坏的车只能卖 10 元, 购买一辆新车用 η 元. 计算自行车每年的平均费用.

3.19   乘客按照平均更新间隔为 μ 分钟的更新流到达渡口, 每次到达一位乘客. 当有 N 个人候船时就开出一艘船, 假设每开出一艘船渡口有收益 m 元, 有 n 个人在渡口候船时, 每分钟还有收益 nc 元. 计算该渡口每分钟的平均收益.

3.20   出租车加满油后可以运营 X 小时, 然后再加满油, 再运营 ······. 如果每次加油的费用是 Y 元, 计算每小时的平均油费.

3.21   乘客按照每分钟 λ 个人的泊松流到达渡口, 每次到达一位乘客. 有 n 个人在渡口候船时, 每分钟渡口有收益 nc 元. 现在渡口每 T 分钟发一艘船. 计算该渡口在单位时间内的平均收益.

3.22   产品在生产线上依次经过 12 道工序, 第 i 道工序的加工时间是来自总体 T_i 的随机变量. 每道工序需要加工的时间是相互独立的. 对于充分大的 t, 计算 t 时一件产品正处于第 i 道工序的概率.

3.23   试验结果 A 出现的概率是 0.5, 在独立重复试验中, 计算

(a) 等待结果 $\overline{A}\,A\overline{A}A$ 出现的平均试验次数;

(b) 结果 $\overline{A}\,A$ 和 $\overline{A}\,A\overline{A}A$ 中, 谁出现的频率更高.

3.24   一个系统由 n 个相互独立工作的部件并联构成. 每个部件本身是开关系统, 第 i 个部件的开关时间是来自总体 (U_i,V_i) 的随机变量. 系统处于开状态当且仅当至少有一个部件处于开状态. 假设每个部件的开关时间 U_i,V_i 相互独立, 并且 $U_i\sim\mathcal{E}(\lambda_i),V_i\sim\mathcal{E}(\mu_i)$.

(a) 说明系统是一个延迟更新过程;

(b) 给出系统关状态时间的概率分布.

以下假设 t 已经充分大, 那么

(c) 对于第 i 个部件给出 $P(t$ 时开$)$;

(d) 对于系统给出 $P(t$ 时关$)$;

(e) 对于系统给出 $\mathrm{E}[$关状态区间长$]$;

(f) 对于系统给出 $\mathrm{E}[$更新间隔长$]$;

(g) 对于系统给出 $\mathrm{E}[$开状态区间长$]$.

第四章 离散时间马尔可夫链

马尔可夫过程作为最重要的随机过程, 在计算数学、金融经济、生物、化学、管理科学乃至人文科学中都有广泛的应用. 马尔可夫链是马尔可夫过程的特例, 从它的学习中可以窥视马尔可夫过程的丰富内容.

本章中的所有随机变量都定义在相同的概率空间上. 设 $\{X_n\} = \{X_n \mid n = 0, 1, \cdots\}$ 是随机序列, 如果每个 X_n 都在 S 中取值, 则称 S 是 $\{X_n\}$ 的 **状态空间**, 称 S 中的元素为 **状态**. 当 S 中只有有限个或可列个状态时, 可以将 S 中的状态进行编号, 得到由整数构成的号码集合 I. 为表达方便, 以后用状态的编号表示该状态. 于是 I 成为 $\{X_n\}$ 的状态空间.

本章总设 $\{X_n\}$ 的状态空间是 I, 并且用 $i, j, k, i_0, i_1, \cdots$ 等表示 I 中的状态. 以后只对状态空间 $I = \{1, 2, \cdots, \}$ 进行叙述, 但是所有的叙述和结论对于一般的有限或可列集合 I 也是成立的.

§4.1 马氏链及其转移概率

设全国的城镇有编号 $1, 2, \cdots, N$ 或 $1, 2, \cdots$. 设想旅行家 MC 要走访全国的大中小城镇. 对于任何的 i, j, 他到达城镇 i 后, 停留一周, 然后以概率 p_{ij} 向城镇 j 转移 (忽略路程时间). 注意, 这里不考虑他是第几次到达城镇 i, 也不考虑经过几次转移到达的城镇 i. 如果他是从城镇 i 出发的, 时间充分长后的某一周, 他恰在城镇 j 的概率是多少呢? 如果某些城镇之间没有直接的通路, 他是否能够走遍所有的城镇呢? 这些都是本章要讨论的问题.

为了回答上面的问题, 让我们用 X_0 表示他出发的城镇, 用 X_n 表示他第 n 次转移到达的城镇, 则得到一个在 I 中取值的随机序列

$\{X_n\}$. 根据问题的背景得到

$$P(X_{n+1} = j | X_n = i, X_{n-1} = i_{n-1}, \cdots, X_0 = i_0)$$
$$= P(X_{n+1} = j | X_n = i)$$
$$= P(X_1 = j | X_0 = i), \quad i, j \in I. \tag{1.1}$$

(1.1) 表明, 无论 MC 是如何转移到城镇 i 的, 也无论他是何时到达城镇 i 的, 已知到达城镇 i 后, 下一次以概率 p_{ij} 转移到城镇 j.

定义 1.1 如果对任何正整数 n 和 I 中的 $i, j, i_0, i_1, \cdots, i_{n-1}$, 随机序列 $\{X_n\}$ 满足 (1.1), 则称 $\{X_n\}$ 为**时齐的马尔可夫链**, 简称为**马氏链**. 这时称

$$p_{ij} = P(X_1 = j | X_0 = i), \quad i, j \in I \tag{1.2}$$

为马氏链 $\{X_n\}$ 的**转移概率**, 称矩阵

$$P = (p_{ij}) = (p_{ij})_{i,j \in I} \tag{1.3}$$

为马氏链 $\{X_n\}$ 的**一步转移概率矩阵**, 简称为**转移矩阵**.

由于 $\{X_1 = j\}$ $(j \in I)$ 是完备事件组, 所以得到

$$\sum_{j \in I} p_{ij} = \sum_{j \in I} P(X_1 = j | X_0 = i) = P\Big(\bigcup_{j \in I} \{X_1 = j\} | X_0 = i\Big) = 1.$$

于是转移矩阵 P 的各行之和等于 1. 人们也称这样的矩阵为**随机矩阵**.

对马氏链的直观理解是: 已知现在 $B = \{X_n = i\}$, 将来 $A = \{X_{n+1} = j\}$ 与过去 $C = \{X_{n-1} = i_{n-1}, \cdots, X_0 = i_0\}$ 独立. 人们习惯地称这种性质为**马氏性**. 为了进一步理解马氏性, 需要下面的定理.

定理 1.1 对于事件 A, B, C, 当 $P(AB) > 0$, 条件

$$P(C | BA) = P(C | B) \tag{1.4}$$

与条件

$$P(AC | B) = P(A | B) P(C | B) \tag{1.5}$$

等价.

证明 引进条件概率 $P_B(\,\cdot\,) = P(\,\cdot\,|B)$, 从 §1.1 概率 P 的基本性质 (7) 知道 (1.4) 和 (1.5) 分别等价于

$$P_B(C|A) = P_B(C) \quad \text{和} \quad P_B(AC) = P_B(A)P_B(C).$$

这两个公式都表示对概率 P_B 来讲, A 和 C 独立, 所以 (1.4) 和 (1.5) 是等价的.

根据定理 1.1, $P(C|BA) = P(C|B)$ 等价于已知 B 发生时, C 和 A 独立. 于是, $\{X_n\}$ 有马氏性的充分必要条件是对任何 $n \geqslant 1$, 已知现在 $B = \{X_n = i\}$, 将来 $C = \{X_{n+1} = j\}$ 与过去 $A = \{X_{n-1} = i_{n-1}, \cdots, X_0 = i_0\}$ 独立.

为进一步理解马氏链的含义, 请看下面的例子.

例 1.1 (简单随机游动) 设想一个质点在直线的整数点上作**简单随机游动**: 质点一旦到达某状态后, 下次向右移动一步的概率是 p, 向左移动一步的概率是 $q = 1 - p$, $pq > 0$. 现在用 X_0 表示质点的初始状态, 用 X_n 表示质点在时刻 n 的状态, 则 $\{X_n\}$ 是马氏链, 并且

$$\begin{cases} p_{i,i-1} = P(X_{n+1} = i - 1|X_n = i) = q, \\ p_{i,i+1} = P(X_{n+1} = i + 1|X_n = i) = p. \end{cases}$$

例 1.2 (两端是吸收壁的简单随机游动) 设质点在状态 $\{1, 2, \cdots, n-1\}$ 中按例 1.1 中的规律作简单随机游动, 但是质点一旦到达状态 n 或状态 0 后将永远停留在 n 或 0. 用 X_0 表示质点的初始状态, 用 X_n 表示质点在时刻 n 的状态, 则 $\{X_n\}$ 是马氏链, 并且

$$p_{ij} = \begin{cases} q, & \text{当 } 1 \leqslant i \leqslant n-1, j = i - 1, \\ p, & \text{当 } 1 \leqslant i \leqslant n-1, j = i + 1, \\ 1, & \text{当 } (i,j) = (0,0) \text{ 或 } (i,j) = (n,n), \\ 0, & \text{其他}. \end{cases}$$

相应的转移矩阵是

$$P = \begin{pmatrix} 1 & 0 & 0 & 0 & 0 & \cdots & 0 \\ q & 0 & p & 0 & 0 & \cdots & 0 \\ 0 & q & 0 & p & 0 & \cdots & 0 \\ \vdots & \vdots & \vdots & \vdots & \vdots & & \vdots \\ 0 & 0 & 0 & 0 & 0 & \cdots & 1 \end{pmatrix}. \tag{1.6}$$

也可以把上面的叙述改写如下: 赌徒甲有本金 X_0 元, 决心赢到手中有 n 元或输光后停止赌博. 假设他每局赢的概率是 p, 每局输赢都是一元钱, 用 X_n 表示赌 n 局后甲手中的赌资, 则 $\{X_n\}$ 是马氏链, 有转移矩阵 (1.6).

例 1.3 (两端是反射壁的简单随机游动) 质点在状态 $\{1, 2, \cdots, n-1\}$ 中按例 1.1 中的规律作简单随机游动, 但是质点到达状态 n 后下一步一定返回 $n-1$, 到达状态 0 后下一步一定返回 1. 仍用 X_0 表示质点的初始状态, 用 X_n 表示质点在时刻 n 的状态, 则 $\{X_n\}$ 是马氏链, 并且

$$p_{ij} = \begin{cases} q, & \text{当 } 1 \leqslant i \leqslant n-1, j = i-1, \\ p, & \text{当 } 1 \leqslant i \leqslant n-1, j = i+1, \\ 1, & \text{当 } (i,j) = (0,1) \text{ 或 } (n, n-1), \\ 0, & \text{其他}. \end{cases}$$

相应的一步转移概率矩阵是

$$P = \begin{pmatrix} 0 & 1 & 0 & 0 & 0 & \cdots & 0 & 0 & 0 \\ q & 0 & p & 0 & 0 & \cdots & 0 & 0 & 0 \\ 0 & q & 0 & p & 0 & \cdots & 0 & 0 & 0 \\ \vdots & \vdots & \vdots & \vdots & \vdots & & \vdots & \vdots & \vdots \\ 0 & 0 & 0 & 0 & 0 & \cdots & q & 0 & p \\ 0 & 0 & 0 & 0 & 0 & \cdots & 0 & 1 & 0 \end{pmatrix}.$$

任何一个具有转移矩阵 P 的马氏链 $\{X_n\}$ 都可以用质点在状态空间 I 中的随机运动给出解释: 质点到达状态 i 后, 下一步转移到状态 j 的概率是 p_{ij}, 它与本次到达 i 之前的运动状况无关. 当然也

可以等价地用旅行家 MC 在 I 中的旅行描述.

为了更方便地研究马氏链的性质, 有必要回忆条件概率的基本公式. 设 $P(AB) > 0$, 则

$$P_A(C|B) = P(C|BA). \tag{1.7}$$

如果 $P(A) > 0$, 事件 B_k 互不相容使得 $C \subset \bigcup_{k=1}^{\infty} B_k$, 则有全概率公式 (见 §1.1(9))

$$P(C|A) = \sum_{k=1}^{\infty} P(B_k|A)P(C|B_kA). \tag{1.8}$$

在不同的场合下熟练掌握公式 (1.7) 和 (1.8) 会带来许多方便.

马氏链的定义 1.1 所包含的内容是丰富的. 下面的定理把马氏链的马氏性进行了扩充, 其证明可以用 (1.7) 和 (1.8) 完成.

定理 1.2　设 I 是马氏链 $\{X_n\}$ 的状态空间, $A, A_j \subset I$, 则有

(1) 已知 $X_n = i$ 的条件下, 将来 $\{X_m; m \geqslant n+1\}$ 与过去 $\{X_j; j \leqslant n-1\}$ 独立;

(2) $P(X_{n+k} = j|X_n = i) = P(X_k = j|X_0 = i)$;

(3) $P(X_{n+k} = j|X_n = i, X_{n-1} \in A_{n-1}, \cdots, X_0 \in A_0)$
$\qquad = P(X_k = j|X_0 = i)$;

(4) $P(X_{n+k} \in A|X_n = i, X_{n-1} \in A_{n-1}, \cdots, X_0 \in A_0)$
$\qquad = P(X_k \in A|X_0 = i)$.

定理的证明见书后附录 A 中的 A2. 定理 1.2 的 (4) 说明: 已知现在 $\{X_n = i\}$ 后, 将来 $\{X_{n+k} \in A\}$ 与过去 $C = \{X_{n-1} \in A_{n-1}, \cdots, X_0 \in A_0\}$ 独立.

注　如果对任何正整数 n, 有

$$P(X_{n+1} = j|X_n = i, X_{n-1} = i_{n-1}, \cdots, X_0 = i_0)$$
$$= P(X_{n+1} = j|X_n = i),$$

则称 $\{X_n\}$ 为**非齐次马尔可夫链**. 但是本书只讨论时齐的马氏链.

练 习 4.1

(1) 对于 $n = 1$, $k = 1$, 证明定理 1.2 的结论 (3).

(2) 用定理 1.2 的 (1) 和 (2) 证明 (3) 和 (4).

(3) 设 X 是取整数值的随机变量, $X_0, X_1, \cdots$ 是来自总体 X 的样本, 证明部分和 $S_n = X_0 + X_1 + \cdots + X_n$ $(n \geqslant 0)$ 是马氏链.

(4) 一大批部件的使用寿命是来自总体 X 的随机变量. 在可靠性的研究中, 一个部件的使用寿命大于等于 T_0 时称该部件是可靠的. 现在在这批部件中进行有放回的随机抽样, 用 D_n 表示前 n 个部件中可靠部件的个数, 计算 D_n 的分布. $\{D_n\}$ 是马氏链链吗? 如果是, 请证明和给出一步转移概率.

§4.2 柯尔莫哥洛夫-切普曼方程

A. K-C 方程

对于马氏链 $\{X_n\}$, 从定理 1.2(2) 知道 $P(X_{k+n} = j | X_n = i)$ 和 n 无关, 所以对 $i, j \in I$ 定义

$$p_{ij}^{(0)} = P(X_0 = j | X_0 = i) = \begin{cases} 1, & i = j, \\ 0, & i \neq j, \end{cases}$$
$$p_{ij}^{(k)} = P(X_{n+k} = j | X_n = i) = P(X_k = j | X_0 = i), \tag{2.1}$$

并且称 $p_{ij}^{(k)}$ 为 $\{X_n\}$ 的 k **步转移概率**, 称矩阵

$$P^{(k)} = \left(p_{ij}^{(k)} \right) \tag{2.2}$$

为 $\{X_n\}$ 的 k 步转移概率矩阵, 简称为 k **步转移矩阵**. 这时,

$$P^{(1)} = P, \quad P^{(0)} = 单位阵. \tag{2.3}$$

下面的柯尔莫哥洛夫 - 切普曼 (Kolmogorov-Chapman) 方程 (简称 K-C 方程) 告诉我们从一步转移概率矩阵 P 计算 k 步转移概率矩阵 $P^{(k)}$ 的方法.

定理 2.1 (K-C 方程) 对任何 $m, n \geqslant 0$, 有

$$\begin{cases} p_{ij}^{(n+m)} = \sum_{k \in I} p_{ik}^{(n)} p_{kj}^{(m)}, \\ P^{(n+m)} = P^{n+m}, \end{cases} \tag{2.4}$$

其中 P^{n+m} 表示 $n+m$ 个矩阵 P 相乘.

证明   在公式 (1.8) 中视 $A = \{X_0 = i\}$, $B_k = \{X_n = k\}$, 利用定理 1.2 得到

$$\begin{aligned} p_{ij}^{(n+m)} &= P(X_{n+m} = j | X_0 = i) \\ &= \sum_{k \in I} P(X_n = k | X_0 = i) P(X_{n+m} = j | X_n = k, X_0 = i) \\ &= \sum_{k \in I} p_{ik}^{(n)} p_{kj}^{(m)}. \end{aligned}$$

最后一项是 $P^{(n)}$ 的第 i 行乘以 $P^{(m)}$ 的第 j 列, 写成矩阵的形式就得到 $P^{(n+m)} = P^{(n)} P^{(m)}$. 用 n, m 的任意性得到

$$P^{(n+m)} = P P^{(n+m-1)} = P^2 P^{(n+m-2)} \cdots = P^{n+m}.$$

推论 2.2   对于正整数 $n, m, k, n_1, n_2, \cdots, n_k$ 和状态 i, j, l, 总有
(1) $p_{ij}^{(n+m)} \geqslant p_{il}^{(n)} p_{lj}^{(m)}$;
(2) $p_{ii}^{(n+k+m)} \geqslant p_{ij}^{(n)} p_{jl}^{(k)} p_{li}^{(m)}$;
(3) $p_{ii}^{(n_1+n_2+\cdots+n_k)} \geqslant p_{ii}^{(n_1)} p_{ii}^{(n_2)} \cdots p_{ii}^{(n_k)}$;
(4) $p_{ii}^{(nk)} \geqslant \left(p_{ii}^{(n)} \right)^k$.

证明   利用 K-C 方程得到

$$p_{ij}^{(n+m)} = \sum_{s \in I} p_{is}^{(n)} p_{sj}^{(m)} \geqslant p_{il}^{(n)} p_{lj}^{(m)}.$$

两次使用 (1) 得到

$$p_{ii}^{(n+k+m)} \geqslant p_{il}^{(n+k)} p_{li}^{(m)} \geqslant p_{ij}^{(n)} p_{jl}^{(k)} p_{li}^{(m)}.$$

在 (1) 中将 j 取成 i 后反复使用就得到 (3). 在 (3) 中取 $n_i = n$ 就得到 (4).

以后经常会使用推论 2.2 的结论, 所以应当记住它们的特点: 不等号右边的下标前后相接, 上标之和等于不等号左边的上标.

B. 初始分布和 X_n 的分布

(2.4) 告诉我们, 已知旅行家 MC 从城镇 i 出发的条件下, 第 n 次转移到城镇 j 的概率 $p_{ij}^{(n)}$ 是矩阵 P^n 的第 (i,j) 元. 现在问, 如果 MC 从城镇 i 出发的概率是 π_i, 经过 n 次转移, MC 到达城镇 j 的概率 $P(X_n = j) =$? 下面计算这个概率.

设 $\{X_n\}$ 的一步转移概率矩阵是 P, X_0 有概率分布

$$\pi_j = P(X_0 = j), \quad j \in I. \tag{2.5}$$

称 X_0 的分布列 (认为 $I = \{1, 2, \cdots\}$)

$$\boldsymbol{\pi}^{(0)} = [\pi_1, \pi_2, \cdots] \tag{2.6}$$

为 $\{X_n\}$ 的 **初始分布**, 它表明了质点在初始状态的分布情况. 再引入 X_n 的概率分布

$$\pi_j^{(n)} = P(X_n = j), \quad j \in I \tag{2.7}$$

和

$$\boldsymbol{\pi}^{(n)} = [\pi_1^{(n)}, \pi_2^{(n)}, \cdots], \tag{2.8}$$

则 $\boldsymbol{\pi}^{(n)}$ 表明质点在 n 时刻所处状态的分布. 下面的定理表明 $\boldsymbol{\pi}^{(n)}$ 由 $\boldsymbol{\pi}^{(0)}$ 和 P 唯一决定. 也就是说知道了 MC 出发时候的情况 $\boldsymbol{\pi}^{(0)}$ 和一步转移的情况, 就可以计算出他 n 次转移后的情况.

定理 2.3 设马氏链 $\{X_n\}$ 有初始分布 (2.6) 和转移概率矩阵 $P = (p_{ij})$.

(1) 对于 $n_0 < n_1 < \cdots < n_m$, 有

$$P(X_{n_0} = i_0, X_{n_1} = i_1, \cdots, X_{n_m} = i_m)$$
$$= \pi_{i_0}^{(n_0)} p_{i_0 i_1}^{(n_1 - n_0)} p_{i_1 i_2}^{(n_2 - n_1)} \cdots p_{i_{m-1} i_m}^{(n_m - n_{m-1})};$$

(2) 对 $n \geqslant 1$, 有

$$\begin{cases} \pi_j^{(n)} = \sum_{i \in I} \pi_i p_{ij}^{(n)}, \\ \boldsymbol{\pi}^{(n)} = \boldsymbol{\pi}^{(k)} P^{(n-k)}, \quad 0 \leqslant k \leqslant n. \end{cases} \tag{2.9}$$

证明 利用乘法公式 (见 §1.1 (8)) 得到

$$P(X_{n_0} = i_0, X_{n_1} = i_1, \cdots, X_{n_m} = i_m)$$
$$= P(X_{n_0} = i_0)P(X_{n_1} = i_1 | X_{n_0} = i_0) \cdots$$
$$\cdot P(X_{n_m} = i_m | X_{n_{m-1}} = i_{m-1})$$
$$= \pi_{i_0}^{(n_0)} p_{i_0 i_1}^{(n_1 - n_0)} p_{i_1 i_2}^{(n_2 - n_1)} \cdots p_{i_{m-1} i_m}^{(n_m - n_{m-1})}.$$

(2) 用全概率公式得到, 对 $n \geqslant 1$,

$$\pi_j^{(n)} = P(X_n = j)$$
$$= \sum_{i \in I} P(X_0 = i)P(X_n = j | X_0 = i)$$
$$= \sum_{i \in I} \pi_i p_{ij}^{(n)}.$$

写成矩阵的形式就得到

$$\boldsymbol{\pi}^{(n)} = \boldsymbol{\pi}^{(0)} P^{(n)} = [\boldsymbol{\pi}^{(0)} P^{(1)}] P^{(n-1)}$$
$$= \boldsymbol{\pi}^{(1)} P^{(n-1)} = \cdots = \boldsymbol{\pi}^{(k)} P^{(n-k)}.$$

(2.9) 说明, MC 在第 n 周位于城镇 j 的概率 $\pi_j^{(n)}$ 是 $\boldsymbol{\pi}^{(0)} P^n$ 的第 j 个元.

无论在理论还是在应用方面, 研究极限 $\lim\limits_{n \to \infty} p_{ij}^{(n)}$ 的存在与否是令人感兴趣的. 因为这个极限表示质点从 X_0 出发后, 在充分远的将来处于状态 j 的概率.

考虑直线上的简单随机游动 (见例 1.1). 如果 $p > q$, 无论质点从哪里出发, 随着时间的推移向右越跑越远. 直观上应当有

$$\lim_{n \to \infty} p_{ij}^{(n)} = 0.$$

再考虑两端带有吸收壁的简单随机游动 (见例 1.2), 状态 $0, n$ 和 $\{1, 2, \cdots, n-1\}$ 中的状态有明显的不同. 直观上质点不可能永远在 $\{1, 2, \cdots, n-1\}$ 中转移, 所以有

$$\lim_{n \to \infty} p_{ij}^{(n)} = 0, \quad j = 1, 2, \cdots, n-1.$$

练 习 4.2

(1) 对 $n \geqslant 0$, $k \geqslant 1$, $\xi_{n,k}$ 是取非负整数值的独立同分布随机变量. X_0 是取正整数值的随机变量, 与 $\{\xi_{n,k}\}$ 独立. 定义

$$X_{n+1} = \sum_{k=1}^{X_n} \xi_{n,k}, \quad n \geqslant 0,$$

证明 $\{X_n\}$ 是马氏链, 并且当 $X_0 = 1$ 时, 计算 $\mathrm{E}\,X_n$.

(2) 一个股票交易员发现一支股票有如下的规律: 在第 n 分钟处于升势时, 第 $n+1$ 分钟处于跌势的概率为 0.52; 在第 n 分钟处于跌势时, 第 $n+1$ 分钟处于升势的概率为 0.49. 假定股票只有升跌两种状态, 构造一个马氏链描述这支股票价格的运行情况, 给出一步转移矩阵 P.

(3) 对于固定的 j, 证明 $M(n) = \max\{p_{ij}^{(n)} | i \in I\}$ 关于 n 单调不增.

(4) 对于固定的 j, 证明 $m(n) = \min\{p_{ij}^{(n)} | i \in I\}$ 关于 n 单调不减.

§4.3　状态的命名和周期

为了讨论一般情况下马氏链的极限分布, 有必要先将状态空间进行分类.

定义 3.1　设 I 是马氏链 $\{X_n\}$ 的状态空间.

(a) 如果 $p_{ii} = 1$, 则称 i 是**吸引状态**;

(b) 如果存在 $n \geqslant 1$ 使得 $p_{ij}^{(n)} > 0$, 则称 i **通** j, 记做 $i \to j$;

(c) 如果 $i \to j$ 且 $j \to i$, 则称 i,j **互通**, 记做 $i \leftrightarrow j$.

例 1.2 中的状态 0 和 n 都是吸引状态. 质点一旦到达 0 或 n, 就永远停留在 0 或 n. $i \to j$ 表示质点从 i 出发以正概率到达 j. i,j 互通表明质点从 i 到达 j 后, 以正概率回到 i, 反之亦然.

直观上符号 "$\to$" 具有**传递性**: 如果 $i \to j$ 和 $j \to k$, 则 $i \to k$. 实际上这时有 n,m 使得 $p_{ij}^{(n)} p_{jk}^{(m)} > 0$, 用推论 2.2 得到

$$p_{ik}^{(n+m)} \geqslant p_{ij}^{(n)} p_{jk}^{(m)} > 0. \tag{3.1}$$

互通 " $\leftrightarrow$ " 关系还有**对称性**: 如果 $i \leftrightarrow j$, 则 $j \leftrightarrow i$.

A. 常返与非常返状态

在两边都是反射壁的简单随机游动中, 所有的状态互通, 而且质点从某一状态出发必然能回到该状态. 这样质点从 i 出发一定回到 i 无穷次. 这种状态称为**常返状态**.

MC 在有限的城镇 $I = \{1, 2, \cdots, N\}$ 中转移时, 假设所有的城镇互通. 容易理解 (特别是对较小的 N): 无论他从哪里出发, 只要他一直转移下去, 就可以到达任何一个城镇无穷次, 也可以回到出发的城镇无穷次. 这时我们称他出发的城镇是可以经常返回的. 以后把经常返回简称为**常返**. 可以理解, 只要所有城镇互通, 则所有城镇都是常返的.

如果城镇 i 是常返的, 且 $i \to j$, 则 MC 从 i 出发到达 j 的概率 $p > 0$. 他回到 i 后再次以相同的概率 p 到达 j; 再回到 i 后, 再以相同的概率 p 到达 j; $\cdots\cdots$. 每次是否到达 j 是相互独立的. 这就等价于独立重复试验, 试验成功就是从 i 到达 j, 于是他最终到达 j 的概率是 1. i 是常返的, 所以他从 j 必须回到 i. 这就说明如果 $i \to j$, i 是常返的, 则 j 也是常返的, 并且 $j \leftrightarrow i$.

在两端是吸收壁的简单随机游动中, $\{1, 2, \cdots, n-1\}$ 中的状态互通, 但是质点从其中的 i 出发只能回到 i 有限次. 否则与赌徒破产模型相矛盾 (参考 [1] 的 §1.11). 人们将这种状态称为**非常返状态**.

为了在数学上定义非常返和常返状态, 对于马氏链 $\{X_n\}$, 需要引进条件概率

$$f_{ij}^{(1)} = P(X_1 = j | X_0 = i),$$
$$f_{ij}^{(n)} = P(X_n = j, X_k \neq j; 1 \leqslant k \leqslant n-1 | X_0 = i), \ n \geqslant 1. \quad (3.2)$$

$f_{ij}^{(n)}$ 是质点从 i 出发的条件下, 第 n 步首次到达 j 的概率, 称为从 i 出发后第 n 步首达 j 的概率, 简称为**首达概率**.

由于对不同的 n, 事件

$$A_1 = \{X_1 = j\}, \ A_n = \{X_n = j, X_k \neq j, 1 \leqslant k \leqslant n-1\} \quad (3.3)$$

互不相容, $\bigcup\limits_{n=1}^{\infty} A_n$ 发生表示质点到达过状态 j, 所以

$$f_{ij}^* \equiv P\Big(\bigcup_{n=1}^{\infty} A_n \big| X_0 = i \Big)$$

$$= \sum_{n=1}^{\infty} P(A_n | X_0 = i) = \sum_{n=1}^{\infty} f_{ij}^{(n)} \leqslant 1. \qquad (3.4)$$

f_{ij}^* 是质点从 i 出发的条件下到达过 j 的概率, 简称为从 i 出发后到达 j 的概率.

按照上面的定义 (3.4), 当 $f_{ii}^* = 1$ 时, 说明质点从状态 i 出发以概率 1 回到 i, 然后再出发, 再回到 i, ……, 所以在实际中必然回到状态 i 无穷次. 当 $f_{ii}^* < 1$ 时, 说明质点从状态 i 出发以正概率 $1 - f_{ii}^*$ 不再回到 i. 注意, 质点从 i 出发, 如果回到 i, 则再次从 i 出发并以正概率 $1 - f_{ii}^*$ 不再回到 i; 如果再回到 i, 就会再次从 i 出发并以正概率 $1 - f_{ii}^*$ 不再回到 i; …… 这相当于一次次的独立重复试验. 由于有正概率的事件在多次独立重复试验中总会发生, 所以只要 $f_{ii}^* < 1$, 质点 "不回到 i" 总会发生, 因而最终会永远离开状态 i. 由此引入下面的定义.

定义 3.2 如果 $f_{ii}^* = 1$, 则称 i 是**常返状态**. 如果 $f_{ii}^* < 1$, 则称 i 是**非常返状态**.

按照定义, 吸引状态 i 满足 $f_{ii}^* = f_{ii}^{(1)} = 1$, 因而是常返状态. 当 i 是常返状态时, 质点从 i 出发后, 在实际中必然回到 i, 再从 i 出发, 再回到 i, 因而回到 i 无穷次.

i 是非常返状态表明质点从 i 出发后, 以正概率不能回到 i, 因而只能回到 i 有限次, 然后永远离开状态 i.

下面的公式 (3.5) 给出了转移概率 $p_{ij}^{(n)}$ 和 $f_{ij}^{(k)}$ 的关系:

$$\boxed{ p_{ij}^{(n)} = \sum_{k=1}^{n} f_{ij}^{(k)} p_{jj}^{(n-k)} } \qquad (3.5)$$

证明如下: 设 A_n 由 (3.3) 定义, 则 $A_1, A_2, \cdots, A_n$ 互不相容. $\bigcup\limits_{k=1}^{n} A_k$ 表示前 n 次转移中到达过 j, 所以 $\{X_n = j\} \subset \bigcup\limits_{k=1}^{n} A_k$. 在全概率公

式 (1.8) 中视 $A = \{X_0 = i\}$, 利用定理 1.2(3) 得到 (3.5) 如下:

$$
\begin{aligned}
p_{ij}^{(n)} &= P(X_n = j | X_0 = i) \\
&= \sum_{k=1}^{n} P(A_k | X_0 = i) P(X_n = j | A_k, X_0 = i) \\
&= \sum_{k=1}^{n} f_{ij}^{(k)} p_{jj}^{(n-k)}.
\end{aligned}
$$

公式 (3.5) 表明了以下的事实: "MC 从城镇 i 出发, 经过 n 次转移到达城镇 j" 的概率等于 "他从 i 出发, 在第 k 次转移首次到达 j 后再从 j 出发经过 $n - k$ 次转移到达 j, 再对 $k = 1, 2, \cdots, n$ 求并" 的概率.

利用公式 (3.5) 可以得到如下的定理. 以后总规定 $1/0 = \infty$.

定理 3.1   对于马氏链 $\{X_n\}$ 及其 $\{p_{ii}^{(n)}\}$, $f_{ii}^{(n)}$, 有以下结果:

(1) $\displaystyle\sum_{n=0}^{\infty} p_{ii}^{(n)} = \frac{1}{(1 - f_{ii}^{*})}$;

(2) i 是常返状态的充分必要条件是 $\displaystyle\sum_{n=0}^{\infty} p_{ii}^{(n)} = \infty$;

(3) 如果 i 是常返状态, $i \to j$, 则 $i \leftrightarrow j$, 并且 j 也是常返的.

证明   在 (3.5) 中取 $j = i$, 两边再同乘以常数 ρ^n, 对 $n \geqslant 1$ 得到

$$
p_{ii}^{(n)} \rho^n = \sum_{k=1}^{n} f_{ii}^{(k)} \rho^k p_{ii}^{(n-k)} \rho^{n-k}, \quad \rho \in (0, 1).
$$

上式两边对 n 求和得到

$$
\begin{aligned}
G(\rho) &\equiv \sum_{n=0}^{\infty} p_{ii}^{(n)} \rho^n = 1 + \sum_{n=1}^{\infty} p_{ii}^{(n)} \rho^n \\
&= 1 + \sum_{n=1}^{\infty} \sum_{k=1}^{n} f_{ii}^{(k)} \rho^k p_{ii}^{(n-k)} \rho^{n-k} \\
&= 1 + \sum_{k=1}^{\infty} \sum_{n=k}^{\infty} f_{ii}^{(k)} \rho^k p_{ii}^{(n-k)} \rho^{n-k} \\
&= 1 + \Big(\sum_{k=1}^{\infty} f_{ii}^{(k)} \rho^k \Big) \Big(\sum_{n=0}^{\infty} p_{ii}^{(n)} \rho^n \Big) = 1 + F(\rho) G(\rho),
\end{aligned}
$$

其中 $F(\rho) \equiv \sum\limits_{k=1}^{\infty} f_{ii}^{(k)} \rho^k$. 于是得到

$$G(\rho) = 1/[1 - F(\rho)].$$

令 $\rho \to 1$ 就得到结论 (1).

结论 (2) 是 (1) 的直接推论. 下面证明结论 (3). $i \to j$ 说明质点从 i 到达 j 的概率是正数. i 是常返的, 质点每次回到 i 后都再次以相同的正概率到达 j, 且每次是否到达 j 是相互独立的. 这就等价于独立重复试验: 从 i 到达 j 称为成功. 根据独立重复试验的性质 (参考 §1.8C), 质点以概率 1 到达 j. 质点到达 j 后又必须回到 i, 因而 $i \leftrightarrow j$.

再证明 j 是常返的. 设 n, m 使得 $p_{ji}^{(m)} p_{ij}^{(n)} > 0$. 对于任何 $k \geqslant 1$, 利用推论 2.2 得到

$$p_{jj}^{(m+k+n)} \geqslant p_{ji}^{(m)} p_{ii}^{(k)} p_{ij}^{(n)}.$$

两边对 k 求和得到

$$\sum_{k=1}^{\infty} p_{jj}^{(m+k+n)} \geqslant p_{ji}^{(m)} p_{ij}^{(n)} \sum_{k=1}^{\infty} p_{ii}^{(k)} = \infty,$$

由 (2) 知道 j 是常返的.

B. 正常返和零常返状态

在 MC 旅行的例子中, 用取正整数值的随机变量 T_i 表示他首次到达城镇 i 时的转移次数. 也就是说 $T_i = n$ 表示他第 $n(n \geqslant 1)$ 周首次到达城镇 i, 则

$$T_i = \begin{cases} \min\{n \mid X_n = i; n \geqslant 1\}, & \text{当 } \bigcup\limits_{n=1}^{\infty} \{X_n = i\} \text{ 发生}, \\ \infty, & \text{否则}. \end{cases} \tag{3.6}$$

对于马氏链 $\{X_n\}$, T_i 是质点首次到达状态 i 时的转移次数. $T_i = n$ 表示质点第 $n(\geqslant 1)$ 次转移首次到达状态 i.

引入条件概率 $P_i(\cdot) = P(\cdot \mid X_0 = i)$, 则

$$f_{ii}^{(n)} = P_i(T_i = n) = P(T_i = n \mid X_0 = i) \tag{3.7}$$

是质点从 i 出发的条件下, 第 n 步首次回到 i 的概率. 当 $f_{ii}^* = 1$ 时, 则 $P_i(T_i < \infty) = \sum\limits_{n=1}^{\infty} f_{ii}^{(n)} = 1$. 引入条件 $X_0 = i$ 下, T_i 的数学期望

$$\mu_i = \mathrm{E}(T_i | X_0 = i) = \sum_{n=1}^{\infty} n P_i(T_i = n) = \sum_{n=1}^{\infty} n f_{ii}^{(n)}. \tag{3.8}$$

μ_i 是质点返回状态 i 所需要的平均转移次数, 称 μ_i 为状态 i 的**平均回转时间**或**期望回转时间**. 平均回转时间 μ_i 越小, 表明质点返回 i 越频繁. 当 $\mu_i = \infty$, 说明质点平均转移无穷次才能回到 i. 因此引入下面的定义.

定义 3.3 设 i 是常返状态. 如果 i 的平均回转时间 $\mu_i < \infty$, 则称 i 是**正常返状态**或**积极常返状态**. 如果 i 的平均回转时间 $\mu_i = \infty$, 则称 i 是**零常返状态**或**消极常返状态**.

注 如果 i 是非常返状态, 则 $P(T_i = \infty | X_0 = i) = P($ 质点不回到 $i | X_0 = i) = 1 - f_{ii}^* > 0$, 这时自然定义 $\mu_i = \infty$.

定理 3.2 设 i 是常返状态, 则

(1) i 是零常返状态的充分必要条件是 $\lim\limits_{n \to \infty} p_{ii}^{(n)} = 0$;

(2) 当 i 是零常返的, $i \to j$ 时, j 也是零常返的;

(3) 当 i 是正常返的, $i \to j$ 时, j 也是正常返的.

证明 结论 (1) 是用数学分析方法得到的, 感兴趣的读者可参考 [4] 的 §2.2 定理 2.

下面证明 (2). 从定理 3.1(3) 知道 $i \leftrightarrow j$. 设正整数 m, n 使得 $p_{ij}^{(n)} p_{ji}^{(m)} > 0$, 利用推论 2.2 得到

$$p_{ii}^{(n+k+m)} \geqslant p_{ij}^{(n)} p_{jj}^{(k)} p_{ji}^{(m)}.$$

用 $p_{ii}^{(n)} \to 0$, 得到

$$\lim_{k \to \infty} p_{jj}^{(k)} \leqslant \frac{1}{p_{ij}^{(n)} p_{ji}^{(m)}} \lim_{k \to \infty} p_{ii}^{(n+k+m)} = 0.$$

这说明 j 是零常返的. 由 (2) 得到 (3).

例 3.1 如果 j 不是正常返的, 则对任何状态 i, 有

$$p_{ij}^{(n)} \to 0, \quad \text{当 } n \to \infty. \tag{3.9}$$

证明　对非常返的 j, 用定理 3.1(2) 得到 $p_{jj}^{(n)} \to 0$. 对零常返的 j, 用定理 3.2(1) 得到 $p_{jj}^{(n)} \to 0$. 对任何状态 i, 利用 (3.5) 得到

$$p_{ij}^{(n)} = \sum_{k=1}^{m} f_{ij}^{(k)} p_{jj}^{(n-k)} + \sum_{k=m+1}^{n} f_{ij}^{(k)} p_{jj}^{(n-k)}$$

$$\leqslant \sum_{k=1}^{m} p_{jj}^{(n-k)} + \sum_{k=m+1}^{n} f_{ij}^{(k)}.$$

令 $n \to \infty$, 右方第一项 $\sum_{k=1}^{m} p_{jj}^{(n-k)} \to 0$, 于是得到

$$\lim_{n \to \infty} p_{ij}^{(n)} \leqslant \sum_{k=m+1}^{\infty} f_{ij}^{(k)}.$$

因为 $\sum_{k=1}^{\infty} f_{ij}^{(k)} \leqslant 1$, 所以再令 $m \to \infty$ 就得到 (3.9).

(3.9) 说明, 只要 j 不是正常返的, 从任何 i 出发, 较长的时间后, 质点以极小的概率位于 j.

C. 周期及其性质

在直线上的简单随机游动中 (参考例 1.1), 质点从 i 出发, 只能在 2 的倍数 $2m$ 时回到 i, 这时称状态 i 的周期是 2. 注意, 任何奇数 $2m+1$ 都不是 i 的周期, 因为在 $2m+1$ 时, 质点不能回到 i. 大于 2 的偶数也不是 i 的周期, 因为在 $n=2$ 时也可以回到 i, 这与 "只能" 矛盾.

对于一般的马氏链 $\{X_n\}$, 定义状态 i 的周期如下:

(a) 如果 $\sum_{n=1}^{\infty} p_{ii}^{(n)} = 0$, 则质点从 i 出发不可能再回到 i, 这时称 i 的周期是 ∞;

(b) 设 d 是正整数, 质点从 i 出发, 如果只可能在 d 的整倍数上回到 i, 而且 d 是有此性质的最大整数, 则称 i 的周期是 d;

(c) 如果 i 的周期是 1, 则称 i 是**非周期的**.

其中的 (b) 说明: 称状态 i 的周期是 d, 如果 $p_{ii}^{(n)} > 0$, 则必有 $n = md$, 而且 d 是满足此性质的最大整数. 但是当 i 的周期 $d < \infty$, $p_{ii}^{(nd)} > 0$ 也不必对所有的 n 成立, 但至少对某个 n 成立.

例 3.2 在直线上,如果质点每次向前、向后移动 1 步的概率都是 1/3, 向后移动 2 步的概率也是 1/3, 则每个状态都是非周期的.

证明 易见

$$p_{ii}^{(2)} \geqslant p_{i,i+1}p_{i+1,i} > 0,$$
$$p_{ii}^{(3)} \geqslant p_{i,i-2}p_{i-2,i-1}p_{i-1,i} > 0,$$

于是从 $2 = nd$, $3 = md$ 得到 $d = 1$. i 的周期是 $d = 1$, i 是非周期的.

例 3.3 在直线上,如果质点每次向前移动 1 步的概率都是 p, 向后移动 5 步的概率是 $q = 1 - p$, $pq > 0$, 则每个状态的周期都是 6.

证明 质点从 i 出发,经过 n 次转移回到 i 时,我们说明 $n = 6m$. 设质点向前一共移动了 k 次,向后一共移动了 m 次,根据题意得到 $k = 5m$. 于是,质点移动的次数 $n = k + m = 5m + m = 6m$. 又由于 $p_{ii}^{(6)} > p^5 q > 0$, 所以状态 i 的周期是 $d = 6$.

以后总用 d_i 表示 i 的周期. 下面的定理给出了周期 d_i 的数学描述.

定理 3.3 若状态 i 的周期 $d_i < \infty$, 则

(1) d_i 是数集 $B_i = \{n \mid p_{ii}^{(n)} > 0, n \geqslant 1\}$ 的最大公约数;

(2) 如果 $i \leftrightarrow j$, 则 $d_i = d_j$;

(3) 存在正数 N_i 使得当 $n \geqslant N_i$ 时, $p_{ii}^{(nd_i)} > 0$.

***证明** (1) 根据定义, d_i 是数集 B_i 的最大公约数.

(2) 设正整数 m, n 使得 $p_{ji}^{(m)} p_{ij}^{(n)} > 0$. 对于任何 $k \in B_i = \{k \mid p_{ii}^{(k)} > 0, k \geqslant 1\}$, 利用推论 2.2 得到

$$p_{jj}^{(m+n)} \geqslant p_{ji}^{(m)} p_{ij}^{(n)} > 0,$$
$$p_{jj}^{(m+k+n)} \geqslant p_{ji}^{(m)} p_{ii}^{(k)} p_{ij}^{(n)} > 0.$$

于是 d_j 整除 $m+n$ 和 $m+k+n$, 这样就整除 $k = (m+k+n) - (m+n)$, 于是整除 B_i 中的所有元,从而得到 d_j 整除 d_i. 对称地可以得到 d_i 整除 d_j, 故 $d_i = d_j$.

(3) 设 (1) 中的 $B_i = \{n_1, n_2, \cdots\}$, l_m 是子集 $\{n_1, n_2, \cdots n_m\}$ 的最大公约数,则 d_i 是 l_m 的约数,且 l_m 单调不增收敛到 d_i. 因为 l_m

是整数,所以有 k 使得 $d_i = l_k$ 是 $\{n_1, n_2, \cdots n_k\}$ 的最大公约数. 根据数论的基本知识知道存在 N_i, 使得只要 $n \geqslant N_i$, 就有

$$nd_i = n_1m_1 + n_2m_2 + \cdots + n_km_k, \quad m_i \text{ 是非负整数}.$$

再用推论 2.2 得到

$$p_{ii}^{(nd_i)} \geqslant p_{ii}^{(n_1m_1)} p_{ii}^{(n_2m_2)} \cdots p_{ii}^{(n_km_k)}$$
$$\geqslant \left[p_{ii}^{(n_1)}\right]^{m_1} \left[p_{ii}^{(n_2)}\right]^{m_2} \cdots \left[p_{ii}^{(n_k)}\right]^{m_k} > 0.$$

D. 遍历状态

继续考虑 MC 的旅行. MC 从城镇 i 出发, 无论前若干次转移中是否能回到 i, 根据定理 3.3, 当城镇 i 是常返的和非周期的, 他在充分大的任意时刻 n 以正概率回到城镇 i. 当所有的状态互通, 只要有一个状态是非周期的, 所有的状态就都是非周期的, 所以时间充分长后, 他可以在任意的时刻以不同的正概率到达不同的城镇. 这时我们说他的旅行可以 "遍历" 每个城镇. 用 $\hat{\pi}_i$ 表示前 n 次转移中 MC 到达城镇 i 的比例. 当 $n \to \infty$, 可以预料 $\hat{\pi}_i$ 的极限 π_i 存在, 且是时间充分长后 MC 位于城镇 i 的概率. 下面考虑 π_i 的计算.

定义 3.4 如果状态 i 是正常返和非周期的, 则称 i 是**遍历状态**.

定理 3.4 设常返状态 i 有周期 d_i 和平均回转时间

$$\mu_i = \mathrm{E}(T_i | X_0 = i),$$

则

$$\lim_{n \to \infty} p_{ii}^{(nd_i)} = \frac{d_i}{\mu_i}.$$

定理 3.4 的证明用到耦合的概念, 不再赘述. 感兴趣的读者请参考文献 [3].

定理 3.4 表明, 质点从常返状态 i 出发后, 对于充分大的 n, 质点在第 nd_i 步回到 i 的概率与 d_i 成正比, 与平均回转时间 μ_i 成反比.

根据本节的讨论知道: 对于常返状态 i, $i \to j$ 时, i 的性质就会传递给 j: 因为这时有 $j \leftrightarrow i$; $d_j = d_i$; $\mu_j < \infty$ 的充分必要条件是

$\mu_i < \infty$; 当 $n \to \infty$ 时，$p_{jj}^{(n)} \to 0$ 的充分必要条件是 $p_{ii}^{(n)} \to 0$. 这些结果说明 $i \leftrightarrow j$ 时，j 是正常返状态的充分必要条件为 i 是正常反状态；j 是遍历状态的充分必要条件为 i 是遍历状态.

如果 i 是非常返状态，从 $i \to j$ 我们还不能得到关于 j 的更多信息. 这时 j 可以是常返的 (参考两边是吸收壁的简单随机游动中的 0 或 n)，也可以是非常返的 (参考两边带有吸收壁的随机游动中的 $i, j \in \{1, 2, \cdots, n-1\}$).

例 3.4 对于常返状态 j, 有

(1) $\mu_j \geqslant 1$;

(2) 当 $i \leftrightarrow j$ 时，质点从 i 出发以概率 1 到达 j:

$$\sum_{k=1}^{\infty} f_{ij}^{(k)} = P(T_j < \infty | X_0 = i) = 1;$$

(3) 当 j 是遍历状态，$i \leftrightarrow j$ 时，有

$$p_{ij}^{(n)} \to \pi_j \equiv 1/\mu_j, \tag{3.10}$$

其中 "$\equiv$" 表示定义成.

证明 (1) 从 (3.8) 知道

$$\mu_j = \sum_{n=1}^{\infty} n f_{jj}^{(n)} \geqslant \sum_{n=1}^{\infty} f_{jj}^{(n)} = 1. \tag{3.11}$$

(2) 由于质点每次回到 i 后，总以相同的正概率到达 j, 且和上次从 i 出发是否到达 j 独立，所以质点从 i 出发以概率 1 到达 j, 即

$$P(T_j < \infty | X_0 = i) = \sum_{k=1}^{\infty} P(T_j = k | X_0 = i) = \sum_{k=1}^{\infty} f_{ij}^{(k)} = 1.$$

(3) 遍历状态的周期是 1, 所以用定理 3.4 得到

$$\pi_j = \frac{1}{\mu_j} = \lim_{n \to \infty} p_{jj}^{(n)} \in (0, 1].$$

从公式 (3.5) 得到，对选定的 m,

$$p_{ij}^{(n)} = \sum_{k=1}^{m} f_{ij}^{(k)} p_{jj}^{(n-k)} + \sum_{k=m+1}^{n} f_{ij}^{(k)} p_{jj}^{(n-k)}.$$

令 $n \to \infty$ 时，右边第一项收敛到 $\sum\limits_{k=1}^{m} f_{ij}^{(k)} \pi_j$，第二项的极限不超过 $b_m = \sum\limits_{k=m+1}^{\infty} f_{ij}^{(k)}$，于是得到

$$\lim_{n\to\infty} p_{ij}^{(n)} = \sum_{k=1}^{m} f_{ij}^{(k)} \pi_j + O(b_m).$$

再令 $m \to \infty$，用 $b_m \to 0$ 和结论 (2) 得到结论 (3).

练 习 4.3

(1) 马氏链的状态空间是 $I = \{0,1,2,3\}$，转移概率矩阵

$$P = \begin{pmatrix} 0.2 & 0.8 & 0 & 0 \\ 0 & 0 & 0 & 1 \\ 0 & 0 & 1 & 0 \\ 1 & 0 & 0 & 0 \end{pmatrix}.$$

界定马氏的状态性质.

(2) 如果 i 是常返状态，j 是非常返状态，证明对 $n \geqslant 0$，

$$p_{ij}^{(n)} = 0.$$

(3) 用 Y 表示以天计算的日光灯的寿命，一个寿终后马上换一个. 用 X_n 表示第 n 天服役的日光灯的年龄. 设日光灯的寿命是来自总体 Y 的随机变量，有概率分布

$$p_k = P(Y = k) > 0, \quad k = 1, 2, \cdots.$$

(a) 验证 $\{X_n\}$ 是以 $I = \{1, 2, \cdots\}$ 为状态空间的马氏链；

(b) 写出转移概率 p_{ij}；

(c) 马氏链的状态是互通的吗？

(d) 计算 $f_{11}^{(n)}$；

(e) 给出 i 是正常返的充分必要条件.

(4) 设马氏链 $\{X_n\}$ 的 X_n 和 X_{n+1} 有共同的概率分布

$$\boldsymbol{\pi} = [\pi_0, \pi_1, \cdots].$$

(a) 证明 $\boldsymbol{\pi} = \boldsymbol{\pi}P$, 其中 P 是 $\{X_n\}$ 的转移概率矩阵;

(b) 对 $m > 1$, 证明 $\boldsymbol{\pi}$ 是 X_{n+m} 的概率分布.

§4.4   状态空间分类

因为 $p_{ii}^{(0)} = 1$, 所以可以认为互通关系 $\leftrightarrow$ 具有**反身性**, 即每个状态 i 与自己互通. 这样可以将互通关系 "$\leftrightarrow$" 称为**等价关系**, 即满足

(a) 反身性: $i \leftrightarrow i$;

(b) 对称性: 若 $i \leftrightarrow j$, 则 $j \leftrightarrow i$;

(c) 传递性: 若 $i \leftrightarrow j$, $j \leftrightarrow k$, 则 $i \leftrightarrow k$.

A. 状态空间的分解

定义 4.1   设 I 是马氏链 $\{X_n\}$ 的状态空间, $i \in I$. 把和 i 互通的状态放在一起, 得到集合

$$C = \{j \mid j \leftrightarrow i, j \in I\}. \tag{4.1}$$

(a) 称 C 是一个**等价类**;

(b) 如果 I 是一个等价类 (所有状态互通), 则称马氏链 $\{X_n\}$ 或状态空间 I**不可约**;

(c) 设 B 是 I 的子集, 如果质点不能从 B 中的状态到达 $\overline{B} = I - B$ 中的状态, 则称 B 是**闭集**.

从定理 3.1(3) 知道如果等价类 C 中有一个常返状态, 则 C 中的一切状态都是常返的, 这时称 C 是**常返等价类**. 进一步还有如下的结论:

定理 4.1   设 C 是一个等价类, 则有以下结果:

(1) 不同的等价类互不相交.

(2) C 中的状态有相同的类型: 或都是正常返的, 或都是零常返的, 或都是非常返的. 在任何情况下, C 中的状态有相同的周期.

(3) 常返等价类是闭集: 质点不能走出常返等价类.

(4) 零常返等价类含有无穷个状态.

(5) 非常返等价类如果是闭集, 则含有无穷个状态.

证明　(1) 设 C 和 C_1 都是等价类, 如果有 $i \in C \cap C_1$, 由互通的传递性知道 i 和 $C \cup C_1$ 中的所有状态互通, 于是必有 $C = C_1$.

(2) 证明可从定理 3.2(2),(3) 和定理 3.3(2) 得到.

(3) 如果 $i \in C$, $i \to j$ 但是 $j \notin C$, 由定理 3.1(3) 知道 $j \leftrightarrow i$. 这与 $j \notin C$ 矛盾.

(4) 和 (5) 的证明: 因为 C 是闭集, 所以有

$$\sum_{j \in C} p_{ij}^{(n)} = 1. \tag{4.2}$$

根据例 3.1 的结论, 若 C 是零常返或非常返等价类, 当 $n \to \infty$, 总有 $p_{ij}^{(n)} \to 0$. 如果 C 中只有有限个状态, 在 (4.2) 中令 $n \to \infty$, 得到矛盾的 $0 = 1$. 说明 C 不能是有限集合.

根据定理 4.1(2), 当 C 中有正常返状态, 则 C 中的所有状态都是正常返的, 于是称 C 是**正常返等价类**; 当 C 中有零常返状态, 则 C 中的所有状态都是零常返的, 于是称 C 是**零常返等价类**; 当 C 中有非常返状态, 则 C 中的所有状态都是非常返的, 于是称 C 是**非常返等价类**; 当 C 的某个状态有周期 d, 则 C 中的所有状态的周期都是 d, 于是称 C 的周期是 d; 当 C 中有一个遍历状态, C 中的状态就都是遍历的, 这时又称 C 是遍历等价类.

根据定理 4.1(2), 不可约马氏链只要有一个常返状态就可以称这个马氏链是常返的; 只要有一个非常返状态就可以称这个马氏链是非常返的; 只要有一个遍历状态就可以称这个马氏链是遍历的.

定理 4.1(4) 是容易理解的: 当 C 是有限集合, 质点不能走出 C, 就必然频繁返回某一个状态, 这个状态必然是正常返的, 于是一切状态就都是正常返的. 按照 (4), 如果等价类 C 中只有有限个状态, 则 C 是正常返等价类.

利用等价关系可以把马氏链的状态空间 I 分解成

$$I = \bigcup_{j=1}^{m} C_j + T, \quad \text{这里 } m \leqslant \infty, \tag{4.3}$$

其中的 C_j 是常返等价类, T 由全体非常返状态组成. 质点可以永远在 T 中运动, 也可以从 T 中转移到某个 C_j 中, 然后永远在 C_j 中运动. 如果 T 是有限集合, 质点一定会走出 T, 进入某个闭集 C_j,

然后永远在 C_j 中运动. 按照 (4.3) 的规律重新编排状态的顺序后可以将该马氏链的转移矩阵写成

$$
\begin{array}{c}
 \\
C_1 \\
C_2 \\
\vdots \\
C_m \\
T
\end{array}
\begin{pmatrix}
C_1 & C_2 & \cdots & C_{m-1} & C_m & T \\
P_1 & 0 & \cdots & 0 & 0 & 0 \\
0 & P_2 & \cdots & 0 & 0 & 0 \\
\vdots & \vdots & & \vdots & \vdots & \vdots \\
0 & 0 & \cdots & 0 & P_m & 0 \\
R_1 & R_2 & \cdots & R_{m-1} & R_m & Q_T
\end{pmatrix} = P. \qquad (4.4)
$$

由于常返等价类 C_j 是闭集, 所以对应的 $P_j = (p_{ij})_{i,j \in C_j}$ 的每行之和是 1. 这就相当于 C_j 本身是一个不可约马氏链, 质点从 C_j 中的状态出发或从 T 进入 C_j 后就永远在 C_j 中运动.

利用 $P^{(n)} = P^n$ 和矩阵乘法得到

$$
\begin{array}{c}
 \\
C_1 \\
C_2 \\
\vdots \\
C_m \\
T
\end{array}
\begin{pmatrix}
C_1 & C_2 & \cdots & C_{m-1} & C_m & T \\
P_1^n & 0 & \cdots & 0 & 0 & 0 \\
0 & P_2^n & \cdots & 0 & 0 & 0 \\
\vdots & \vdots & & \vdots & \vdots & \vdots \\
0 & 0 & \cdots & 0 & P_m^n & 0 \\
R_1^{(n)} & R_2^{(n)} & \cdots & R_{m-1}^{(n)} & R_m^{(n)} & Q_T^n
\end{pmatrix} = P^{(n)}. \qquad (4.5)
$$

由于马氏链 $\{X_n\}$ 可以有无穷个常返等价类, 所以 (4.4) 和 (4.5) 中的 C_m, P_m, R_m 和 P_m^n, $R_m^{(n)}$ 可以同时改写为 "$\cdots$". P_m^n 的每行之和等于 1. 另外, 用 $q_{ij}^{(n)}$ 表示 Q_T^n 的元, 根据例 3.1 还有

$$
\lim_{n \to \infty} Q_T^n \equiv \left(\lim_{n \to \infty} q_{ij}^{(n)} \right)_{i,j \in T} = 0.
$$

B. 简单随机游动的常返性

例 4.1 (接例 1.1)　简单随机游动中的所有状态互通, $\{X_n\}$ 是一个不可约马氏链, I 是一个等价类. 要研究 I 是否为常返等价类, 只要研究状态 i. 如果质点在第 $2n$ 步回到 i, 则向左和向右各移动了 n 次. 把向右移动称为成功, 成功的概率是 p, 从二项分布得到

$$p_{ii}^{(2n)} = \mathrm{C}_{2n}^n p^n q^n, \quad p_{ii}^{(2n-1)} = 0.$$

当 $s = 4pq < 1$ 时, 有

$$\sum_{n=0}^{\infty} p_{ii}^{(n)} = \sum_{n=0}^{\infty} p_{ii}^{(2n)} = \sum_{n=0}^{\infty} \frac{(2n)!}{n!n!}(pq)^n$$

$$= \sum_{n=0}^{\infty} \frac{1}{n!}\left(\frac{1}{2}\right)\left(\frac{3}{2}\right)\cdots\left(\frac{2n-1}{2}\right)s^n$$

$$= (1-s)^{-1/2}. \text{(用 Taylor 级数展开)} \tag{4.6}$$

由于 $4pq \leqslant 1$, 且 $4pq = 1$ 的充分必要条件是 $p = q$, 所以 $\sum\limits_{n=0}^{\infty} p_{ii}^{(n)} = \infty$ 的充分必要条件是 $p = q$. 由定理 4.1 知道 $p = q$ 时, 直线上的简单对称随机游动是常返的. 当 $p \neq q$ 时, 非对称的简单随机游动是非常返的.

用 $a_n \simeq b_n$ 表示 $a_n/b_n \to 1 \ (n \to \infty)$. 利用斯特林公式

$$n! \simeq n^n \mathrm{e}^{-n}\sqrt{2\pi n}, \tag{4.7}$$

可以进一步证明简单对称随机游动是零常返的. 实际上, 利用 (4.7) 得到

$$\lim_{n \to \infty} p_{ii}^{(2n)} = \lim_{n \to \infty} \mathrm{C}_{2n}^n \frac{1}{2^{2n}} = \lim_{n \to \infty} \frac{(2n)!}{n!n!} \frac{1}{2^{2n}}$$

$$= \lim_{n \to \infty} \frac{(2n)^{2n}\mathrm{e}^{-2n}\sqrt{4\pi n}}{n^{2n}\mathrm{e}^{-2n}2\pi n 2^{2n}}$$

$$= \lim_{n \to \infty} \frac{1}{\sqrt{\pi n}} = 0. \tag{4.8}$$

从定理 3.2(1) 知道 i 是零常返的.

公平赌博问题 (参考 [1] 的 §1.11) 实际上是从 0 点出发的简单对称随机游动. 如果赌徒的赌资是 n 元, 则质点一旦到达 $-n$, 赌徒就破产.

在公平赌博问题中, 常返性表明赌徒输了赌资 m 元后, 如果他有足够的本金一直赌下去, 一定有机会捞回输掉的赌资. 但是零常

返又进一步警告他: 要捞回输掉的赌资不仅需要足够的本金, 平均
还需要再赌无穷次.

例 4.2 (接例 1.2) 在两端是吸收壁的简单随机游动中, $\{1, 2, \cdots,$
$n-1\}$ 是一个等价类. 因为质点从 1 出发后不回到 1 的概率 $1 - f_{11}^* >$
$P(X_1 = 0 | X_0 = 1) = q > 0$, 所以 $\{1, 2, \cdots, n-1\}$ 是非常返等价类.
$\{0\}$ 和 $\{n\}$ 是正常返等价类.

例 4.3 (接例 1.3)   在两端是反射壁的简单随机游动中, $I =$
$\{0, 1, 2, \cdots, n\}$ 是一个等价类. 由于 I 是闭集, 且只有 $n+1$ 个状态,
所以 I 是正常返等价类.

例 4.4 (平面上的简单对称随机游动)   设质点在平面的整数格
点上做随机游动, 每次以 $1/4$ 的概率向最邻近的 4 个状态转移, 见
图 4.4.1.

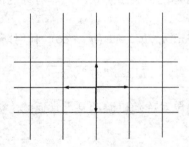

图 4.4.1 平面上的简单对称随机游动

将所有的格点编号后得到状态空间 I. 易见 I 中的状态互通,
因而是一个等价类. 质点从 i 出发后, 只可能在 $2n$ 步上回到 i,
这时质点向左、右各移动 k 步, 向上、下各移动 $n-k$ 步. 用组合公
式 $\sum_{k=0}^{n} (C_n^k)^2 = C_{2n}^n$ (见练习 4.4(5)), 斯特林公式 (4.7) 和 (4.8) 得到

$$
\begin{aligned}
p_{ii}^{(2n)} &= \frac{1}{4^{2n}} \sum_{k=0}^{n} \frac{(2n)!}{[k!(n-k)!]^2} \\
&= \frac{1}{4^{2n}} C_{2n}^n \sum_{k=0}^{n} (C_n^k)^2 = \left(\frac{1}{2^{2n}} C_{2n}^n \right)^2 \\
&\simeq 1/(\pi n).
\end{aligned}
$$

由于 $\sum\limits_{n \geqslant 1} n^{-1} = \infty$, 所以平面上的简单对称随机游动也是常返的. 再从 $p_{ii}^{(2n)} \to 0$ 知道, 平面上的简单对称随机游动是零常返的.

　　*例 4.5 (空间中的简单对称随机游动)　设质点在三维直角坐标中的整数格点上做随机游动, 每次以 1/6 的概率向最邻近的 6 个状态转移. 将所有的格点编号后得到状态空间 I. 易见 I 中的状态互通, 因而是一个等价类. 设 $K_n = \{\, j, k \mid j, k \geqslant 0, j + k \leqslant n \,\}$, 则

$$p_{ii}^{(2n+1)} = 0,$$
$$p_{ii}^{(2n)} = \frac{1}{6^{2n}} \sum_{j, k \in K_n} \frac{(2n)!}{[j!k!(n-j-k)!]^2}.$$

可以验证当 $k = j = [n/3]$ 时, $n!/(j!k!(n-j-k)!)$ 达到最大值, 再用斯特林公式得到

$$\frac{1}{3^n} \max_{j, k \in K_n} \frac{n!}{j!k!(n-j-k)!} = O(n^{-1}).$$

上式与三项公式

$$\sum_{j, k \in K_n} \frac{n!}{j!k!(n-j-k)!} = (1+1+1)^n = 3^n$$

结合, 得到

$$p_{ii}^{(2n)} \leqslant \frac{1}{2^{2n}3^n} C_{2n}^n \max_{j, k \in K_n} \frac{n!}{j!k!(n-j-k)!} 3^n = O(n^{-3/2}).$$

由于 $\sum\limits_{n \geqslant 1} n^{-3/2} < \infty$, 所以空间中的简单对称随机游动是非常返的.

　　人们把例 4.4 和例 4.5 的结论说成: 地面上失去记忆的蚂蚁可以回家, 在空中失去记忆的鸟儿不一定能回家.

C. 质点在常返等价类中的转移

　　当 C 是常返等价类时, 根据定理 4.1(3) 知道 C 是闭集. 质点从 C 中出发将永远在 C 中运动. 质点在 C 中的运动也是一个马氏链, 仍然用 $\{X_n\}$ 表示. 为了解质点在 C 中是如何运动的, 先考虑直线上的简单对称随机游动. 这时, 状态空间 $I = \{j \mid j = 0, \pm 1, \pm 2, \cdots\}$

中的所有状态互通, 是一个常返等价类, 有周期 $d = 2$. 用 G_1 表示所有的奇数, 用 G_2 表示所有的偶数, 则 $I = G_1 \cup G_2$. 质点从偶数状态出发, 第 1 步进入 G_1, 第 2 步进入 G_2, 第 3 步进入 $G_3 = G_1, \cdots\cdots$, 第 $n = md - 1$ 步进入 $G_{md-1} = G_1$, 第 $n = md$ 步进入 $G_{md} = G_2$, 周而复始.

常返马氏链的运动情况也都是类似的. 看下面的定理.

定理 4.2 设常返等价类 C 有周期 $d > 1$. 取定 C 中的状态 i. 对于 $j \in C$,

(1) 有唯一的 $r \in \{1, 2, \cdots, d\}$, 使得只要 $p_{ij}^{(n)} > 0$, 则有 $n = kd + r$;

(2) 对于 (1) 中的 r, 存在 N_j 使得 $n > N_j$ 时, $p_{ij}^{(nd+r)} > 0$;

(3) $f_{ij}^* = \sum_{n=1}^{\infty} f_{ij}^{(nd+r)} = 1$.

证明 因为 $j \leftrightarrow i$, 所以有 k 使得 $p_{ji}^{(k)} > 0$.

(1) 如果 n, m 使得 $p_{ij}^{(n)} p_{ij}^{(m)} > 0$, 则有

$$p_{ii}^{(n+k)} \geqslant p_{ij}^{(n)} p_{ji}^{(k)} > 0,$$
$$p_{ii}^{(m+k)} \geqslant p_{ij}^{(m)} p_{ji}^{(k)} > 0.$$

由周期的定义知道 $n + k, m + k$ 都是周期 d 的倍数, 所以 $n - m = (n + k) - (m + k)$ 也是 d 的倍数. 说明 n, m 被 d 除后有相同的余数, 即有唯一的余数 r 使得

$$n = k_1 d + r, \quad m = k_2 d + r.$$

(2) 设 $p_{ij}^{(Nd+r)} > 0$. 根据定理 3.3(3), 存在 N_j 使得 $m > N_j$ 时, $p_{jj}^{(md)} > 0$. 当 $n > N + N_j$ 时有 $m = (n - N) > N_j$, 于是有

$$p_{ij}^{(nd+r)} \geqslant p_{ij}^{(Nd+r)} p_{jj}^{(nd-Nd)} = p_{ij}^{(Nd+r)} p_{jj}^{(md)} > 0.$$

(3) 由于 $f_{ij}^{(n)}$ 是质点从 i 出发在第 n 步首次到达 j 的概率, 所以 $f_{ij}^{(n)} \leqslant p_{ij}^{(n)}$. 于是只要 n 使得 $f_{ij}^{(n)} > 0$ 时, 就有 $p_{ij}^{(n)} > 0$, 从而有 $n = kd + r$. 再利用例 3.4(2) 知道

$$f_{ij}^* = \sum_{n=1}^{\infty} f_{ij}^{(n)} = \sum_{n=1}^{\infty} f_{ij}^{(nd+r)} = 1.$$

对于固定的 $i \in C$, 定理 4.2 的 (1) 说明, 质点从 i 出发后, 只可能在 $t = kd+r$ 时转移到状态 j, r 是和 j 有关的正整数; 性质 (2) 说明在时间充分长后, 质点可以在任何时刻 $t = nd+r$ 到达 j. 现在定义

$$G_r = \left\{ j \,\middle|\, \sum_{n=1}^{\infty} p_{ij}^{(nd+r)} > 0 \right\}, \quad r = 1, 2, \cdots, d. \tag{4.9}$$

质点从 i 出发后, 只能在时刻

$$r, \ d+r, \ 2d+r, \ \cdots$$

进入集合 G_r, 于是得到 d 个互不相交的 $G_1, G_2, \cdots, G_d$. 质点在这些集合中的转移规律如下: 质点从 i 出发后, 第 1 步进入 G_1, 第 2 步进入 G_2, $\cdots$, 第 d 步进入 G_d, 第 $d+1$ 步进入 $G_{d+1} = G_1$, $\cdots$, 依次循环 (见图 4.4.2).

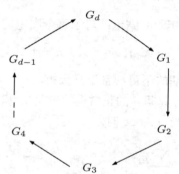

图 4.4.2　质点在常返等价类中的转移

考虑旅行家 MC 在全国的城镇中转移的情况. 当全国的城镇数有限和互通时, MC 的旅行轨迹是一个正常返不可约马氏链. 假设马氏链的周期是 d. 用 X_n 表示第 n 次转移后, MC 所在的城市. 当 MC 从城镇 i 出发时, 将他第 $nd+r$ 次转移能到达的城镇放入集合 G_r, 则 $G_1, G_2, \cdots, G_d$ 互不相交. 当 MC 从城镇 i 出发时, 有 $X_1 \in G_1$, $X_2 \in G_2$, $\cdots$, $X_{nd+k} \in G_k$. 于是对于每个固定的 k,

$$Y_n = X_{nd+k} \in G_k, \quad n = 1, 2, \cdots.$$

最特殊的情况是 G_k 等于第 k 个省份的所有城镇, 这相当于 MC 的每次转移是由第 k 个省转向第 $k+1$ 个省, 且 $G_{nd+k} = G_k$. 下面说明 $\{Y_n\}$ 是一个以 G_k 为状态空间的正常返不可约马氏链. 实际上对于 $i, j, i_{n-1}, \cdots, i_1, i_0 \in G_k$, 利用定理 1.2 得到

$$P(Y_{n+1} = j | Y_n = i, Y_{n-1} = i_{n-1}, \cdots, Y_0 = i_0)$$
$$= P(X_{(n+1)d+k} = j | X_{nd+k} = i, X_{(n-1)d+k} = i_{n-1}, \cdots, X_k = i_0)$$
$$= P(X_{d+k} = j | X_k = i)$$
$$= P(Y_1 = j | Y_0 = i).$$

所以 $\{Y_n\}$ 是一个以 G_k 为状态空间的马氏链. 由于 $\{X_n\}$ 可以到达 G_k 的所有状态, 而且只能在时刻 $nd+k$ 到达 G_k 的状态, 所以对于 $\{Y_n\}$ 来讲, G_k 中的所有状态互通. 当 G_k 只有有限个状态时, $\{Y_n\}$ 是正常返的.

一般情况下有相同的结论: 对于每个固定的 k,

$$Y_n = X_{nd+k} \in G_k, \quad n = 1, 2, \cdots$$

是以 G_k 为状态空间的不可约常返马氏链.

例 4.6 对于有周期 d 的正常返等价类 C 和 $i, j \in C$, 有唯一的 $r(1 \leqslant r \leqslant d)$, 使得当 $n \to \infty$ 时,

$$\frac{1}{d} \sum_{s=1}^{d} p_{ij}^{(nd+s)} = \frac{1}{d} p_{ij}^{(nd+r)} \to \frac{1}{\mu_j}. \tag{4.10}$$

证明 根据定理 4.2(1), 有唯一的 $r \in \{1, 2, \cdots, d\}$ 使得只要 $p_{ij}^{(m)} > 0$ 时, 必有 $m = nd + r$, 所以 (4.10) 中的等号成立. 当 $f_{ij}^{(k)} p_{jj}^{(nd+r-k)} > 0$ 时, 有 $p_{ij}^{(k)} \geqslant f_{ij}^{(k)} > 0$, 于是有 $k = ld + r$. 利用公式 (3.5) 得到

$$p_{ij}^{(nd+r)} = \sum_{k=1}^{nd+r} f_{ij}^{(k)} p_{jj}^{(nd+r-k)}$$
$$= \sum_{l=1}^{n} f_{ij}^{(ld+r)} p_{jj}^{(nd-ld)}$$

$$= \sum_{l=1}^{h} f_{ij}^{(ld+r)} p_{jj}^{(nd-ld)} + \sum_{l=h+1}^{n} f_{ij}^{(ld+r)} p_{jj}^{(nd-ld)}.$$

当 $n \to \infty$, 用 $p_{jj}^{(nd-ld)} \to d/\mu_j$ 得到右边的第一项收敛到

$$\sum_{l=1}^{h} f_{ij}^{(ld+r)} \frac{d}{\mu_j},$$

第二项的极限不超过 $b_h \equiv \sum_{l=h+1}^{\infty} f_{ij}^{(ld+r)}$, 即有

$$\lim_{n\to\infty} p_{ij}^{(nd+r)} = \frac{d}{\mu_j} \sum_{l=1}^{h} f_{ij}^{(ld+r)} + O(b_h).$$

令 $h \to \infty$, 用 $\sum_{l=1}^{\infty} f_{ij}^{(ld+r)} = 1$ 和 $b_h \to 0$ 得到 (4.10).

例 4.7 对于有周期 d 的正常返等价类 C 和 $i, j \in C$, 有

$$\lim_{n\to\infty} \frac{1}{n} \sum_{k=1}^{n} p_{ij}^{(k)} = \frac{1}{\mu_j}. \tag{4.11}$$

证明 从 (4.10) 得到

$$a_l = \frac{1}{d} \sum_{s=1}^{d} p_{ij}^{(ld+s)} \to \frac{1}{\mu_j}, \quad \text{当 } l \to \infty \text{ 时.}$$

于是当 $m \to \infty$ 时, 有

$$\frac{1}{md} \sum_{k=1}^{md} p_{ij}^{(k)} = \frac{1}{d} \frac{1}{m} \sum_{l=0}^{m-1} \sum_{s=1}^{d} p_{ij}^{(ld+s)} = \frac{1}{m} \sum_{l=0}^{m-1} a_l \to \frac{1}{\mu_j}.$$

对于任何 n, 有 m 使得 $(m-1)d < n \leqslant md$. 再用

$$\frac{1}{md} \sum_{k=1}^{(m-1)d} p_{ij}^{(k)} \leqslant \frac{1}{n} \sum_{k=1}^{n} p_{ij}^{(k)} \leqslant \frac{1}{(m-1)d} \sum_{k=1}^{md} p_{ij}^{(k)}$$

得到 (4.11).

练 习 4.4

(1) 指出下列哪种情况下的马氏链一定有无穷个状态:

(a) $\{X_n\}$ 有正常返状态;

(b) $\{X_n\}$ 没有正常返状态;

(c) $\{X_n\}$ 的全体状态都是零常返的.

(2) 马氏链 $\{X_n\}$ 有状态空间 $I = \{1, 2, 3\}$ 和一步转移概率矩阵

$$P = \begin{pmatrix} 0 & 0.2 & 0.8 \\ 0.3 & 0.7 & 0 \\ 1 & 0 & 0 \end{pmatrix}.$$

马氏链是不可约的吗? 如果 $h(1) = 3$, $h(2) = 2$, $h(3) = 1$, $Y_n = h(X_n)$, $\{Y_n\}$ 是马氏链吗? 如果是, 请写出转移概率矩阵.

(3) 顾客按照更新流 $S_1, S_2, \cdots$ 到达只有一个服务员的服务台, 每次到达一位顾客. 服务台按先后次序对顾客提供服务, 后到者排队等候. 服务台对每个顾客的服务时间是来自总体 $\mathcal{E}(\mu)$ 的随机变量. 用 X_0 表示 $t = 0$ 时服务台的顾客数, 用 X_n 表示第 n 个顾客到达时服务台的总人数 (包括新到者), 用 $M(t)$ 表示时间 $(0, t]$ 中离开服务台的人数.

(a) 说明 $\{X_n\}$ 是互通马氏链;

(b) 猜测 X_n 正常返的条件;

(c) 对 $j \leqslant i$, 计算 $P(M(t) = j | X_0 = i)$;

(d) 计算 $\{X_n\}$ 的一步转移概率 p_{ij}.

(4) 马氏链的状态空间是全体正整数, 并且 $p_{i,i+1} = p_{i1} = 1/2$,

(a) 说明这是一个不可约马氏链, 计算 $f_{11}^{(n)}$;

(b) 证明这个马氏链是遍历的.

(5) 在装有 n 个白球和 n 个黑球的口袋中任取 n 个, 证明恰好得到 k 个白球的概率为 $p_k = (C_n^k)^2 / C_{2n}^n$, 并由此证明组合公式

$$\sum_{k=0}^{n} (C_n^k)^2 = C_{2n}^n.$$

§4.5 不变分布

设 P 是马氏链 $\{X_n\}$ 的转移概率矩阵, 给定 X_0 的概率分布

$$\boldsymbol{\pi}^{(0)} = [\pi_1, \pi_2, \cdots]. \tag{5.1}$$

由定理 2.3(2) 知道 X_n 的概率分布

$$\boldsymbol{\pi}^{(n)} = [\pi_1^{(n)}, \pi_2^{(n)}, \cdots], \tag{5.2}$$

其中 $\pi_j^{(n)} = P(X_n = j)$, 满足：

$$\boldsymbol{\pi}^{(n)} = \boldsymbol{\pi}^{(n-1)}P = \boldsymbol{\pi}^{(0)}P^n, \quad n \geqslant 1. \tag{5.3}$$

如果 $\boldsymbol{\pi}^{(1)} = \boldsymbol{\pi}^{(0)}$, 我们用归纳法验证 $\boldsymbol{\pi}^{(n)} = \boldsymbol{\pi}^{(0)}$. 该式对 $n = 1$ 已经成立. 设 $\boldsymbol{\pi}^{(n-1)} = \boldsymbol{\pi}^{(0)}$ 时, 用 (5.3) 得到

$$\boldsymbol{\pi}^{(n)} = \boldsymbol{\pi}^{(n-1)}P = \boldsymbol{\pi}^{(0)}P = \boldsymbol{\pi}^{(1)} = \boldsymbol{\pi}^{(0)}.$$

说明只要 $\boldsymbol{\pi}^{(1)} = \boldsymbol{\pi}^{(0)}$, 则 X_n 和 X_0 同分布. 概率分布 $\boldsymbol{\pi}^{(1)} = \boldsymbol{\pi}^{(0)}$ 等价于 $\boldsymbol{\pi}^{(0)} = \boldsymbol{\pi}^{(0)}P$, 也等价于

$$\sum_{j \in I} \pi_j = 1, \quad \pi_j = \sum_{k \in I} \pi_k p_{kj} \geqslant 0, \quad j \in I. \tag{5.4}$$

定义 5.1 如果 $\boldsymbol{\pi} = [\pi_1, \pi_2, \cdots]$ 满足 (5.4), 或等价地满足

$$\sum_{j \in I} \pi_j = 1, \quad \boldsymbol{\pi} = \boldsymbol{\pi}P, \tag{5.5}$$

则称 $\boldsymbol{\pi}$ 为马氏链 $\{X_n\}$ 或转移矩阵 P 的**不变分布**.

由 (5.3) 看出, 如果马氏链 $\{X_n\}$ 以不变分布 $\boldsymbol{\pi}$ 为初始分布, 则在任何时刻 n 都有 $P(X_n = i) = \pi_i$ 或等价地有 $\boldsymbol{\pi}^{(n)} = \boldsymbol{\pi}$. 于是用公式 (2.9) 得到

$$\pi_j = \sum_{k \in I} \pi_k p_{kj}^{(n)}, \quad n \geqslant 1.$$

马氏链何时有不变分布是人们感兴趣的问题, 下面的定理给出了回答. 回忆 μ_i 是状态 i 的平均回转时间. 如果 i 是非常返或零常返状态, 则 $\mu_i = \infty$. 如果 i 是正常返状态, 则 μ_i 是正数.

定理 5.1   设 C^+ 是马氏链 $\{X_n\}$ 的所有正常返状态, $i \in C^+$.

(1) 如果 C^+ 是遍历等价类, 则

$$\pi_j = \lim_{n \to \infty} p_{ij}^{(n)} = 1/\mu_j, \quad j \in I$$

是唯一的不变分布;

(2) 如果 C^+ 是周期为 d 的等价类, 则

$$\pi_j = \frac{1}{d} \lim_{n \to \infty} p_{jj}^{(nd)} = \lim_{n \to \infty} \frac{1}{d} \sum_{s=1}^{d} p_{ij}^{(nd+s)} = \lim_{n \to \infty} \frac{1}{n} \sum_{k=1}^{n} p_{ij}^{(k)}, \quad j \in I$$

是唯一的不变分布, 且 $\pi_j = 1/\mu_j$;

(3) $\{X_n\}$ 有唯一不变分布的充分必要条件是 C^+ 是等价类;

(4) $\{X_n\}$ 有不变分布的充分必要条件是 C^+ 非空;

(5) 状态有限的马氏链必有不变分布.

证明   只对 C^+ 是有限集合的情况给出证明.

(1) 从例 3.1 和例 3.4(3) 知道

$$\pi_j = \lim_{n \to \infty} p_{ij}^{(n)} = \begin{cases} 0, & j \notin C^+, \\ 1/\mu_j, & j \in C^+. \end{cases}$$

因为质点从 i 出发不能走出 C^+, 所以有

$$\sum_{j \in I} p_{ij}^{(n)} = \sum_{j \in C^+} p_{ij}^{(n)} = 1.$$

令 $n \to \infty$, 得到 $\sum_{j \in I} \pi_j = \sum_{j \in C^+} \pi_j = 1$. 再利用 K-C 方程得到

$$\pi_j = \lim_{n \to \infty} p_{ij}^{(n)} = \lim_{n \to \infty} \sum_{k \in C^+} p_{ik}^{(n-1)} p_{kj}$$

$$= \sum_{k \in C^+} \pi_k p_{kj} = \sum_{k \in I} \pi_k p_{kj}.$$

上述等式说明 $\{\pi_j\}$ 是不变分布.

再证明唯一性. 如果 $\{\pi_j'\}$ 也是不变分布, 则对于 $j \notin C^+$, 用例 3.1 的结论得到

$$\pi_j' = \sum_{k \in I} \pi_k' p_{kj}^{(n)} \to 0, \quad n \to \infty,$$

于是 $\pi_j' = \pi_j = 0$. 对于 $j \in C^+$, 由

$$\pi_j' = \sum_{k \in I} \pi_k' p_{kj}^{(n)} = \sum_{k \in C^+} \pi_k' p_{kj}^{(n)} \to \Big(\sum_{k \in C^+} \pi_k' \Big) \pi_j = \pi_j,$$

得到 $\pi_j' = \pi_j$.

(2) 当 $j \notin C^+$, 从例 3.1 知道这 3 个极限都是 0. 当 $j \in C^+$, 从定理 3.4, 例 4.6 和例 4.7 知道这 3 个极限都是 $1/\mu_j$, 于是

$$\pi_j = \begin{cases} 0, & j \notin C^+, \\ 1/\mu_j, & j \in C^+. \end{cases}$$

先验证 $\{\pi_j\}$ 是不变分布. 注意 $i \in C^+$, 得到

$$\begin{aligned} \pi_j &= \lim_{n \to \infty} \frac{1}{d} \sum_{s=1}^{d} p_{ij}^{(nd+s)} \\ &= \lim_{n \to \infty} \sum_{s=1}^{d} \frac{1}{d} \sum_{k \in C^+} p_{ik}^{(nd+s-1)} p_{kj} \quad (\text{用 K-C 方程}) \\ &= \sum_{k \in C^+} \lim_{n \to \infty} \frac{1}{d} \sum_{s=1}^{d} p_{ik}^{(nd+s-1)} p_{kj} \\ &= \sum_{k \in C^+} \pi_k p_{kj} = \sum_{k \in I} \pi_k p_{kj}. \end{aligned} \tag{5.6}$$

又从 $\sum\limits_{j \in C^+} p_{ij}^{(nd+s)} = 1$, 得到

$$\begin{aligned} \sum_{j \in I} \pi_j = \sum_{j \in C^+} \pi_j &= \sum_{j \in C^+} \lim_{n \to \infty} \frac{1}{d} \sum_{s=1}^{d} p_{ij}^{(nd+s)} \\ &= \lim_{n \to \infty} \frac{1}{d} \sum_{s=1}^{d} \sum_{j \in C^+} p_{ij}^{(nd+s)} = 1. \end{aligned} \tag{5.7}$$

(5.6) 和 (5.7) 说明 $\{\pi_j\}$ 是不变分布.

下面证明唯一性. 如果 $\{\pi'_k\}$ 也是不变分布, 则对于 $j \notin C^+$, 用例 3.1 的结论得到

$$\pi'_j = \sum_{k \in I} \pi'_k p_{kj}^{(nd+s)} \to 0, \quad n \to \infty,$$

于是 $\pi'_j = \pi_j = 0$. 对于 $j \in C^+$, 有

$$\pi'_j = \sum_{k \in I} \pi'_k p_{kj}^{(nd+s)} = \sum_{k \in C^+} \pi'_k p_{kj}^{(nd+s)}, \quad s = 1, 2, \cdots, d.$$

两边对 s 求平均后, 令 $n \to \infty$, 得到

$$\pi'_j = \sum_{k \in C^+} \pi'_k \frac{1}{d} \sum_{s=1}^{d} p_{kj}^{(nd+s)} \to \sum_{k \in C^+} \pi'_k \pi_j = \pi_j.$$

故 $\pi'_j = \pi_j$.

(3) 如果 C^+ 是一个正常返等价类, 由 (1) 和 (2) 知道不变分布唯一存在. 如果 C^+ 至少有两个正常返等价类 C_1, C_2. 在马氏链的分解中 C_1, C_2 对应的转移矩阵分别是 P_1, P_2, 则按照本定理的 (1) 或 (2), 有分布列 $\boldsymbol{\pi}_1$ 和 $\boldsymbol{\pi}_2$ 使得

$$\boldsymbol{\pi}_1 = \boldsymbol{\pi}_1 P_1, \quad \boldsymbol{\pi}_2 = \boldsymbol{\pi}_2 P_2.$$

对于任何 $p = 1 - q \in [0, 1]$, 定义

$$\boldsymbol{\pi} = [p\boldsymbol{\pi}_1, q\boldsymbol{\pi}_2, 0, \cdots, 0], \tag{5.8}$$

则对于由 (4.4) 定义的 P, 有

$$\begin{aligned}
\boldsymbol{\pi}P &= [p\boldsymbol{\pi}_1, q\boldsymbol{\pi}_2, 0, \cdots, 0] \begin{pmatrix} P_1 & 0 & \cdots & 0 & 0 \\ 0 & P_2 & \cdots & 0 & 0 \\ \vdots & \vdots & & \vdots & \vdots \\ R_1 & R_2 & \cdots & R_m & Q_m \end{pmatrix} \\
&= [p\boldsymbol{\pi}_1 P_1, q\boldsymbol{\pi}_2 P_2, 0, \cdots, 0] \\
&= [p\boldsymbol{\pi}_1, q\boldsymbol{\pi}_2, 0, \cdots, 0] \\
&= \boldsymbol{\pi}.
\end{aligned}$$

这说明任何组合 (5.8) 都是不变分布, 即不变分布有无穷个.

(4) 当 C^+ 非空, 它就至少有一个正常返等价类, 由 (3) 知道不变分布存在. 如果 C^+ 是空集, 从 (3.9) 知道对一切 $k, j \in I$, 当 $n \to \infty$ 时, $p_{kj}^{(n)} \to 0$. 设 π 是不变分布, 则由 $\pi = \pi P$ 得到 $\pi = \pi P^{(n)}$, 从而得到

$$\pi_j = \sum_{k \in I} \pi_k p_{kj}^{(n)} \to 0, \quad n \to \infty.$$

这与 $\sum_{j \in I} \pi_j = 1$ 矛盾.

(5) 有限状态马氏链至少有一个正常返状态, 由 (4) 知道不变分布必然存在.

例 5.1 设 $P = (P_1, P_2, \cdots, P_m)$ 是马氏链的一步转移概率矩阵, P_j 是 P 的第 j 列, 则方程组

$$\pi = \pi P, \quad \sum_{j=1}^{m} \pi_j = 1 \tag{5.9}$$

和

$$[\pi_1, \pi_2, \cdots, \pi_{m-1}] = \pi(P_1, P_2, \cdots, P_{m-1}), \quad \sum_{j=1}^{m} \pi_j = 1 \tag{5.10}$$

有相同的解.

证明 (5.9) 的方程数比 (5.10) 多一个, 所以 (5.9) 的解是 (5.10) 的解. 如果 π 满足 (5.10), 对 $j = 1, 2, \cdots, m-1$ 有 $\pi_j = \pi P_j$, 于是用

$$\sum_{j=1}^{m} \pi_j = 1, \quad \sum_{j=1}^{m} P_j = \mathbf{1}, \quad \pi \mathbf{1} = 1,$$

其中 $\mathbf{1}$ 表示元素都是 1 的列向量, 得到

$$\pi P_m = \pi(\mathbf{1} - \sum_{j=1}^{m-1} P_j) = 1 - \sum_{j=1}^{m-1} \pi P_j = 1 - \sum_{j=1}^{m-1} \pi_j = \pi_m.$$

这说明 (5.9) 成立.

例 5.2 设马氏链的状态空间是 $I = \{1, 2\}$, 转移矩阵是

$$P = \begin{pmatrix} 3/4 & 1/4 \\ 5/8 & 3/8 \end{pmatrix}.$$

(1) 计算不变分布 $\boldsymbol{\pi}$ 和极限 $\lim\limits_{n \to \infty} P^n$;

(2) 计算状态 1, 2 的期望返回时间 μ_1, μ_2.

解 (1) 马氏链互通, 是一个遍历的等价类. 解方程组

$$\begin{cases} p_1 = \dfrac{3}{4} p_1 + \dfrac{5}{8} p_2, \\ p_1 + p_2 = 1 \end{cases}$$

得到不变分布 $\boldsymbol{\pi} = (5/7, 2/7)$. 由于马氏链是遍历的, 由定理 5.1(1) 得到

$$\lim_{n \to \infty} P^n = \lim_{n \to \infty} \begin{pmatrix} p_{11}^{(n)} & p_{12}^{(n)} \\ p_{21}^{(n)} & p_{22}^{(n)} \end{pmatrix} = \begin{pmatrix} \pi_1 & \pi_2 \\ \pi_1 & \pi_2 \end{pmatrix} = \begin{pmatrix} 5/7 & 2/7 \\ 5/7 & 2/7 \end{pmatrix}.$$

(2) 根据公式 $\pi_j = 1/\mu_j$ 得到 $\mu_1 = 7/5$, $\mu_2 = 7/2$. 说明质点从 1 出发, 平均转移 7/5 步回到 1; 从 2 出发平均转移 7/2 步回到 2.

例 5.3 (艾伦费斯特 (Ehrenfest) 模型) 容器内有 $2a$ 个粒子, 一张薄膜将该容器分成对称的 A, B 两部分. 将粒子穿过薄膜时占用的时间忽略不计. 用 X_0 表示初始时 A 中的粒子数, X_n 表示有 n 个粒子穿过薄膜后 A 中的粒子数. 当所有的粒子以相同的规律独立行动时, $\{X_n\}$ 是马氏链, 有状态空间 $I = \{0, 1, 2, \cdots, 2a\}$. 设马氏链 $\{X_n\}$ 有转移概率

$$p_{ij} = \begin{cases} \dfrac{2a - i}{2a}, & 0 \leqslant i \leqslant 2a - 1, \ j = i + 1, \\ \dfrac{i}{2a}, & 1 \leqslant i \leqslant 2a, \ j = i - 1, \\ 0, & \text{其他}. \end{cases}$$

计算该马氏链的不变分布 $\boldsymbol{\pi}$.

解 从问题的背景知道这是一个正常返马氏链, 周期等于 2, 不变分布唯一存在. 补充定义 $\pi_{-1} = \pi_{2a+1} = 0$, 可将方程组 $\boldsymbol{\pi} = \boldsymbol{\pi} P$ 写成

$$\pi_i = \pi_{i-1} p_{i-1, i} + \pi_{i+1} p_{i+1, i}, \quad 0 \leqslant i \leqslant 2a.$$

于是有

$$\pi_{i+1} = \frac{\pi_i - \pi_{i-1}p_{i-1,i}}{p_{i+1,i}}.$$

经过计算可依次得到

$$\pi_1 = \frac{\pi_0}{p_{10}} = 2a\pi_0 = C_{2a}^1 \pi_0,$$

$$\pi_2 = \frac{\pi_1 - \pi_0 p_{01}}{p_{21}} = (\pi_1 - \pi_0)2a/2 = (2a-1)a\pi_0 = C_{2a}^2 \pi_0,$$

$$\pi_3 = \frac{\pi_2 - \pi_1 p_{12}}{p_{32}} = (\pi_2 - \pi_1 p_{12})2a/3 = C_{2a}^3 \pi_0,$$

......

$$\pi_{2a} = C_{2a}^{2a} \pi_0.$$

利用 $\pi_0 + \pi_1 + \cdots + \pi_{2a} = 2^{2a}\pi_0 = 1$ 得到 $\pi_0 = 2^{-2a}$. 最后得到不变分布

$$\pi_i = C_{2a}^i \left(\frac{1}{2}\right)^i \left(\frac{1}{2}\right)^{2a-i}, \quad 0 \leqslant i \leqslant 2a.$$

这是二项分布 $\mathcal{B}(2a, 1/2)$, 表明在不变分布下或时间充分长以后, 各粒子的位置是相互独立的, 每个粒子位于 A 中的概率是 $1/2$.

练习 4.5

(1) 如果 $\boldsymbol{\pi}$ 是转移矩阵 P 的不变分布, 则对于 $m \geqslant 2$, $\boldsymbol{\pi}$ 也是转移矩阵 P^m 的不变分布.

(2) 在超市的付款台, 每 5 位男士中平均有 4 位后面紧接女士, 每 7 位女士中平均只有一位后面紧接男士. 计算在该超市购物顾客的男女比例.

(3) 超市李经理对于同类苹果有低、中、高三种定价方法, 分别记做 1, 2, 3. 用 p_i 表示定价为 i 时销量好的概率. 根据调查得到 $p_1 = 0.9$, $p_2 = 0.6$, $p_3 = 0.3$. 李经理的定价策略是: 如果今天销量好, 明天就在三种定价中随机选一种; 如果今天销量不好, 明天就用低定价. 如何评价这三种定价的平均使用率?

(4) 探讨马氏链 $\{X_n\}$ 的转移矩阵 P 各行向量相同的充分必要

条件.

§4.6   平稳可逆分布

A. 平稳性

设 $\{X_n\}$ 有不变分布 $\boldsymbol{\pi} = [\pi_1, \pi_2, \cdots]$. 当不变分布 $\boldsymbol{\pi}$ 是 X_0 的初始分布时, 对 $n = 1, 2, \cdots$ 有

$$P(X_n = j) = \pi_j^{(n)} = \pi_j = P(X_0 = j).$$

这时 X_n 的概率分布不随 n 变化. 下面进一步证明对于任何 $m, n \geqslant 1$, 随机向量

$$\boldsymbol{\xi}_n = (X_n, X_{1+n}, \cdots, X_{m+n}) \quad \text{和} \quad \boldsymbol{\xi}_0 = (X_0, X_1, \cdots, X_m)$$

有相同的联合分布. 实际上, 对于事件

$$A_k = \{X_{k+n} = i_k\}, \quad B_k = \{X_k = i_k\}, \quad k = 0, 1, \cdots, m,$$

有 $P(A_0) = P(X_n = i_0) = P(X_0 = i_0) = P(B_0)$. 对于 $k = 1, 2, \cdots, m$, 有

$$
\begin{aligned}
P(A_k | A_0 A_1 \cdots A_{k-1}) &= P(X_k = i_k | X_{k-1} = i_{k-1}) \\
&= P(B_k | B_0 B_1 \cdots B_{k-1}).
\end{aligned}
$$

再利用乘法公式得到

$$
\begin{aligned}
P(X_n = i_0, &X_{1+n} = i_1, \cdots, X_{m+n} = i_m) \\
&= P(A_0 A_1 \cdots A_m) \\
&= P(A_0) P(A_1 | A_0) \cdots P(A_m | A_0 A_1 \cdots A_{m-1}) \\
&= P(B_0) P(B_1 | B_0) \cdots P(B_m | B_0 B_1 \cdots B_{m-1}) \\
&= P(B_0 B_1 \cdots B_m) \\
&= P(X_0 = i_0, X_1 = i_1, \cdots, X_m = i_m).
\end{aligned}
$$

这说明 $\boldsymbol{\xi}_n$ 和 $\boldsymbol{\xi}_0$ 同分布.

定义 6.1 设 $\{X_n\}$ 是随机序列. 如果对于任何 $m, n \geqslant 1$, 随机向量

$$\boldsymbol{\xi}_n = (X_n, X_{1+n}, \cdots, X_{m+n}) \quad \text{和} \quad \boldsymbol{\xi}_0 = (X_0, X_1, \cdots, X_m)$$

同分布, 则称 $\{X_n\}$ 是**严平稳序列**, 简称为**平稳序列**.

前面的分析说明, 如果马氏链 $\{X_n\}$ 以不变分布 $\boldsymbol{\pi}$ 为初始分布: $P(X_0 = j) = \pi_j$ $(j \in I)$, 则 $\{X_n\}$ 是严平稳序列. 正因为这个原因, 人们又称不变分布为**平稳分布**或**平稳不变分布**. 对于马氏链来讲, 严平稳序列的初始分布就是不变分布, 因为这时 X_0 和 X_1 同分布.

回忆非周期不可约正常返马氏链被称为遍历马氏链.

例 6.1 设遍历马氏链 $\{X_n\}$ 的初始分布是平稳不变分布 $\boldsymbol{\pi}$, 马氏链 $\{Y_n\}$ 的转移概率和 $\{X_n\}$ 的转移概率相同, 则对任何 $m \geqslant 1$,

(1) $\lim\limits_{n \to \infty} P(Y_n = i_0, Y_{1+n} = i_1, \cdots, Y_{m+n} = i_m) = P(X_0 = i_0, X_1 = i_1, \cdots, X_m = i_m);$

(2) 对于充分大的 n, $(Y_n, Y_{1+n}, \cdots, Y_{m+n})$ 和 $(X_n, X_{1+n}, \cdots, X_{m+n})$ 的分布近似相同.

证明 (1) 用 p_{ij} 表示转移概率. 对任何 j 利用 $\sum\limits_{i \in I} P(Y_0 = i) = 1$ 和 $\lim\limits_{n \to \infty} p_{ij}^{(n)} = \pi_j$ 得到

$$\lim_{n \to \infty} P(Y_n = j) = \lim_{n \to \infty} \sum_{i \in I} P(Y_0 = i) p_{ij}^{(n)} = \sum_{i \in I} P(Y_0 = i) \pi_j = \pi_j.$$

于是用定理 2.3(1) 得到

$$\begin{aligned}
&\lim_{n \to \infty} P(Y_n = i_0, Y_{1+n} = i_1, \cdots, Y_{m+n} = i_m) \\
&= \lim_{n \to \infty} P(Y_n = i_0) p_{i_0 i_1} p_{i_1 i_2} \cdots p_{i_{m-1} i_m} \\
&= \pi_{i_0} p_{i_0 i_1} p_{i_1 i_2} \cdots p_{i_{m-1} i_m} \\
&= P(X_0 = i_0, X_1 = i_1, \cdots, X_m = i_m).
\end{aligned}$$

(2) 因为 $\{X_n\}$ 是平稳序列, 所以 $(X_n, X_{1+n}, \cdots, X_{m+n})$ 和 $(X_0, X_1, \cdots, X_m)$ 同分布. 由 (1) 知道结论成立.

当马氏链是平稳序列时，称马氏链处于**稳定状态**. 例 6.1 的结论说明，对于遍历马氏链，随着时间的推移马氏链 $\{Y_n\}$ 趋于稳定状态.

例 6.2 (PageRank)   随着互联网的高速发展，许多公司正在寻找评价全球互联网上所有网站的知名度的方法. 这种工作在文献上被称为 PageRank. 现在使用的 PageRank 方法由 Page 及其同事于 1998 年提出. 他们首先给每一个网站进行编号，得到状态空间 $I = \{1, 2, \cdots, n\}$. 当网站 i 有通向其他 $m(i)$ 个网站的链接时，定义由 i 转向 j 的概率

$$p_{ij} = \begin{cases} \dfrac{1}{m(i)}, & i \text{ 有通向 } j \text{ 的链接}, \\ 0, & \text{其他}. \end{cases}$$

这时明显地有

$$\sum_{j \in I} p_{ij} = 1.$$

所以 $P = (p_{ij})$ 是马氏链的转移概率矩阵. 因为马氏链的状态有限，当所有状态互通时，所有的状态是正常返的. 从问题的背景还可以知道所有的状态是非周期的，因而这是一个遍历的有限状态马氏链. 平稳不变分布唯一存在.

平稳分布 $\boldsymbol{\pi}^{(0)} = \{\pi_j\}$ 中的 π_j 恰好是质点在各个网站转移时，对于网站 j 的访问概率. 由于知名度高的网站被访问的概率大，所以 π_j 恰好反映了网站 j 的知名度. 于是将平稳分布的 $\{\pi_i\}$ 从大到小排序后就得到了网站知名度的排序.

在所有的互联网中，并不是所有的网站互通. 有部分网站没有指向其他网站的链接，在这种情况下为了得到 PageRank, Page 及其同事建议使用改造后的转移概率矩阵

$$\tilde{P} = \alpha P + \frac{1-\alpha}{n} E,$$

其中 E 是元为 1 的 $n \times n$ 矩阵，α 是 $(0, 1)$ 中的数，建议取成 0.85. 从此，许多 PageRank 的工作都基于上述模型.

针对上述排序方法，部分垃圾网站 (指信息极少的网站) 通过木

马等手段建立大量指向自己网站的链接, 以提升排序和获得更多的
利益.

现在的计算机专家正在着手解决垃圾网站的排序问题. 尽管垃
圾网站被访问的次数很多, 但是和真正的知名网站相反, 垃圾网站
每次被访问的时间都很短. 如果把对网站的访问时间考虑在内, 就
能够得到更加合理的 PageRank(参考 §7.1).

今天, 互联网上用搜索引擎得到的列表结果都被称为 PageRank.

B. 平稳可逆性

如果 $\{X_n\}$ 是以 $\{\pi_i\}$ 为不变分布的马氏链, 有转移概率矩阵
$P = (p_{ij})$, 对于 $n > m \geqslant 0$, 因为已知现在 $B = \{X_m = i\}$ 时,
过去 $A = \{X_{m-1} = j\}$ 与将来 $C = \{X_{m+1} = i_{m+1}, X_{m+2} = i_{m+2}, \cdots, X_n = i_n\}$ 独立, 所以有 (参考定理 1.1)

$$P(A|BC) = P(A|B).$$

利用 X_n 和 X_0 同分布得到

$$P(X_{m-1} = j | X_m = i, X_{m+1} = i_{m+1}, \cdots, X_n = i_n)$$
$$= P(X_{m-1} = j | X_m = i)$$
$$= \frac{P(X_{m-1} = j, X_m = i)}{P(X_m = i)} = \frac{\pi_j p_{ji}}{\pi_i}.$$

上式只与 i, j 有关, 与 m 无关. 这说明把时间倒过来看, $\{X_n\}$ 也
具有马氏性, 一步转移概率是

$$p_{ij}^* = P(X_0 = j | X_1 = i) = \frac{\pi_j p_{ji}}{\pi_i}, \quad m \geqslant 0. \tag{6.1}$$

如果这个转移概率也等于 p_{ij}, 则从 $p_{ij}^* = p_{ij}$ 得到

$$\pi_i p_{ij} = \pi_j p_{ji}, \quad i, j \in I. \tag{6.2}$$

定义 6.2 设马氏链 $\{X_n\}$ 有一步转移概率矩阵 $P = (p_{ij})$.
(a) 若有不全为零的非负数列 $\boldsymbol{\eta} = \{\eta_i\}$, 使得

$$\eta_i p_{ij} = \eta_j p_{ji}, \quad i, j \in I$$

成立, 则称 $\{X_n\}$ 是**对称马氏链**, 称 $\boldsymbol{\eta}$ 为 $\{X_n\}$ 或 P 的**对称化序列**. 特别当概率分布 $\boldsymbol{\pi} = \{\pi_i\}$ 使得 (6.2) 成立时, 称 $\boldsymbol{\pi}$ 为 $\{X_n\}$ 或 P 的**可逆分布**或**平稳可逆分布**;

(b) 若 $\{Y_n\}$ 是平稳序列, 且对于任何 $n > m \geqslant 0$, 随机向量

$$(Y_m, Y_{m+1}, \cdots, Y_{n-1}, Y_n) \quad \text{和} \quad (Y_n, Y_{n-1}, \cdots, Y_{m+1}, Y_m) \tag{6.3}$$

同分布, 则称 $\{Y_n\}$ 是时间可逆的平稳序列或**平稳可逆序列**;

(c) 若马氏链 $\{X_n\}$ 是平稳可逆序列, 则称 $\{X_n\}$ 为**可逆马氏链**.

显然, 当 $\{X_n\}$ 有对称化序列 $\boldsymbol{\eta}$ 时, 只要 $\sum\limits_{j \in I} \eta_j < \infty$, 则可以得到 $\{X_n\}$ 的平稳可逆分布

$$\pi_i = \frac{\eta_i}{\sum\limits_{j \in I} \eta_j}, \quad i \in I. \tag{6.4}$$

如果 $\{X_n\}$ 是可逆马氏链, 则将时间的方向倒过来看, 质点的运动规则不发生变化: 有相同的转移概率且任何 X_n 和 X_0 同分布.

下面的例子说明平稳可逆分布使得马氏链成为平稳可逆序列.

例 6.3 设马氏链 $\{X_n\}$ 有转移概率 $\{p_{ij}\}$ 和平稳可逆分布 $\boldsymbol{\pi}$, 则

(1) $\boldsymbol{\pi}$ 是 $\{X_n\}$ 的平稳不变分布;

(2) 当 $\{X_n\}$ 的初始分布为 $\boldsymbol{\pi}$ 时, $\{X_n\}$ 是可逆马氏链.

证明 (1) 在 (6.2) 的两边对于 j 求和, 就得到

$$\pi_i = \pi_i \sum_{j \in I} p_{ij} = \sum_{j \in I} \pi_j p_{ji}, \quad i \in I.$$

这说明平稳可逆分布 $\boldsymbol{\pi}$ 是平稳不变分布.

(2) 当 $P(X_0 = i) = \pi_i$ 时, 对任何 $n = m+1$, 有

$$P(X_{m+1} = i, X_m = j)$$
$$= \pi_j p_{ji} = \pi_i p_{ij}$$
$$= P(X_m = i, X_{m+1} = j).$$

这说明 (6.3) 对 $n = m+1$ 成立. 对于 $n = m+2$, 有

$$P(X_{m+2} = i, X_{m+1} = j, X_m = k)$$
$$= P(X_m = k)P(X_{m+1} = j|X_m = k)P(X_{m+2} = i|X_{m+1} = j)$$
$$= (\pi_k p_{kj})p_{ji} = (p_{jk}\pi_j)p_{ji} = p_{jk}(\pi_i p_{ij})$$
$$= P(X_m = i, X_{m+1} = j, X_{m+2} = k).$$

这说明 (6.3) 对 $n = m + 2$ 成立. 用完全相同的方法可以对于一般的 n 推导出 (6.3).

例 6.4 如果 $\{\eta_j\}$ 是互通马氏链的对称化序列, 则所有的 $\eta_j > 0$.

证明 设 $\eta_i > 0$. 对于任何 j, 如果 $p_{ij} > 0$, 则从 $\eta_j p_{ji} = \eta_i p_{ij} > 0$ 得到 $\eta_j > 0$; 如果 $p_{ii_1} p_{i_1 i_2} \cdots p_{i_k j} > 0$, 则依次得到

$$\eta_{i_1} p_{i_1 i} = \eta_i p_{ii_1} > 0, \qquad \eta_{i_1} > 0,$$
$$\eta_{i_2} p_{i_2 i_1} = \eta_{i_1} p_{i_1 i_2} > 0, \qquad \eta_{i_2} > 0,$$
$$\cdots\cdots \qquad\qquad \cdots\cdots$$
$$\eta_j p_{ji_k} = \eta_{i_k} p_{i_k j} > 0, \qquad \eta_j > 0.$$

C. 平稳可逆分布的计算

定理 6.1 设互通马氏链 $\{X_n\}$ 以平稳不变分布 π 为初始分布.

(1) $\{X_n\}$ 是可逆马氏链的充分必要条件是对于任何 $i, i_1, i_2, \cdots, i_k \in I$, 有

$$p_{ii_1} p_{i_1 i_2} \cdots p_{i_k i} = p_{ii_k} p_{i_k i_{k-1}} \cdots p_{i_1 i}; \qquad (6.5)$$

(2) 当 $\{X_n\}$ 是平稳可逆序列, 对于取定的 i 及从 i 到 j 的**通路** $i \to i_1 \to i_2 \to \cdots \to i_k \to j$(意指 $p_{ii_1} p_{i_1 i_2} \cdots p_{i_k j} > 0$), 定义

$$\eta_i = 1, \quad \eta_j = \frac{p_{ii_1} p_{i_1 i_2} \cdots p_{i_k j}}{p_{ji_k} p_{i_k i_{k-1}} \cdots p_{i_1 i}}, \quad j \neq i, \qquad (6.6)$$

则 $\{\eta_j\}$ 是 $\{X_n\}$ 的对称化序列.

注 条件 (6.5) 称为**柯尔莫哥洛夫条件**. 另外把 (6.6) 写成

$$\eta_j = \frac{p_{ii_1} p_{i_1 i_2} \cdots p_{i_k j}}{p_{i_1 i} p_{i_2 i_1} \cdots p_{ji_k}} \qquad (6.7)$$

有时更方便具体计算.

证明 (1) 先用乘法公式得到

$$P(X_0 = i, X_1 = i_1, X_2 = i_2, \cdots, X_k = i_k, X_{k+1} = i)$$
$$= \pi_i p_{i i_1} p_{i_1 i_2} \cdots p_{i_{k-1} i_k} p_{i_k i},$$
$$P(X_{k+1} = i, X_k = i_1, \cdots, X_1 = i_k, X_0 = i)$$
$$= P(X_0 = i, X_1 = i_k, X_2 = i_{k-1}, \cdots, X_k = i_1, X_{k+1} = i)$$
$$= \pi_i p_{i i_k} p_{i_k i_{k-1}} \cdots p_{i_2 i_1} p_{i_1 i}.$$

如果 $\{X_n\}$ 是可逆马氏链，则是平稳可逆序列，上面两式的左边相等，于是右边也相等，这就得到 (6.5). 若 (6.5) 成立，上面两式右边相等，从而左边相等. 在上述两式的两边对 $i_1, i_2, \cdots, i_{k-1}$ 求和，得到

$$P(X_0 = i, X_k = i_k, X_{k+1} = i) = P(X_{k+1} = i, X_1 = i_k, X_0 = i).$$

把 i_k 改成 j，得到

$$p_{ij}^{(k)} p_{ji} = p_{ij} p_{ji}^{(k)}.$$

两边对于 k 求平均得到

$$\frac{1}{n} \sum_{k=1}^n p_{ij}^{(k)} p_{ji} = \frac{1}{n} \sum_{k=1}^n p_{ji}^{(k)} p_{ij}.$$

因为马氏链互通并且有平稳分布，所以是正常返的 (见定理 5.1(4)). 令 $n \to \infty$，用定理 5.1(2) 得到 $\pi_j p_{ji} = \pi_i p_{ij}$. 这说明 $\{\pi_i\}$ 是平稳可逆分布.

(2) 这时 (6.5) 成立. 先说明 (6.6) 中的 η_j 和通路的选择无关. 实际上对于 i 到 j 的另外一条通路 $i \to j_1 \to j_2 \cdots \to j_s \to j$, 从 (6.5) 知道下式左边的分子乘以右边的分母等于右边的分子乘以左边的分母，即有

$$\frac{p_{i i_1} p_{i_1 i_2} \cdots p_{i_k j}}{p_{j i_k} p_{i_k i_{k-1}} \cdots p_{i_1 i}} = \frac{p_{i j_1} p_{j_1 j_2} \cdots p_{j_s j}}{p_{j j_s} p_{j_s j_{s-1}} \cdots p_{j_1 i}}.$$

这就证明了 η_j 和通路的选择无关.

对于 i 到 j 的通路 $i \to i_1 \to i_2 \to \cdots \to i_k \to j$ 和 i 到 l 的通路 $i \to j_1 \to j_2 \to \cdots \to j_s \to l$, 还用上面交叉相乘的方法得到

$$\eta_j p_{jl} = \frac{p_{i i_1} p_{i_1 i_2} \cdots p_{i_k j} \cdot p_{jl}}{p_{j i_k} p_{i_k i_{k-1}} \cdots p_{i_1 i}}$$
$$= \frac{p_{i j_1} p_{j_1 j_2} \cdots p_{j_s l} \cdot p_{lj}}{p_{l j_s} p_{j_s j_{s-1}} \cdots p_{j_1 i}} = \eta_l p_{lj}.$$

这说明 $\{\eta_j\}$ 是对称化序列.

完全相似地可以证明下面的定理.

定理 6.2 互通马氏链 $\{X_n\}$ 存在对称化序列的充分必要条件是对于任何 $i, i_1, i_2, \cdots, i_k \in I$, 有 (6.5) 成立. 当 $\{X_n\}$ 存在对称化序列时, 对于取定的 i, 定义 $\eta_i = 1$ 时, 由 (6.6) 定义的 $\{\eta_j\}$ 是 $\{X_n\}$ 的对称化序列.

证明 从定理 6.1(2) 的证明知道, 当 (6.5) 成立时, 由 (6.6) 定义的 $\{\eta_j\}$ 是对称化序列. 当对称化序列 $\{\eta_j\}$ 存在时, 由 (参考例 6.4)

$$\eta_i p_{i i_1} p_{i_1 i_2} \cdots p_{i_k i} = p_{i_1 i} \eta_{i_1} p_{i_1 i_2} \cdots p_{i_k i}$$
$$= \cdots \cdots = p_{i_1 i} p_{i_2 i_1} \cdots \eta_{i_k} p_{i_k i}$$
$$= p_{i_1 i} p_{i_2 i_1} \cdots p_{i i_k} \eta_i$$

得到 (6.5).

对于互通的马氏链, 下面是计算可逆分布的步骤:

(1) 验证条件 (6.5) 成立后, 用 (6.6) 计算出对称化序列 $\{\eta_j\}$; 或者先按 (6.6) 计算 $\{\eta_j\}$, 再验证 $\{\eta_j\}$ 满足 $\eta_j p_{jk} = \eta_k p_{kj}$, $j, k \in I$. 如满足, 则 $\{\eta_j\}$ 是对称化序列; 否则没有对称化序列, 也就没有可逆分布.

(2) $\{\eta_j\}$ 是对称化序列时, 如果 $c = \sum_{j \in I} \eta_j < \infty$, 则 $\pi_j = \eta_j / c$ ($j \in I$) 是平稳可逆分布, 马氏链是正常返的; 否则马氏链不是正常返的, 平稳分布不存在.

这里只需要对满足 (6.6) 的对称化序列证明当 $\sum_{j \in I} \eta_j = \infty$ 时, 马氏链不是正常返的. 用反证法: 如果 $\{X_n\}$ 是正常返的, 因为对称化序列存在, 所以从定理 6.2 知道条件 (6.5) 成立, 再从定理 6.1(1) 知道 $\{X_n\}$ 有可逆分布 $\{\pi_j\}$ 满足 $\pi_i p_{ij} = \pi_j p_{ji}$, $i, j \in I$. 由此得到 $p_{ij} > 0$ 当且仅当 $p_{ji} > 0$, 并且对通路 $i \to i_1 \to i_2 \to \cdots \to i_k \to j$,

用 $\pi_j p_{ji_k} = \pi_{i_k} p_{i_kj}$, $\pi_{i_k} p_{i_ki_{k-1}} = \pi_{i_{k-1}} p_{i_{k-1}i_k}$, $\cdots$, 得到

$$\begin{aligned}\pi_j &= \pi_{i_k}\frac{p_{i_kj}}{p_{ji_k}} = \pi_{i_{k-1}}\frac{p_{i_{k-1}i_k}}{p_{i_ki_{k-1}}}\frac{p_{i_kj}}{p_{ji_k}} = \cdots\cdots\\ &= \pi_i \frac{p_{ii_1}p_{i_1i_2}\cdots p_{i_kj}}{p_{i_1i}p_{i_2i_1}\cdots p_{ji_k}} = \pi_i\eta_j.\end{aligned}$$

这就得到矛盾的结果 $1 = \sum\limits_{j\in I}\pi_j = \pi_i\sum\limits_{j\in I}\eta_j = \infty$.

例 6.5 (接 §4.1 例 1.3) 证明两端为反射壁的简单随机游动是可逆马氏链, 并计算对称化序列和平稳可逆分布.

证明 由于质点每次只能向左或向右走一步, 引入

$$\begin{aligned}\eta_0 &= 1,\\ \eta_i &= \frac{p_{01}p_{12}\cdots p_{i-1,i}}{p_{10}p_{21}\cdots p_{i,i-1}} = \frac{p^{i-1}}{q^i}, \quad 1\leqslant i\leqslant n-1,\\ \eta_n &= \frac{p_{01}p_{12}\cdots p_{n-1,n}}{p_{10}p_{21}\cdots p_{n,n-1}} = \frac{p^{n-1}}{q^{n-1}}.\end{aligned}$$

可以如下验证 $\{\eta_i\}$ 是对称化序列:

$$\begin{aligned}\eta_0 p_{01} &= 1 = \frac{p^0}{q^1}q = \eta_1 p_{10},\\ \eta_i p_{i,i+1} &= \frac{p^{i-1}}{q^i}p = \frac{p^i}{q^{i+1}}q = \eta_{i+1}p_{i+1,i}, \quad 1\leqslant i\leqslant n-2,\\ \eta_{n-1}p_{n-1,n} &= \frac{p^{n-2}}{q^{n-1}}p = \frac{p^{n-1}}{q^{n-1}}\times 1 = \eta_n p_{n,n-1}.\end{aligned}$$

再从右向左看就知道已有 $\eta_i p_{i,i-1} = \eta_{i-1}p_{i-1,i}$, 说明 $\{\eta_i\}$ 是对称化序列, 并且

$$\pi_i = \eta_i\Big/\sum_{j=0}^n \eta_j, \quad i = 0,1,\cdots,n$$

是平稳可逆分布.

例 6.6 质点在 $I = \{0,1,\cdots\}$ 中作随机游动, 有转移概率

$$p_{ij} = \begin{cases} p_i, & \text{当 } j = i+1,\ i\geqslant 0,\\ 1-p_i, & \text{当 } j = i-1,\ i\geqslant 1, \end{cases}$$

其中 $p_{01} = p_0 = 1$, 当 $i > 1$ 时, $p_i \in (0,1)$.

(1) 证明转移概率 $\{p_{ij}\}$ 存在对称化序列 $\boldsymbol{\eta}$;

(2) 求转移概率 $\{p_{ij}\}$ 有平稳可逆分布的充分必要条件;

(3) 给出 $\{p_{ij}\}$ 有平稳不变分布的充分必要条件.

解 (1) 质点每次只能向左或向右走一步. 设 $q_i = 1 - p_i$. 引入

$$\eta_0 = 1,$$
$$\eta_i = \frac{p_{01}p_{12}\cdots p_{i-1,i}}{p_{10}p_{21}\cdots p_{i,i-1}} = \frac{p_0 p_1 \cdots p_{i-1}}{q_1 q_2 \cdots q_i}, \quad i \geqslant 1.$$

可以如下验证 $\{\eta_i\}$ 是对称化序列:

$$\eta_0 p_{01} = 1 = \frac{p_0}{q_1}q_1 = \eta_1 p_{10},$$

$$\eta_i p_{i,i+1} = \frac{p_0 p_1 \cdots p_{i-1}}{q_1 q_2 \cdots q_i}p_i = \frac{p_0 p_1 \cdots p_i}{q_1 q_2 \cdots q_{i+1}}q_{i+1}$$
$$= \eta_{i+1}p_{i+1,i}, \quad i \geqslant 1.$$

(2) 如果 $c \equiv \eta_0 + \eta_1 + \cdots < \infty$, 则 $\pi_i = \eta_i/c$ 是平稳可逆分布; 否则马氏链不是正常返的, 平稳可逆分布不存在. 所以 $\{p_{ij}\}$ 有平稳可逆分布的充分必要条件是 $c < \infty$.

(3) 由 (2) 知道马氏链正常返的充分必要条件是 $c < \infty$, 所以存在平稳不变分布的充分必要条件也是 $c < \infty$.

例 6.7 直线, 平面和空间中的简单对称随机游动有对称化序列 $\eta_j = 1, j \in I$, 但是没有平稳可逆分布.

证明 从 $p_{ij} = p_{ji}$ 和 $\sum_{j\in I}\eta_j = \infty$ 得到结论.

练 习 4.6

(1) 平稳序列 $\{X_n\}$ 是可逆序列的充分必要条件是对任何 $n \geqslant 1$, $(X_n, X_{n-1}, \cdots, X_0)$ 和 $(X_0, X_1, \cdots, X_n)$ 同分布.

(2) 旅行家 MC 在城镇 $I = \{1, 2, \cdots, n\}$ 中旅游, 有转移概率

$$p_{ij} = \begin{cases} p_i, & \text{当 } j = i+1, 2 \leqslant i \leqslant n-1, \\ 1-p_i, & \text{当 } j = i-1, 2 \leqslant i \leqslant n-1, \\ 1, & \text{当 } j = i+1 = 2 \text{ 或 } j = i-1 = n-1, \end{cases}$$

其中 $p_i \in (0,1)$. 求 $\{p_{ij}\}$ 的平稳可逆分布.

(3) 质点在 $I = \{0, \pm 1, \pm 2 \cdots\}$ 中作随机游动, 有转移概率

$$p_{ij} = \begin{cases} p_i, & \text{当 } j = i+1, \\ 1-p_i, & \text{当 } j = i-1, \end{cases}$$

假设所有的 $p_i \in (0,1)$.

(a) 计算 $\{p_{ij}\}$ 的对称化序列 $\boldsymbol{\eta}$;

(b) 求 $\{p_{ij}\}$ 有平稳可逆分布的充分必要条件;

(c) 求 $\{p_{ij}\}$ 有平稳不变分布的充分必要条件.

(4) 一只蜘蛛在座钟的 12 个数字上做随机游动, 每次以概率 p 顺时针走一步, 以概率 q 逆时针走一步, 用 X_n 表示 n 时蜘蛛的位置.

(a) 说明 $\{X_n\}$ 是马氏链, 写出转移概率, 计算平稳不变分布;

(b) 给出 $\{X_n\}$ 存在可逆分布的条件, 求可逆分布.

(5) 质点在 $I = \{0, 1, \cdots\}$ 中作随机游动, 有转移概率

$$p_{ij} = \begin{cases} p_i, & \text{当 } j = i+1, \\ 1-p_i, & \text{当 } j = i-1 \geqslant 0 \text{ 或 } j = i = 0, \end{cases}$$

假设 $p_i \in (0,1)$.

(a) 说明马氏链不可约;

(b) 证明转移概率 $\{p_{ij}\}$ 存在对称化序列 $\boldsymbol{\eta}$;

(c) 求转移概率 $\{p_{ij}\}$ 有平稳可逆分布的充分必要条件;

(d) 给出 $\{p_{ij}\}$ 有平稳不变分布的充分必要条件.

§4.7 离散时间分支过程

考虑由同类生物 (或粒子) 构成的群体. 其中的每个生物在寿终时以概率 $P(\xi = j) = p_j$ 分裂成 j 个后代, 且与其他生物的分裂情况独立. 其后代也按照相同的方式各自独立地分裂自己的后代. 用 X_n 表示第 n 代生物的总数, 称随机序列 $\{X_n\}$ 为**离散时间分支过程** (discrete time branching process). 离散时间分支过程也被称为 Galton-Watson 分支过程, 参考图 4.7.1.

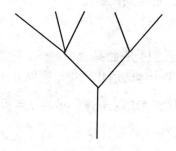

图 4.7.1   分支过程

现在用 ξ_{nk} 表示第 n 代的第 k 个个体寿终时分裂成的后代数, 则 $\{\xi_{nk}\}$ 是来自总体 ξ 的随机变量. 对 $m = 1, 2, \cdots$, $X_0 = m$ 表示第 0 代有 m 个个体. 在条件 $X_0 = 1$ 下, 有

$$X_1 = \xi_{01},$$
$$X_2 = \sum_{k=1}^{X_1} \xi_{1k},$$
$$\cdots\cdots$$
$$X_n = \sum_{k=1}^{X_{n-1}} \xi_{n-1,k}.$$

用 $\mu = \mathrm{E}\,\xi$ 表示总体 ξ 的数学期望, 这是一个个体分裂成的平均后代数. 因为 X_{n-1} 是第 $n-1$ 代生物的个数, 由 $\{\xi_{jk} \mid j \leqslant n-2, k \geqslant 1\}$ 决定, 所以与 $\{\xi_{n-1,k} \mid k \geqslant 1\}$ 独立, 利用 §3.2 定理 2.1 得到

$$\mathrm{E}\,X_n = \mathrm{E}\,\xi_{n-1,k}\,\mathrm{E}\,X_{n-1} = \mu\,\mathrm{E}\,X_{n-1} = \mu^2\,\mathrm{E}\,X_{n-2}$$
$$= \cdots = \mu^{n-1}\,\mathrm{E}\,X_1 = \mu^n. \tag{7.1}$$

当 $X_0 = 1$ 时, 还可以计算出 (练习 4.7(1))

$$\mathrm{Var}\,(X_n) = \begin{cases} \sigma^2 \mu^{n-1} \dfrac{\mu^n - 1}{\mu - 1}, & \mu \neq 1, \\ n\sigma^2, & \mu = 1. \end{cases} \tag{7.2}$$

因为已知 $X_{n-1} = i$ 后, X_n 和 $(X_0, X_1, \cdots, X_{n-2})$ 独立, 并且

$$P(X_n = j \mid X_{n-1} = i) = P(X_1 = j \mid X_0 = i), \quad i, j \geqslant 0,$$

所以离散时间分支过程是马氏链.

A. 灭绝概率

对于分支过程我们关心的是当 $X_0 = 1$ 时群体灭绝的概率 ρ_0. 由于群体灭绝时每个个体的后代灭绝，所以有

$$P(\text{群体灭绝}|X_1 = j) = \rho_0^j, \quad j = 0, 1, \cdots.$$

于是在条件 $X_0 = 1$ 下，容易计算

$$
\begin{aligned}
\rho_0 &= P(\text{群体灭绝}) \\
&= \sum_{j=0}^{\infty} P(\text{群体灭绝}|X_1 = j)p_j = \sum_{j=0}^{\infty} \rho_0^j p_j.
\end{aligned}
\tag{7.3}
$$

定义

$$g(s) = \sum_{j=0}^{\infty} s^j p_j - s,$$

(7.3) 说明灭绝概率 ρ_0 是 $g(s) = 0$ 的解.

由于 $p_0 = 0$ 时生物不会灭绝，$p_0 > 0$ 且 $p_0 + p_1 = 1$ 时生物必然灭绝 (参考几何分布的性质)，所以考虑 $p_0 > 0$ 和 $p_0 + p_1 < 1$ 的情况才是有意义的.

定理 7.1　设 $p_0 > 0, p_0 + p_1 < 1$. 若 $X_0 = 1$, 则

(1) ρ_0 是 $g(s) = 0$ $(s \in (0, 1])$ 的最小解;

(2) $\rho_0 = 1$ 的充分必要条件是 $\mu = \mathrm{E}\xi \leqslant 1$.

证明　(1) 注意 $X_0 = 1$. (7.3) 说明 ρ_0 是 $g(s)$ 在 $[0, 1]$ 中的零点. 如果 $\rho > 0$ 也使得 $g(\rho) = 0$, 只要证明 $\rho \geqslant \rho_0$. 先用归纳法证明对 $n \geqslant 1$, $\rho \geqslant P(X_n = 0)$. 当 $n = 1$ 时, 有

$$\rho = \sum_{j=0}^{\infty} p_j \rho^j \geqslant p_0 \rho^0 = P(X_1 = 0).$$

设 $\rho \geqslant P(X_{n-1} = 0)$, 注意到 $X_0 = 1$, 利用 $P(X_n = 0|X_1 = j) = [P(X_{n-1} = 0)]^j$, 得到

$$\rho = \sum_{j=0}^{\infty} p_j \rho^j \geqslant \sum_{j=0}^{\infty} p_j [P(X_{n-1} = 0)]^j$$

$$=\sum_{j=0}^{\infty} P(X_1 = j)P(X_n = 0 | X_1 = j)$$

$$=P(X_n = 0).$$

这就得到 $\rho \geqslant P(X_n = 0)$. 对于 $n \geqslant 1$, $A_n = \{X_n = 0\}$ 是单调增加的, 所以有

$$\rho_0 = P\Big(\bigcup_{n=1}^{\infty} A_n\Big) = \lim_{n \to \infty} P(A_n) \leqslant \rho.$$

这说明 ρ_0 是最小解. 因为 $g(0) = p_0 > 0$, 所以 $\rho_0 \in (0, 1]$.

(2) 函数 $g(s)$ 在 $[0, 1]$ 中连续, 且

$$g'(s) = \sum_{j=0}^{\infty} js^{j-1}p_j - 1, \quad g'(1) = \mu - 1.$$

如果 $\mu \leqslant 1$, 对于 $s \in [0, 1)$, 有

$$g'(s) < g'(1) = \mu - 1 \leqslant 0,$$

所以 $g(s)$ 是 $[0, 1)$ 中的严格单调减函数. 由 $g(1) = 0$ 知道 $\rho_0 = 1$ 是 $g(s)$ 在 $(0, 1]$ 中的唯一零点 (见图 4.7.2), 所以 $\rho_0 = 1$.

当 $\mu > 1$ 时, 我们证明 $\rho_0 < 1$. $g'(1) = \mu - 1 > 0$ 说明 $g(s)$ 在 1 附近严格单调升. 又从

$$g''(s) = \sum_{j=2}^{\infty} j(j-1)s^{j-2}p_j > 0$$

知道 $g(s)$ 是严格的凸函数, 于是再从 $g(0) = p_0 > 0$, $g(1) = 0$ 知道 $g(s) = 0$ 在开区间 $(0, 1)$ 中有唯一解 ρ_0(见图 4.7.3).

当总体 ξ 服从泊松分布

$$P(\xi = j) = \frac{\lambda^j}{j!}e^{-\lambda} \quad (j = 0, 1, \cdots)$$

时, 图 4.7.2 是 $\lambda = 0.98$ 时 $g(s)$ 的图形, 这时 $\mu = 0.98 < 1$, $\rho_0 = 1$; 图 4.7.3 是 $\lambda = 1.5$ 时 $g(s)$ 的图形, 这时 $\mu = 1.5 > 1$, $\rho_0 \approx 0.417$. 图

中横轴为 s 轴, 纵轴为 $g(s)$ 的取值.

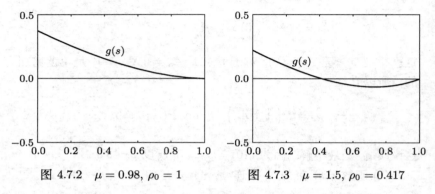

图 4.7.2 $\mu = 0.98, \rho_0 = 1$ 图 4.7.3 $\mu = 1.5, \rho_0 = 0.417$

例 7.1 设 ρ_0 是 $X_0 = 1$ 时分支过程 $\{X_n\}$ 的灭绝概率. 当 $p_0 > 0, p_0 + p_1 < 1$ 时, 有

$$P(\lim_{n \to \infty} X_n = 0) = \rho_0, \quad P(\lim_{n \to \infty} X_n = \infty) = 1 - \rho_0.$$

证明 第一个等式就是灭绝概率的定义, 自然成立. 0 是吸引状态. 对于 $i \geqslant 1$, 由

$$p_{i0} = \left(P(\xi = 0)\right)^i = p_0^i > 0,$$

知道质点从 i 出发以正概率不回到 i, 说明 i 不是常返的. 于是 $C_m = \{1, 2, \cdots, m\}$ 中的状态都是非常返的. 这说明马氏链最多访问 C_m 有限次, 最终离开 C_m. 定义 $W = \varliminf_{n \to \infty} X_n$, 就有

$$P(W = 0) = \rho_0,$$
$$P(W \in C_m) = 0,$$
$$P(W \geqslant m) = 1 - P(W \in C_m) - P(W = 0) = 1 - \rho_0.$$

事件列 $B_m = \{W \geqslant m\}$ 单调减, 用概率的连续性得到

$$P(W = \infty) = P\left(\bigcap_{m=1}^{\infty} \{W \geqslant m\}\right) = \lim_{m \to \infty} P(W \geqslant m) = 1 - \rho_0.$$

上述举例说明 $X_0 = 1$, $n \to \infty$ 时, 分支过程的轨迹以概率 ρ_0 走向 0, 以概率 $1 - \rho_0$ 走向 ∞, 没有中间情况发生. 按照分支过程的规律繁殖后代的生物群体, 或者走向群体灭绝, 或者走向群体爆炸.

当生物的最初群体数 $X_0 = m$ 时，由于个体独立地分裂自己的后代，所以群体的平均增长速度为 $\mathrm{E}(X_n|X_0 = m) = m\mu^n$，方差为

$$\mathrm{Var}\,(X_n|X_0 = m) = \begin{cases} m\sigma^2\mu^{n-1}\dfrac{\mu^n - 1}{\mu - 1}, & \mu \neq 1, \\ mn\sigma^2, & \mu = 1. \end{cases} \tag{7.4}$$

群体最终灭绝的概率为 ρ_0^m，群体数走向无穷的概率为 $1 - \rho_0^m$. 群体的初始数 m 越大，最终灭绝的概率越小. 当 $\mu > 1$，方差 $\mathrm{Var}\,(X_n)$ 的指数增加说明每个个体的后代数发展得很快.

图 4.7.4 是用计算机模拟产生的分支过程的前 30 代的繁衍曲线，初始值 $X_0 = 1$. 最左面一条的 $\xi \sim \mathcal{P}(1.6)$, $\mu = 1.6$; 中间一条的 $\xi \sim \mathcal{P}(1.2)$, $\mu = 1.2$; 最下面一条的 $\xi \sim \mathcal{P}(1.1)$, $\mu = 1.1$. 图中的横轴为 n, 纵轴为 X_n.

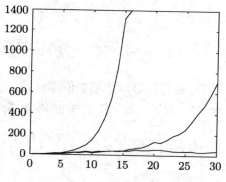

图 4.7.4　分支过程的繁衍曲线

人们也用分支过程近似刻画核反应堆中的链式反应: 中子撞击原子核释放出新的中子. 要使得链式反应成功，不仅每次撞击原子核平均释放出的中子数要大于 1, 还需要初始的中子数目足够多.

2003 年春季我国爆发了急性传染病 "非典型肺炎" (SARS), 到 4 月初全国有 1000 多人被确诊感染了非典型肺炎. 至 4 月 13 日, 北京发现 37 例非典型肺炎, 全世界有 19 个国家发现非典型肺炎病例. 为控制传染渠道, 4 月 19 日开始, 北京的大、中小学开始放假, 许多企事业单位也开始放假. 这时许多城市的居民上街都带口罩, 公共场所每日消毒, 一时间草木皆兵. 非典型肺炎的传染方式

可以用离散时间分支过程刻画, 其中 X_n 是第 n 代病人的个数. 虽然 SARS 病毒最终灭绝的概率 $\rho_0 > 0$, 但当 $X_0 = 1000$ 时, SARS 病毒最终灭绝的概率 ρ_0^{1000} 接近于零, 大规模爆发的概率 $1 - \rho_0^{1000}$ 接近于 1. 由于当时坚决果断地采取了多项有效的预防和隔离措施, 才使得疫情的发展得到了有效的控制.

*B. 参数估计

给定分支过程的观测数据 $X_0, X_1, \cdots, X_n$. 当第 n 代生物还没有发生分裂时, 一共有

$$S_n = X_0 + X_1 + \cdots + X_{n-1}$$

个生物发生了分裂. 注意在前 S_n 次的分裂中, 一共出现了 $X_1 + X_2 + \cdots + X_n$ 个新后代. 所以每次平均分裂出

$$\hat{\mu} = \frac{X_1 + X_2 + \cdots + X_n}{X_0 + X_1 + \cdots + X_{n-1}} \tag{7.5}$$

个后代. 这说明用 $\hat{\mu}$ 估计 μ 是合理的. 实际上可以证明 $\hat{\mu}$ 是 μ 的最大似然估计.

关于 $\hat{\mu}$ 的大样本性质, 有以下结果值得介绍. 当 $\mu = \mathrm{E}\xi < 1$, $\sigma^2 = \mathrm{Var}(\xi) < \infty$ 时, 对于充分大的初始值 $x_0 = X_0$ 和 n,

$$\sqrt{\frac{x_0}{\sigma^2(1-\mu)}}(\hat{\mu} - \mu) \sim N(0,1) \tag{7.6}$$

近似成立.

当 $\mu > 1$, $\mathrm{E}\xi^4 < \infty$ 时, 对于充分大的初始值 $x_0 = X_0$ 和 n,

$$\sqrt{\frac{x_0}{\sigma^2}(1 + \mu + \cdots + \mu^{n-1})}(\hat{\mu} - \mu) \sim N(0,1) \tag{7.7}$$

近似成立.

在利用上述结果构造 μ 的置信区间或作假设检验时, 还需要 σ^2 的估计量. 下面的 $\hat{\sigma}^2$ 是 σ^2 的一个相合估计 (参考 [9]).

$$\hat{\sigma}^2 = \frac{1}{n} \sum_{k=0}^{n-1} X_k \left(\frac{X_{k+1}}{X_k} - \hat{\mu} \right)^2.$$

练 习 4.7

(1) 证明公式 (7.2) 和 (7.4).

(2) 对于分支过程计算群体灭绝概率 ρ_0.

(a) $p_0 = 0.2$, $p_2 = 0.8$;

(b) $p_0 = 0.2$, $p_1 = 0.3$, $p_2 = 0.5$.

(3) 设 $\xi \sim \mathcal{B}(2, p)$. 分支过程中每个粒子分裂成的后代数是来自总体 ξ 的随机变量. 当 $X_0 = 1$ 时, 计算

(a) 群体灭绝的概率;

(b) 群体恰在第 2 代灭绝的概率;

(c) 如果 $X_0 \sim P(\mu)$, $p > 0.5$, 计算群体最终灭绝的概率.

(4) 设 m 是正整数, 对于马氏链 $\{X_n\}$ 定义时间 m 后的随机序列 $Y_n = X_{m+n}$, $n = 0, 1, \cdots$. 推导以下结论:

(a) $\{Y_n\}$ 是和 $\{X_n\}$ 有相同的转移概率的马氏链;

(b) 已知 $\{Y_0 = i_0\}$ 时, $\{Y_n; n \geqslant 1\}$ 和 $X_0, X_1, \cdots, X_{m-1}$ 独立.

*§4.8　强大数律和中心极限定理

现在回到马氏链的讨论.

A. 强马氏性

先回忆停时的定义: 设 $\{X_n\}$ 是随机序列, T 是取正整数值的随机变量, 如果对任何正整数 n, 随机事件 $\{T \leqslant n\}$ 由随机变量 $X_1, X_2, \cdots, X_n$ 唯一决定, 则称随机变量 T 是 $\{X_n\}$ 的停时.

定理 8.1 设 T 是马氏链 $\{X_n\}$ 的停时, 满足 $P(T < \infty) = 1$. 定义 T 后的随机序列

$$Y_n = X_{T+n}, \quad n = 0, 1, \cdots, \tag{8.1}$$

则有以下结论:

(1) $\{Y_n\}$ 是和 $\{X_n\}$ 有相同的转移概率的马氏链;

(2) 已知 $Y_0 = i_0$ 时, $\{Y_n; n \geqslant 1\}$ 和 $(X_0, X_1, \cdots, X_{T-1})$ 独立.

定理 8.1 的结论称为马氏链的**强马氏性**. 我们把证明放入附录

A 中的 A3, 供读者参考.

B. 强大数律和中心极限定理

下面设 $\{X_n\}$ 是一个不可约正常返马氏链, 状态空间为 C. 这时 C 中的状态互通, 有相同的周期. 对于状态 j, 定义 $T_j(0) = 0$. 用

$$T_j(1) = \min\{n|X_n = j, n > 0\}$$

表示质点第 1 次到达状态 j 的时刻, 用

$$T_j(2) = \min\{n|X_n = j, n > T_j(1)\}$$

表示质点第 2 次到达状态 j 的时刻, ……, 用

$$T_j(r) = \min\{n|X_n = j, n > T_j(r-1)\}, \quad r = 1, 2, \cdots \tag{8.2}$$

表示质点第 r 次到达状态 j 的时刻.

$\{T_j(r) = n\}$ 表示第 n 次转移时恰好是第 r 次到达 j(不算出发时). $\{T_j(r) \leqslant n\}$ 表示前 n 次转移中到达 j 的次数不少于 r(不包括出发时):

$$\{T_j(r) \leqslant n\} = {}^{\#}\{k|X_k = j, 1 \leqslant k \leqslant n\} \geqslant r.$$

上式说明每个 $T_j(r)$ 都是马氏链 $\{X_n\}$ 的停时. 注意 ${}^{\#}A$ 是集合 A 中的元素数.

因为 j 是正常返状态, 所以质点从 j 出发以概率 1 返回状态 j, 即有

$$P(T_j(k) < \infty) = f_{jj}^* = 1, \quad k = 1, 2, \cdots.$$

对于给定的函数 $g(x)$, 定义随机变量

$$Z_0 = \sum_{i=1}^{T_j(1)} g(X_i),$$

$$Z_1 = \sum_{i=T_j(1)+1}^{T_j(2)} g(X_i), \tag{8.3}$$

$$\cdots\cdots,$$

$$Z_r = \sum_{i=T_j(r)+1}^{T_j(r+1)} g(X_i),$$

$$\cdots\cdots.$$

若认为质点在状态 k 可以获得能量 $g(k)$, 则质点在时刻 i 获得能量 $g(X_i)$, 质点在时间段 $(T_j(r), T_j(r+1)]$ 中获得总能量 Z_r. 对于 $r \geq 1$(不考虑 X_0 时), Z_r 是质点从第 r 次离开 j 到第 $r+1$ 次回到 j 之间获得的总能量.

对旅行家 MC 来说, 用 $g(k)$ 表示 MC 在城镇 k 的收获. 因为 X_k 是 MC 第 k 次转移到达的城镇, 所以 $g(X_k)$ 就是 MC 在城镇 X_k 的收获. Z_r 是 MC 从城镇 j 出发后到返回城镇 j 时, 一路上的总收获 (不含出发时在城镇 j 的收获, 但是包括回到城镇 j 后的收获). 容易理解如果 MC 最初是从城镇 j 出发的, 即 $X_0 = j$, 则 $Z_0, Z_1, \cdots$ 独立同分布; 否则, $Z_1, Z_2, \cdots$ 独立同分布.

因为 $X(T_j(r)) = j$ 总成立, 所以是已知的. 根据马氏链的强马氏性知道在条件 $X_0 = j$ 下, $Z_0, Z_1, \cdots$ 独立同分布. 无论 X_0 取值如何, 随机变量 $Z_1, Z_2, \cdots$ 总是独立同分布的.

从强大数律知道 (§1.5 定理 5.1), 只要 $\mathrm{E}\,|Z_1| < \infty$, 则 $n \to \infty$ 时,

$$\overline{Z}_n \equiv \frac{1}{n}\sum_{i=1}^{n} Z_i \to \mathrm{E}\,Z_1 \ \text{a.s.}.$$

又从中心极限定理知道 (§1.5 定理 5.2), 只要 $\sigma^2 = \mathrm{Var}\,(Z_1) < \infty$, 就有

$$\frac{\overline{Z}_n - \mathrm{E}\,Z_1}{\hat{\sigma}/\sqrt{n}} \xrightarrow{d} N(0,1),$$

其中

$$\hat{\sigma} = \sqrt{\frac{1}{n-1}\sum_{j=1}^{n}(Z_j - \overline{Z}_n)^2}$$

是样本标准差.

设 $\boldsymbol{\pi} = [\pi_1, \pi_2, \cdots]$ 是 $\{X_n\}$ 的平稳不变分布, C 是状态空间.

当 $\sum_{i \in C} \pi_i |g(i)| < \infty$ 时，可以证明 (参考练习 4.8)

$$\mathrm{E} Z_1 = \mu_\pi \mu_j, \tag{8.4}$$

其中 $\mu_\pi = \sum_{k \in C} g(k) \pi_k$, $\mu_j = 1/\pi_j$ 是状态 j 的平均回转时间.

注意，当 $\{X_n\}$ 以 π 为初始分布时，μ_π 是质点在各状态获得的平均能量，也是质点在第 n 步获得的平均能量 $\mathrm{E} g(X_n) = \mu_\pi$. 因为 μ_j 是质点从 j 出发到返回 j 的平均转移次数，所以 $\mu_\pi \mu_j$ 是从 j 出发到返回 j 这一路上获得的平均总能量，它恰好等于 $\mathrm{E} Z_1$.

现在把上述分析总结成定理.

定理 8.2 设正常返不可约马氏链 $\{X_n\}$ 有状态空间 C, Z_r 由 (8.3) 定义，μ_π 和 μ_j 由 (8.4) 定义. 如果 $\sum_{i \in C} \pi_i |g(i)| < \infty$, 则

(1) 当 $n \to \infty$ 时，$\overline{Z}_n = \dfrac{1}{n} \sum_{i=1}^{n} Z_i \to \mu_\pi \mu_j$ a.s.；

(2) 当 $E Z_1^2 < \infty$ 成立，$n \to \infty$ 时，有

$$\frac{\overline{Z}_n - \mu_\pi \mu_j}{\hat{\sigma}/\sqrt{n}} \xrightarrow{d} N(0,1); \tag{8.5}$$

(3) 无论质点从哪里出发，当 $n \to \infty$ 时，有

$$\frac{1}{n} \sum_{i=1}^{n} g(X_i) \to \mu_\pi \quad \text{a.s.}. \tag{8.6}$$

我们略去定理的证明，感兴趣的读者可参考文献 [10].

例 8.1 若用 $g(k)$ 表示 MC 在城镇 k 的收获，当 MC 的初始分布 X_0 是不变分布 $\pi = [\pi_1, \pi_2, \cdots]$ 时，有 $P(X_n = k) = \pi_k, k = 1, 2, \cdots$. 如果 $\mathrm{E} g(X_1)$ 存在，则对于任何 n,

$$\mu_\pi = \mathrm{E} g(X_n) = \sum_{k \in C} g(k) \pi_k;$$

如果他每周转移一次，则 μ_π 是他每周的平均收获.

注意 $\mu_j = 1/\pi_j$ 是状态 j 的平均回转时间. 当 μ_π 有限时，

$$\mu_\pi \mu_j = \mathrm{E} Z_1 = \mathrm{E} \sum_{i=T_j(1)+1}^{T_j(2)} g(X_i)$$

是他离开城镇 j 后到再返回 j 及在 j 的平均总收获. 注意 $\mu_\pi\mu_j$ 正是每周的平均收获 μ_π 乘以返回 j 所需要的平均周数 μ_j.

练 习 4.8

(1) 设正常返马氏链有平稳不变分布 $\boldsymbol{\pi} = [\pi_1, \pi_2, \cdots]$, $T_j(r)$ 由 (8.2) 定义, 则

(a) $\mathrm{E}\,(T_j(1)|X_0 = j) = \mu_j > 0$ 是状态 j 的平均回转时间;

(b) $N_k = T_j(k+1) - T_j(k)\,(k = 1, 2, \cdots)$ 独立同分布, $\mathrm{E}\,N_k = \mu_j$;

(c) $\{X_n\}$ 以 $\boldsymbol{\pi}$ 为初分布并且当 $\sum_{k=1}^{\infty} |g(k)|\pi_k < \infty$ 时, 有

$$\mu_\pi = \mathrm{E}\,g(X_n);$$

(d) 当 $\sum_{k=1}^{\infty} |g(k)|\pi_k < \infty$ 时, 有 $\mathrm{E}\,Z_1 = \mu_\pi\mu_j$.

*§4.9 马氏链的统计推断

尽管我们从概率论的观点探讨了马氏链的基本性质, 但是在实际应用中往往不能仅从问题的背景得到马氏链的转移概率和平稳分布. 这样, 讨论马氏链的参数估计就变得有实际意义了. 以下规定 $0/0 = 0$.

A. 一步转移概率的估计

设不可约平稳马氏链 $\{X_n\}$ 有一步转移概率矩阵 $P = (p_{ij})$ 和平稳分布 $\boldsymbol{\pi} = [\pi_1, \pi_2, \cdots]$. 得到观测样本

$$x_0, x_1, \cdots, x_n \tag{9.1}$$

后, 实际中需要对于 p_{ij} 进行估计. 用 n_i 表示前 n 次转移中马氏链到达 i 的次数, 用 n_{ij} 表示前 n 次转移中马氏链从 i 直接转到 j 的次数. 从平稳性和强马氏性知道质点每次从 i 出发或以概率 p_{ij} 转向 j, 或以概率 $1 - p_{ij}$ 转向其他状态, 而且每次是否转向 j 是相互独立的. 这就知道 n_{ij} 服从参数为 p_{ij} 的二项分布 $\mathcal{B}(n_i, p_{ij})$. 于是得到 p_{ij} 的最大似然估计 (参考 §1.8B)

$$\hat{p}_{ij} = n_{ij}/n_i. \tag{9.2}$$

由于二项分布 $\mathcal{B}(n_i, p_{ij})$ 的数学期望是 $n_i p_{ij}$, 所以 $\mathrm{E}\hat{p}_{ij} = p_{ij}$, 说明 $\hat{p}_{ij}$ 是 p_{ij} 的无偏估计. 由强大数律知道, 当 $n_i \to \infty$ 时, $\hat{p}_{ij} \to p_{ij}$ a.s., 所以还是强相合估计.

对于较大的 n_i(至少使得 $n_i \min(\hat{p}_{ij}, 1-\hat{p}_{ij}) > 5$), 从中心极限定理知道

$$Z \equiv \frac{\hat{p}_{ij} - p_{ij}}{\sqrt{\hat{p}_{ij}(1-\hat{p}_{ij})/n_i}} \sim N(0,1) \tag{9.3}$$

近似成立, 于是由

$$P\left(|Z| \leqslant z_{\alpha/2}\right) \approx 1 - \alpha$$

得到置信水平 $1 - \alpha$ 下 p_{ij} 的置信区间

$$\left[\hat{p}_{ij} - z_{\alpha/2}\sqrt{\frac{\hat{p}_{ij}(1-\hat{p}_{ij})}{n_i}}, \quad \hat{p}_{ij} + z_{\alpha/2}\sqrt{\frac{\hat{p}_{ij}(1-\hat{p}_{ij})}{n_i}} \right].$$

特别取 $z_{\alpha/2} = 1.96$ 时, 可以得到置信水平为 $\alpha = 0.95$ 的置信区间.

对于已知的 k_{ij}, 当 n_i 较大时 (至少使得 $n_i \min(\hat{p}_{ij}, 1-\hat{p}_{ij}) > 5$), 可以得到

原假设 $H_0: p_{ij} = k_{ij}$,   备择假设 $H_1: p_{ij} \neq k_{ij}$

的检验水平为 0.05 的否定域 $\{|Z| \geqslant 1.96\}$.

B. $P = P_0$ 的假设检验

设 $P_0 = (p_{ij})$ 是已知的有限互通马氏链的转移概率矩阵. 在实际问题中有时需要判断马氏链 $\{X_n\}$ 的转移概率矩阵是否等于 P_0. 解决这个问题时先作假设

原假设 $H_0: P = P_0$,   备择假设 $H_1: P \neq P_0$.

仍用 $\hat{p}_{ij} = n_{ij}/n_i$ 表示 p_{ij} 的最大似然估计, 用 $I = \{1, 2, \cdots, m\}$ 表示状态空间. 在 H_0 下有 (9.3) 成立. 当观测的步数至少使得

$$n_{ij} \min(p_{ij}, \ 1-p_{ij}) > 5, \quad i, j \in I \tag{9.4}$$

时, 基于 (9.3) 可以证明统计量

$$\xi^2 \equiv \sum_{i=1}^{m} \sum_{j=1}^{m} \frac{n_i(\hat{p}_{ij} - p_{ij})^2}{p_{ij}} \qquad (9.5)$$

近似服从 $r = m(m-1) - d$ 个自由度的 χ^2 分布, 其中 d 是 P_0 中零元的个数. 因为在 H_0 下, ξ^2 的取值应当比较小, 所以 ξ^2 取值较大时就应当否定 H_0. 在检验水平 α 下, 原假设 $P = P_0$ 的否定域为

$$\{\xi^2 > \chi_\alpha^2(r)\},$$

其中 $\chi_\alpha^2(r)$ 是 $\chi^2(r)$ 分布的上 α 分位数, 可以查附录 C3 得到.

C. 独立性检验

设有限状态马氏链 $\{X_n\}$ 以 P 为一步转移概率矩阵. 如果 $\{X_n\}$ 是独立序列, 则 $p_{ij} = P(X_1 = j|X_0 = i) = P(X_1 = j)$ 与 i 无关, 于是 $P = (p_{ij})$ 的各行相同. 反之, 如果 P 的各行相同, 容易验证 $P^{(2)} = P^2 = P$, $P^{(n)} = P^n = P$. 用 $\boldsymbol{\pi} = (\pi_1, \pi_2, \cdots)$ 表示 P 的行向量, 则有

$$P(X_n = j|X_{n-1} = i, X_{n-2} = i_{n-2}, \cdots, X_0 = i_0)$$
$$= p_{ij} = \pi_j. \qquad (9.6)$$

这说明 X_n 与 $(X_0, X_1, \cdots, X_{n-1})$ 独立. 由 n 的任意性知道 $\{X_n\}$ 是独立序列, 并且对 $n \geq 1$, X_n 以 $\boldsymbol{\pi}$ 为概率分布.

根据上面的分析知道, 要验证马氏链 $\{X_n\}$ 是否独立序列, 只要验证其转移概率矩阵是否各行相同.

设 P_0 是未知的行向量都等于 $\boldsymbol{\pi} = (\pi_1, \pi_2, \cdots, \pi_m)$ 的 $m \times m$ 转移概率矩阵. 在假设

$$H_0 : P = P_0 \qquad (9.7)$$

下, $\{X_n| n \geq 1\}$ 是独立同分布的随机序列, 以 $\boldsymbol{\pi}$ 为概率分布. 要检验 (9.7) 是否成立, 只要检验 $\{X_n| n \geq 1\}$ 是否来自总体分布 $\boldsymbol{\pi}$ 的样本.

给定观测序列 $X_1, X_2, \cdots, X_n$, 用

$$k_j =^{\#} \{i |X_i = j, 1 \leq i \leq n\}$$

表示前 n 次转移中马氏链到达 j 的次数. 在 H_0 下, $P(X_k = j) = \pi_j$, 于是 $\boldsymbol{\pi}$ 的似然函数为

$$L(\boldsymbol{\pi}) = \pi_1^{k_1} \pi_2^{k_2} \cdots \pi_m^{k_m}.$$

利用对数似然函数

$$l(\boldsymbol{\pi}) = \ln L(\boldsymbol{\pi}) = \sum_{j=1}^{m-1} k_j \ln \pi_j + k_m \ln(1 - \pi_1 - \cdots - \pi_{m-1})$$

计算出 π_j 的最大似然估计

$$\hat{\pi}_j = \frac{k_j}{n}.$$

在一般情况下 p_{ij} 的最大似然估计是 (9.2). 在 H_0 下, $(\hat{\pi}_j - \hat{p}_{ij})^2$ 应当比较小. 所以它们的加权平均

$$\xi^2 = \sum_{i=1}^{m} \sum_{j=1}^{m} \frac{n_i (\hat{\pi}_j - \hat{p}_{ij})^2}{\hat{\pi}_j}$$

可以衡量 H_0 是否成立. 在 H_0 下可以证明, 对于至少使得

$$n_{ij} \min \{ \hat{p}_{ij}, \ (1 - \hat{p}_{ij}) \} > 5, \quad i, j \in I$$

成立的 n, 近似地有

$$\xi^2 \sim \chi^2(r), \quad \text{其中} \ r = (m-1)^2.$$

于是在检验水平 α 下, H_0 的拒绝域是

$$\{ \xi^2 > \chi_\alpha^2(r) \}.$$

更多的统计推断问题可参考 [9].

习　题　四

4.1 $Y_1, Y_2, \cdots$ 是来自总体 Y 的随机变量, 与 X_0 独立, $h(x,y)$ 是实函数. 对于 $n \geqslant 1$, 取 $X_n = h(X_{n-1}, Y_n)$. 设 $\{X_n\}$ 的状态空间为 I, 验证 $\{X_n\}$ 是马氏链, 给出转移概率 p_{ij}.

4.2 设 $\{X_i, i \geqslant 0\}$ 是取非负整数值的独立同分布的随机变量序列,

$$\mathrm{Var}\,(X_0) > 0.$$

验证以下随机序列是马氏链:

(a) $\{X_n, n \geqslant 0\}$;

(b) $\{S_n, n \geqslant 0\}$,其中 $S_n = \sum\limits_{i=0}^{n} X_i$;

(c) $\{\xi_n, n \geqslant 0\}$,其中 $\xi_n = \prod\limits_{i=0}^{n}(1 + X_i)$.

4.3 马氏链的状态空间是 $I = \{1, 2, 3, 4, 5\}$,转移概率矩阵

$$P = \begin{pmatrix} 0.2 & 0.8 & 0 & 0 & 0 \\ 0.5 & 0.5 & 0 & 0 & 0 \\ 0 & 0 & 0.5 & 0.5 & 0 \\ 0.2 & 0.3 & 0 & 0 & 0.5 \\ 0 & 0 & 0 & 0 & 1 \end{pmatrix}.$$

界定马氏链的状态.

4.4 对于以下马氏链进行状态分类:

$$P_1 = \begin{pmatrix} 0 & 0.2 & 0.8 \\ 0.3 & 0 & 0.7 \\ 0.5 & 0.5 & 0 \end{pmatrix}, \quad P_2 = \begin{pmatrix} 0 & 0 & 0 & 1 \\ 0 & 0 & 0 & 1 \\ 0.2 & 0.8 & 0 & 0 \\ 0 & 0 & 1 & 0 \end{pmatrix},$$

$$P_3 = \begin{pmatrix} 0.2 & 0 & 0.8 & 0 & 0 \\ 0.1 & 0.3 & 0.5 & 0.1 & 0 \\ 0.2 & 0 & 0.8 & 0 & 0 \\ 0 & 0 & 0 & 0.5 & 0.5 \\ 0 & 0 & 0 & 0.8 & 0.2 \end{pmatrix}, \quad P_4 = \begin{pmatrix} 0.2 & 0.8 & 0 & 0 & 0 \\ 0.1 & 0.9 & 0 & 0 & 0 \\ 0 & 0 & 1 & 0 & 0 \\ 0 & 0 & 0.2 & 0.8 & 0 \\ 1 & 0 & 0 & 0 & 0 \end{pmatrix}.$$

4.5 对某地区来讲,判断明天是否下雨只需要看今天是否有雨. 今天有雨时,明天有雨的概率为 a;今天无雨时,明天无雨的概率是 b. 用 $X_n = 0$ 表示第 n 天有雨,$X_n = 1$ 表示第 n 天无雨时,验证 $\{X_n\}$ 是马氏链. 当 $a, b \in (0, 1)$ 时,

(a) 给出一步转移概率矩阵;

(b) 给出不变分布;

(c) 对于将来的某一天,有雨的概率是多少?

4.6 指出哪能种情况下马氏链 $\{X_n\}$ 有平稳不变分布:

(a) $\{X_n\}$ 是正常返等价类;

(b) $\{X_n\}$ 有正常返状态;

(c) $\{X_n\}$ 的全体状态都是非常返的;

(d) $\{X_n\}$ 只有有限个状态;

(e) $\{X_n\}$ 没有正常返状态.

4.7 如果马氏链 $\{X_n\}$ 以 $\boldsymbol{\pi} = [\pi_1, \pi_2, \cdots]$ 为平稳初分布, 证明对任何 $n, k \geqslant 1$, 随机向量

$$(X_{m_1}, X_{m_2}, \cdots, X_{m_n}) \text{ 和 } (X_{k+m_1}, X_{k+m_2}, \cdots, X_{k+m_n})$$

同分布.

4.8 如果一步转移概率矩阵 $P = (p_{ij})$ 的各列之和也是 1, 则称 P 是双随机矩阵. 当双随机矩阵 P 的状态有限、互通时, 计算它的平稳不变分布.

4.9 一个公司有 A, B, C 三种工作岗位, 每个职员在这三种岗位中的变更情况如下:

$$P_1 = \begin{pmatrix} 0.3 & 0.2 & 0.5 \\ 0.3 & 0 & 0.7 \\ 0.5 & 0.5 & 0 \end{pmatrix}.$$

如果该公司的职员很多, 估算各岗位的平均人数.

4.10 在第 n 小时有 Z_n 个顾客来到服务台, 其中 $Z_0, Z_1, \cdots$ 是独立同分布的随机变量, 有公共的概率分布 $p_i = P(Z_0 = i)$. 每小时服务台只能完成对一位顾客的服务. 用 X_n 表示 n 时服务台的顾客数.

(a) 用 $\{Z_n\}$ 表示出 $\{X_n\}$, 证明 $\{X_n\}$ 是马氏链;

(b) 写出 $\{X_n\}$ 的转移概率 p_{ij};

(c) 在什么条件下, 马氏链的平稳不变分布存在?

(d) 当平稳不变分布存在时, 计算充分长的时间后服务台空闲的概率.

4.11 设 m 是正偶数. 马氏链 $\{X_n\}$ 有状态空间 $I = \{0, 1, \cdots, m\}$ 和转移概率

$$p_{ij} = \begin{cases} 1 - i/m, & j = i+1, 0 \leqslant i \leqslant m-1, \\ i/m, & j = i-1, 1 \leqslant i \leqslant m. \end{cases}$$

验证马氏链是正常返的, 计算平稳分布和马氏链在各状态的平均回转时间.

4.12 对于 §4.7 中的分支过程, 当 X_0 是取非负整数值的随机变量时, 计算 $\mathrm{E} X_n$, $\mathrm{Var}(X_n)$ 和群体最终灭绝的概率 ρ.

4.13 上市公司的年经济效益按每股的收益分成 3 个等级: 和前一年的每股收益比较, 若每股收益减少 50%, 记为 -1; 增加 50% 记为 $+1$; 其他的情况记为 0. 根据对该公司的多年资料, 得到了转移概率矩阵

$$P = \begin{pmatrix} 0.8 & 0.2 & 0 \\ 0.3 & 0.3 & 0.4 \\ 0 & 0.5 & 0.5 \end{pmatrix}.$$

计算各状态所占的平均比例, 每个状态的平均返回时间.

4.14 一个水库的水位分为 4 个等级: 用 1 表示缺水, 用 2 表示水位正常, 用 3 表示较好, 用 4 表示充足. 根据多年的记录得到了相邻的春夏秋冬季节水位的转移情况如下:

$$P = \begin{pmatrix} 0.1 & 0.2 & 0.3 & 0.4 \\ 0.3 & 0.3 & 0.2 & 0.2 \\ 0.1 & 0.2 & 0.4 & 0.3 \\ 0.2 & 0.2 & 0.3 & 0.3 \end{pmatrix}.$$

计算水位处于充足状态所占季节的比例.

4.15 设马氏链的状态空间是 $I = \{1, 2, 3\}$, 转移概率矩阵是

$$P = \begin{pmatrix} 0 & 1/2 & 1/2 \\ 0 & 1/4 & 3/4 \\ 1 & 0 & 0 \end{pmatrix}.$$

(a) 证明 I 是遍历等价类;

(b) 计算不变分布 $\boldsymbol{\pi}$ 和 $\lim\limits_{n \to \infty} P^n$.

4.16 用 1 表示高收入, 用 2 表示中等收入, 用 3 表示低收入. 经过抽样调查, 发现高收入家庭的子女家庭有 48% 是高收入,

有 45% 是中等收入, 有 7% 是低收入; 中等收入家庭的子女家庭有 6% 是高收入, 有 68% 是中等收入, 有 26% 是低收入; 低收入家庭的子女家庭有 1% 是高收入, 有 48% 是中等收入, 有 51% 是低收入. 如果这种状态继续下去, 计算未来整个社会中高、中、低收入家庭的比例.

4.17 对于分支过程, 设 $p_0 = 0.25$, $p_1 = 0.25$, $p_2 = 0.5$.

(a) 当 $X_0 = m$ 时, 计算 μ 和 $p = P($群体灭绝$)$;

(b) 当 $X_0 \sim \mathcal{P}(\lambda)$ 时, 计算 μ 和 $p = P($群体灭绝$)$.

4.18 设 $\alpha_j \in (0,1)$, $j = 0, 1, \cdots, m$. 马氏链有状态空间 $I = \{0, 1, \cdots, m\}$ 和转移概率

$$
p_{ij} = \begin{cases}
\alpha_i, & j = i+1, 0 \leqslant i \leqslant m-1, \\
1 - \alpha_i, & j = i-1, 1 \leqslant i \leqslant m, \\
1 - \alpha_0, & i = j = 0, \\
\alpha_m, & i = j = m.
\end{cases}
$$

(a) 说明这是一个可逆马氏链;

(b) 计算平稳不变分布;

(c) 当 $\alpha_i = \alpha$ 时, 计算平稳不变分布.

4.19 (选自 [7]) 陈教授有 r 把雨伞, 上午上班时下雨就带一把到办公室, 下午下班时下雨就带一把回家 (中午不回家), 其他情况不带雨伞. 假设上下班时是否有雨是相互独立的, 有雨的概率是 p.

(a) 定义一个马氏链能够帮助我们判断他遇到下雨时没有伞的概率;

(b) 计算 (a) 中马氏链的平稳不变分布;

(c) 若 $r = 3$, p 多大时可以使得他被雨淋的概率最大?

4.20 如果马氏链只有 n 个状态, 则当 $i \to j$ 时, 必有 $k \leqslant n$ 使得 $p_{ij}^{(k)} > 0$.

4.21 阅览室有 N 个座位, 每分钟末到达阅览室的人数是来自总体 ξ 的随机变量, $p_k = P(\xi = k)$, $k = 0, 1, \cdots$. 每分钟内有一位读者离开阅览室, 没有座位的读者自动离开阅览室 (不排队等候). 以分为时间单位, 用 X_n 表示 n 时阅览室的人数.

(a) 说明 $\{X_n\}$ 是马氏链, 给出转移概率矩阵;

(b) 何时 $\{X_n\}$ 存在唯一的平稳不变分布? 给出计算平稳不变分布的公式.

4.22 (选自 [7]) 蜘蛛和蝇在位置 $0,1$ 相互独立地随机转移, 分别有转移概率矩阵 $\begin{pmatrix} p & q \\ q & p \end{pmatrix}, \begin{pmatrix} p' & q' \\ q' & p' \end{pmatrix}$, 其中 $q = 1 - p, q' = 1 - p'$, $pqp'q' > 0$. 二者相遇时发生捕食.

(a) 设计状态空间为 $\{a, b, c\}$ 的马氏链描述以上捕食过程, 写出转移概率;

(b) 计算 (a) 中的马氏链在第 n 步回到初始位置 a 的概率 $p_{aa}^{(n)}$;

(c) 当 $X_0 = a$ 时, 计算等待捕食的平均时间.

4.23 下面图中的 6 个官方网站之间有直接或间接的链接. 计算机在第 j 个网站浏览后以相同的概率转向与其有直接链接的网站. 用 X_n 表示计算机第 n 次转移后所浏览的网站.

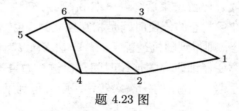

题 4.23 图

(a) 说明 $\{X_n\}$ 是马氏链, 给出转移概率矩阵;

(b) 验证可逆分布存在, 并计算平稳可逆分布;

(c) 如果计算机在第 j 个网站的平均浏览时间为 λ_j, 对于时间充分长后的 t 时, 给出计算机正在浏览网站 j 的概率;

(d) 如果计算机在第 j 个网站的浏览时间服从均值为 $1/\mu_j$ 的指数分布, 对于时间充分长后的 t 时, 给出计算机正在浏览网站 j 的概率;

(e) 当有大量的计算机访问这 6 个网站时, 在 (c) 的条件下, 对于时间充分长后的 t 时, 给出正在访问网站 j 的计算机所占的比例;

(f) 当有大量的计算机访问这 6 个网站时, 在 (d) 的条件下, 对 $\mu_j = j$, 为以上 6 个网站按访问强度从大到小进行排序.

第五章 连续时间马尔可夫链

设 $\{X_n\}$ 是第四章中的马氏链, 有状态空间 I, 一步转移概率

$$p_{ij} = P(X_1 = j|X_0 = i), \quad i, j \in I,$$

满足 $p_{ii} = 0, \ i \in I$. 因为该马氏链 $\{X_n\}$ 的时间指标 $n = 0, 1, 2, \cdots$ 是离散的, 所以又称为离散时间马氏链.

考虑一个质点按照上述马氏链在 I 中转移. 对于任何 $i \in I$, 质点每次到达 i 后, 在 i 的停留时间是独立同分布的随机变量, 有公共的总体分布 $\mathcal{E}(q_i)$, 停留结束后再以概率 p_{ij} 转移到状态 $j (j \neq i)$. 进一步假定质点在各状态的停留时间是相互独立的, 用 $X(t)$ 表示 t 时质点所处的状态, 则得到随机过程 $\{X(t)\} = \{X(t)|t \geqslant 0\}$. 这样的随机过程就是本章要仔细研究的连续时间马氏链. 如果不考虑停留时间的长短, 只考虑 $\{X(t)\}$ 的一次次转移, 则又得到了 $\{X_n\}$.

§5.1 连续时间马氏链的定义

设 I 是状态空间, $\{X(t)\} = \{X(t)|t \geqslant 0\}$ 是以 I 为状态空间的连续时间随机过程.

定义 1.1 如果对任何正整数 $n, t_0 < t_1 < \cdots < t_{n+1}$ 和 $i, j, i_0, i_1, \cdots, i_{n-1} \in I$, 有

$$P(X(t_{n+1}) = j|X(t_n) = i, X(t_{n-1}) = i_{n-1}, \cdots, X(t_0) = i_0)$$

$$= P(X(t_{n+1}) = j|X(t_n) = i), \tag{1.1}$$

则称 $\{X(t)\}$ 是连续时间离散状态的马尔可夫链, 简称为**连续时间马氏链**.

定义 1.1 中的 "链" 表明状态空间 I 是离散的. 和离散时间马

氏链的情况相同，我们称具有性质

$$P(X(t+s) = j|X(s) = i) = P(X(t) = j|X(0) = i), \quad s, t \geqslant 0 \quad (1.2)$$

的马氏链为**时齐马氏链**. 时齐性表明**转移概率**

$$p_{ij}(t) = P(X(t+s) = j|X(s) = i) \quad (1.3)$$

与起始时间 s 无关.

无特别说明时，以后的马氏链都是时齐马氏链，并且简称为马氏链.

连续时间马氏链的性质 (1.1) 和离散时间马氏链的性质 §4.1(1.1) 在形式上是相同的，因此对离散时间马氏链得到的许多结论对于现在的马氏链仍然有效，列举如下：

(1) $p_{ij}(0)$ 是 δ 函数：

$$p_{ij}(0) = \delta_{ij} = \begin{cases} 1, & j = i \in I, \\ 0, & i \neq j. \end{cases} \quad (1.4)$$

(2) 对于 $t > 0$, 已知 $X(t) = i$ 的条件下，将来 $\{X(u)|u > t\}$ 与过去 $\{X(v)|0 \leqslant v < t\}$ 独立. 也就是说，在概率 $P_i(\cdot) = P(\cdot|X(t) = i)$ 下，随机过程 $\{X(u)|u > t\}$ 与 $\{X(v)|0 \leqslant v < t\}$ 独立.

(3) K-C 方程：对任何 $t, s \geqslant 0$, 有

$$p_{ij}(t+s) = \sum_{k \in I} p_{ik}(t)p_{kj}(s) \quad \text{或} \quad P(t+s) = P(t)P(s), \quad (1.5)$$

其中

$$P(t) = \Big(p_{ij}(t)\Big)_{i,j \in I} \quad (1.6)$$

称为马氏链 $\{X(t)\}$ 的**转移概率矩阵**.

(4) 马氏链的有限维分布由转移概率 (1.3) 和初始分布

$$p_i = P(X(0) = i), \quad i \in I$$

唯一决定，且对 $0 < t_1 < t_2 < \cdots < t_n$, 有

$$P(X(t_1) = i_1, X(t_2) = i_2, \cdots, X(t_n) = i_n|X(0) = i)$$
$$= p_{ii_1}(t_1)p_{i_1 i_2}(t_2 - t_1) \cdots p_{i_{n-1} i_n}(t_n - t_{n-1}). \quad (1.7)$$

特别当 $t_{i+1} - t_i = a$ 时，有

$$P\big(X(a) = i, X(2a) = i, \cdots, X(na) = i | X(0) = i\big) = [p_{ii}(a)]^n. \quad (1.8)$$

(5) $X(t)$ 的概率分布由转移概率矩阵 (1.6) 和 $X(0)$ 的概率分布

$$\boldsymbol{p}(0) = [\, p_1(0), p_2(0), \cdots \,]$$

唯一决定：

$$\boldsymbol{p}(t) = \boldsymbol{p}(0)P(t), \quad\quad\quad\quad (1.9)$$

其中 $\boldsymbol{p}(t) = [\, p_1(t), p_2(t), \cdots \,]$, $t \geqslant 0$, $p_i(t) = P(X(t) = i)$, $i \in I$.

(6) 对于 $s, t \geqslant 0$, 有

$$p_{jj}(s + t) \geqslant p_{jj}(s)p_{jj}(t), \quad p_{jj}(t) \geqslant \Big[p_{jj}\big(\tfrac{t}{n}\big)\Big]^n. \quad (1.10)$$

练 习 5.1

(1) 对于马氏链 $\{X(t)\}$ 和 $t_0 < t_1 < \cdots < t_{n+1}$, $B, A_j \subset I$, 用性质 (2) 证明

$$P(X(t_{n+1}) \in B | X(t_n) = i, X(t_{n-1}) \in A_{n-1}, \cdots, X(t_0) \in A_0)$$
$$= P(X(t_{n+1} - t_n) \in B | X(0) = i).$$

(2) 证明公式 (1.5), (1.7), (1.8).

(3) 对于转移概率矩阵 $P(t)$ 和 $\varepsilon > 0$, 证明 $\{P(t); t \in (0, \varepsilon]\}$ 可以决定所有的 $P(t)$.

(4) 证明公式 (1.9), (1.10).

(5) 对于 $s \geqslant 0$, 验证公式 $\sum_{k \neq i} p_{ik}(s) = 1 - p_{ii}(s)$.

§5.2 泊松过程是马氏链

泊松过程具有独立增量性和平稳增量性，状态空间 $I = \{0, 1, \cdots\}$. 设 λ 是泊松过程 $\{N(t)\}$ 的强度，$t_0 < t_1 < \cdots < t_{n+1}$, 利用独立增

量性和平稳增量性得到

$$P(N(t_{n+1}) = j | N(t_n) = i, N(t_{n-1}) = i_{n-1}, \cdots, N(t_0) = i_0)$$
$$= P(N(t_{n+1}) - N(t_n) = j - i | N(t_n) = i, \cdots, N(t_0) = i_0)$$
$$= P(N(t_{n+1}) - N(t_n) = j - i) = P(N(t_{n+1} - t_n) = j - i).$$

上式只与 $i, j, t_{n+1} - t_n$ 有关，于是知道 $\{N(t)\}$ 是马氏链，有初始分布 $P(N(0) = 0) = 1$ 和转移概率

$$p_{ij}(t) = P(N(t) = j - i) = \begin{cases} \dfrac{(\lambda t)^{j-i}}{(j-i)!} \mathrm{e}^{-\lambda t}, & \text{当 } j \geqslant i, \\ 0, & \text{当 } j < i, \end{cases} \quad (2.1)$$

其中

$$p_{ij}(0) = \delta_{ij} = \begin{cases} 1, & j = i, \\ 0, & i \neq j. \end{cases} \quad (2.2)$$

从上面的推导看出，取整数值的有独立增量性的平稳增量过程是马氏链 (见练习 5.2(1)).

容易看出 $p_{ij}(t)$ 是连续函数，在 $t = 0$ 有右导数

$$q_{ij} \equiv p'_{ij}(0) = \begin{cases} -\lambda, & j = i, \\ \lambda, & j = i + 1, \\ 0, & \text{其他}. \end{cases}$$

由于泊松过程在 i 的停留时间服从指数分布 $\mathcal{E}(\lambda)$, 故其数学期望 λ^{-1} 是质点在 i 的平均停留时间. λ 越大，泊松过程由 i 向 $i+1$ 转移得越快. 于是称 λ 为 i 的转移速率或转移强度. 这样 $p'_{i,i+1}(0) = q_{i,i+1} = \lambda$ 表明质点从 i 出发，下一步向 $i+1$ 转移的速率是 λ. 对于 $j \neq i$ 和 $i+1$, $p'_{ij}(0) = q_{ij} = 0$ 表明质点从 i 出发，下一步向 j 转移的速率是 0, 也就是说不会由 i 转向 j. 人们称 $p'_{ii}(0) = -\lambda$ 为质点停留在 i 的速率.

引入矩阵

$$Q = (q_{ij})_{i,j \in I} = \begin{pmatrix} -\lambda & \lambda & 0 & 0 & 0 & \cdots & 0 \\ 0 & -\lambda & \lambda & 0 & 0 & \cdots & 0 \\ 0 & 0 & -\lambda & \lambda & 0 & \cdots & 0 \\ \cdots & \cdots & \cdots & \cdots & \cdots & \cdots & \cdots \end{pmatrix}. \quad (2.3)$$

人们称 Q 为泊松过程 $\{N(t)\}$ 的**转移速率矩阵**或**转移强度矩阵**，或简单地称为 **Q 矩阵**. 可以把转移速率矩阵写成若当矩阵的形式

$$Q = (-\lambda) \begin{pmatrix} 1 & -1 & 0 & 0 & 0 & \cdots & 0 \\ 0 & 1 & -1 & 0 & 0 & \cdots & 0 \\ 0 & 0 & 1 & -1 & 0 & \cdots & 0 \\ \cdots & \cdots & \cdots & \cdots & \cdots & & \cdots \end{pmatrix}.$$

用归纳法容易验证

$$Q^k = (-\lambda)^k \begin{pmatrix} C_k^0 & C_k^1(-1)^1 & C_k^2(-1)^2 & C_k^3(-1)^3 & \cdots \\ 0 & C_k^0 & C_k^1(-1)^1 & C_k^2(-1)^2 & \cdots \\ 0 & 0 & C_k^0 & C_k^1(-1)^1 & \cdots \\ \cdots & \cdots & \cdots & \cdots & \cdots \end{pmatrix},$$

其中对于 $j < 0$ 或 $j > k$, 规定 $C_k^j = 0$. 定义

$$q_{ij}^{(k)} = (-\lambda)^k C_k^{j-i}(-1)^{i-j}, \quad k \geqslant 1, \ i,j \in I,$$

利用 $p_{ij}(0) = \delta_{ij}$ 得到

$$Q^k = (q_{ij}^{(k)}), \quad Q^0 = \text{单位矩阵},$$

并且对 $j \geqslant i$, 有

$$\begin{aligned} \sum_{k=0}^{\infty} \frac{t^k}{k!} q_{ij}^{(k)} &= \sum_{k=0}^{\infty} \frac{t^k}{k!} \lambda^{j-i} C_k^{j-i}(-\lambda)^{k+i-j} \\ &= \sum_{k=j-i}^{\infty} \frac{(\lambda t)^{j-i}}{(j-i)![k-(j-i)]!}(-\lambda t)^{k-(j-i)} \\ &= \frac{(\lambda t)^{j-i}}{(j-i)!} e^{-\lambda t} \\ &= p_{ij}(t). \end{aligned}$$

写成矩阵的形式就得到

$$P(t) = \sum_{k=0}^{\infty} \frac{t^k}{k!}(q_{ij}^{(k)}) = \sum_{k=0}^{\infty} \frac{1}{k!}(tQ)^k. \tag{2.4}$$

形式上也可以把 (2.4) 写成指数函数

$$P(t) = e^{tQ}. \tag{2.5}$$

注意对于 (2.4) 或 (2.5) 在 $t = 0$ 求导数就得到 $P'(0) = Q$. 下面对于连续时间马氏链研究类似的内容. 实际上, 由 (1.5) 给出的公式 $P(t+s) = P(t)P(s)$ 已经提示: 公式 (2.5) 有可能成立 (见定理 5.2).

练 习 5.2

(1) 取整数值的随机过程 $\{X(t)|t \geqslant 0\}$, 如果有独立增量性和平稳增量性就一定是马氏链.

(2) 一个 t 时刻存活的生物在 $(t, t+h]$ 内寿终的概率是 $\lambda h + o(h)$, 计算这个生物寿命的生存函数.

(3) t 时刻有 m 个生物独立存活, 每个生物在长为 h 的时间内寿终的概率是 $\lambda h + o(h)$. 从 t 时刻开始, 用 T_m 表示最早寿终的生物的寿终时间, 求 T_m 的分布.

(4) t 时刻有 m 个部件独立地工作, 第 i 个部件在长为 h 的时间内损坏的概率是 $\lambda_i h + o(h)$. 从 t 时刻开始, 用 T_m 表示等待第一个部件损坏的时间, 求 T_m 服从的分布.

§5.3 转移速率矩阵

离散时间马氏链的一步转移概率矩阵 P 可以唯一决定 n 步转移概率矩阵: $P^{(n)} = P^n$. 对于连续时间马氏链的转移概率矩阵 $P(t)$, 没有最小的正数 t 使得类似的公式成立. 但是对任何 $\varepsilon > 0$, 从练习 5.1(3) 知道 $\{P(s); 0 < s \leqslant \varepsilon\}$ 可以决定所有的 $P(t)$, 于是 $\{(P(s) - P(0))/s; s \in (0, \varepsilon]\}$ 也可以决定所有的 $P(t)$. 这就提示我们, $P(t)$ 可能被 $P'(0) = \lim_{s \downarrow 0}(P(s) - P(0))/s$ 唯一决定. 为讨论这个问题, 先研究 $P'(0)$ 的存在性.

对于泊松过程 $\{N(t)\}$, 有

$$P(N(s, t+s] < \infty) = 1, \quad s, t \geqslant 0.$$

这说明在概率 1 的意义下, 泊松过程在任何有限的时间内只有有限

次转移, 因为在转移点事件已经发生, 所以轨迹是右连续的.

我们也规定在概率 1 的意义下, 所研究的马氏链在任何有限时间内只能转移有限次, 这样的马氏链被称为**规则马氏链**. 可以理解, 规则马氏链 $\{X(t)\}$ 的轨迹是阶梯函数. 因为在跳跃点质点已经到达新的状态, 所以规则马氏链的轨迹也是右连续的, 即对 $t \geqslant 0$,

$$\lim_{h \downarrow 0} X(t+h) = X(h) \quad \text{a.s.}. \tag{3.1}$$

从 (3.1) 得到 $X(t+h)$ 依概率收敛到 $X(t)$, 即对任何 $\varepsilon > 0$, $t \geqslant 0$,

$$\lim_{h \downarrow 0} P(|X(t+h) - X(t)| \geqslant \varepsilon) = 0. \tag{3.2}$$

无特殊声明时, 本章的马氏链都是规则马氏链. 规则马氏链的数学条件可参考第一章例 8.2.

用 $P_i(\cdot)$ 表示条件概率 $P(\cdot \,|\, X(0) = i)$, 用 (3.2) 得到对任何 $\varepsilon > 0$,

$$\lim_{h \downarrow 0} P_i(|X(t+h) - X(t)| \geqslant \varepsilon)$$

$$\leqslant \lim_{h \downarrow 0} \frac{P(|X(t+h) - X(t)| \geqslant \varepsilon)}{P(X(0) = i)} = 0, \quad i \in I.$$

定理 3.1 对于状态空间为 I 的马氏链 $\{X(t)\}$, 有以下结论:

(1) $p_{ij}(t)$ 在 $t = 0$ 连续:

$$\lim_{t \downarrow 0} p_{ij}(t) = p_{ij}(0);$$

(2) $p_{ij}(t)$ 在 $[0, \infty)$ 上一致连续, 而且

$$\sum_{j \in I} |p_{ij}(t+h) - p_{ij}(t)| \leqslant 2(1 - p_{ii}(h)); \tag{3.3}$$

(3) 对于 $t \geqslant 0$, 恒有 $p_{ii}(t) > 0$;

(4) $p_{ij}(t)$ 在 $t = 0$ 有导数 (指右导数)

$$\lim_{t \downarrow 0} \frac{p_{ij}(t) - p_{ij}(0)}{t} = q_{ij},$$

其中 $-\infty \leqslant q_{ii} \leqslant 0$, 当 $i \neq j$ 时, $q_{ij} \geqslant 0$;

(5) 对于 $i \in I$, 有

$$\sum_{j \neq i} q_{ij} \leqslant |q_{ii}|.$$

*证明 (1) 对于 $\varepsilon \in (0,1)$, 利用 $p_{ii}(0) = 1$ 得到 $t \downarrow 0$ 时,

$$|p_{ii}(0) - p_{ii}(t)| = 1 - P_i(X(t) = i) = P_i(X(t) \neq i)$$
$$= P_i(|X(t) - X(0)| \geqslant \varepsilon) \to 0.$$

对于 $j \neq i$, 利用 $p_{ij}(t) + p_{ii}(t) \leqslant 1$ 知道 $t \downarrow 0$ 时,

$$0 \leqslant p_{ij}(t) \leqslant 1 - p_{ii}(t) \to 0.$$

(2) 只需要证明 (3.3). 利用 $p_{ij}(t) \leqslant 1$ 和 K-C 方程得到

$$\sum_{j \in I} |p_{ij}(t+h) - p_{ij}(t)|$$
$$= \sum_{j \in I} \Big| \sum_{k \neq i} p_{ik}(h)p_{kj}(t) + [p_{ii}(h) - 1]p_{ij}(t) \Big|$$
$$\leqslant \sum_{k \neq i} \sum_{j \in I} p_{ik}(h)p_{kj}(t) + (1 - p_{ii}(h)) \sum_{j \in I} p_{ij}(t)$$
$$= \sum_{k \neq i} p_{ik}(h) + 1 - p_{ii}(h)$$
$$= 2(1 - p_{ii}(h)).$$

(3) 从 (1) 知道当 n 充分大时 $p_{ii}(t/n) > 0$, 再从 (1.10) 得到

$$p_{ii}(t) \geqslant \left[p_{ii}\left(\frac{t}{n}\right) \right]^n > 0.$$

(4) 只对 $i = j$ 的情况给出证明. 定义 $[0, \infty)$ 上的非负连续函数 $g(t) = -\ln p_{ii}(t)$, 有 $g(0) = 0$ 和

$$g(t+s) = -\ln p_{ii}(t+s) \leqslant -\ln \big(p_{ii}(t)p_{ii}(s) \big) = g(t) + g(s).$$

利用数学分析的结果 (见习题 5.26), 知道有 $q_i \in [0, \infty]$ 使得

$$q_i \equiv \sup_{t > 0} \frac{g(t)}{t} = \lim_{t \downarrow 0} \frac{g(t)}{t}, \tag{3.4}$$

当 $t \downarrow 0$ 时，用 $g(t) \to 0$ 得到

$$\frac{p_{ii}(t) - 1}{t} = \frac{\mathrm{e}^{-g(t)} - 1}{t} = \frac{g(t)}{t} \frac{(\mathrm{e}^{-g(t)} - 1)}{g(t)} \to -q_i.$$

取 $q_{ii} = -q_i$ 就得到结论.

(5) 对于任何正整数 m, 利用

$$\sum_{j \neq i, j \leqslant m} q_{ij} = \lim_{t \downarrow 0} \sum_{j \neq i, j \leqslant m} \frac{p_{ij}(t)}{t}$$

$$\leqslant \lim_{t \downarrow 0} \sum_{j \neq i} \frac{p_{ij}(t)}{t} = \lim_{t \downarrow 0} \frac{1 - p_{ii}(t)}{t} = -q_{ii}$$

得到结果.

推论 3.2 定义 $q_i = -q_{ii}$.

(1) 如果 $q_i = 0$, 则对所有的 $t \geqslant 0$, $p_{ii}(t) = 1$;

(2) $q_i = \sup\limits_{t > 0} (1 - p_{ii}(t))/t$.

*证明 (1) 由 (3.4) 式知道

$$\sup_{t > 0} \frac{g(t)}{t} = \sup_{t > 0} \frac{-\ln p_{ii}(t)}{t} = q_i = 0,$$

所以 $p_{ii}(t) = 1$ 对一切 $t \geqslant 0$ 成立.

(2) 从 (3.4) 得到 $g(t)/t \leqslant q_i$, 所以有

$$p_{ii}(t) = \exp\left(-\frac{g(t)}{t} t\right) \geqslant \mathrm{e}^{-q_i t}.$$

因为 $t \geqslant 0$, 所以用不等式 $1 - \mathrm{e}^{-q_i t} \leqslant q_i t$ 得到

$$\frac{1 - p_{ii}(t)}{t} \leqslant \frac{1 - \mathrm{e}^{-q_i t}}{t} \leqslant q_i.$$

再结合 $p_{ii}'(0) = -q_i$ 就得到结论 (2).

由于 $p_{ij}(t)$ 是马氏链从 i 出发, t 时处于 j 的概率, 所以称 $q_{ij} = p_{ij}'(0)$ 是质点从 i 出发, 下一步向 j 转移的速率或强度, 称

$$Q = (q_{ij})_{i,j \in I}$$

为马氏链的**转移速率矩阵**或**转移强度矩阵**.

由于 q_{ij} 是转移概率 $p_{ij}(t)$ 在 $t = 0$ 的导数, 所以又称 Q 为马氏链的**无穷小矩阵**, 或简单地称为 Q **矩阵**.

练 习 5.3

(1) 有了马氏链的转移概率矩阵 $P(t)$, 计算 Q 矩阵, 其中

$$P(t) = \frac{1}{5} \begin{pmatrix} 2 + 3e^{-3t} & 1 - e^{-3t} & 2 - 2e^{-3t} \\ 2 - 2e^{-3t} & 1 + 4e^{-3t} & 2 - 2e^{-3t} \\ 2 - 2e^{-3t} & 1 - e^{-3t} & 2 + 3e^{-3t} \end{pmatrix}.$$

(2) 如果事件列 A_n 关于 n 单调减少, 则对于任何事件 B, 当 $n \to \infty$ 时, 有 $P(BA_n) \to P(B \bigcap\limits_{i=1}^{\infty} A_i)$.

(3) 对于 $t > 0$, 定义 $B_n = \{jt/2^n \mid j = 0, 1, \cdots, 2^n\}$, $A_n = \{X(u) = i, u \in B_n\}$.

(a) 验证 B_n 单调增加: $B_1 \subset B_2 \subset \cdots$;

(b) 验证 A_n 单调减少: $A_1 \supset A_2 \supset \cdots$;

(c) 对马氏链 $\{X(t)\}$, 验证 $\{X(u) = i, u \in [0, t]\} = \bigcap\limits_{n=1}^{\infty} A_n$.

§5.4 连续时间马氏链的结构

记住我们的马氏链都是规则的: 有限时间内质点转移有限次.

A. 保守马氏链

定义 4.1 如果对于一切 $i \in I$, 有

$$\sum_{j \neq i} q_{ij} = |q_{ii}| < \infty, \tag{4.1}$$

则称转移速率矩阵 Q 或马氏链是**保守的** (conservative).

保守的含义见第一章例 8.2. 可以说, 至今在实际应用中见到的马氏链都是保守的.

因为 $q_{ii} = p'_{ii}(0) \leqslant 0$, 所以当所有的 $|q_{ii}| < \infty$ 时, 保守性等价

于

$$\sum_{j \in I} q_{ij} = 0, \quad i \in I. \tag{4.2}$$

如果将 q_{ii} 视为马氏链从 i 出发, 下一步继续留在 i 的速率, 将 $\sum_{j \neq i} q_{ij}$ 视为从 i 出发, 下一步离开 i 的速率, 保守性说明继续停留的速率和转出的速率大小相等, 方向相反.

从 §5.2 的内容知道, 泊松过程是保守马氏链. 另外, 只有有限个状态的马氏链如果所有的 $|q_{ii}| < \infty$, 则是保守马氏链. 因为这时

$$\sum_{j \in I} \frac{p_{ij}(t) - p_{ij}(0)}{t} = 0$$

的左边是有限项求和, 令 $t \downarrow 0$ 就得到 (4.2). 下面的定理 4.1(6) 说明规则马氏链是保守的, 于是本书讨论的马氏链都是保守的.

下面进一步解释 q_{ij} 的含义. 如果 $q_{ii} = 0$, 从推论 3.2 知道对一切 $t > 0$,

$$p_{ii}(t) = P(X(t) = i | X(0) = i) = 1.$$

这说明 i 是**吸引状态**: 质点一旦到达状态 i 就不再离开. 已知 $X(0) = i$ 时, 用

$$\tau = \inf\{\, t \mid X(t) \neq i \,\} \tag{4.3}$$

表示质点在 i 的停留时间, 则从 $q_{ii} = 0$ 得到 $P_i(\tau = \infty) = 1$.

例 4.1   对于马氏链 $\{X(t)\}$, $q_i = |q_{ii}|$ 和 $t, h > 0$, 有以下结论:

(1) $P(X(t+h) = j | X(u) = i, u \in [0, t]) = p_{ij}(h)$;

(2) $P(X(u) = i, u \in [0, t] \mid X(0) = i) = \mathrm{e}^{-q_i t}$.

证明   (1) 根据 §5.1 性质 (2), 已知 $X(t) = i$ 的条件下, $X(t+h)$ 和 $\{X(u), u \in [0, t)\}$ 独立, 于是有

$$
\begin{aligned}
P(X(t+h) &= j | X(u) = i, u \in [0, t]) \\
&= P(X(t+h) = j | X(t) = i, X(u) = i, u \in [0, t)) \\
&= P(X(t+h) = j | X(t) = i) \\
&= p_{ij}(h).
\end{aligned}
$$

(2) 只需对 q_i 是正数的情况证明. 集合列 $B_n = \{jt/2^n \mid 1 \leqslant j \leqslant 2^n\}$ 单调增加. 事件列

$$A_n = \{X(jt/2^n) = i, 1 \leqslant j \leqslant 2^n\} = \{X(u) = i, u \in B_n\}$$

单调减少: $A_1 \supset A_2 \supset \cdots$. 因为 $B = \bigcup\limits_{n=1}^{\infty} B_n$ 在 $[0, t]$ 中稠密, $X(t)$ 的轨迹又是阶梯形状和右连续的, 所以

$$\{X(u) = i, u \in [0, t]\} = \bigcap\limits_{j=1}^{\infty} A_n \quad \text{a.s..} \tag{4.4}$$

利用概率的连续性和 (1.8) 得到

$$
\begin{aligned}
P(X(u) = i, u \in [0, t] \mid X(0) = i) &= \lim_{n \to \infty} P(A_n \mid X(0) = i) \\
&= \lim_{n \to \infty} P(X(jt/2^n) = i, 1 \leqslant j \leqslant 2^n \mid X(0) = i) \\
&= \lim_{n \to \infty} \left[p_{ii}(t/2^n)\right]^{2^n} = \lim_{n \to \infty} \left[p_{ii}(t/n)\right]^n \quad \text{(前者是后者子序列)} \\
&= \lim_{n \to \infty} \left[p_{ii}(0) + p'_{ii}(0)(t/n) + o(t/n)\right]^n \quad \text{(用 Taylor 公式)} \\
&= \lim_{n \to \infty} \left[1 - q_i t/n + o(t/n)\right]^n \\
&= \mathrm{e}^{-q_i t}.
\end{aligned}
$$

回忆我们已经规定 $1/0 = \infty, 0/0 = 0$.

定理 4.1 对于马氏链 $\{X(t)\}$, $q_i = |q_{ii}|$, 用 τ 表示质点在状态 i 的停留时间, 则有

(1) $P(\tau > t | X(0) = i) = \mathrm{e}^{-q_i t}$, $t \geqslant 0$;

(2) $\mathrm{E}(\tau | X(0) = i) = 1/q_i$;

(3) 当 $j \neq i$ 时, $P(X(\tau) = j, \tau \leqslant t | X(0) = i) = \dfrac{q_{ij}}{q_i}(1 - \mathrm{e}^{-q_i t})$;

(4) 当 $j \neq i$ 时, $P(X(\tau) = j | X(0) = i) = \dfrac{q_{ij}}{q_i}$;

(5) 在条件 $X(0) = i$ 下, τ 和 $X(\tau)$ 独立;

(6) 当所有的 $q_i < \infty$ 时, 马氏链 $\{X(t)\}$ 是保守的.

证明 只需对 q_i 是正数的情况证明.

(1) 从例 4.1(2) 得到

$$P(\tau > t \mid X(0) = i) = P(X(u) = i, u \in [0, t] \mid X(0) = i) = \mathrm{e}^{-q_i t}.$$

(2) 结论 (1) 说明在条件 $X(0) = i$ 下, $\tau \sim \mathcal{E}(q_i)$, 所以有

$$E(\tau \mid X(0) = i) = 1/q_i.$$

(3) 重新定义 $B_n = \{jt/2^n \mid 1 \leqslant j \leqslant 2^n - 1\}$, $A_n = \{X(u) = i, u \in B_n\}$. A_n 单调减少, 使得

$$\{X(u) = i, u \in [0, t)\} = \bigcap_{j=1}^{\infty} A_n.$$

对于 $t, \Delta t > 0$ 和 $j \neq i$, 从 Taylor 展开公式

$$P(X(t) = j \mid X(t - \Delta t) = i) = p_{ij}(\Delta t) = q_{ij}\Delta t + o(\Delta t)$$

知道

$$\lim_{\Delta t \to 0} P(X(t) = j \mid X(t - \Delta t) = i) = q_{ij}\mathrm{d}t.$$

取 $\Delta t = t/2^n$, 得到

$$
\begin{aligned}
P(X(\tau) &= j, \tau = t \mid X(0) = i) \\
&= P(\{X(u) = i, u \in [0, t)\}, X(t) = j \mid X(0) = i) \\
&= \lim_{n \to \infty} P(A_n, X(t) = j \mid X(0) = i) \\
&= \lim_{n \to \infty} P(A_n \mid X(0) = i)P(X(t) = j \mid A_n, X(0) = i) \\
&= \lim_{n \to \infty} \left[P(t/2^n)\right]^{2^n - 1} P(X(t) = j \mid X(t - \Delta t) = i) \\
&= \lim_{n \to \infty} (1 - q_i t/2^n + o(t/2^n))^{2^n - 1}(q_{ij}\Delta t + o(\Delta t)) \\
&= \mathrm{e}^{-q_i t} q_{ij}\mathrm{d}t.
\end{aligned}
$$

两边对于 $t \in [0, s]$ 积分得到 (参考文献 [1] 的附录 D)

$$P(X(\tau) = j, \tau \leqslant s \mid X(0) = i) = \int_0^s q_{ij}\mathrm{e}^{-q_i t}\mathrm{d}t = \frac{q_{ij}}{q_i}(1 - \mathrm{e}^{-q_i s}).$$

这就得到了 (3).

(4) 在 (3) 中让 $t \to \infty$, 得到 (4).

(5) 这时 $p_j = q_{ij}/q_i$ 是 $X(\tau) \mid X(0) = i$ 的概率分布. 由 (1) 知道 $P_i(\tau \leqslant t) = 1 - \mathrm{e}^{-q_i t}$. 引入 $P_i(\cdot) = P(\cdot \mid X(0) = i)$, 用 (3) 和 (4) 得到

$$P_i(X(\tau) = j, \tau \leqslant t) = P_i(X(\tau) = j)P_i(\tau \leqslant t), \quad t \geqslant 0.$$

这说明 (5) 成立.

(6) 当 $q_i = 0$ 时, 从定理 3.1(5) 知道 $\sum\limits_{j \in I} q_{ij} = 0$. 当 $q_i > 0$ 时, 从本定理的 (1) 和 (4) 知道 $\sum\limits_{j \neq i} q_{ij} = q_i$.

从定理 4.1(1) 知道, 当 $q_i = \infty$ 时, 有 $\overline{G}(t) = P(\tau > t | X(0) = i) \equiv 0$, 于是 $P(\tau = 0 | X(0) = i) = 1$. 这说明质点在状态 i 无法停留, 所以称 i 为**瞬时状态**. 尽管理论上存在瞬时状态, 但是在实际中是难以理解的. **本书以后不再考虑瞬时状态, 总认为所有的** $q_i = |q_{ii}| < \infty$.

如果 $q_i > 0$, 由定理 4.1(1) 知道, 质点从 i 出发, 在 i 的停留时间 T_0(下标 0 表示第 0 次转移) 服从指数分布 $\mathcal{E}(q_i)$, 有数学期望 $1/q_i$. q_i 越大, 平均停留时间越短. 由定理 4.1(4) 知道停留结束后, 质点以概率 q_{ij}/q_i 转移到状态 $j (j \neq i)$. 因为轨迹是右连续的, 所以如果转移到 j, 则 $X(T_0) = j$. 马氏链的时间齐次性和马氏性还保证了以下性质:

已知 $X(T_0) = j$ 时,

(1) 在 T_0 以后马氏链的运动情况与 T_0 以前的行为独立;

(2) 如果把 T_0 标记为重新开始时间 0, 则得到从 j 出发的马氏链, 且转移概率矩阵不变;

(3) 如果 j 不是吸引状态, 马氏链在 j 的停留时间 T_1 服从指数分布 $\mathcal{E}(q_j)$, 有数学期望 $1/q_j$. 停留结束后, 以概率 q_{jk}/q_j 转移到状态 $k (k \neq j)$, T_1 和 T_0 独立. 若转向 k, 则有 $X(T_0 + T_1) = k$;

(4) 已知 $X(T_0 + T_1) = k$ 时, 在 $T_0 + T_1$ 以后马氏链的运动情况与 $T_0 + T_1$ 以前的行为独立, 如果把 $T_0 + T_1$ 标记为重新开始时间 0, 则得到从 k 出发的马氏链, 且转移概率矩阵不变;

(5) 马氏链按照以上方式继续运行.

B. 马氏链的结构

下面对以上分析给出进一步的描述, 帮助我们理解马氏链的具体运行情况. 仍用 δ_{ij} 表示 δ 函数:

$$\delta_{ij} = \begin{cases} 1, & \text{当 } i = j, \\ 0, & \text{当 } i \neq j. \end{cases}$$

设马氏链 $\{X(t)\}$ 有转移速率矩阵 Q, $q_i = |q_{ii}|$. 定义

$$
k_{ij} = \begin{cases} q_{ij}/q_i, & \text{当 } q_i > 0, j \neq i, \\ 0, & \text{当 } q_i > 0, j = i, \\ \delta_{ij}, & \text{当 } q_i = 0, \end{cases} \tag{4.5}
$$

则 $K = (k_{ij})$ 的各行之和为 1. 定义

$$
\begin{aligned}
& \tau_0 = 0, \\
& \tau_1 = \inf\{t > 0 | X(t) \neq X(0)\}, \\
& \tau_2 = \inf\{t > \tau_1 | X(t) \neq X(\tau_1)\}, \\
& \cdots\cdots\cdots\cdots \\
& \tau_n = \inf\{t > \tau_{n-1} | X(t) \neq X(\tau_{n-1})\}, \\
& \cdots\cdots\cdots\cdots
\end{aligned}
$$

则 τ_i 是马氏链 $\{X(t)\}$ 的第 i 次转移时刻. $T_i = \tau_{i+1} - \tau_i$ 是第 i 次转移后的停留时间. 从定理 4.1 得到马氏链的以下结果:

(1) $X_n = X(\tau_n)$ $(n = 0, 1, \cdots)$ 是以 $K = (k_{ij})$ 为一步转移概率矩阵的离散时间马氏链;

(2) 沿着嵌入链 $\{X(\tau_n)\}$ 的给定轨迹 $i_0 \to i_1 \to i_2 \to \cdots$, 马氏链在各状态的依次停留时间 $T_0, T_1, T_2, \cdots$ 相互独立, T_j 服从指数分布 $\mathcal{E}(q_{i_j})$, $j = 0, 1, 2, \cdots$;

(3) 设 $\{Y_n\}$ 是离散时间马氏链, 以 (4.5) 定义的 $K = (k_{ij})$ 为转移概率矩阵. 对每个 $i \in I$, 假设质点每次到达 i 后, 在 i 的停留时间是相互独立的随机变量, 服从共同的指数分布 $\mathcal{E}(q_i)$, 停留结束时以概率 k_{ij} 转移到状态 $j (j \neq i)$, 进一步假设质点在不同状态的停留时间相互独立, 则用 $X(t)$ 表示 t 时质点的状态时, $\{X(t)\}$ 是连续时间的马氏链, 有转移速率矩阵 Q.

在上面的 (1) 中, 称离散时间马氏链 $\{X_n\}$ 为 $\{X(t)\}$ 的**嵌入链** (embedded chain) 或**跳跃链** (jump chain). 同理在上面的 (3) 中也称离散时间马氏链 $\{Y_n\}$ 为 $\{X(t)\}$ 的嵌入链. 嵌入链的转移概率矩阵由转移速率矩阵 Q 和 (4.5) 决定.

马氏链的结构还可以用第一章的例 8.2 描述.

例 4.2 强度为 λ 的泊松过程是马氏链, 嵌入链有一步转移概率

$$k_{ij} = \begin{cases} 1, & j = i+1 \geq 1, \\ 0, & j \neq i+1. \end{cases}$$

质点在任何状态的停留时间是相互独立的, 服从指数分布 $\mathcal{E}(\lambda)$, 所以 $q_i = \lambda$. 从公式 (4.5) 得到

$$q_{ij} = \begin{cases} -\lambda, & j = i \geq 0, \\ \lambda, & j = i+1 \geq 1, \\ 0, & \text{其他}. \end{cases}$$

例 4.3 设连续时间马氏链 $\{X(t)\}$ 有转移概率矩阵

$$P(t) = \frac{1}{5} \begin{pmatrix} 2+3e^{-3t} & 1-e^{-3t} & 2-2e^{-3t} \\ 2-2e^{-3t} & 1+4e^{-3t} & 2-2e^{-3t} \\ 2-2e^{-3t} & 1-e^{-3t} & 2+3e^{-3t} \end{pmatrix}.$$

(1) 计算转移速率矩阵 Q;

(2) 计算质点在各状态的平均停留时间;

(3) 计算嵌入链的一步转移概率矩阵;

(4) 对于马氏链的运动情况给予简单解释.

解 (1) 容易计算出

$$Q = P'(0) = \frac{1}{5} \begin{pmatrix} -9 & 3 & 6 \\ 6 & -12 & 6 \\ 6 & 3 & -9 \end{pmatrix}.$$

(2) 设马氏链的状态为 $1, 2, 3$, 质点在 $1, 2, 3$ 的平均停留时间分别是

$$1/q_1 = 5/9, \quad 1/q_2 = 5/12, \quad 1/q_3 = 5/9.$$

(3) 根据 $k_{ij} = q_{ij}/q_i \ (j \neq i)$, 可以计算出嵌入链的一步转移矩阵

$$K = \begin{pmatrix} 0 & 3/9 & 6/9 \\ 6/12 & 0 & 6/12 \\ 6/9 & 3/9 & 0 \end{pmatrix} = \begin{pmatrix} 0 & 1/3 & 2/3 \\ 1/2 & 0 & 1/2 \\ 2/3 & 1/3 & 0 \end{pmatrix}.$$

(4) 质点按照离散时间马氏链的一步转移概率矩阵 K 在状态 $1, 2, 3$ 中转移, 这三个状态互通. 质点每次到达状态 i, 在 i 的停留时间是服从指数分布的随机变量, 其数学期望 $1/q_i$ 是在 i 的平均停留时间. 所有不同次到达的停留时间是相互独立的, 在不同状态的停留时间也是相互独立的. 质点从 i 出发的条件下, t 时位于状态 j 的概率是 $p_{ij}(t)$.

练 习 5.4

(1) 短信按强度为 λ 的泊松流到达一部手机. 每个短信是公事的概率是 p, 是私事的概率是 $q = 1 - p$. 引入

$$X(t) = \begin{cases} 0, & \text{当 } (0, t] \text{ 中的最后一个短信是公事}, \\ 1, & \text{当 } (0, t] \text{ 中的最后一个短信是私事}. \end{cases}$$

说明 $\{X(t)\}$ 是马氏链, 写出转移速率矩阵和嵌入链的转移概率矩阵.

(2) 用 τ 表示马氏链在状态 i 的停留时间, 引入生存函数 $\overline{G}(t) = P_i(\tau > t) = P(\tau > t | X(0) = i)$, 用马氏性直接证明 $\overline{G}(t + s) = \overline{G}(t)\overline{G}(s)$, 并由此证明 $\overline{G}(t) = \mathrm{e}^{-q_i t}$.

(3) 人群中有若干人带菌. 在任何长为 h 的时间内群体中恰有两个人相遇的概率是 $\lambda h + o(h)$, 有更多人次相遇的概率为 $o(h)$. 相遇时以概率 p 发生传染, 被传染者将永远带菌. 用 $X(t)$ 表示 t 时带菌的人数, 回答以下问题:

(a) $\{X(t)\}$ 是马氏链吗?

(b) 如果是马氏链, 请写出转移速率矩阵 Q;

(c) 从 t 时刻开始, 新传染上 n 个人平均需要多少时间?

§5.5　柯尔莫哥洛夫方程

马氏链的转移速率矩阵 Q 由转移概率矩阵 $P(t)$ 唯一决定: $Q = P'(0)$. 自然要问: 在什么条件下转移速率矩阵 Q 可以决定转移概率矩阵 $P(t)$? 下面讨论这个问题.

A. 向后和向前方程

回忆 K-C 方程是

$$p_{ij}(t+s) = \sum_{k\in I} p_{ik}(t)p_{kj}(s), \quad i,j \in I. \tag{5.1}$$

让我们约定把右边称为前, 把左边称为后. 在 (5.1) 两边对于后面的 $t=0$ 求导数, 形式上得到

$$p'_{ij}(s) = \sum_{k\in I} q_{ik}p_{kj}(s).$$

写成矩阵的形式就得到 $P'(t) = QP(t)$.

如果在 K-C 方程中对于前面的 $s=0$ 求导, 形式上得到

$$p'_{ij}(t) = \sum_{k\in I} p_{ik}(t)q_{kj}. \tag{5.2}$$

写成矩阵的形式就得到 $P'(s) = P(s)Q$.

只要把上面的形式推导严格化, 就得到下面的定理.

定理 5.1 (柯尔莫哥洛夫方程) 设 Q 是马氏链 $\{X(t)\}$ 的转移速率矩阵, $q_i = |q_{ii}|$, 则有

(1) **向后方程**: $P'(t) = QP(t)$, 或等价地写成

$$p'_{ij}(t) = \sum_{k\in I} q_{ik}p_{kj}(t), \quad i,j \in I; \tag{5.3}$$

(2) **向前方程**: 当 $q = \sup\{q_i | i \in I\} < \infty$ 时, 有 $P'(t) = P(t)Q$, 或等价地写成

$$p'_{ij}(t) = \sum_{k\in I} p_{ik}(t)q_{kj}, \quad i,j \in I. \tag{5.4}$$

定理 5.1 的证明是数学分析的内容, 把它列入附录 A 中的 A4.

在 K-C 方程 (5.1) 中, 质点先从 i 经过时间 t 到 k, 再从 k 经过时间 s 到 j. 对于后面的时间 t 求导得到向后方程, 对前面的时间 s 求导得到向前方程. 这是向后, 向前的含义, 如下图所示.

$$i \text{----} \xrightarrow{t\text{在后}} k \text{----} \xrightarrow{s\text{在前}} j$$

B. 解柯尔莫哥洛夫方程

设右连续函数 $g(t)$ 满足

$$g(t+s) = g(t)g(s) > 0, \quad s, t > 0,$$

则 $g(t)$ 是指数函数 (参考习题 1.8), 即有

$$g(t) = \sum_{k=0}^{\infty} \frac{1}{k!}(ct)^k = e^{ct}, \quad g'(t) = cg(t), \quad c = g'(0).$$

于是得到

$$g(t) = \sum_{k=0}^{\infty} \frac{1}{k!}\big(g'(0)t\big)^k = \exp\big(g'(0)t\big).$$

对于方阵 A, 当 $\sum_{k=0}^{\infty} A^k/k!$ 的每个元收敛时, 定义

$$e^A = \exp(A) = \sum_{k=0}^{\infty} \frac{1}{k!} A^k, \quad A^0 = \ 单位矩阵.$$

对于马氏链的转移概率矩阵 $P(t)$ 和转移速率矩阵 Q, 从 K-C 方程得到

$$P(t+s) = P(t)P(s), \quad s, t \geqslant 0,$$

所以我们也期望有某个矩阵 C, 使得

$$P(t) = \sum_{k=0}^{\infty} \frac{1}{k!}(Ct)^k \equiv \exp(Ct),$$

其中 $(Ct)^0$ 表示单位阵. 因为 $P'(0) = Q$, 所以应当猜测 $C = Q$ 和

$$P(t) = \sum_{k=0}^{\infty} \frac{1}{k!}\big(Qt\big)^k = \exp(Qt). \tag{5.5}$$

如果马氏链 $\{X(t)\}$ 的状态空间 I 是有限集合, 则称 $\{X(t)\}$ 是**有限状态马氏链**. 设状态空间 I 有 n 个状态, 取

$$q = \max_{i,j \in I} |q_{ij}| = \max_{i \in I} q_i,$$

则矩阵 Qt 的元的绝对值都小于 qt, $(Qt)^2$ 的元的绝对值都小于 $n(qt)^2$, $\cdots$, $(Qt)^k$ 的元的绝对值都小于 $n^{k-1}(qt)^k$. 于是

$$\exp(Qt) \equiv \sum_{k=0}^{\infty} \frac{1}{k!}(Qt)^k$$

的每个元收敛, 关于 t 逐项求导得到

$$\begin{aligned}
\big(\exp(Qt)\big)' &= \Big(\sum_{k=0}^{\infty} \frac{1}{k!}(Qt)^k\Big)' \\
&= \sum_{k=1}^{\infty} \frac{1}{(k-1)!}(Qt)^{k-1}Q \\
&= \exp(Qt)Q, \quad t \in (-\infty, \infty).
\end{aligned} \tag{5.6}$$

有了公式 (5.6), 就可以证明以下的结论.

定理 5.2 有限状态马氏链的转移概率矩阵 $P(t)$ 由转移速率矩阵 Q 唯一决定, 并且有

$$P(t) = \sum_{k=0}^{\infty} \frac{1}{k!}(Qt)^k = \exp(Qt), \quad t \geqslant 0.$$

证明 从 (5.6) 知道 $P(t) = \exp(Qt)$ 满足 $P'(t) = \exp(Qt)Q = P(t)Q$, 所以是向前方程的解. 再证明 $\exp(Qt)$ 是向前方程的唯一解.

如果 $P(t)$ 满足向前方程 $P'(t) = P(t)Q$, 且 $P(0)$ 是单位阵, 我们证明 $P(t) = \exp(Qt)$. 利用公式

$$\big(A(t)B(t)\big)' = A'(t)B(t) + A(t)B'(t)$$

和向前方程得到

$$\begin{aligned}
\big(P(t)\exp(-Qt)\big)' &= P'(t)\exp(-Qt) - P(t)Q\exp(-Qt) \\
&= \big(P'(t) - P(t)Q\big)\exp(-Qt) = 0.
\end{aligned}$$

这说明 $P(t)\exp(-Qt) = C$ 是常数矩阵. 再从 $P(0) =$ 单位阵, 知道

$$单位阵 = P(t)\exp(-Qt).$$

两边右乘 $\exp(Qt)$, 得到

$$
\begin{aligned}
\exp(Qt) &= P(t)\exp(-Qt)\exp(Qt) \\
&= P(t)\sum_{k=0}^{\infty}\frac{1}{k!}(-Qt)^k\sum_{j=0}^{\infty}\frac{1}{j!}(Qt)^j \\
&= P(t)\sum_{j=0}^{\infty}\sum_{k=0}^{j}\frac{1}{k!(j-k)!}t^k(-t)^{j-k}Q^j \\
&= P(t)\sum_{j=0}^{\infty}\frac{1}{j!}\Big(\sum_{k=0}^{j}C_j^k t^k(-t)^{j-k}\Big)Q^j \\
&= P(t)\sum_{j=0}^{\infty}j!(t-t)^j Q^j \\
&= P(t).
\end{aligned}
$$

这就证明了向前方程有唯一解 $P(t)=\exp(Qt)$. Q 唯一决定了 $P(t)$.

例 5.1 给定马氏链的转移速率矩阵

$$
Q = P'(0) = \frac{1}{5}\begin{pmatrix} -9 & 3 & 6 \\ 6 & -12 & 6 \\ 6 & 3 & -9 \end{pmatrix},
$$

计算转移概率矩阵 $P(t)$.

解 为了方便计算 Q^k, 需要将 Q 写成 Jordan 标准形

$$
Q = MDM^{-1},
$$

其中 D 为 Q 的 Jordan 形矩阵, M 为可逆矩阵. 用线性代数的方法可以计算出

$$
D = \begin{pmatrix} -3 & 0 & 0 \\ 0 & 0 & 0 \\ 0 & 0 & -3 \end{pmatrix}, \quad M = \begin{pmatrix} 0 & 1 & -1 \\ 2 & 1 & 0 \\ -1 & 1 & 1 \end{pmatrix},
$$

$$
M^{-1} = \frac{1}{5}\begin{pmatrix} -1 & 2 & -1 \\ 2 & 1 & 2 \\ -3 & 1 & 2 \end{pmatrix}.
$$

这样得到 $Q^k = MD^kM^{-1}$, 于是得到

$$P(t) = \sum_{k=0}^{\infty} \frac{1}{k!}(Qt)^k = M \sum_{k=0}^{\infty} \frac{1}{k!}(Dt)^k M^{-1}$$

$$= M \begin{pmatrix} \mathrm{e}^{-3t} & 0 & 0 \\ 0 & 1 & 0 \\ 0 & 0 & \mathrm{e}^{-3t} \end{pmatrix} M^{-1}$$

$$= \frac{1}{5} \begin{pmatrix} 2+3\mathrm{e}^{-3t} & 1-\mathrm{e}^{-3t} & 2-2\mathrm{e}^{-3t} \\ 2-2\mathrm{e}^{-3t} & 1+4\mathrm{e}^{-3t} & 2-2\mathrm{e}^{-3t} \\ 2-2\mathrm{e}^{-3t} & 1-\mathrm{e}^{-3t} & 2+3\mathrm{e}^{-3t} \end{pmatrix}.$$

注 在实际问题中可以用 Matlab 进行计算. 先调用

$$Q = [-9, 3, 6; 6, -12, 6; 6, 3, -9]/5$$

为 Q 赋值, 然后用

$$[\mathrm{M}, \mathrm{D}] = \mathrm{eig}(\mathrm{Q})$$

计算出 M, D, 最后用 inv(M) 计算 M^{-1}.

因为我们讨论的是规则马氏链, 所以关于向后和向前方程还可以给出如下进一步的结论 (参考 [3] 或 [14]):

定理 5.3 马氏链的转移概率 $p_{ij}(t)$ 满足柯尔莫哥洛夫向后和向前方程, 而且是向后或向前方程的唯一解.

定理 5.3 的唯一性是说, 如果有另外的非负函数 $g_{ij}(t)$ 满足相同的向后方程 (5.3)(或向前方程 (5.4)), 并且满足 K-C 方程 $g_{ij}(s+t) = \sum_{k \in I} g_{ik}(s)g_{kj}(t)$ $(i, j \in I, s, t \geqslant 0)$ 和

$$\sum_{j \in I} g_{ij}(t) \leqslant 1, \quad g_{ij}(0) = \lim_{t \downarrow 0} g_{ij}(t) = \delta_{ij}, \quad i, j \in I, t \geqslant 0,$$

则 $g_{ij}(t) = p_{ij}(t)$.

练 习 5.5

(1) 设马氏链只有两个状态, 并且对一切 $t \geqslant 0$ 有 $X(t) \sim B(1, 0.5)$, 写出嵌入链的转移矩阵 K, Q 矩阵和 $P(t)$.

(2) 马氏链只有 $1,0$ 两个状态，在状态 1 和 0 的停留时间分别是来自总体 $\mathcal{E}(\lambda)$, $\mathcal{E}(\mu)$ 的随机变量.

(a) 写出嵌入链的转移概率矩阵 K 和 Q 矩阵；

(b) 写出 p_{00} 和 p_{11} 满足的向前方程；

(c) 计算 $p_{00}(t)$, $p_{11}(t)$.

(3) 生物个体的寿命是来自总体 $\mathcal{E}(\lambda)$ 的随机变量. 每个个体寿终时以概率 p_k 产生 k 个后代. 用 $X(t)$ 表示 t 时的生物总数. 验证 $\{X(t)\}$ 是马氏链, 当 $p_1 = 0$ 时, 写出转移速率 q_{ij} 和嵌入链的转移概率 k_{ij}.

(4) 设马氏链 $\{X(t)\}$ 在状态 i 停留时间 T_{ij} 后转向状态 $j(\neq i)$. 用 §2.4 的定理 4.4 说明存在常数 $\lambda_j \geq 0$, 使得

(a) $T_{ij} \sim \mathcal{E}(\lambda_j)$, 并且 $\{T_{ij}|j \neq i\}$ 相互独立；

(b) 当 $\sum\limits_{j \neq i} \lambda_j = \infty$ 时, i 是瞬时状态；

(c) 当 $\sum\limits_{j \neq i} \lambda_j \in (0, \infty)$ 时, $q_i = \sum\limits_{j \neq i} \lambda_j, k_{ij} = \lambda_j/q_i, q_{ij} = \lambda_j$.

§5.6 生 灭 过 程

生灭过程是最简单的连续时间马氏链, 但是在人口控制, 传染病模型的研究方面有许多应用. 在学习生灭过程之前, 有必要复习指数分布的基本性质.

对于任何 $t \geq 0$, 若已知 t 时存活的生物个体在 $(t, t+h]$ 内发生分裂的概率是 $\lambda h + o(h)$, 则这个生物的寿命 $T \sim \mathcal{E}(\lambda)$. 实际上, 引入生存函数 $\overline{F}(t) = P(T > t)$, 根据题意得到

$$P(t < T \leq t+h|T > t) = \frac{P(t < T \leq t+h)}{P(T > t)}$$
$$= \frac{\overline{F}(t) - \overline{F}(t+h)}{\overline{F}(t)} = \lambda h + o(h).$$

将上式中的 t 换成 $t-h$, 得到

$$\frac{\overline{F}(t-h) - \overline{F}(t)}{\overline{F}(t-h)} = \lambda h + o(h), \quad t > 0.$$

对上面两公式的左、右两边同时除以 h, 再令 $h \downarrow 0$, 则得到

$$\frac{\mathrm{d}}{\mathrm{d}t} \ln \overline{F}(t) = \frac{\overline{F}'(t)}{\overline{F}(t)} = -\lambda.$$

积分后得到 $\ln \overline{F}(t) = -\lambda t$. 于是 $\overline{F}(t) = \mathrm{e}^{-\lambda t}$ 成立. 这说明 $T \sim \mathcal{E}(\lambda)$.

对于任何 $t \geqslant 0$, 如果 t 时有 m 个生物, 第 i 个生物在 $(t, t+h]$ 内分裂的概率是 $\lambda_i h + o(h)$, 则从 t 开始等待第一个分裂的时间 $T \sim \mathcal{E}(\lambda_1 + \lambda_2 + \cdots + \lambda_m)$. 实际上, 用 T_i 表示从 t 开始等待第 i 个生物分裂的时间, 由指数分布的无记忆性知道 $T_i \sim \mathcal{E}(\lambda_i)$, $T_1, T_2, \cdots, T_m$ 相互独立. 于是有 $T = \min(T_1, T_2, \cdots, T_m)$. 这就得到

$$\begin{aligned} P(T > t) &= P(T_1 > t, T_2 > t, \cdots, T_m > t) \\ &= P(T_1 > t)P(T_2 > t) \cdots P(T_m > t) \\ &= \exp\big(-(\lambda_1 + \lambda_2 + \cdots + \lambda_m)t\big). \end{aligned}$$

这说明 $T \sim \mathcal{E}(\lambda_1 + \lambda_2 + \cdots + \lambda_m)$ 成立.

下面通过举例介绍生灭过程.

A. 线性生灭过程

例 6.1　一个 t 时存活的生物个体在 $(t, t+h]$ 内的分裂情况与其在 t 时的年龄无关, 并且满足: 当 $h \to 0$ 时,

(a) 在 $(t, t+h]$ 内死亡的概率为 $\mu h + o(h)$;

(b) 在 $(t, t+h]$ 内不死亡也不分裂的概率是 $1 - (\lambda + \mu)h + o(h)$;

(c) 在 $(t, t+h]$ 内分裂一次成为两个个体的概率为 $\lambda h + o(h)$.

该生物的每个后代也按照相同的方式相互独立地分裂自己的后代. 用 $X(t)$ 表示 t 时生物的总数, 称随机过程 $\{X(t)\}$ 为**线性生灭过程** (linear birth and death process), 称 μ 为生物个体的死亡强度, 称 λ 为生物个体的出生强度. 试解决以下问题:

(1) 验证 $\{X(t)\}$ 是马氏链;

(2) 计算转移速率矩阵 Q, 验证 Q 的保守性;

(3) 计算嵌入链的一步转移概率矩阵;

(4) 解释生物繁衍的情况.

解 首先注意对生物个体而言, 除情况 (a),(b),(c) 外, 在 $(t,t+h]$ 中发生其他分裂情况的概率是 $o(h)$. 从前面的分析和条件 (b) 知道 $\{X(t)\}$ 在状态 i 的停留时间服从参数为 $i(\lambda+\mu)$ 的指数分布.

(1) 已知 $X(t)=i$ 时, 从指数分布的无记忆性知道这 i 个生物相互独立地分裂自己的后代, 并与 t 时各自的年龄无关, 从而与 t 以前这 i 个生物是如何演变来的无关. 所以 $\{X(t)\}$ 是马氏链, 状态空间 $I=\{0,1,\cdots\}$.

(2) 对于 $h>0$, 根据题意, 一个生物在 $(t,t+h)$ 中分裂两次或更多次的概率是 $o(h)$, 它等于 1 减去题目中 (a), (b), (c) 中列出的所有概率. 于是有

$$p_{00}(h)=1 \text{ (生物不能凭空产生)},$$
$$p_{10}(h)=\mu h+o(h),$$
$$p_{11}(h)=1-(\lambda+\mu)h+o(h),$$
$$p_{12}(h)=\lambda h+o(h),$$
$$p_{1j}(h)=o(h),\quad j>2.$$

对于 $i>1$, 因为个体们相互独立地分裂自己的后代, 所以按照二项分布的想法计算出

$$p_{i\,i-1}(h)=\mathrm{C}_i^1 p_{10}(h)\big(p_{11}(h)\big)^{i-1}+o(h)=i\mu h+o(h),$$
$$p_{i\,i}(h)=\big(p_{11}(h)\big)^i+o(h)=1-i(\lambda+\mu)h+o(h),$$
$$p_{i\,i+1}(h)=\mathrm{C}_i^1 p_{12}(h)\big(p_{11}(h)\big)^{i-1}+o(h)=i\lambda h+o(h),$$
$$p_{ij}(h)=o(h),\quad \text{当 } |j-i|\geqslant 2.$$

根据 $q_{ij}=p'_{ij}(0)$ 计算出

$$Q=\begin{pmatrix} 0 & 0 & 0 & 0 & 0 & \cdots \\ \mu & -(\lambda+\mu) & \lambda & 0 & 0 & \cdots \\ 0 & 2\mu & -2(\lambda+\mu) & 2\lambda & 0 & \cdots \\ 0 & 0 & 3\mu & -3(\lambda+\mu) & 3\lambda & \cdots \\ \cdots & \cdots & \cdots & \cdots & \cdots & \cdots \end{pmatrix}.$$

因为 Q 的各行之和为 0, 按照定义 4.1, Q 是保守的. 称为线性生灭过程的原因是 $q_i=i(\lambda+\mu)$ 为 i 的线性函数.

(3) $q_{00} = 0$ 说明 0 是吸引状态, 故 $k_{00} = 1$. 根据公式 (4.5) 计算出嵌入链的一步转移矩阵

$$K = \begin{pmatrix} 1 & 0 & 0 & 0 & 0 & \cdots \\ q & 0 & p & 0 & 0 & \cdots \\ 0 & q & 0 & p & 0 & \cdots \\ 0 & 0 & q & 0 & p & \cdots \\ \cdots & \cdots & \cdots & \cdots & \cdots & \cdots \end{pmatrix},$$

其中

$$p = \frac{\lambda}{\lambda+\mu}, \quad q = \frac{\mu}{\lambda+\mu}.$$

(4) 将 K 与 §4.1 例 1.2 比较就知道嵌入链 $\{X_n\}$ 是 $I = \{0,1,2,\cdots\}$ 中的有吸收壁 0 的简单随机游动, 质点每次向右移动一步的概率为 p, 向左移动一步的概率是 $q = 1 - p$. 嵌入链的状态 $\{1,2,\cdots\}$ 是互通的, 但不是常返的, 说明生物总数或者发展到无穷, 或者最终消亡. 生物个体的寿命是来自指数总体 $\mathcal{E}(\lambda+\mu)$ 的随机变量.

对于线性生灭过程 $\{X(t)\}$ 来讲, 已知 $X(t) = k$ 时, 用 τ_i 表示第 i 个个体的剩余寿命, 则需要等待时间

$$T_k = \min\{\tau_1, \tau_2, \cdots, \tau_k\}$$

才能再增加或减少一个个体. 因为 $\tau_1, \tau_2, \cdots, \tau_k$ 相互独立, 都服从指数分布 $\mathcal{E}(\lambda+\mu)$, 所以 $T_k \sim \mathcal{E}(k(\lambda+\mu))$. 数学期望 $\mathrm{E}T_k = 1/[k(\lambda+\mu)]$ 为马氏链在状态 k 的平均停留时间. k 越大, 平均等待时间越短. 不同状态的等待时间是相互独立的.

对于 $j_0 > 0$ 和嵌入链的轨迹 $j_0 \to j_1 \to j_2 \to \cdots$, 因为每次最多增加一个个体, 所以有

$$j_i \leqslant j_0 + i, \quad i = 0, 1, 2, \cdots.$$

马氏链在 j_i 的平均停留时间

$$\mathrm{E}T_{j_i} = \frac{1}{j_i(\lambda+\mu)} \geqslant \frac{1}{(j_0+i)(\lambda+\mu)}.$$

对于嵌入链的上述轨迹, 有

$$\sum_{i=1}^{\infty} \mathrm{E}\, T_{j_i} \geqslant \sum_{i=1}^{\infty} \frac{1}{(j_0 + i)(\lambda + \mu)} = \infty. \tag{6.1}$$

由指数分布的性质知道 (参考 §1.8E), 条件 (6.1) 保证线性生灭过程走完上述轨迹, 要用无穷长的时间. 所以在任何有限的时间内线性生灭过程不会 "爆炸", 即线性生灭过程是规则的.

进一步的研究还可以得到以下结果 (参考 [12]):

$$p_{10}(t) \begin{cases} \dfrac{\mu - \mu \mathrm{e}^{(\lambda-\mu)t}}{\mu - \lambda \mathrm{e}^{(\lambda-\mu)t}}, & \lambda \neq \mu, \\ \dfrac{\lambda t}{1 + \lambda t}, & \lambda = \mu. \end{cases}$$

于是得到

$$\lim_{t\to\infty} P(X(t)=0|X(0)=1) = \begin{cases} \mu/\lambda, & \lambda > \mu, \\ 1, & \lambda \leqslant \mu. \end{cases}$$

在条件 $X(0) = 1$ 下, 还可以计算出

$$\mathrm{E}\, X(t) = \mathrm{e}^{(\lambda-\mu)t},$$

$$\mathrm{Var}\,(X(t)) = \begin{cases} \dfrac{\lambda+\mu}{\lambda-\mu} \mathrm{e}^{(\lambda-\mu)t}(\mathrm{e}^{(\lambda-\mu)t} - 1), & \lambda \neq \mu, \\ 2\lambda t, & \lambda = \mu. \end{cases}$$

于是得到

$$\lim_{t\to\infty} \mathrm{E}\, X(t) = \begin{cases} 0, & \lambda < \mu, \\ 1, & \lambda = \mu, \\ \infty, & \lambda > \mu; \end{cases}$$

$$\lim_{t\to\infty} \mathrm{Var}\,(X(t)) = \begin{cases} 0, & \lambda < \mu, \\ \infty, & \lambda \geqslant \mu. \end{cases}$$

所有的结果都是顺理成章的, 唯独当 $\lambda = \mu$ 时有新的现象. 这时生物总体最终一定消亡 (参考 §4.7 定理 7.1), 但是生物总体的平均数

永远是 1. 发生这种现象的原因可以用 $\mathrm{Var}\,(X(t)) \to \infty$ 给予解释:
设想有充分多的同种群体各自独立地繁衍自己的后代, 在一开始的
时候每个群体的个体数为 1, 当 $\mathrm{Var}\,(X(t))$ 充分大, 由 $\mathrm{E}\,X(t) = 1$
知道大多数生物群体会消亡, 但是也有极少数生物群体的数量增加
到十分庞大, 以至于全部群体的平均数为 1.

B. 线性纯生过程

例 6.2 在生灭过程中, 如果 $\mu = 0$, 生物就不会死亡, 转移速
率矩阵就简化成

$$Q = \begin{pmatrix} 0 & 0 & 0 & 0 & 0 & \cdots \\ 0 & -\lambda & \lambda & 0 & 0 & \cdots \\ 0 & 0 & -2\lambda & 2\lambda & 0 & \cdots \\ 0 & 0 & 0 & -3\lambda & 3\lambda & \cdots \\ \cdots & \cdots & \cdots & \cdots & \cdots & \cdots \end{pmatrix}.$$

这时的马氏链称为**线性纯生过程**.

对于线性纯生过程而言, 生物的寿命是来自总体 $\mathcal{E}(\lambda)$ 的随机
变量. 每个生物在寿终时分裂成两个新的生物, 新生物按照上一代
的方式再独立地分裂各自的后代. 容易计算出线性纯生过程的嵌入
链有一步转移概率

$$k_{ij} = \begin{cases} 1, & \text{当 } j = i = 0 \text{ 或 } j = i + 1 \geqslant 2, \\ 0, & \text{其他}. \end{cases}$$

对于线性纯生过程, 用 T_i 表示已知有 i 个生物的条件下, 等待下一
次分裂的时间, 则 $T_i \sim \mathcal{E}(i\lambda)$, $T_1, T_2, \cdots$ 相互独立. 在条件 $X(0) = 1$
下, 引入

$$S_0 = 0, \quad S_k = T_1 + T_2 + \cdots + T_k, \quad k \geqslant 1.$$

S_k 表示第 k 次分裂的时间. 下面推导公式

$$P(S_k \leqslant t | X(0) = 1) = (1 - \mathrm{e}^{-\lambda t})^k, \quad k \geqslant 1. \tag{6.2}$$

引入条件概率 $P_1(\,\cdot\,) = P(\,\cdot\,|X(0) = 1)$. 当 $k = 1$ 时, 可以得到 (6.2)

如下

$$P_1(S_1 \leqslant t) = \int_0^t \lambda e^{-\lambda s} ds = 1 - e^{-\lambda t}.$$

设结论对于 $k-1$ 成立，则有

$$\begin{aligned}
P_1(S_k \leqslant t) &= P_1(S_{k-1} + T_k \leqslant t)\\
&= \int_0^t P_1(S_{k-1} + s \leqslant t | T_k = s) dP_1(T_k \leqslant s)\\
&= \int_0^t (1 - e^{-\lambda(t-s)})^{k-1} \lambda k e^{-\lambda ks} ds\\
&= \sum_{j=0}^{k-1} C_{k-1}^j (-1)^j \int_0^t e^{-\lambda j(t-s)} \lambda k e^{-\lambda ks} ds\\
&= \sum_{j=0}^{k-1} C_k^j (-1)^j (e^{-\lambda jt} - e^{-\lambda kt})\\
&= (1 - e^{-\lambda t})^k.
\end{aligned}$$

于是 (6.2) 成立. 这样可以得到线性纯生过程的一步转移概率

$$\begin{aligned}
p_{1j}(t) &= P_1(X(t) = j) = P_1(S_{j-1} \leqslant t < S_j)\\
&= P_1(S_{j-1} \leqslant t) - P_1(S_j \leqslant t)\\
&= (1 - e^{-\lambda t})^{j-1} - (1 - e^{-\lambda t})^j\\
&= (1 - e^{-\lambda t})^{j-1} e^{-\lambda t}\\
&= \beta^{j-1} \alpha, \quad j \geqslant 1,
\end{aligned} \tag{6.3}$$

其中 $\alpha = e^{-\lambda t}$, $\beta = 1 - \alpha$. (6.3) 说明在条件 $X(0) = 1$ 下，对于固定的 $t > 0$, $X(t)$ 服从参数为 $\alpha = e^{-\lambda t}$ 的几何分布，有数学期望

$$E(X(t)|X(0) = 1) = 1/\alpha = e^{\lambda t}.$$

当一开始有 i 个生物个体时，用 Y_k 表示第 k 个个体在 t 时的后代数，则 $Y_1, Y_2, \cdots, Y_i$ 独立同分布，都服从相同的几何分布

$$P(Y_k = j) = p_{1j}(t) = \beta^{j-1} \alpha, \quad j \geqslant 1.$$

t 时的生物总数 $X(t) = \sum_{k=1}^i Y_i$ 和 §1.8C 中的 S_i 同分布. 于是得到

$$p_{ij}(t) = P(X(t)=j|X(0)=i) = C_{j-1}^{i-1}\beta^{j-i}\alpha^i, \quad j \geqslant i \geqslant 1. \quad (6.4)$$

在条件 $X(0)=i$ 下, $X(t)$ 有数学期望 $E(X(t)|X(0)=i) = ie^{\lambda t}$.

线性纯生过程又称为**尤尔过程** (Yule process).

C. 生灭过程

下面是更一般的生灭过程.

例 6.3 设 $\{\lambda_i\,|\,i\geqslant 0\}$, $\{\mu_i\,|\,i\geqslant 1\}$ 是非负数列, 满足 $\lambda_i+\mu_i>0$. 如果马氏链 $\{X(t)\}$ 有状态空间 $I=\{0,1,2,\cdots\}$ 和转移速率矩阵

$$Q = \begin{pmatrix} -\lambda_0 & \lambda_0 & 0 & 0 & 0 & \cdots \\ \mu_1 & -(\lambda_1+\mu_1) & \lambda_1 & 0 & 0 & \cdots \\ 0 & \mu_2 & -(\lambda_2+\mu_2) & \lambda_2 & 0 & \cdots \\ 0 & 0 & \mu_3 & -(\lambda_3+\mu_3) & \lambda_3 & \cdots \\ \cdots & \cdots & \cdots & \cdots & \cdots & \cdots \end{pmatrix},$$

则称 $\{X(t)\}$ 是**生灭过程** (birth and death process), 且称 λ_i 为出生率, 称 μ_i 为死亡率. 这时嵌入链 $\{X_n\}$ 有一步转移概率矩阵

$$K = \begin{pmatrix} q_0 & p_0 & 0 & 0 & 0 & \cdots \\ q_1 & 0 & p_1 & 0 & 0 & \cdots \\ 0 & q_2 & 0 & p_2 & 0 & \cdots \\ 0 & 0 & q_3 & 0 & p_3 & \cdots \\ \cdots & \cdots & \cdots & \cdots & \cdots & \cdots \end{pmatrix},$$

其中 $p_0 = 1-q_0$,

$$q_0 = \begin{cases} 1, & \lambda_0=0, \\ 0, & \lambda_0>0, \end{cases} \qquad p_i = \frac{\lambda_i}{\lambda_i+\mu_i}, \quad q_i = \frac{\mu_i}{\lambda_i+\mu_i}, \quad i\geqslant 1.$$

嵌入链是非负整数中的随机游动, 嵌入链每次向右或向左移动一步. 生灭过程描述的情况如下: 已知 t 时有 i 个生物时, 再等待时间 T_i 后, 以概率 p_i 增加一个生物, 或以概率 q_i 减少一个生物. 这里的 $T_i \sim \mathcal{E}(\lambda_i+\mu_i)$.

生灭过程是最简单的马氏链之一, 但在实际中有大量应用. 在生灭过程中, 如果所有的 $\mu_i=0$, 就不会有生物个体的死亡, 只有新生物的产生, 这时的生灭过程称为**纯生过程** (pure birth process).

D. 简单的传染病模型

例 6.4　m 个同种生物中有若干个体带菌, 所有个体的行为独立. 在长为 h 的时间中, 任何两个个体相遇的概率为 $\lambda h + o(h)$. 不带菌者遇到带菌者被传染, 被传染的个体将永远带菌, 并以相同的方式传染其他不带菌的个体. 当 $t = 0$ 时有 i 个带菌者, 计算

(1) 在时间 $(0, h]$ 内新增加一个带菌者的概率;

(2) 在时间 $(0, h]$ 内, 无新增带菌者的概率;

(3) 如果从 $t = 0$ 开始, 等待时间 T_i 后新增加一个带菌者, 求 T_i 的分布和数学期望;

(4) 如果 $t = 0$ 时只有一个带菌者, 平均等待多长时间可使整个群体带菌?

解　用 $P_i(\cdot)$ 表示条件概率 $P(\cdot \,|\, X(0) = i)$.

(1) 对 $k = 1, 2, \cdots, i, j = 1, 2, \cdots, m - i$, 用 A_{kj} 表示时间 $(0, h]$ 内第 k 个带菌者传染了第 j 个不带菌者. 根据题意, $\{A_{kj}\}$ 相互独立, $P(A_{kj}) = \lambda h + o(h)$. $(0, h]$ 内新增加一个带菌者等价于恰有一个 A_{kj} 发生. 因为一共有 $i(m - i)$ 个 A_{kj}, 所以

$$
\begin{aligned}
p_{i,i+1}(h) &= P_i\big(\text{恰有一个 } A_{kj} \text{ 发生}\big) \\
&= \mathrm{C}^1_{i(m-i)} P(A_{11})[1 - P(A_{11})]^{i(m-i)-1} \\
&= i(m-i)\big(\lambda h + o(h)\big)\big(1 - \lambda h + o(h)\big)^{i(m-i)-1} \\
&= i(m-i)\lambda h + o(h).
\end{aligned}
$$

(2) 根据上面的符号, 要计算的概率是

$$
\begin{aligned}
p_{ii}(h) &= P_i\big(\text{所有 } A_{kj} \text{ 没发生}\big) \\
&= \big(1 - P(A_{11})\big)^{i(m-i)} \\
&= \big(1 - \lambda h + o(h)\big)^{i(m-i)} \\
&= 1 - i(m-i)\lambda h + o(h).
\end{aligned}
$$

(3) 用 $X(t)$ 表示 t 时带菌者的总数. 因为带菌者的行为独立, 等待传染下一个个体的时间具有无记忆性, 所以 $\{X(t)\}$ 是马氏链.

对于 $j \geqslant i+2$, 有

$$
\begin{aligned}
p_{ij}(h) &\leqslant \sum_{k=i+2}^{m} p_{ik}(h) = 1 - p_{ii}(h) - p_{i,i+1}(h) \\
&= 1 - [1 - i(m-i)\lambda h + o(h)] - [i(m-i)\lambda h + o(h)] \\
&= o(h).
\end{aligned}
$$

由此得到

$$
p_{ij}(h) = \begin{cases}
1 - i(m-i)\lambda h + o(h), & j = i, \\
i(m-i)\lambda h + o(h), & j = i+1, \\
o(h), & j \geqslant i+2.
\end{cases}
$$

于是得到马氏链的转移速率

$$
q_{ij} = p_{ij}'(0) = \begin{cases}
-i(m-i)\lambda, & j = i, \\
i(m-i)\lambda, & j = i+1 > 1, \\
0, & \text{其他}.
\end{cases}
$$

根据马氏链的运动规律知道 T_i 服从参数为 $q_i = |q_{ii}|$ 的指数分布, 有数学期望

$$
\mathrm{E}T_i = \frac{1}{q_i} = \frac{1}{i(m-i)\lambda}, \quad 1 \leqslant i \leqslant m-1.
$$

(4) 马氏链 $\{X(t)\}$ 是一个状态空间为 $I = \{0, 1, \cdots, m\}$ 的纯生过程, 从 1 出发到达 m 所用的时间为 $T = \sum_{i=1}^{m-1} T_i$, 其数学期望是

$$
\begin{aligned}
\mathrm{E}T &= \sum_{i=1}^{m-1} \mathrm{E}T_i = \frac{1}{\lambda} \sum_{i=1}^{m-1} \frac{1}{i(m-i)} \\
&= \frac{1}{m\lambda} \sum_{i=1}^{m-1} \left(\frac{1}{i} + \frac{1}{m-i} \right) \\
&= \frac{2}{m\lambda} \sum_{i=1}^{m-1} \frac{1}{i}.
\end{aligned}
$$

对于较大的群体, 用近似公式 $\sum_{i=1}^{m-1} i^{-1} \approx \ln(m-1)$, 得到

$$
\mathrm{E}T \approx \frac{2\ln(m-1)}{m\lambda}.
$$

注意，$\dfrac{2\ln(m-1)}{m\lambda}$ 是 m 的减函数. 这说明群体越密集，传染速度越快. 另外，容易验证 $q_i=i(m-i)\lambda$ 在 $i=[m/2]$ 达到最大，说明有 $[m/2]$ 个带菌者时的传染速率最大，其中 $[m/2]$ 是 $m/2$ 的整数部分.

练 习 5.6

(1) 线性生灭过程的嵌入链是离散时间分支过程，且

$$p_0=k_{10}=\mu/(\lambda+\mu),\quad p_2=k_{12}=\lambda/(\lambda+\mu).$$

计算 $\rho_0=P($群体灭绝$|X_0=1)$.

(2) 对于线性纯生过程，在条件 $X(0)=1$, $X(t)=n+1$ 下，计算 $S_1,S_2,\cdots,S_n$ 的联合密度.

(3) 对例 6.3 中的生灭过程写出柯尔莫哥洛夫向前方程.

(4) m 个人中有若干人带菌，所有人的行为独立. 在长为 h 的时间内群体中任何两个人相遇的概率是 $\lambda h+o(h)$. 不带菌者遇到带菌者后以概率 p 被传染成带菌者，被传染者将永远带菌. 用 $X(t)$ 表示 t 时带菌的人数，回答以下问题：

(a) $\{X(t)\}$ 是马氏链吗？

(b) 如果是马氏链，请写出转移速率 q_{ij}；

(c) 当 $X(0)=1$ 时，平均等待多长时间会使所有的人带菌？

§5.7   连续时间分支过程

某生物在寿终时以概率 p_k 分裂成 k 个后代，所有后代也以相同的方式互相独立地分裂自己的后代. 用 ξ 表示一个生物的后代数，则有

$$P(\xi=k)=p_k,\quad k=0,1,\cdots.\tag{7.1}$$

已知这个生物的后代数不是 1 时，后代数为 k 的概率是

$$h_k=P(\xi=k|\xi\neq1)=\begin{cases}0,&k=1,\\ \dfrac{p_k}{1-p_1},&k\neq1.\end{cases}\tag{7.2}$$

这时有 $\sum\limits_{k=0}^{\infty} h_k = 1$.

假定上述生物及其后代的寿命是来自指数总体 $\mathcal{E}(\lambda)$ 的随机变量. 每当它分裂成一个新个体, 就称分裂失败, 否则称分裂成功. 失败的概率为 p_1, 成功的概率为 $1 - p_1$. 第 1 次分裂失败后的新个体又以概率 p_1 分裂失败或以概率 $1 - p_1$ 分裂成功, 第 2 次分裂失败后的新个体又以概率 p_1 分裂失败或以概率 $1 - p_1$ 分裂成功, $\cdots$. 用 N 表示首次分裂成功时的分裂次数, N 服从几何分布:

$$P(N = n) = p_1^{n-1}(1 - p_1), \quad n \geqslant 1.$$

用 $T_1, T_2, \cdots$ 分别表示第 1 次, 第 2 次, $\cdots$ 分裂之间的等待间隔, 则 $T_1, T_2, \cdots$ 是来自指数总体 $\mathcal{E}(\lambda)$ 的随机变量, 并且和 N 独立. 等待首次分裂成功所用的总时间为

$$T = \sum_{k=1}^{N} T_k. \tag{7.3}$$

例 7.1 在上面的符号下, T 服从参数为 $\lambda_1 = (1 - p_1)\lambda$ 的指数分布.

证明 (参考 §2.4 定理 4.3) 易见 $T \geqslant 0$ a.s.. 下面说明 T 有无记忆性. 对于 $s > 0$, 已知 $T > s$ 时, 生物在 $[0, s]$ 内没有分裂成功. 根据指数分布的无记忆性, 生物需要再等待时间 T_1' 发生分裂, 分裂成功的概率仍是 $1 - p_1$. 这次分裂失败后的新个体需要等待时间 T_2' 再以概率 $1 - p_1$ 分裂成功, $\cdots\cdots$. 用 $T_1', T_2', \cdots$ 表示依次分裂之间的等待间隔, 则 $T_1', T_2', \cdots$ 仍是来自指数总体 $\mathcal{E}(\lambda)$ 的随机变量, 用 N' 表示首次分裂成功时的分裂次数, N' 和 N 同分布. 于是等待首次分裂成功所用的时间

$$T' = \sum_{k=1}^{N'} T_k'$$

和 (无条件 $T > s$ 时的)T 同分布. 上述分析说明

$$P(T > s + t | T > s) = P(T' > t) = P(T > t) > 0, \quad s, t > 0.$$

于是知道 T 有无记忆性, 从而服从指数分布 (见 §1.8 E). 用瓦尔德定理 (见 §3.2 定理 2.1) 知道 $ET = ENET_1 = 1/[(1-p_1)\lambda]$, 所以 T 服从参数为 $\lambda_1 = (1-p_1)\lambda$ 的指数分布.

下面对于 $k < 0$, 补充定义 $p_k = h_k = 0$.

例 7.2 在前述生物分裂的模型中, 已知 i 个生物中只有一个发生分裂时, 则生物数由 i 个变成 j 个的概率为 $k_{ij} = p_{j-i+1}$.

证明 无论哪个生物发生分裂, 数目由 i 增加到 j 时, 新分裂出 $j - (i-1)$ 个生物, 发生的概率是 p_{j-i+1}.

例 7.3 (连续时间的分支过程)   一种生物的寿命是来自指数总体 $\mathcal{E}(\lambda)$ 的随机变量, 每个生物个体在寿终时以概率 p_k 分裂成 k $(k = 0, 1, \cdots)$ 个新的同种生物, 每个个体的后代也按照相同的方式相互独立地分裂自己的后代. 用 $X(t)$ 表示 t 时生物的总数, 称随机过程 $\{X(t)\}$ 为**连续时间分支过程**. 对于 $p_0 + p_1 < 1$,

(1) 验证 $\{X(t)\}$ 是保守的马氏链;

(2) 计算 $\{X(t)\}$ 的嵌入链的一步转移概率;

(3) 计算 $\{X(t)\}$ 的转移速率.

解 先对 $p_1 = 0$ 的情况解决上述问题. $\{X(t)\}$ 有状态空间 $I = \{0, 1, \cdots\}$. 已知 $X(t) = i$ 时, 用 $\tau_1, \tau_2, \cdots, \tau_i$ 分别表示第 $1, 2, \cdots, i$ 个个体的剩余寿命, 根据指数分布的无后效性知道 $\tau_1, \tau_2, \cdots, \tau_i$ 是来自指数总体 $\mathcal{E}(\lambda)$ 的随机变量. 从例 7.2 知道, 马氏链在 i 停留时间

$$T = \min\{\tau_1, \tau_2, \cdots, \tau_i\} \sim \mathcal{E}(i\lambda)$$

后, 以概率 $k_{ij} = p_{j-i+1}$ 转向 j, 此事与 t 以前的情况独立. 根据马氏链的构造知道 $\{X(t)\}$ 是马氏链, 0 是吸引状态, 并且有

$$q_i = i\lambda, \quad i \geqslant 0.$$

于是当 $p_1 = 0$ 时, 嵌入链的一步转移概率为

$$k_{ij} = \begin{cases} 1, & j = i = 0, \\ p_{j-i+1}, & j \neq i, i > 0, \\ 0, & \text{其他}. \end{cases}$$

再利用 $q_{ii} = -q_i$, $q_{ij} = q_i k_{ij}$ $(i \neq j)$ 得到分支过程 $\{X(t)\}$ 的转移速率

$$q_{ij} = \begin{cases} -i\lambda, & j = i, \\ i\lambda p_{j-i+1}, & j \neq i. \end{cases}$$

因为

$$\sum_{j=0}^{\infty} q_{ij} = -i\lambda + i\lambda \sum_{j \geqslant i-1} p_{j-i+1} = 0,$$

所以分支过程 $\{X(t)\}$ 是保守的.

下面是 $p_1 \in (0,1)$ 的情况. 只要把失败的分裂都视为没有分裂, 则可以根据例 7.1 重新描述连续时间的分支过程如下: 生物的寿命是来自指数总体 $\mathcal{E}(\lambda_1)$ 的随机变量, $\lambda_1 = (1-p_1)\lambda$. 每个生物个体在寿终时以概率 $h_k = p_k/(1-p_1)$ 分裂成 k $(k \neq 1)$ 个后代 (参考 (7.2)), 每个个体的后代也按照相同的方式相互独立地分裂自己的后代, 则 t 时生物的总数为 $X(t)$. 这时 $h_1 = 0$, $\{X(t)\}$ 是保守的马氏链, $q_i = i\lambda_1 = i(1-p_1)\lambda$, $i \geqslant 0$. 其嵌入链 $\{X_n\}$ 有一步转移概率

$$k_{ij} = \begin{cases} 1, & j = i = 0, \\ \dfrac{p_{j-i+1}}{1-p_1}, & j \neq i, i > 0, \\ 0, & \text{其他}. \end{cases} \tag{7.4}$$

再由公式 $q_{ij} = q_i k_{ij} = i(1-p_1)\lambda k_{ij}$ $(i \neq j)$ 得到 $\{X(t)\}$ 的转移速率

$$q_{ij} = \begin{cases} -i(1-p_1)\lambda, & j = i, \\ i\lambda p_{j-i+1}, & j \neq i. \end{cases} \tag{7.5}$$

注意对 $k < 0$ 已规定 $p_k = 0$.

练 习 5.7

(1) 设 h 是正常数, $\{X(t)\}$ 是连续时间分支过程, 定义 $X_n = X(nh)$, $n = 0, 1, \cdots$, 证明 $\{X_n\}$ 是离散时间分支过程.

(2) 为躲避蜘蛛的扑食, 昆虫在位置 0,1 之间跳来跳去, 其转移规律形成以

$$P = \begin{pmatrix} 1/5 & 4/5 \\ 2/5 & 3/5 \end{pmatrix}$$

为转移矩阵的离散马氏链. 对 $i = 0, 1$, 每次到 i 后, 昆虫在 i 的停留时间服从指数分布 $\mathcal{E}(\lambda_i)$, 并与从哪里转来的独立, 也和所有其他的停留时间独立. 用 $\{X(t)\}$ 表示 t 时昆虫的位置.

　　(a) 说明 $\{X(t)\}$ 是马氏链;

　　(b) 计算 $\{X(t)\}$ 的嵌入链的转移概率矩阵 K;

　　(c) 计算 $\{X(t)\}$ 的转移速率矩阵 Q;

　　(d) 当 $\lambda_1 = 2\lambda_0$, 计算 $\{X(t)\}$ 的转移概率矩阵 $P(t)$.

　　(3) 计算例 7.1 中 T_i 和 T 的特征函数, 并用特征函数的性质验证 T 服从参数为 $\lambda_1 = (1 - p_1)\lambda$ 的指数分布.

§5.8　马氏链的极限分布

　　现在回到马氏链 $\{X(t)\}$ 的基本性质的研究. 注意我们的马氏链在有限时间内只能转移有限次, 所以去掉时间的长短因素后, 嵌入链 $\{X_n\}$ 和 $\{X(t)\}$ 在状态空间 I 中有相同的转移轨迹. 于是 $\{X(t)\}$ 的极限分布和嵌入链 $\{X_n\}$ 的极限分布存在一定的联系.

A. $p_{ij}(t)$ 的极限

　　和对离散马氏链的研究一样, 为了研究马氏链 $\{X(t)\}$ 的极限分布以及平稳分布存在的条件, 需要对于马氏链的状态引入 "互通" 的概念. 下面的定义是仿照离散时间马氏链的定义给出的.

　　定义 8.1　设 I 是马氏链 $\{X(t)\}$ 的状态空间.

　　(1) 如果存在 $t > 0$ 使得 $p_{ij}(t) > 0$, 则称 i **通** j, 记做 $i \to j$;

　　(2) 如果 $i \to j$ 且 $j \to i$, 则称 i, j **互通**, 记做 $i \leftrightarrow j$;

　　(3) 如果 I 的所有状态互通, 则称**马氏链** $\{X(t)\}$ **互通**.

　　和离散时间马氏链的情况一样: $i \to j$ 表示质点从 i 出发以正概率到达 j. i, j 互通表明质点从 i 到达 j 后, 能以正概率回到 i, 反之亦然. 由于 $p_{ii}(t) > 0$ 恒成立 (见定理 3.1(3)), 所以互通关系 $\leftrightarrow$ 具有**反身性**, 即每个状态 i 与自己互通. 这样可以将互通关系 " $\leftrightarrow$ " 称为等价关系, 它满足:

　　(a) 反身性: $i \leftrightarrow i$;

(b) 对称性: 若 $i \leftrightarrow j$, 则 $j \leftrightarrow i$;

(c) 传递性: 若 $i \leftrightarrow j$, $j \leftrightarrow k$, 则 $i \leftrightarrow k$.

于是可以把互通的状态放在一起构成等价类.

下面用更新过程的语言来描述马氏链 $\{X(t)\}$. 当马氏链从 i 出发, 每次到达状态 j 就称一次更新发生. 用 T_{ij} 表示第 1 个更新间隔, 则 $X(T_{ij}) = j$ 是已知的必然事件. 用 T_{jj} 表示第 2 个更新间隔, 则 $X(T_{ij} + T_{jj}) = j$ 是已知的必然事件, ……. 根据马氏链的结构知道以后的依次更新间隔是独立随机变量, 和 T_{jj} 独立同分布. 当 $X(t) = j$ 时, 称 t 是开状态, 就得到一个延迟更新过程, 满足

$$p_{ij}(t) = P(X(t) = j)|X(0) = i) = P(t \text{ 时开} |X(0) = i).$$

第 2 个更新间隔中的开状态间隔 U_2 是质点在 j 的停留时间, 所以服从指数分布 $\mathcal{E}(q_j)$, 有数学期望 $\mu_j = 1/q_j$. 根据马氏链的性质知道 T_{ij}, T_{jj} 都不是格点随机变量, 所以利用 §3.7 定理 7.3 和 §3.8 推论 8.2 得到下面的定理.

定理 8.1 如果 $\{X(t)\}$ 是互通的马氏链, 记 $\mu_j = 1/q_j$, 则有

$$p_j = \lim_{t \to \infty} p_{ij}(t) = \frac{\mu_j}{\mathrm{E}\, T_{jj}}, \tag{8.1}$$

$$p_j = \lim_{t \to \infty} \frac{[0,t] \text{ 内马氏链处于 } j \text{ 的时间}}{t}. \tag{8.2}$$

定义 8.2 如果定理 8.1 中的 $\{p_j\}$ 之和为 1, 则称 $\{p_j\}$ 是马氏链的**极限分布**.

为了进一步研究马氏链的极限分布, 需要对马氏链的状态进行分类. 要说明连续时间马氏链的常返性、正常返性等仍然是等价类的属性, 还需要引入马氏链的 h 骨架.

B. 马氏链的 h 骨架和状态分类

定义 8.3 对于任何 $h > 0$, 称 $\{X(nh)\} = \{X(nh)|n = 0, 1, 2, \cdots\}$ 为马氏链 $\{X(t)\}$ 的一个**离散骨架** (skeleton) 或 h **骨架**.

容易看出, $\{X(t)\}$ 的 h 骨架是有 1 步转移概率 $p_{ij}(h) = P(X(h) = j|X(0) = i)$, n 步转移概率 $p_{ij}(nh) = P(X(nh) = j|X(0) = i)$

的离散时间马氏链, 其状态空间和 $\{X(t)\}$ 的状态空间相同. 因为总有 $p_{ii}(nh) > 0$, 所以对于 h 骨架来讲, 质点可以在任意时刻回到 i, 说明离散骨架的所有状态都是非周期的. 该性质为以后的研究带来许多方便.

如果作为 h 骨架的状态有 $i \to j$, 则称对这个骨架 $i \to j$. 下面的例子说明, $i \to j$ 的充分必要条件是对某个 h 骨架 $i \to j$.

例 8.1 以下的三个命题等价:

(1) $i \to j$;

(2) 对于某个 h 骨架 $i \to j$;

(3) 对于任何离散骨架 $i \to j$.

证明 明显有 (3)$\Rightarrow$ (2)$\Rightarrow$ (1). 只要再证明 (1)$\Rightarrow$ (3). 设 $p_{ij}(t) > 0$. 注意 $p_{ii}(s) > 0$ 总成立. 对于任何固定的 $h > 0$, 当 n 使得 $nh-t > 0$ 时, 有

$$p_{ij}(nh) = p_{ij}(nh - t + t) \geqslant p_{ii}(nh - t)p_{ij}(t) > 0.$$

这就证明了 (1) $\Rightarrow$ (3).

根据例 8.1 知道, $i \leftrightarrow j$ 的充分必要条件是对某个 h 骨架 $i \leftrightarrow j$, 这时对于任何离散骨架 $i \leftrightarrow j$. 自然想到, 如果 i 是某个 h 骨架的常返状态则应当是所有离散骨架的常返状态; 如果 i 是某个 h 骨架的正常返状态则应当是所有离散骨架的正常返状态. 我们在例 8.2 和例 8.3 中分别证明这些结论.

对于选定的 h 骨架来讲, i 是常返状态的充分必要条件是 (见 §4.3 定理 3.1)

$$\sum_{n=0}^{\infty} p_{ii}(nh) = \infty. \tag{8.3}$$

由于所有的状态非周期, 所以 i 是正常返状态的充分必要条件是 $\pi_i = \lim_{n\to\infty} p_{ii}(nh) > 0$(见 §4.5 定理 5.1).

例 8.2 设 $\{X(nh)\}$ 是马氏链 $\{X(t)\}$ 的 h 骨架, 则

(1) i 是 $\{X(nh)\}$ 的常返状态, 当且仅当

$$\int_0^{\infty} p_{ii}(t)\mathrm{d}t = \infty; \tag{8.4}$$

(2) i 是某个 h 骨架的常返状态, 当且仅当 i 是一切离散骨架的常返状态.

*证明   只要证明对任一个固定的 $h > 0$, (8.3) 和 (8.4) 等价. 因为 $p_{ii}(t)$ 连续, 用积分中值定理得到

$$\int_0^\infty p_{ii}(t)\mathrm{d}t = \sum_{n=0}^\infty \int_{nh}^{(n+1)h} p_{ii}(t)\mathrm{d}t = \sum_{n=0}^\infty h p_{ii}(nh + s_n),$$

其中 $s_n \in (0, h)$. 引入 $\gamma_h = \inf\limits_{0 \leqslant s \leqslant h} p_{ii}(s)$, 从定理 3.1(3) 知道 $\gamma_h > 0$, 且

$$p_{ii}(nh + s_n) \geqslant p_{ii}(nh)p_{ii}(s_n) \geqslant p_{ii}(nh)\gamma_h,$$

于是得到

$$\int_0^\infty p_{ii}(t)\mathrm{d}t \geqslant \sum_{n=0}^\infty h\gamma_h p_{ii}(nh). \tag{8.5}$$

再利用

$$p_{ii}(nh + s_n) = \frac{p_{ii}(nh + s_n)p_{ii}(h - s_n)}{p_{ii}(h - s_n)} \leqslant \frac{p_{ii}(nh + h)}{\gamma_h},$$

得到

$$\int_0^\infty p_{ii}(t)\mathrm{d}t \leqslant \frac{h}{\gamma_h} \sum_{n=0}^\infty p_{ii}(nh + h). \tag{8.6}$$

(8.5) 和 (8.6) 保证了结论 (1). 从 (1) 自然得到 (2).

例 8.3   如果 i 是某个 h 骨架的正常返状态, 则是所有离散骨架的正常返状态.

证明   从定理 8.1 知道 $\pi_i = \lim\limits_{t \to \infty} p_{ii}(t)$ 存在. 根据 §4.5 定理 5.1, i 是某个 h 骨架的正常返状态, 当且仅当 $\pi_i = \lim\limits_{n \to \infty} p_{ii}(nh) = \lim\limits_{t \to \infty} p_{ii}(t) > 0$, 当且仅当对于一切 h', $\pi_i = \lim\limits_{n \to \infty} p_{ii}(nh') > 0$.

定义 8.4   对于马氏链 $\{X(t)\}$, 当 i 是某 h 骨架的常返状态时, 称 i 是 $\{X(t)\}$ 的常返状态; 当 i 是某 h 骨架的非常返状态时, 称 i 是 $\{X(t)\}$ 的非常返状态; 当 i 是某 h 骨架的正常返状态时, 称 i 是 $\{X(t)\}$ 的正常返状态; 当 i 是某 h 骨架的零常返状态时, 称 i 是 $\{X(t)\}$ 的零常返状态.

设马氏链 $\{X(t)\}$ 的状态互通, 根据离散时间马氏链的性质得到以下结论: $\{X(t)\}$ 只要有一个常返状态, 则所有状态常返, 这时称 $\{X(t)\}$ 是常返的; $\{X(t)\}$ 只要有一个非常返状态, 则所有状态非常返, 这时称 $\{X(t)\}$ 是非常返的; $\{X(t)\}$ 只要有一个正常返状态, 则所有状态正常返, 这时称 $\{X(t)\}$ 是正常返的; $\{X(t)\}$ 只要有一个零常返状态, 则所有状态零常返, 这时称 $\{X(t)\}$ 是零常返的.

C. 平稳不变分布

利用 (8.1) 和 (8.2) 还是很难实际计算出极限概率 $\{p_j\}$, 我们还是求助于嵌入链 $\{X_n\}$. 用 $K = (k_{ij})$ 表示嵌入链的一步转移概率矩阵. 如果嵌入链是一个正常返等价类, 则其平稳不变分布 $\boldsymbol{\pi} = [\pi_0, \pi_1, \cdots]$ 是方程组

$$\begin{cases} \pi_j = \sum_{i \in I} \pi_i k_{ij}, \ j \in I, \\ \sum_{j \in I} \pi_j = 1, \end{cases} \quad \text{或等价地} \quad \begin{cases} \boldsymbol{\pi} = \boldsymbol{\pi} K, \\ \sum_{j \in I} \pi_j = 1 \end{cases}$$

的唯一解. 如果嵌入链还是非周期的, 则 $\pi_j = \lim_{n \to \infty} k_{ij}^{(n)}$ 也是嵌入链的平稳分布.

类似地引入连续时间马氏链的平稳不变分布的定义.

定义 8.5   设 $P(t)$ 是马氏链 $\{X(t)\}$ 的转移概率矩阵, 如果概率分布列 $\boldsymbol{p} = [p_0, p_1, \cdots]$ 满足方程组

$$p_j = \sum_{i \in I} p_i p_{ij}(t), \ j \in I, \ \text{或等价地} \quad \boldsymbol{p} = \boldsymbol{p} P(t), \ t \geqslant 0, \qquad (8.7)$$

则称 $\boldsymbol{p}$ 是 $\{X(t)\}$ 的**平稳分布** 或**平稳不变分布**.

对于互通马氏链, 在 (8.7) 的第一式中令 $t \to \infty$, 从定理 8.1 知道平稳不变分布 $\boldsymbol{p}$ 就是极限分布: $p_j = \lim_{t \to \infty} p_{ij}(t), \ j \in I.$

为了说明 "平稳" 和 "不变" 的含义, 引入平稳过程的定义.

定义 8.6   设 $\{X(t)\} = \{X(t)|t \geqslant 0\}$ 是随机过程. 如果对于任何 $n \geqslant 1, \ s > 0$ 和 $0 \leqslant t_0 < t_1 < \cdots < t_n$, 随机向量

$(X(t_0 + s), X(t_1 + s), \cdots, X(t_n + s))$ 和 $(X(t_0), X(t_1), \cdots, X(t_n))$

同分布, 则称 $\{X(t)\}$ 是**严平稳过程**, 简称为**平稳过程**.

和严平稳序列的含义相同, 严平稳过程 $\{X(t)\}$ 的有限维分布不随时间的推移发生变化.

例 8.4 如果马氏链 $\{X(t)\}$ 以平稳分布 $\boldsymbol{p}$ 为初始分布: $P(X(0) = i) = p_i$, $i \in I$, 则

(1) $X(t)$ 和 $X(0)$ 同分布;

(2) $\{X(t)\}$ 是严平稳过程.

证明 这时对任何状态 $j \in I$, $X(t)$ 的分布

$$P(X(t) = j) = \sum_{i \in I} P(X(0) = i) P(X(t) = j | X(0) = i)$$
$$= \sum_{i \in I} p_i p_{ij}(t) = p_j = P(X(0) = j)$$

与 t 无关. 这就证明了结论 (1).

再利用 §5.1(4), 得到对任何 $s > 0$, $0 \leqslant t_0 < t_1 < \cdots < t_n$,

$$P(X(t_0 + s) = i_0, X(t_1 + s) = i_1, \cdots, X(t_n + s) = i_n)$$
$$= p_{i_0} p_{i_0 i_1}(t_1 - t_0) p_{i_1 i_2}(t_2 - t_1) \cdots p_{i_{n-1} i_n}(t_n - t_{n-1})$$

与 s 无关. 这说明 $\{X(t)\}$ 的有限维分布不随时间的推移变化, 所以是严平稳过程.

对生灭过程和连续时间的分支过程我们都比较容易地得到了转移速率矩阵 Q. 一般来讲, 在实际问题中得到转移速率矩阵 Q 要容易得多, 但是得到转移概率矩阵 $P(t)$ 相对困难一些. 所以要得到马氏链的平稳分布, 最好能够从转移速率矩阵 Q 入手. 平稳分布的定义 $\boldsymbol{p} P(t) = \boldsymbol{p}$ 也提示我们, 形式上应当有 $\boldsymbol{p} Q = \boldsymbol{p} P'(t)|_{t=0} = \boldsymbol{p}' = 0$. 所以平稳分布应当由 $\boldsymbol{p} Q = 0$ 解出. 下面的定理部分地解决了这个问题.

注意, 如果马氏链 $\{X(t)\}$ 的状态互通, 则没有吸引状态, 一切 $q_i > 0$. 这里排除了马氏链只有一个状态的情况, 因为只有一个状态的马氏链是一个常数.

定理 8.2 设互通马氏链 $\{X(t)\}$ 有转移速率矩阵 Q, 则

(1) $\{X(t)\}$ 正常返当且仅当 $\{X(t)\}$ 有唯一的平稳不变分布;

(2) $\{X(t)\}$ 正常返当且仅当对某个 j, $p_j = \lim\limits_{t\to\infty} p_{ij}(t) > 0$. 当条件成立时，所有的 $p_j = \lim\limits_{t\to\infty} p_{ij}(t) > 0$, 且构成平稳不变分布；

(3) $\{X(t)\}$ 正常返的充分必要条件是方程组

$$\begin{cases} \sum\limits_{i\in I} p_i q_{ij} = 0, \\ \sum\limits_{j\in I} p_j = 1, \end{cases} \quad \text{或等价地} \quad \begin{cases} \boldsymbol{p}Q = 0, \\ \sum\limits_{j\in I} p_j = 1 \end{cases} \tag{8.8}$$

有唯一非负解 $\boldsymbol{p}$. 这时 $\boldsymbol{p}$ 是 $\{X(t)\}$ 的唯一平稳不变分布；

(4) 当 $\{X(t)\}$ 常返时，$\sum\limits_{i\in I} p_i q_{ij} = 0$ 有非零非负解，且任何两个解只相差一个常数因子；

(5) 若嵌入链有平稳不变分布 $\boldsymbol{\pi} = [\pi_0, \pi_1, \cdots]$，则

$$p_j \equiv \lim_{t\to\infty} p_{ij}(t) = \frac{\pi_j/q_j}{\sum\limits_{i\in I} \pi_i/q_i}, \quad j \in I.$$

*证明 (1) 如果 $\{X(t)\}$ 有平稳不变分布 $\boldsymbol{p}$，从 (8.7) 得到

$$p_j = \sum_{i\in I} p_i p_{ij}(nh), \quad \sum_{j\in I} p_j = 1. \tag{8.9}$$

这说明 $\boldsymbol{p}$ 是 h 骨架的平稳不变分布. 从 §4.5 定理 5.1 知道 h 骨架正常返，于是马氏链 $\{X(t)\}$ 正常返.

反之，如果 $\{X(t)\}$ 正常返，则 h 骨架正常返，从而遍历，且 h 骨架的平稳分布 $\boldsymbol{p}$ 满足 (8.9). 对确定的 h，令 $n\to\infty$，利用 §4.5 定理 5.1 的结论得到

$$p_j = \sum_{i\in I} p_i a_j = a_j, \quad \text{其中 } a_j = \lim_{n\to\infty} p_{ij}(nh),$$

与 h 无关，说明 (8.9) 对于所有的 h 成立，即有 (8.7) 成立. 因为 h 骨架的平稳不变分布唯一，$\{X(t)\}$ 的平稳不变分布是 h 骨架的平稳不变分布，所以也是唯一的.

(2) 如果 $\{X(t)\}$ 正常返，则有平稳不变分布 $\{p_j\}$，在 (8.7) 的第一个公式中令 $t\to\infty$，得到对某个 j 有 $p_{ij}(t) \to p_j > 0$. 反之，如果对某个 j 有 $p_{ij}(t) \to p_j > 0$，则对某 h 骨架有 $p_{ij}(nh) \to p_j > 0$.

这说明这个 h 骨架正常返，从而 $\{X(t)\}$ 是正常返的. 最后从 h 骨架正常返，§4.5 定理 5.1 和 $\{X(t)\}$ 有唯一的平稳不变分布知道所有的 $p_j = \lim\limits_{t\to\infty} p_{ij}(t) > 0$，并构成平稳不变分布.

为了避免求和与求极限交换时的麻烦，只对有限状态的情况给出后面的证明. 一般情况的证明见文献 [3].

(3) 先证明 (8.8) 的非负解是平稳分布，从而唯一. 如果 $\boldsymbol{\eta}$ 是 (8.8) 的非负解，在 $\boldsymbol{\eta}Q = 0$ 两边右乘 $P(t)$，用向后方程得到

$$\boldsymbol{\eta}QP(t) = \boldsymbol{\eta}P'(t) = \big(\boldsymbol{\eta}P(t)\big)' = 0, \quad t \geqslant 0.$$

这说明 $\boldsymbol{\eta}P(t) = C$ 是常数向量. 再令 $t = 0$ 得到 $C = \boldsymbol{\eta}$，于是有 $\boldsymbol{\eta}P(t) = \boldsymbol{\eta}$. 这说明 $\boldsymbol{\eta}$ 是平稳不变分布，这时的 $\{X(t)\}$ 正常返.

再证明平稳分布满足 (8.8). 从平稳分布的定义知道 $\boldsymbol{p}P(t) = \boldsymbol{p}, t \geqslant 0$. 两边求导数得到 $\boldsymbol{p}Q = \boldsymbol{p}P'(t)|_{t=0} = 0$. 这说明平稳解满足 (8.8).

(4) 因为状态有限，所以正常返和有平稳不变分布 $\boldsymbol{p} = \boldsymbol{p}P(t)$. 对 $t = 0$ 求导数得到 $\boldsymbol{p}Q = 0$，此即 $\sum\limits_{i\in I} p_i q_{ij} = 0$ 有正解. 如果 $\boldsymbol{\eta}$ 也是 $\sum\limits_{i\in I} p_i q_{ij} = 0$ 的解，写成矩阵的形式得到 $\boldsymbol{\eta}Q = 0$，两边右乘 $P(t)$ 得到 $\boldsymbol{\eta}QP(t) = \big(\boldsymbol{\eta}P(t)\big)' = 0$. 于是知道 $\boldsymbol{\eta}P(t) = \boldsymbol{\eta}$. 对于平稳不变分布 $\boldsymbol{p}$，取 m 使得 $m\boldsymbol{p} + \boldsymbol{\eta}$ 的每个元 > 0，从 (1) 知道 $m\boldsymbol{p} + \boldsymbol{\eta}$ 和 $\boldsymbol{p}$ 相差一个常数因子. 于是 $\boldsymbol{\eta}$ 和 $\boldsymbol{p}$ 相差一个常数因子.

(5) 嵌入链有唯一的平稳不变分布 $\boldsymbol{\pi}$. 从 (4.5) 得到

$$k_{jj} = 0, \quad k_{ij} = \frac{q_{ij}}{q_i}, \quad j \neq i,$$

利用 $q_{jj}/q_j = -1$ 得到

$$\sum_{i\in I} \pi_i \frac{q_{ij}}{q_i} = \sum_{i\neq j} \pi_i k_{ij} + \pi_j \frac{q_{jj}}{q_j} = \pi_j - \pi_j = 0.$$

于是对 $\eta_i = \pi_i/q_i$，有

$$\sum_{i\in I} \eta_i q_{ij} = \sum_{i\in I} \pi_i \frac{q_{ij}}{q_i} = 0.$$

从 (4) 知道 $\{\eta_i\}$ 和平稳不变分布 $\{p_i\}$ 相差一个常数因子, 即 $p_i = c\eta_i = c\pi_i/q_i$, 再从 $\sum\limits_{i\in I} p_i = 1$ 得到 $c = \left[\sum\limits_{i\in I} \pi_i/q_i\right]^{-1}$, 故结论成立.

注 如果马氏链 $\{X(t)\}$ 的状态互通, 可以证明 $\{X(t)\}$ 常返的充分必要条件是其嵌入链常返 (参考 [3]). 这是和直觉一致的. 但是对于正常返来讲, 情况就不同了. 因为正常返牵扯到质点在各状态的停留时间, 而嵌入链在各状态的停留时间都是 1, 所以对于二者来讲, 正常返性不必一致. 进一步的结论请参考习题 5.16.

例 8.5 设正常返马氏链 $\{X(t)\}$ 是平稳过程, 马氏链 $\{Y(t)\}$ 的转移概率矩阵和 $\{X(t)\}$ 的转移概率矩阵相同, 则对任何 $m \geqslant 1$, $t_0 < t_1 < \cdots t_m$, 有

$$\lim_{s\to\infty} P(Y(t_0+s)=i_0, Y(t_1+s)=i_1, \cdots, Y(t_m+s)=i_m)$$
$$= P(X(t_0)=i_0, X(t_1)=i_1, \cdots, X(t_m)=i_m). \tag{8.10}$$

证明 用 $p_{ij}(t)$ 表示转移概率, 用 $\boldsymbol{p} = [p_0, p_1, \cdots]$ 表示平稳不变分布. 对于任何 i, j, 从定理 8.2 知道 $\lim\limits_{s\to\infty} p_{ij}(s) = p_j$, 于是有

$$\lim_{s\to\infty} P(Y(s)=i_0) = \lim_{s\to\infty} \sum_{i\in I} P(Y_0=i)p_{i\,i_0}(s)$$
$$= \sum_{i\in I} P(Y_0=i)p_{i\,i_0} = p_{i_0}.$$

利用 (1.7) 得到

$$\lim_{s\to\infty} P(Y(t_0+s)=i_0, Y(t_1+s)=i_1, \cdots, Y(t_m+s)=i_m)$$
$$= \lim_{s\to\infty} P(Y(t_0+s)=i_0)p_{i_0 i_1}(t_1-t_0)p_{i_1 i_2}(t_2-t_1)$$
$$\cdots p_{i_{m-1} i_m}(t_m-t_{m-1})$$
$$= p_{i_0}p_{i_0 i_1}(t_1-t_0)p_{i_1 i_2}(t_2-t_1)\cdots p_{i_{m-1}i_m}(t_m-t_{m-1})$$
$$= P(X(t_0)=i_0, X(t_1)=i_1, \cdots, X(t_m)=i_m).$$

从 (8.10) 知当 s 充分大时, $(Y(t_0+s), Y(t_1+s), \cdots, Y(t_m+s))$ 和 $(X(t_0), X(t_1), \cdots, X(t_m))$ 的概率分布近似相同. 因为 m 和 $t_0 < t_1 < \cdots t_m$ 是任意的, 所以说时间 s 充分大后, $\{Y(t+s)|t \geqslant 0\}$ 和 $\{X(t)\}$ 有近似的统计性质.

当马氏链是平稳过程时, 称马氏链处于 **稳定状态**. (8.10) 说明, 任何正常返马氏链随着时间的推移都趋于稳定状态.

例 8.6　内科诊室只有一个医生, 医生为每个病人的看病时间是来自指数总体 $\mathcal{E}(\mu)$ 的随机变量. 如果病人按照强度为 λ 的泊松流到达和排队等候. 用马氏链描述诊室的总人数 (指正看病的人数 + 排队人数). 在稳定状态下,

(1) 计算平均队长;

(2) 计算病人的平均排队时间;

(3) 计算医生的 **可用度** (指稳定状态下医生在工作的概率).

解　用 $X(t)$ 表示 t 时诊室的总人数. 已知 $X(t)=i>0$ 时, 用 S 表示等待新到一人所需的时间, 用 T 表示离开一人所需的时间, 则 S,T 独立, $S\sim\mathcal{E}(\lambda)$, $T\sim\mathcal{E}(\mu)$. $\{X(t)\}$ 在 i 的停留时间为

$$\min\{S,T\}\sim\mathcal{E}(\lambda+\mu),$$

然后分别以概率

$$k_{i,i+1}=P(S<T)=\frac{\lambda}{\lambda+\mu},\quad k_{i,i-1}=P(T<S)=\frac{\mu}{\lambda+\mu}$$

转向 $i+1$ 和 $i-1$. 根据马氏链的结构知道 $\{X(t)\}$ 是马氏链, 且是生灭过程. 利用公式 $q_{ij}=k_{ij}q_i(j\neq i)$ 得到转移速率

$$q_{00}=-\lambda,\ q_{ii}=-(\lambda+\mu),\quad i>0;\quad q_{i,i+1}=\lambda,\quad q_{i,i-1}=\mu.$$

解方程组 (8.8) 得到 (具体解法见例 9.3).

$$p_k=\left(1-\frac{\lambda}{\mu}\right)\left(\frac{\lambda}{\mu}\right)^k\equiv pq^k,\quad k=0,1,\cdots. \tag{8.11}$$

于是知道只有当 $\lambda<\mu$ 时, 马氏链是正常返的, 有平稳分布 (8.11). 在稳定状态下的平均队长是

$$\mathrm{E}\,X(t)=\sum_{k=0}^{\infty}kp_k=pq\sum_{k=1}^{\infty}kq^{k-1}=\frac{q}{p}=\frac{\lambda}{\mu-\lambda},\quad \lambda<\mu.$$

因为诊室的人数为 $X(t)$, 所以 t 时到达的人需要排队的时间为

$$\sum_{k=1}^{X(t)}\tau_k,\quad \tau_k\sim\mathcal{E}(\mu).$$

其中 τ_k 是第 k 个人的看病时间. 因为 $X(t)$ 与 $\{\tau_i\}$ 独立, 用瓦尔德定理 (§3.2 定理 2.1) 得到他的平均排队时间为

$$\mathrm{E}\sum_{k=1}^{X(t)}\tau_k = \mathrm{E}\,X(t)\,\mathrm{E}\,\tau_1 = \frac{\lambda}{\mu(\mu-\lambda)}, \quad \lambda < \mu.$$

医生的可用度为

$$1 - p_0 = \lambda/\mu.$$

注意, 在例 8.6 中, 如果 $\lambda \geqslant \mu$, 则排队越来越长, 直至无穷. 也就是说时间充分长后, 平均队长为无穷, 平均排队时间为无穷, 医生的可用度为 1.

练 习 5.8

(1) 验证马氏链 $\{X(t)\}$ 的平稳不变分布是一切 h 骨架的平稳不变分布.

(2) 验证互通马氏链的 h 骨架的平稳不变分布是该马氏链的平稳不变分布.

(3) 顾客按照强度为 λ 的泊松流到达有 m 台自动取款机的自助银行取款. 设顾客的取款时间是来自指数总体 $\mathcal{E}(\mu)$ 的随机变量. 所有取款机被占时, 新到者排队等候. 用 $X(t)$ 表示 t 时服务系统中的总人数.

(a) 说明这是一个状态互通的马氏链;

(b) 求 $\{X(t)\}$ 的 Q 矩阵和嵌入链的转移概率矩阵 K;

(c) 求平稳不变分布存在的条件, 并验证平稳不变分布是

$$\pi_i = \begin{cases} (c/i!)(\lambda/\mu)^i, & 0 \leqslant i \leqslant m, \\ (c/m!)(\lambda/\mu)^i m^{m-i}, & i > m. \end{cases}$$

§5.9 时间可逆的马氏链

对于离散时间的马氏链 $\{X_n\}$, 如果概率分布 $\boldsymbol{\pi} = [\pi_0, \pi_1, \cdots]$ 使得

$$\pi_i p_{ij} = \pi_j p_{ji},$$

则称 π 是 $\{X_n\}$ 的平稳可逆分布. 以平稳可逆分布 π 为初始分布的马氏链为平稳可逆的马氏链. 连续时间马氏链也有类似的结论.

A. 时间可逆的马氏链

定义 9.1 设 $\{X(t)\}$ 是平稳过程, 如果对于任何 $0 \leqslant t_1 < t_2 < \cdots < t_n < T$, 随机向量

$$(X(T - t_1), X(T - t_2), \cdots, X(T - t_n)) \text{ 和}$$
$$(X(t_1), X(t_2), \cdots, X(t_n)) \text{ 同分布,} \tag{9.1}$$

则称 $\{X(t)\}$ 是**可逆平稳过程** (time reversible stationary process).

如果马氏链 $\{X(t)\}$ 是可逆平稳过程, 则可以把时间的方向倒过来观测这个过程. 对于任何正数 T, 定义倒向随机过程 $Y(t) = X(T - t)$, $t \in [0, T]$. 当 $\{X(t)\}$ 可逆时, $\{Y(t)\}$ 也是马氏链, 因为对任何正整数 n, $0 \leqslant t_0 < t_1 < \cdots < t_{n+1} \leqslant T$, 利用 (9.1) 得到

$$P(Y(t_{n+1}) = j, Y(t_n) = i, \cdots, Y(t_0) = i_0)$$
$$= P(X(t_{n+1}) = j, X(t_n) = i, \cdots, X(t_0) = i_0).$$

再利用条件概率公式得到

$$P(Y(t_{n+1}) = j | Y(t_n) = i, Y(t_{n-1}) = i_{n-1}, \cdots, Y(t_0) = i_0)$$
$$= P(X(t_{n+1}) = j | X(t_n) = i, X(t_{n-1}) = i_{n-1}, \cdots, X(t_0) = i_0)$$
$$= P(X(t_{n+1} - t_n) = j | X(0) = i)$$
$$= P(Y(t_{n+1} - t_n) = j | Y(0) = i)$$

只与 i, j, $t_{n+1} - t_n$ 有关, 说明 $\{Y(t)\}$ 和 $\{X(t) | t \in [0, T]\}$ 有相同的转移概率, 从而有相同的统计行为. 这也正是可逆的含义.

定义 9.2 设 $P(t)$ 是马氏链 $\{X(t)\}$ 的转移概率矩阵, 当概率分布 $\boldsymbol{p} = [p_0, p_1, \cdots]$ 满足

$$p_i p_{ij}(t) = p_j p_{ji}(t), \quad i, j \in I, t \geqslant 0 \tag{9.2}$$

时, 称 $\boldsymbol{p}$ 为 $\{X(t)\}$ 的**平稳可逆分布**或**可逆分布**.

例 9.1　如果 $\boldsymbol{p}$ 为马氏链 $\{X(t)\}$ 的平稳可逆分布，则

(1) $\boldsymbol{p}$ 是 $\{X(t)\}$ 的平稳不变分布；

(2) 当 $\{X(t)\}$ 以 $\boldsymbol{p}$ 为初始分布时，$\{X(t)\}$ 是平稳可逆过程.

证明　(1) 在 $p_i p_{ij}(t) = p_j p_{ji}(t)$ 的两边对于 j 求和，就得到

$$p_i = \sum_{j \in I} p_j p_{ji}(t), \quad i \in I, \; t \geqslant 0.$$

由定义 8.5 知道 $\boldsymbol{p}$ 是平稳不变分布.

(2) 当 $P(X(0) = i) = p_i$ 时，$\{X(t)\}$ 是严平稳过程，$X(t)$ 与 $X(T-t)$ 同分布. 所以 (9.1) 对于 $n = 1$ 成立. 对任何 $0 \leqslant s < t \leqslant T$，有 $T - t < T - s$，于是有

$$P(X(T-s) = i, X(T-t) = j)$$
$$= p_j p_{ji}(t-s) = p_i p_{ij}(t-s)$$
$$= P(X(s) = i, X(t) = j).$$

这说明对 $n = 2$, (9.1) 成立. 完全相同的方法可以证明 (9.1) 对于一般的 n 成立，说明 $\{X(t)\}$ 是平稳可逆过程.

在平稳可逆分布满足的公式 (9.2) 中，对 t 求导数，利用 $q_{ij} = p'_{ij}(0)$ 得到

$$p_i q_{ij} = p_j q_{ji}, \quad i, j \in I. \tag{9.3}$$

于是可以通过解 (9.3) 得到平稳可逆分布 $\boldsymbol{p}$. 但 (9.3) 是否有解呢？定理 9.1 回答这个问题.

定理 9.1　设 $\{X(t)\}$ 互通，有转移速率矩阵 Q 和平稳不变分布，则

(1) 有解时，(9.2) 和 (9.3) 有相同的非负解；

(2) 满足 (9.3) 的概率分布 $\boldsymbol{p}$ 是 $\{X(t)\}$ 的平稳可逆分布.

*证明　(1) 当 $\boldsymbol{p}$ 解自 (9.2)，在 (9.2) 式的两边对 $t = 0$ 求导数，得到 (9.3). 当 $\boldsymbol{p}$ 满足 (9.3)，在 (9.3) 的两边对 j 求和，得到 $0 = \sum_j p_j q_{ji}$. 由定理 8.2(4) 知 $\boldsymbol{p}$ 和平稳分布相差一个常数因子. 引入

$$g_{ij}(t) \equiv \frac{p_j p_{ji}(t)}{p_i},$$

从 K-C 方程知道 $g_{ij}(t)$ 也满足 K-C 方程

$$g_{ij}(s+t) = \sum_{k \in I} \frac{p_j p_{jk}(t)}{p_k} \frac{p_k p_{ki}(s)}{p_i} = \sum_{k \in I} g_{ik}(s) g_{kj}(t).$$

从 $p_i = \sum\limits_{j \in I} p_j p_{ji}(t)$ 知道 $\sum\limits_{j \in I} g_{ij}(t) = 1$, 并且 $g_{ij}(0) = \lim\limits_{t \downarrow 0} g_{ij}(t) = \delta_{ij}$.

将 $g_{ij}(t)$ 代入柯尔莫哥洛夫向前方程

$$p'_{ji}(t) = \sum_{k \in I} p_{jk}(t) q_{ki},$$

得到柯尔莫哥洛夫向后方程

$$\begin{aligned}
g'_{ij}(t) &= \frac{p_j}{p_i} p'_{ji}(t) = \sum_{k \in I} \frac{p_j}{p_i} p_{jk}(t) q_{ki} = \sum_{k \in I} \frac{p_j p_{jk}(t)}{p_k} \frac{p_k q_{ki}}{p_i} \\
&= \sum_{k \in I} g_{kj}(t) \frac{p_i q_{ik}}{p_i} = \sum_{k \in I} q_{ik} g_{kj}(t).
\end{aligned}$$

由于向后方程的解是唯一的 (见定理 5.3), 所以

$$g_{ij}(t) = \frac{p_j p_{ji}(t)}{p_i} = p_{ij}(t), \quad i, j \in I.$$

后一个等号说明 **p** 满足 (9.2).

(2) 由 (1) 直接得到.

B. 可逆分布的计算

下面称满足

$$\mu_i q_{ij} = \mu_j q_{ji} \quad i, j \in I$$

的非负数列 $\{\mu_j\}$ 为 $\{X(t)\}$ 或 Q 的**对称化序列**. 如果 $\{X(t)\}$ 有对称化序列, 则称 $\{X(t)\}$ 是**对称马氏链**. 用 $k_{ij} = q_{ij}/q_i \ (i \neq j)$ 表示嵌入链的转移概率. 仍然称满足

$$\eta_i k_{ij} = \eta_j k_{ji}, \quad i, j \in I$$

的非负数列 $\{\eta_j\}$ 为嵌入链的对称化序列. 因为

$$\mu_i q_{ij} = \mu_j q_{ji} \quad \text{当且仅当} \quad \mu_i q_i k_{ij} = \mu_j q_j k_{ji}, \tag{9.4}$$

所以嵌入链有对称化序列 $\{\eta_i\}$ 的充分必要条件是 $\{X(t)\}$ 有对称化序列 $\mu_i = \eta_i/q_i$.

下面假设 $\{X(t)\}$ 是互通马氏链. 根据 §4.6 的定理 6.2, 嵌入链存在对称化序列的充分必要条件是柯尔莫哥洛夫条件成立, 即: 对于任何 $i, i_1, i_2, \cdots, i_k \in I$, 有

$$k_{ii_1}k_{i_1i_2}\cdots k_{i_ki} = k_{ii_k}k_{i_ki_{k-1}}\cdots k_{i_1i}. \tag{9.5}$$

由于对 $i \neq j$, $k_{ij} = q_{ij}/q_i$, 在 (9.5) 的两边同时除以 $q_iq_{i_1}\cdots q_{i_k}$ 就得到

$$q_{ii_1}q_{i_1i_2}\cdots q_{i_ki} = q_{ii_k}q_{i_ki_{k-1}}\cdots q_{i_1i}. \tag{9.6}$$

于是知道 (9.6) 是互通马氏链 $\{X(t)\}$ 存在对称化序列的充分必要条件.

§4.6 的定理 6.2 还指出, (9.5) 成立时, 对于固定的 i, 定义 $\eta_i = 1$; 对于每个 j 及从 i 到 j 的通路 $i \to i_1 \to i_2 \to \cdots \to i_k \to j$, 定义

$$\eta_j = \frac{k_{ii_1}k_{i_1i_2}\cdots k_{i_kj}}{k_{i_1i}k_{i_2i_1}\cdots k_{ji_k}}, \tag{9.7}$$

则 $\{\eta_j\}$ 是 $K = \{k_{ij}\}$ 的对称化序列. 于是从 (9.4) 知道, 对于确定的 i, 定义 $\mu_i = 1/q_i$; 对于每个 $j \neq i$ 及从 i 到 j 的通路 $i \to i_1 \to i_2 \to \cdots \to i_k \to j$, 可以得到 $\{X(t)\}$ 的对称化序列

$$\begin{aligned}\mu_j &= \frac{\eta_j}{q_j} = \frac{1}{q_j}\frac{k_{ii_1}k_{i_1i_2}\cdots k_{i_kj}}{k_{i_1i}k_{i_2i_1}\cdots k_{ji_k}} \cdot \frac{q_iq_{i_1}\cdots q_{i_k}}{q_iq_{i_1}\cdots q_{i_k}} \\ &= \frac{1}{q_i}\frac{q_{ii_1}q_{i_1i_2}\cdots q_{i_kj}}{q_{i_1i}q_{i_2i_1}\cdots q_{ji_k}}, \quad j \in I.\end{aligned}$$

上式两边同乘以 q_i, 引入 $\alpha_j = q_i\mu_j$, 就有 $\alpha_i = q_i\mu_i = q_i\eta_i/q_i = 1$. 于是可以把对称化序列写得更整齐一些: 对确定的 i, 取 $\alpha_i = 1$. 对于 $j \neq i$ 和通路 $i \to i_1 \to i_2 \cdots \to i_k \to j$, 对称化序列为

$$\alpha_i = 1, \quad \alpha_j = \frac{q_{ii_1}q_{i_1i_2}\cdots q_{i_kj}}{q_{i_1i}q_{i_2i_1}\cdots q_{ji_k}}, \quad j \neq i. \tag{9.8}$$

对于互通的马氏链, 可以总结出计算可逆分布的步骤如下:

(1) 验证条件 (9.6) 对于任何 $i, i_1, i_2, \cdots, i_k$ 成立后用 (9.8) 计算出对称化序列 $\{\alpha_j\}$. 或者先按 (9.8) 计算 $\{\alpha_j\}$, 再验证 $\{\alpha_j\}$ 满足 $\alpha_i q_{ij} = \alpha_j q_{ji}, i, j \in I$. 如满足, 说明 $\{\alpha_j\}$ 是对称化序列; 否则没有对称化序列, 也就没有可逆分布.

(2) 当 $\{\alpha_j\}$ 是对称化序列时, 如果 $c = \sum\limits_{j \in I} \alpha_j < \infty$, 则 $p_j = \alpha_j / c$ $(j \in I)$ 是平稳可逆分布, 马氏链是正常返的; 否则马氏链不是正常返的, 平稳分布不存在.

只需要证明 (2). 在 $\alpha_i q_{ij} = \alpha_j q_{ji}$ 两边对 i 求和, 用保守性得到 $\sum\limits_{i \in I} \alpha_i q_{ij} = 0$. 从定理 8.2(3) 知道, 当 $c < \infty$ 时, $p_j = \alpha_j / c$ 是平稳不变分布, $\{X(t)\}$ 正常返, 再从定理 9.1 知道 $\{p_j\}$ 是平稳可逆分布. 当 $c = \infty$ 时, 用反证法: 假设 $\{X(t)\}$ 正常返, 则有平稳不变分布 $\{p_j\}$. 从定理 8.2(4) 知道 $\{\alpha_j\}$ 和 $\{p_j\}$ 相差一个常数因子: $\alpha_j = a p_j, j \in I$. 但是这与 $c = \infty$ 矛盾.

例 9.2 设 $\lambda_0 \lambda_1 \cdots \lambda_{n-1} > 0$, $\mu_1 \mu_2 \cdots \mu_n > 0$. 如果马氏链 $\{X(t)\}$ 有状态空间 $I = \{0, 1, \cdots, n\}$ 和转移速率矩阵

$$Q = \begin{pmatrix} -\lambda_0 & \lambda_0 & 0 & 0 & 0 & \cdots \\ \mu_1 & -(\lambda_1 + \mu_1) & \lambda_1 & 0 & 0 & \cdots \\ 0 & \mu_2 & -(\lambda_2 + \mu_2) & \lambda_2 & 0 & \cdots \\ \cdots & \cdots & \cdots & \cdots & \cdots & \\ \cdots & \cdots & \cdots & \cdots & \mu_n & -\mu_n \end{pmatrix},$$

计算平稳可逆分布.

解 容易看出该有限马氏链是不可约的, 从而是正常返的. 取

$$\alpha_0 = 1,$$
$$\alpha_k = \frac{q_{01} q_{12} \cdots q_{k-1,k}}{q_{10} q_{21} \cdots q_{k,k-1}} = \frac{\lambda_0 \lambda_1 \cdots \lambda_{k-1}}{\mu_1 \mu_2 \cdots \mu_k}, \quad 1 \leqslant k \leqslant n,$$

有 $\alpha_0 q_{01} = \lambda_0 = (\lambda_0/\mu_1)\mu_1 = \alpha_1 q_{10}$. 对 $k = 1, 2, \cdots, n-1$, 有

$$\alpha_k q_{k,k+1} = \frac{\lambda_0 \lambda_1 \cdots \lambda_{k-1} \cdot \lambda_k}{\mu_1 \mu_2 \cdots \mu_k} = \frac{\lambda_0 \lambda_1 \cdots \lambda_k \cdot \mu_{k+1}}{\mu_1 \mu_2 \cdots \mu_{k+1}} = \alpha_{k+1} q_{k+1,k},$$

所以 α_k 是对称化序列. 取 $c_0 = \alpha_0 + \alpha_1 + \cdots + \alpha_n$, 得到平稳可逆分布 $p_k = \alpha_k / c_0, \quad k \in I$.

例 9.3   设 $\{\lambda_i | i \geqslant 0\}$ 和 $\{\mu_i | i \geqslant 1\}$ 是正数列, 生灭过程 $\{X(t)\}$ 有状态空间 $I = \{0, 1, 2, \cdots\}$ 和转移速率矩阵

$$Q = \begin{pmatrix} -\lambda_0 & \lambda_0 & 0 & 0 & 0 & \cdots \\ \mu_1 & -(\lambda_1 + \mu_1) & \lambda_1 & 0 & 0 & \cdots \\ 0 & \mu_2 & -(\lambda_2 + \mu_2) & \lambda_2 & 0 & \cdots \\ 0 & 0 & \mu_3 & -(\lambda_3 + \mu_3) & \lambda_3 & \cdots \\ \cdots & \cdots & \cdots & \cdots & \cdots & \cdots \end{pmatrix},$$

求平稳分布存在的条件, 并计算其平稳分布.

解   从例 9.2 知道

$$\alpha_0 = 1,$$
$$\alpha_k = \frac{q_{01} q_{12} \cdots q_{k-1,k}}{q_{10} q_{21} \cdots q_{k,k-1}} = \frac{\lambda_0 \lambda_1 \cdots \lambda_{k-1}}{\mu_1 \mu_2 \cdots \mu_k}, \quad k = 1, 2, \cdots$$

是对称化序列. 取 $c_0 = \alpha_0 + \alpha_1 + \cdots$. 当且仅当 $c_0 < \infty$ 时, $\{X(t)\}$ 存在平稳可逆分布

$$p_k = \alpha_k / c_0, \quad k \in I.$$

这时的生灭过程 $\{X(t)\}$ 是正常返的.

特别当 $\lambda_i = \lambda$, $\mu_i = \mu$, $\lambda < \mu$ 时, 由

$$\alpha_k = \left(\frac{\lambda}{\mu}\right)^k, \quad c_0 = \sum_{k=0}^{\infty} \alpha_k = \left(1 - \frac{\lambda}{\mu}\right)^{-1},$$

得到例 8.6 中的平稳分布 (8.11):

$$p_k = \left(1 - \frac{\lambda}{\mu}\right)\left(\frac{\lambda}{\mu}\right)^k, \quad k = 0, 1, 2, \cdots.$$

练 习 5.9

(1) 设 λ, μ, a 是正常数, 对于下面的生灭过程求平稳不变分布.

(a) $\lambda_n = \lambda a^n$, $\mu_n = \mu$;

(b) $\lambda_n = \lambda/(n+1)$, $\mu_n = \mu$;

(c) $\lambda_n = n\lambda + a$, $\mu_n = n\mu$.

习　题　五

5.1　设 $P = (p_{ij}(t))$ 是马氏链的转移概率矩阵，当状态空间 I 是有限集合时，证明 $\det(P(t)) > 0$.

5.2　对于马氏链的转移概率 $p_{jj}(t)$, 证明

(1) $p_{jj}(t+s) \leqslant 1 - p_{jj}(t) + p_{jj}(s)p_{jj}(t)$;

(2) 对 $t > s$, $|p_{jj}(t) - p_{jj}(s)| \leqslant 1 - p_{jj}(t-s)$.

5.3　两个工人照看两台机床，第 i 台机床的正常工作时间服从参数为 λ_i 的指数分布. 每台机床发生故障后需要维修的时间都服从参数为 μ 的指数分布. 用马氏链描述 t 时机床的工作状态并写出该马氏链的转移速率和嵌入链的转移概率.

5.4　设总体 T_1, T_2, T_3 相互独立，$T_i \sim \mathcal{E}(\lambda_i)$. 从任何时间开始，生物群体中的每个个体或等待时间 T_1 后分裂成两个个体，或等待时间 T_2 后离开群体，外部的个体等待时间 T_3 后进入群体.

(a) 用 $\{X(t)\}$ 表示 t 时的个体数，写出转移速率矩阵；

(b) 如果个体总数达到 m 后就停止新的迁入，写出转移速率矩阵.

5.5　教授和助教两人在办公室为同学进行答疑. 对每一位前来的学生，教授先对课程的内容答疑，答疑时间是来自指数总体 $\mathcal{E}(\mu_1)$ 的随机变量，然后助教对作业的内容进行答疑，答疑时间是来自总体 $\mathcal{E}(\mu_2)$ 的随机变量. 任何时候到达的学生发现办公室有学生时就马上离开，不再要求答疑. 用 $0, 1, 2$ 分别表示办公室无学生，教授在答疑，助教在答疑，用 $X(t)$ 表示 t 时的答疑状态. 当学生按照强度为 λ 的泊松过程来到办公室时，

(a) 说明 $\{X(t)\}$ 是马氏链；

(b) 写出转移速率；

(c) 计算马氏链在各状态的平均停留时间.

5.6　带有移民的线性生灭过程由
$$\mu_n = n\mu, \quad n \geqslant 1,$$
$$\lambda_n = n\lambda + \theta, \quad n \geqslant 0$$

描述. 这里除了线性生灭过程描述的情况外, 群体的外面人口按照强度为 θ 的泊松流迁入群体. 用 $X(t)$ 表示 t 时的人数, 在条件 $X(0) = i$ 下, 计算 $\mathrm{E}\, X(t)$.

5.7　例 8.6 中, 如果到达的病人发现需要等候, 就放弃看病. 用马氏链描述诊室的总人数. 在稳定状态下,

(a) 计算诊室的平均人数;

(b) 计算医生的可用度;

(c) 计算能看病人数占到达人数的比例.

5.8　只有一个修理工的修车处对每辆自行车的修理时间服从均值为 9 分钟的指数分布, 设需要修理的自行车按照每 12 分钟一辆的泊松流到达. 在稳定状态下,

(a) 计算修车处自行车的平均数;

(b) 计算每辆自行车在修车处的平均滞留时间.

5.9　在习题 5.8 中, 设新到者发现有车在排队等候就放弃修理. 在稳定状态下,

(a) 计算修车处的自行车的平均数;

(b) 计算修车处失去顾客的比例;

(c) 计算修车处的可用度 (参考例 8.6).

5.10　如果马氏链的两个状态互通, 则有常数 a, b 使得其转移概率矩阵

$$P(t) = \frac{1}{a+b} \begin{pmatrix} a + be^{-(a+b)t} & b - be^{-(a+b)t} \\ a - ae^{-(a+b)t} & b + ae^{-(a+b)t} \end{pmatrix}.$$

5.11　设马氏链 $\{X(t)\}$ 有转移概率矩阵 $P(t)$, 如果 $\{p'_{jj}(0)\}$ 有界, 证明 $\{X(t)\}$ 是规则的.

5.12　加油站只有一个油泵和另一个候车位. 汽车按强度为 λ 的泊松过程到达和加油时, 如果没有车位就只能离去. 用 $X(t)$ 表示 t 时加油站的车数. 如果每辆车的加油时间是来自指数总体 $\mathcal{E}(\mu)$ 的随机变量, 计算

(a) 马氏链 $\{X(t)\}$ 的转移速率矩阵;

(b) 嵌入链的转移概率矩阵;

(c) 在稳定状态下加油站的平均车辆数;

(d) 在稳定状态下能够加油的车辆所占的比例;

(e) 如果加油速度增加一倍, 在稳定状态下能够加油的车辆所占的比例是多少?

5.13　设 λ, μ, a 是正常数. 对于 $\lambda_n = n\lambda + a, \mu_n = n\mu$ 的生灭过程, 求正常返的条件, 并给出平稳分布.

5.14　汽车按照强度为 λ 的泊松过程离开学校. 每辆车从西校门出的概率是 p, 从东校门出的概率是 $q = 1 - p$. 用 $\{S_n\}$ 表示出西校门的汽车流, 用 $\{M(t)\}$ 表示 $(0, t]$ 内离开东校门的车数, 则 $M(S_n)$ 是从西校门驶出第 n 辆车时, 从东校门驶出的车数. 求 $M(S_n) - M(S_{n-1})$ 的分布.

5.15　互通马氏链有转移速率矩阵 Q, 当马氏链只有 m 个状态时, 证明秩 $(Q) = m - 1$.

5.16　对于规则马氏链 $\{X(t)\}$ 有以下结论:

(a) 当 $\{q_i\}$ 有上界时, $\{X(t)\}$ 正常返 $\Rightarrow$ 嵌入链正常返;

(b) 当 $\{q_i\}$ 有正下界时, 嵌入链正常返 $\Rightarrow \{X(t)\}$ 正常返.

5.17　对于 $\lambda_n = \lambda, \mu_n = n$ 的生灭过程, 计算平稳分布, 在稳定状态下计算长度为 t 的时间内分裂次数的概率分布.

5.18　以下三个生灭过程哪个是非常返的, 哪个是零常返的, 哪个是正常返的? 对于正常返马氏链计算平稳分布.

(a) $\lambda_n = n + 2, \mu_n = n$;

(b) $\lambda_n = n + 1, \mu_n = n$;

(c) $\mu_n = n, \lambda_0 = \lambda_1 = 1$, 对 $n \geqslant 2, \lambda_n = n - 1$.

5.19　顾客按强度为 λ 的泊松流到达只有一个窗口的售票处. 正在购票的顾客在任何长为 h 的时间内以概率 $\mu h + o(h)$ 离开. 当排队人数少于 5 时, 后到的顾客排队等候. 当排队人数大于等于 5 时新到的顾客以概率 0.5 参加排队, 以概率 0.5 离开. 用 $\{X(t)\}$ 表示 t 时的队长, 说明 $\{X(t)\}$ 是不可约马氏链. 求 $\{X(t)\}$ 正常返的条件.

5.20　顾客按强度为 λ 的泊松流到达只有一个窗口的售票处, 正在购票的顾客在长为 h 的时间内以概率 $\mu h + o(h)$ 离开. 后到的顾客排队等候. 如果排队人数超过 10 时就再开一个售票窗口, 排队人数少于等于 10 时就关闭这个窗口, 用 $\{X(t)\}$ 表示 t 时的队长, 说明 $\{X(t)\}$ 是不可约马氏链. 求 $\{X(t)\}$ 正常返的条件.

5.21　某人有三块全自动机械旧手表 (假设不用时自动停摆), 一开始使用其中的一块, 其他两块备用. 当使用的手表发生故障后马上送去修理, 同时开始使用备用手表. 假设故障手表的修理时间是来自指数总体 $\mathcal{E}(\mu)$ 的随机变量, 修好的手表的工作时间是来自指数总体 $\mathcal{E}(\lambda)$ 的随机变量, 在同一时间修表部只能修理一块手表. 在稳定状态下, 计算他没有表用的概率.

5.22　系统由 m 个部件串联组成, 只要一个部件失效系统就停止工作. 假设各部件的工作寿命是来自总体 $\mathcal{E}(\lambda)$ 的随机变量, 更换各部件占用的时间是来自总体 $\mathcal{E}(\mu)$ 的随机变量. 假设各部件独立工作, 同一时刻只能对一个部件更换时, 计算系统的可用度 (参考例 8.6).

5.23　系统由 m 个部件并联组成, 只要有一个部件工作系统就工作. 假设各部件的工作寿命是来自总体 $\mathcal{E}(\lambda)$ 的随机变量, 更换部件占用时间是来自总体 $\mathcal{E}(\mu)$ 的随机变量. 更换可以随时开始, 但是同一时刻只能对一个部件进行更换. 如果各部件独立工作, 在稳定状态下计算系统的可用度 (参考例 8.6).

5.24　证明连续时间分支过程的任何 h 骨架是离散时间分支过程, 并且每个 h 骨架和连续时间分支过程有相同的灭绝概率.

5.25　N 个人中有若干人带菌. 在任何长为 h 的时间内群体中恰有两人相遇的概率是 $\lambda h + o(h)$, 有更多人次相遇的概率是 $o(h)$. 不带菌者遇到带菌者以概率 p 被传染, 被传染后将永远带菌. 用 $X(t)$ 表示 t 时带菌的人数.

(a) $\{X(t)\}$ 是马氏链吗?

(b) 如果是马氏链, 请写出转移速率矩阵 Q.

5.26　设 $g(t)$ 在 $[0, \infty)$ 上连续和非负, 满足 $g(0) = 0$, $g(t+s) \leqslant g(t) + g(s)$, $s, t \geqslant 0$, 则存在极限

$$q = \lim_{t \downarrow 0} \frac{g(t)}{t} = \sup_{t > 0} \frac{g(t)}{t} \in [0, \infty].$$

第六章 布 朗 运 动

布朗运动描述浸没 (或悬浮) 在液体或气体中微小颗粒的运动, 这种现象由英国植物学家布朗 (Robert Brown) 发现, 由 Einstein 于 1905 年做出解释: 微粒运动是由大量分子的连续碰撞造成的. 自 1918 年开始, Wiener 发表了一系列的论文对布朗运动进行数学的描述. 所以布朗运动又称为 Wiener 过程. 至今布朗运动已经是量子力学, 概率统计, 金融证券等研究中最重要的随机过程.

上海证券交易所每天的股票成交达几十亿手, 每分钟有上百万次的买卖成交. 上证综合指数受到每笔成交的撞击而上下波动. 在短时间内不考虑消息面的影响时, 综合指数的波动类似花粉受到液体分子的撞击, 也可以用布朗运动进行近似描述.

§6.1 布 朗 运 动

设想在液体的表面建立一个直角坐标系, 一粒花粉在时间 $t = 0$ 从原点出发作布朗运动. 以后将这粒花粉称为质点. 用 $(X(t), Y(t))$ 表示 t 时花粉的位置 (见图 6.1.1).

A. 布朗运动

下面对 $X(t)$ 详加考查. 新建一个坐标系, 以时间 t 为横轴, 以位移 x 为纵坐标. 当 t 在 $[0, \infty)$ 中变化时, $\{X(t)\}$ 是连续时间的随机过程 (见图 6.1.2).

容易理解 $X(t)$ 具有以下性质.

(a) 独立增量性: 在互不相交的时间段

$$(t_{j-1}, t_j], \quad j = 1, 2, \cdots, n$$

内, 质点的位移

$$X(t_j) - X(t_{j-1}), \quad j = 1, 2, \cdots, n$$

是相互独立的;

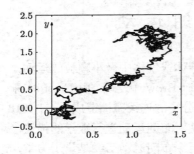

图 6.1.1   二维布朗运动示意图   图 6.1.2   布朗运动示意图

　　(b) 平稳增量性: 对于长度相等的时间段 $(s,t]$ 和 $(s+h, t+h]$, 质点在 $(s,t]$ 内的位移 $X(t) - X(s)$ 和在 $(s+h, t+h]$ 内的位移 $X(t+h) - X(s+h)$ 有相同的分布;

　　(c) 对称性: 质点沿纵轴方向的位移是平均对称的: $\mathrm{E}\,X(t) = 0$;

　　(d) 有限性: 质点在 $(0,t]$ 内位移的方差 $\sigma^2(t) = \mathrm{Var}\,(X(t))$ 是 t 的连续函数.

　　根据上面的性质容易计算出

$$\begin{aligned}
\sigma^2(s+t) &= \mathrm{Var}\,[(X(s+t) - X(t)) + X(t)] \\
&= \mathrm{Var}\,[(X(s+t) - X(t)] + \mathrm{Var}\,[X(t)] \\
&= \sigma^2(s) + \sigma^2(t).
\end{aligned}$$

于是有常数 σ^2, 使得 $\sigma^2(t) = \sigma^2 t$ (参考习题 1.8).

　　对于任何 $t > 0$, 标准化后的位移 $Z(t) = X(t)/\sqrt{\sigma^2 t}$ 有数学期望 0 和方差 1. 对于 $t > 0$, 假定 $Z(t)$ 的分布与 t 无关, 我们证明 $Z(t)$ 服从标准正态分布.

　　实际上, 对于固定的 $t > 0$, 将 $(0,t]$ 进行 n 等分, 得到等分点 $t_j = jt/n$, $j = 0, 1, \cdots, n$. 第 j 个时间段 $(t_{j-1}, t_j]$ 的长度是 t/n. 用 $Y_j = X(t_j) - X(t_{j-1})$ 表示质点在第 j 个时间段内的位移, 则 $Y_1, Y_2, \cdots, Y_n$ 独立同分布, $\mathrm{E}\,Y_i = 0$, $\mathrm{Var}\,(Y_j) = \mathrm{Var}\,(Y_1) = \sigma^2 t/n$.

其标准化

$$U_j = \frac{Y_j}{\sqrt{\sigma^2 t/n}} = \sqrt{n}\,\frac{Y_j}{\sqrt{\sigma^2 t}}$$

的分布与 t, n 无关, 并且

$$Z(t) \equiv \frac{X(t)}{\sqrt{\sigma^2 t}} = \sum_{j=1}^{n} \frac{Y_j}{\sqrt{\sigma^2 t}} = \frac{1}{\sqrt{n}} \sum_{j=1}^{n} U_j.$$

用 $\phi(s) = \mathrm{E}\,\mathrm{e}^{\mathrm{i}sU_j}$ 表示 U_j 的特征函数, 有

$$\phi'(0) = \mathrm{i}\,\mathrm{E}\,U_1 = 0, \quad \phi''(0) = \mathrm{i}^2\,\mathrm{E}\,U_1^2 = -1.$$

对 $\phi(s)$ 在 $s = 0$ 进行 Taylor 展开得到

$$\phi(s) = \phi(0) + \phi'(0)s + \frac{1}{2}\phi''(0)s^2 + o(s^2)$$
$$= 1 - \frac{s^2}{2} + o(s^2).$$

于是 $Z(t) = (U_1 + U_2 + \cdots + U_n)/\sqrt{n}$ 有特征函数

$$\begin{aligned}
\mathrm{E}\exp(\mathrm{i}sZ(t)) &= \mathrm{E}\exp\Big(\mathrm{i}\frac{s}{\sqrt{n}}(U_1 + U_2 + \cdots + U_n)\Big) \\
&= \Big(\mathrm{E}\exp\Big(\mathrm{i}\frac{s}{\sqrt{n}}U_1\Big)\Big)^n = (\phi(s/\sqrt{n}))^n \\
&= \Big(1 - \frac{s^2}{2n} + o\Big(\frac{s^2}{n}\Big)\Big)^n \\
&= \Big(1 - \frac{s^2}{2n}\Big)^n \Big(1 + \frac{o(s^2/n)}{1 - s^2/2n}\Big)^n \\
&\to \exp(-s^2/2), \quad \text{当 } n \to \infty.
\end{aligned}$$

这就得到 $Z(t)$ 的特征函数 $\mathrm{E}\exp(\mathrm{i}tZ(t)) = \mathrm{e}^{-s^2/2}$. 根据 §1.5 例 5.1, 知道 $Z(t) \sim N(0,1)$, 于是得到 $X(t) \sim N(0,\sigma^2 t)$. 对于 $t > s \geqslant 0$, 由于 $X(t) - X(s)$ 和 $X(t-s)$ 同分布, 得到 $X(t) - X(s) \sim N\big(0, \sigma^2(t-s)\big)$.

根据以上的分析, 我们给出布朗运动的定义如下:

定义 1.1   如果随机过程 $\{X(t)\}$ 满足条件:

(a) 轨迹在 $[0,\infty)$ 中连续的概率是 1, 且 $X(0) = 0$ a.s.;

(b) $\{X(t)\}$ 是独立增量过程;

(c) 对于任何 $t > s \geqslant 0$, $X(t) - X(s) \sim N\big(0, \sigma^2(t - s)\big)$,
则称 $\{X(t)\}$ 是**布朗运动** (Brownian motion). 特别当 $\sigma^2 = 1$ 时，称
$\{X(t)\}$ 是**标准布朗运动** (standard Brownian motion).

B. 二维布朗运动

现在回到最初的平面直角坐标系，$\boldsymbol{B}(t) = (X(t), Y(t))$ 是 t 时
质点的坐标时，已经证明 $\{X(t)\}$ 是布朗运动，同理知道 $\{Y(t)\}$ 也
是布朗运动，并且 $Y(t) \sim N(0, \sigma^2 t)$. 将坐标系绕原点旋转 θ 角，t
时质点在新坐标系中的纵坐标为

$$W(t) = X(t) \cos\theta + Y(t) \sin\theta, \quad t \geqslant 0.$$

$\{W(t)\}$ 也是布朗运动，和 $\{X(t)\}$ 有相同的统计性质，所以

$$\sigma^2 t = \mathrm{E}\, W^2(t) = \sigma^2 t + \sin 2\theta\, \mathrm{E}\big(X(t)Y(t)\big).$$

因为上式对任何 θ 成立，所以 $\mathrm{E}\big(X(t)Y(t)\big) = 0$. 从 §1.8F 知道 $\boldsymbol{B}(t)$
服从二元正态分布，并且 $X(t), Y(t)$ 独立. 还容易理解作为向量，
$\boldsymbol{B}(t) = (X(t), Y(t))$ 具有独立增量和平稳增量性. 这样的 $\{\boldsymbol{B}(t) | t \geqslant 0\}$ 被称为二维布朗运动.

定义 1.2   设二维随机过程 $\boldsymbol{B}(t) = (X(t), Y(t))$ $(t \geqslant 0)$ 的轨迹
连续的概率为 1, 且具有独立增量和平稳增量性. 如果对任何 $t \geqslant 0$,
$X(t), Y(t)$ 相互独立，都服从正态分布 $N(0, \sigma^2 t)$, 则称 $\{\boldsymbol{B}(t); t \geqslant 0\}$
是**二维布朗运动**.

§6.2   布朗运动的简单性质

定义 2.1   如果对于任何 $n \geqslant 1$, $t_1, t_2, \cdots, t_n$,

$$\big(X(t_1), X(t_2), \cdots, X(t_n)\big)$$

服从 n 维正态分布，则称随机过程 $\{X(t)\}$ 为**正态过程**.

定理 2.1   如果正态过程 $\{X_t\} = \{X(t) | t \geqslant 0\}$ 的轨迹在 $[0, \infty)$
中连续的概率是 1, 且满足 $X(0) = 0$, 则 $\{X_t\}$ 是标准布朗运动的充

分必要条件为

$$\mathrm{E}\,X(t) = 0, \quad \mathrm{E}\,\big(X(t)X(s)\big) = s, \quad t \geqslant s \geqslant 0. \tag{2.1}$$

证明 当 $\{X(t)\}$ 是标准布朗运动时, 按定义有 $\mathrm{E}\,X(t) = 0$, 并且由独立增量性知道 $X(t) - X(s)$ 与 $X(s)$ 独立, 所以有

$$\mathrm{E}\,[X(t)X(s)] = \mathrm{E}\,[X(t) - X(s)]\,\mathrm{E}\,X(s) + \mathrm{E}\,X^2(s) = 0 + s.$$

如果 (2.1) 成立, 对于 $t_1 < t_2 \leqslant t_3 < t_4$, 有

$$\begin{aligned}
\mathrm{E}\,&[(X(t_2) - X(t_1))(X(t_4) - X(t_3))] \\
&= \mathrm{E}\,[X(t_2)X(t_4) - X(t_2)X(t_3) - X(t_1)X(t_4) + X(t_1)X(t_3)] \\
&= t_2 - t_2 - t_1 + t_1 = 0.
\end{aligned}$$

这说明 $(X(t_2) - X(t_1))$ 与 $(X(t_4) - X(t_3))$ 独立. 由正态分布的性质知道 $\{X(t)\}$ 是独立增量过程. 再由

$$\mathrm{E}\,[X(t) - X(s)]^2 = t + s - 2s = t - s, \quad t \geqslant s \geqslant 0,$$

知道 $X(t) - X(s) \sim N(0, t - s)$. 所以 $\{X(t)\}$ 是标准布朗运动.

用定理 2.1 容易验证例 2.1 的结论.

例 2.1 设 $B(t)$ 是标准布朗运动, a 是正常数, 则以下的随机过程都是标准布朗运动:

(1) $W(t) = -B(t)$, $t \geqslant 0$;

(2) $W(t) = B(t + a) - B(a)$, $t \geqslant 0$;

(3) $W(t) = B(at)/\sqrt{a}$, $t \geqslant 0$;

(4) $W(0) = 0, W(t) = tB(1/t)$, $t > 0$;

(5) 对于正数 T, $W(t) = B(T - t) - B(T)$ 是时间段 $[0, T]$ 中的标准布朗运动.

我们把验证工作留给读者作为练习.

§6.3 首中时和 Arcsin 律

以下总用 $\{B(t)\}$ 表示标准布朗运动. 注意有 $B(0) = 0$ a.s..

A. 首中时和最大值的分布

对于常数 a, 用 T_a 表示质点首次到达 a 的时刻, 则有

$$T_a = \inf\{\, t \mid t \geqslant 0, B(t) = a \,\}. \tag{3.1}$$

T_a 称为 a 的**首达时**或**首中时**. 用 M_t 表示质点在 $[0, t]$ 内达到的最大值, 则

$$M_t = \sup_{0 \leqslant s \leqslant t} B(s). \tag{3.2}$$

对于 $a \geqslant 0$, 事件 $\{T_a \leqslant t\}$ 和 $\{M_t \geqslant a\}$ 都表示质点在时间段 $[0, t]$ 内到达过 a, 所以

$$\{T_a \leqslant t\} = \{M_t \geqslant a\}, \quad a \geqslant 0. \tag{3.3}$$

对 $a \geqslant 0$, 下面计算首中时 T_a 的分布函数. 因为布朗运动有对称性, 所以已知 $T_a \leqslant t$ 的条件下, 事件 $B(T_a) = a$ 发生, 且 $B(t) \geqslant a$ 和 $B(t) < a$ 发生的可能性相同, 见图 6.3.1, 即有

$$P(B(t) \geqslant a \mid T_a \leqslant t) = P(B(t) < a \mid T_a \leqslant t).$$

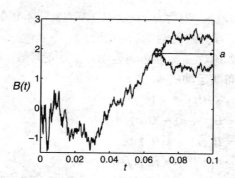

图 6.3.1　已知 $T_a \leqslant t$ 时, $B(t) \geqslant a$ 和 $B(t) < a$ 发生的可能性相同

另外一方面, 有 $\{B(t) \geqslant a\} \subset \{M_t \geqslant a\} = \{T_a \leqslant t\}$, 所以用上式得到

$$P(B(t) \geqslant a) = P(B(t) \geqslant a, T_a \leqslant t)$$

$$= P(B(t) \geqslant a | T_a \leqslant t) P(T_a \leqslant t)$$

$$= \frac{1}{2} \big[P(B(t) \geqslant a | T_a \leqslant t) + P(B(t) < a | T_a \leqslant t) \big] P(T_a \leqslant t)$$

$$= \frac{1}{2} P(T_a \leqslant t).$$

这就得到

$$P(T_a \leqslant t) = 2P(B(t) \geqslant a), \quad a \geqslant 0. \tag{3.4}$$

因为 $B(t) \sim N(0, t)$, 所以用 $B(t)/\sqrt{t} \sim N(0, 1)$ 得到

$$P(B(t) \geqslant a) = P\Big(\frac{B(t)}{\sqrt{t}} \geqslant \frac{a}{\sqrt{t}} \Big) = 1 - \Phi(a/\sqrt{t}),$$

这里 $\Phi(x)$ 是 $N(0, 1)$ 的分布函数. 再从 (3.3) 得到最大值 $M_t = \sup\limits_{0 \leqslant s \leqslant t} B(s)$ 的生存函数

$$P(M_t \geqslant a) = P(T_a \leqslant t) = 2\big[1 - \Phi(a/\sqrt{t}) \big], \quad a \geqslant 0. \tag{3.5}$$

从布朗运动的对称性知道 T_{-a} 和 T_a 同分布, 所以对于任何常数 a,

$$P(T_a \leqslant t) = P(T_{|a|} \leqslant t) = 2\big[1 - \Phi(|a|/\sqrt{t}) \big]. \tag{3.6}$$

用 $p_a = P(T_a \leqslant 5)$ 表示质点在 $(0, 5]$ 内达到 a 的概率, 对于不同的 a 容易计算出下表:

a	± 0.1	± 1	± 2	± 3	± 4	± 5	± 6
p_a	0.9643	0.6547	0.3711	0.1797	0.0736	0.0253	0.0073

把时间单位取做秒时, 质点在 5 秒内达到 0.1 的概率和达到 -0.1 的概率都是 96.43%, 达到 5 和 -5 的概率都是 2.53%.

例 3.1 对于标准布朗运动 $\{B(t)\}$ 和 $a \neq 0$,

(1) 质点最终达到 a 的概率为 1;

(2) 质点达到 a 平均需要的时间是 $\mathrm{E} T_a = \infty$.

证明 在 (3.6) 中令 $t \to \infty$ 得到

$$P(T_a < \infty) = \lim_{t \to \infty} P(T_a \leqslant t) = 2[1 - \Phi(0)] = 1.$$

这说明在有限的时间内质点以概率 1 到达 a.

因为 $\lim\limits_{t\to\infty} P(T_a > t) \to 0$, 取 $s = |a|/\sqrt{t}$, 用 (3.6) 和洛必达法则得到

$$C_0 = \lim_{t\to\infty} \frac{P(T_a > t)}{|a|/\sqrt{t}} = \lim_{s\to 0} \frac{1 - 2[1 - \Phi(s)]}{s} = 2\Phi'(0) > 0.$$

这说明有正常数 c 使得当 $t > c$ 时, $P(T_a > t) \geqslant \Phi'(0)|a|/\sqrt{t}$. 于是

$$\mathrm{E}T_a = \int_0^\infty P(T_a > t)\mathrm{d}t \geqslant \Phi'(0)|a| \int_c^\infty \frac{\mathrm{d}t}{\sqrt{t}} = \infty.$$

再回忆直线上的简单对称随机游动: 质点从 0 出发以概率 1 到达整数点 a, 但是平均需要转移无穷次 (见练习 3.2(3)). 此现象和本例中的现象有相同的含义.

B. Arcsin 律

用 $N(a, a+b]$ 表示质点在时间段 $(a, a+b]$ 内访问 0 的次数. $\{N(a, a+b] \geqslant 1\}$ 表示质点在时间段 $(a, a+b]$ 内访问过 0 至少一次. 已知 $B(a) = x$ 的条件下 $\{N(a, a+b] \geqslant 1\}$ 发生的概率等于已知 $B(0) = x$ 的条件下, 质点在 $(0, b]$ 内访问过 0 的概率. 而后者又等于已知 $B(0) = 0$ 的条件下, 质点在 $(0, b]$ 内访问过 $-x$ 的概率 $P(T_{-x} \leqslant b)$(参考图 6.3.2, 6.3.3).

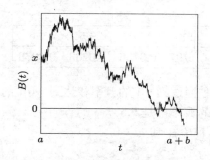

图 6.3.2　从 x 出发后 $N(a, a+b] \geqslant 1$　　图 6.3.3　从 0 出发后 $T_{-x} \leqslant b$

注意 T_{-x} 和 T_x 同分布, 就得到

$$P(N(a, a+b] \geqslant 1 | B(a) = x) = P(T_x \leqslant b) = 2P(B(b) \geqslant |x|).$$

用全概率公式 (见 §1.3C(4)) 和 $B(a) \sim N(0,a)$ 得到

$$
\begin{aligned}
&P(N(a,a+b] \geqslant 1)\\
&= \frac{1}{\sqrt{2\pi a}} \int_{-\infty}^{\infty} P(N(a,a+b] \geqslant 1 | B(a)=x) \mathrm{e}^{-x^2/2a} \mathrm{d}x\\
&= \frac{1}{\sqrt{2\pi a}} \int_{-\infty}^{\infty} 2P(B(b) \geqslant |x|) \mathrm{e}^{-x^2/2a} \mathrm{d}x\\
&= \frac{2}{\pi\sqrt{ab}} \int_0^{\infty} \int_x^{\infty} \mathrm{e}^{-y^2/2b} \mathrm{d}y \mathrm{e}^{-x^2/2a} \mathrm{d}x\\
&= \frac{2}{\pi\sqrt{ab}} \int_{y \geqslant x \geqslant 0} \exp\left(-\frac{y^2}{2b}-\frac{x^2}{2a}\right) \mathrm{d}x\mathrm{d}y.
\end{aligned}
\tag{3.7}
$$

为计算上述积分, 取变换 $x=\sqrt{2a}\,r\cos\theta,\ y=\sqrt{2b}\,r\sin\theta$. 雅可比行列式为

$$
\frac{\partial(x,y)}{\partial(r,\theta)} = 2r\sqrt{ab}.
$$

用 $\Longleftrightarrow$ 表示 "当且仅当". 因为

$$
\begin{aligned}
y \geqslant x \geqslant 0 &\Longleftrightarrow b\sin^2\theta \geqslant a(1-\sin^2\theta) \geqslant 0, \quad 0 \leqslant \theta \leqslant \pi/2\\
&\Longleftrightarrow \sin^2\theta \geqslant \frac{a}{a+b}, \quad 0 \leqslant \theta \leqslant \pi/2\\
&\Longleftrightarrow \theta_0 \equiv \arcsin\sqrt{\frac{a}{a+b}} \leqslant \theta \leqslant \frac{\pi}{2},
\end{aligned}
$$

所以从 (3.7) 得到

$$
\begin{aligned}
P(N(a,a+b] \geqslant 1) &= \frac{4}{\pi} \int_0^{\infty} \exp(-r^2) r\mathrm{d}r \int_{\theta_0}^{\pi/2} \mathrm{d}\theta\\
&= \frac{2}{\pi}(\pi/2-\theta_0)\\
&= 1 - \frac{2}{\pi}\arcsin\sqrt{\frac{a}{a+b}}.
\end{aligned}
$$

于是对于 $t>0, x \in (0,1)$, 得到

$$
P(N(tx,t]=0) = \frac{2}{\pi}\arcsin\sqrt{x}.
\tag{3.8}
$$

公式 (3.8) 称为布朗运动的 **Arcsin 律**.

用 $p(x) = (2/\pi)\arcsin\sqrt{x}$ 表示质点在 $(tx, t]$ 中没有回到 0 的概率, 容易计算出下表:

x	0.4	0.5	0.6	0.7	0.8	0.9
$p(x)$	0.4359	1/2	0.5641	0.6310	0.7048	0.7952

对于 $x = 0.5$ 来讲, 取 $t = 2$ 秒, 从表的第三列看出质点从 0 出发后, 在 1 秒至 2 秒之间不回到 0 的概率是 1/2. 取 $t = 2$ 年, 知道质点从 0 出发后, 在 1 年至 2 年之间不回到 0 的概率也是 1/2.

完全类似地得到, 质点从任意点 c 出发后, 在 1 秒至 2 秒之间不回到 c 的概率和在 1 年至 2 年之间不回到 c 的概率相同, 都是 1/2.

下面把本节的内容作一个总结.

定理 3.1   对于标准布朗运动 $\{B(t)\}$, 用 T_a 表示质点首次到达 a 的时刻, 用 M_t 表示质点在 $[0, t]$ 内达到的最大值, 用 $N(a, b]$ 表示质点在时间段 $(a, b]$ 内访问 0 的次数, 则有

(1) $P(T_a \leqslant t) = P(T_{|a|} \leqslant t) = 2P(B(t) \geqslant |a|)$;

(2) 对 $a \geqslant 0$, $P(M_t \geqslant a) = P(T_a \leqslant t)$;

(3) 对 $a \neq 0$, $\mathrm{E}\, T_a = \infty$;

(4) 对 $b > a > 0$, $P(N(a, b] = 0) = (2/\pi)\arcsin\sqrt{a/b}$.

§6.4   布朗桥与经验过程

利用标准布朗运动 $\{B(t)\}$ 定义**布朗桥** (Brownian Bridge)

$$X(t) = B(t) - tB(1), \quad t \in [0, 1]. \tag{4.1}$$

称为布朗桥的原因是随机过程的两头都在水平线上: $X(0) = X(1) = 0$. 图 6.4.1 是布朗桥的一条轨迹.

明显, 布朗桥是时间段 $[0, 1]$ 内的正态过程, 利用正态分布的特性容易计算出布朗桥的数学期望和协方差如下:

$$\mathrm{E}\, X(t) = 0, \quad \mathrm{E}\big(X(s)X(t)\big) = s(1 - t), \quad 0 \leqslant s \leqslant t \leqslant 1. \tag{4.2}$$

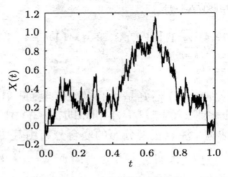

图 6.4.1 布朗桥示意图

现在设 U 在 $[0,1]$ 上均匀分布，$U_1, U_2, \cdots, U_n$ 是来自总体 U 的随机变量. 称分布函数 $F(t) = P(U \leqslant t)$ 的估计量

$$F_n(t) = \frac{1}{n} \sum_{j=1}^{n} I[U_j \leqslant t], \quad t \in [0,1]$$

为**经验分布函数**, 这里 $I[U_k \leqslant t]$ 是事件 $\{U_k \leqslant t\}$ 的示性函数. 因为 $F(t) = t$, 所以 $F_n(t) - t$ 是估计误差. 定义

$$D_n(t) = \sqrt{n}(F_n(t) - F(t)), \quad t \in [0,1]. \tag{4.3}$$

因为对每个固定的 t, $D_n(t)$ 是随机变量, 所以称 $D_n(t)$ 是**经验过程** (empirical process).

例 4.1 对于 $0 \leqslant s < t \leqslant 1$, 有

(1) $E D_n(t) = 0$, $E(D_n(s) D_n(t)) = s(1-t)$;

(2) 对于充分大的 n, $D_n(t) \sim N(0, t(1-t))$ 近似成立.

证明 容易计算 $E I[U_k \leqslant t] = P(U_k \leqslant t) = t$, 故 $E D_n(t) = 0$. 利用

$$I[U_k \leqslant s] I[U_k \leqslant t] = I[U_k \leqslant s], \quad s < t$$

可以计算出

$$E\left[\left(I[U_k \leqslant s] - s\right)\left(I[U_k \leqslant t] - t\right)\right] = s - st - st + st = s(1-t).$$

再用 $I[U_k \leqslant t]$ $(k = 1, 2, \cdots, n)$ 的相互独立性得到

$$E\left(D_n(s)D_n(t)\right)$$
$$= \frac{1}{n}\sum_{k=1}^{n} E\left[\left(I\left[U_k \leqslant s\right] - s\right)\left(I\left[U_k \leqslant t\right] - t\right)\right]$$
$$= s(1-t).$$

所以 (1) 成立. 结论 (2) 恰好是中心极限定理 (见 §1.5 定理 5.2).

例 4.1 说明经验过程 $\{D_n(t)\}$ 和布朗桥 $\{X(t)\}$ 有相同的数学期望和协方差结构. 注意正态分布的联合分布由其协方差结构唯一决定, 所以对于任何 $0 < t_1 < t_2 < \cdots < t_m < 1$, 当 n 充分大时, 可以想象

$$\left(D_n(t_1), D_n(t_2), \cdots, D_n(t_m)\right) \quad \text{和} \quad \left(X(t_1), X(t_2), \cdots, X(t_m)\right)$$

的联合分布近似相等. 粗略地说, 当 n 充分大时, 可以用布朗桥 $\{X(t)\}$ 的统计性质近似经验过程 $\{D_n(t)\}$ 的统计性质. 实际上可以证明经验过程 $\{D_n(t)\}$ 依分布收敛到布朗桥 $\{X(t)\}$(参考 [13]). 人们将类似的结果称为**不变原理** (invariance principle) 或函数形式的中心极限定理. 这是因为 $\{D_n(t)\}$ 和布朗桥 $\{X(t)\}$ 的轨迹都是 t 的函数, 中心极限定理描述随机变量的序列依分布收敛到正态分布, 不变原理作为中心极限定理的推广, 描述随机过程的序列依分布收敛到布朗运动或正态过程.

图 6.4.2 是 $n = 500$ 时经验过程 $\{D_n(t)\}$ 的一条轨迹, 看起来已经很像布朗桥.

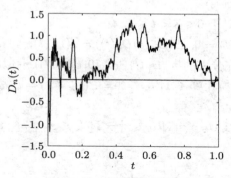

图 6.4.2   经验过程的轨迹

*§6.5　布朗运动的轨迹

设想花粉漂浮在水面上受水分子碰撞的情况. 由于水分子十分密集, 所以花粉时时会受到水分子的碰撞. 在时间段 $(0, h]$ 中如果花粉只受到有限次碰撞, 那么在某些更小的时间段中花粉就不会受到水分子的碰撞. 由于水分子每时每刻都在进行无规则的运动, 所以无法想象在某时间段中花粉不受碰撞. 这样看来, 在任何时间段 $(0, h]$ 中花粉都受到了无穷次碰撞.

尽管花粉运行的轨迹是连续的, 但是在被碰撞处的轨迹有不可微的尖角. 花粉在有限时间内受到无穷次碰撞, 所以导数不存在的点应当是稠密的. 因为每次碰撞都会使得花粉有一个非零位移, 所以在任何时间段 $(0, h]$ 中花粉都会有无穷次的位移. 因为花粉在 $(0, h]$ 中受到无穷次碰撞, 每次碰撞造成的位移独立同分布, 所以从强大数律知道, 将这些位移的绝对值相加, 应当得到无穷. 也就是说, 将花粉在 $(0, h]$ 的轨迹拉直, 其长度应当是无穷. 下面用数学方法解释上述结论.

A. 轨迹的不可微

定理 5.1　对于标准布朗运动 $\{B(t)\}$, 有

$$\varlimsup_{h\downarrow 0} \frac{|B(h)|}{h} = \infty \quad \text{a.s.}.$$

证明　定义 $Y_h = \sup\limits_{0 < s \leqslant h} \frac{|B(s)|}{s}$, 则有

$$\varlimsup_{h\downarrow 0} \frac{|B(h)|}{h} = \lim_{h\downarrow 0} Y_h.$$

从 $M_h = \sup\limits_{0 \leqslant s \leqslant h} B(s) \geqslant B(0) = 0$ a.s. 得到

$$Y_h = \sup_{0 < s \leqslant h} \frac{|B(s)|}{s} \geqslant \frac{1}{h} \sup_{0 < s \leqslant h} |B(s)| \geqslant \frac{M_h}{h} \quad \text{a.s.}.$$

用 $\Phi(x)$ 表示 $Z = B(h)/\sqrt{h} \sim N(0, 1)$ 的分布函数, 利用定理 3.1(2) 得到

$$P\big(Y_h > m\big) \geqslant P\big(M_h/h > m\big)$$
$$= P(M_h > mh) = 2P(B(h) > mh)$$
$$= 2P(Z > m\sqrt{h}) = 2\big[1 - \Phi(m\sqrt{h})\big]$$
$$\to 2[1 - \Phi(0)] = 1, \quad \text{当 } h \to 0 \text{ 时}.$$

对于任何充分大的正数 m, 当 $h \downarrow 0$ 时, Y_h 单调减少, 事件 $A_h = \{Y_h > m\}$ 也单调减少. 用概率的连续性 (见 §1.1(10)) 得到

$$P\big(\lim_{h \downarrow 0} Y_h > m\big) = P\big(\bigcap_{0 < s \leqslant h} A_s\big) = \lim_{h \downarrow 0} P(A_h) = 1.$$

由 m 的任意性知道 $\lim\limits_{h \downarrow 0} Y_h = \infty$ a.s.

因为对 $t \geqslant 0$, $M(t) = B(t+x) - B(x)$ 也是标准布朗运动, 所以从定理 5.1 得到

$$\overline{\lim_{h \downarrow 0}} \frac{|B(h+x) - B(x)|}{h} = \infty \text{ a.s.}.$$

上式说明在任一点 $x \geqslant 0$, 几乎所有的轨迹都不存在导数 $B'(x)$.

B. 轨迹的无限长

对于任意 $t > 0$, 将 $[0, t]$ 进行 2^n 等分, 得到等分点

$$a_{n,j} = \frac{jt}{2^n}, \quad j = 0, 1, \cdots, 2^n. \tag{5.1}$$

定理 5.2   对于标准布朗运动, 有

$$\lim_{n \to \infty} \sum_{j=1}^{2^n} |B(a_{n,j}) - B(a_{n,j-1})| = \infty \text{ a.s.}. \tag{5.2}$$

定理 5.2 解释了将花粉在时间段 $(0, t]$ 中的轨迹拉直, 长度是无穷. 为证明 (5.2), 先通过例 5.1 作一点准备. 下面用 a_j 表示等分点 $a_{n,j}$.

例 5.1   设 $Z \sim N(0, \sigma^2)$, $\{X_n\}$ 是随机序列, 有

(1) $\mathrm{E} Z^2 = \sigma^2$, $\mathrm{E} Z^4 = 3\sigma^4$, $\mathrm{E}(Z^2 - \sigma^2)^2 = 2\sigma^4$;

(2) 当 $\sum\limits_{n=1}^{\infty} P(|X_n| \geqslant 1/n) < \infty$ 时，$X_n \to 0$ a.s.;

(3) 当 $n \to \infty$ 时，$\sum\limits_{j=1}^{2^n} |B(a_j) - B(a_{j-1})|^2 \to t$ a.s.;

(4) 当 $n \to \infty$ 时，$Y_n = \max\limits_{1 \leqslant j \leqslant 2^n} |B(a_j) - B(a_{j-1})| \to 0$ a.s..

证明　简单的计算可得到 (1). 由 Borel-Cantelli 引理 (§1.1(11)) 知道 (2) 中条件成立时，概率为 1 地只有有限个 $|X_k| \geqslant 1/k$，所以当 n 充分大后 $|X_n| \leqslant 1/n$，于是结论 (2) 成立. 下面证 (3). 对于独立同分布的 $Z_j = B(a_j) - B(a_{j-1}) \sim N(0, t/2^n)$，定义

$$X_n = \sum_{j=1}^{2^n} |B(a_j) - B(a_{j-1})|^2 - t = \sum_{j=1}^{2^n} (Z_j^2 - t/2^n).$$

利用 Z_j 的独立性，马尔可夫不等式 (见 §1.3 定理 3.1) 和 (1) 得到

$$\begin{aligned} P(|X_n| \geqslant 1/n) &\leqslant n^2 \operatorname{E} |X_n|^2 = n^2 2^n \operatorname{E} (Z_j^2 - t/2^n)^2 \\ &= 2n^2 2^n (t/2^n)^2 = 2t^2 n^2 2^{-n}. \end{aligned}$$

再用结论 (2) 得到 $X_n \to 0$ a.s.，即结论 (3) 成立. 再证明 (4). 用

$$\operatorname{E} Y_n^4 = \operatorname{E} \max_{1 \leqslant j \leqslant 2^n} |Z_j|^4 \leqslant \sum_{j=1}^{2^n} \operatorname{E} Z_j^4$$

和马尔可夫不等式得到

$$\begin{aligned} P(Y_n \geqslant 1/n) &\leqslant n^4 \operatorname{E} Y_n^4 \leqslant n^4 2^n \operatorname{E} Z_1^4 \\ &= 3n^4 2^n (t/2^n)^2 = 3t^2 n^4 2^{-n}. \end{aligned}$$

再用 (2) 得到 (4).

定理 5.2 的证明　从 Y_n 的定义知道

$$\sum_{j=1}^{2^n} |B(a_j) - B(a_{j-1})|^2 \leqslant Y_n \sum_{j=1}^{2^n} |B(a_j) - B(a_{j-1})|.$$

于是得到

$$\sum_{j=1}^{2^n} |B(a_j) - B(a_{j-1})| \geqslant \frac{1}{Y_n} \sum_{j=1}^{2^n} |B(a_j) - B(a_{j-1})|^2.$$

当 $n \to \infty$ 时，上式右端分子趋于 $t > 0$ a.s., 分母 $Y_n \to 0$ a.s., 所以整体趋于 ∞ a.s..

C. 重对数律

关于标准布朗运动的轨迹，还可以证明下面的**重对数律**结论：

$$\varlimsup_{t \to \infty} \frac{B(t)}{\sqrt{2t \ln \ln t}} = 1 \ \text{a.s.}, \qquad \varliminf_{t \to \infty} \frac{B(t)}{\sqrt{2t \ln \ln t}} = -1 \ \text{a.s.},$$

$$\varlimsup_{t \to 0} \frac{B(t)}{\sqrt{2t \ln \ln t^{-1}}} = 1 \ \text{a.s.}, \qquad \varliminf_{t \to 0} \frac{B(t)}{\sqrt{2t \ln \ln t^{-1}}} = -1 \ \text{a.s.}$$

这里略去结论的证明，但是指出由布朗运动的重对数律可以诱导出随机变量的重对数律.

设 $\mathrm{E}\,X = 0$, $\mathrm{Var}\,(X) = 1$, $X_1, X_2, \cdots$ 是来自总体 X 的随机变量，则有重对数律：

$$\varlimsup_{n \to \infty} \frac{S_n}{\sqrt{2n \ln \ln n}} = 1 \ \text{a.s.}, \qquad \varliminf_{n \to \infty} \frac{S_n}{\sqrt{2n \ln \ln n}} = -1 \ \text{a.s.},$$

其中 $S_n = \sum_{j=1}^{n} X_j$ 是样本部分和. 重对数律是比强大数律更深刻的结果.

*§6.6　随机游动与布朗运动

考虑一个质点在平面坐标系上从原点出发作简单对称随机游动. 定义

$$X_i = \begin{cases} 1, & \text{当第 } i \text{ 次向上移动一步}, \\ -1, & \text{当第 } i \text{ 次向下移动一步}, \end{cases} \quad i = 1, 2, \cdots,$$

则 $X_1, X_2, \cdots$ 是独立同分布的随机变量，$\mathrm{E}\,X_1 = 0$, $\mathrm{Var}\,(X_1) = 1$. 在时刻 n, 质点所处的高度是 $S_n = X_1 + X_2 + \cdots + X_n$, 坐标是 (n, S_n). 这里和以后规定 $S_0 = 0$.

下面考虑更一般的随机游动. 设随机变量 $X_1, X_2, \cdots$ 独立同分布，$\mathrm{E}\,X_i = 0$, $\sigma^2 = \mathrm{Var}\,(X_i) < \infty$. 质点从原点出发第 i 步沿纵轴移动 X_i 单位. 在时刻 n, 质点所处的高度是 $S_n = X_1 + X_2 + \cdots + X_n$, 坐标是 (n, S_n).

对于 $k = 0, 1, \cdots, n$, 把质点的位置坐标 (k, S_k) 用线段连接起来, 得到折线函数

$$S_n(t) = S_k + (t - k)X_{k+1}, \quad 当 \ t \in [k, k+1], \quad 0 \leqslant k \leqslant n-1.$$

由于 $S_n(t)$ 在 $[k, k+1]$ 中是线性函数且满足 $S_n(k) = S_k$, 所以 $S_n(t)$ 是质点前 n 步的运行轨迹.

当 n 增大时折线越来越长, 看不到有意思的东西. 让我们把折线 $S_n(t)$ 进行压缩. 首先把折线 S_n 沿横坐标向左压缩 n 倍, 得到折线

$$C_n(t) = S_k + (nt - k)X_{k+1}, \quad 当 \ t \in \left[\frac{k}{n}, \frac{k+1}{n}\right], \quad 0 \leqslant k \leqslant n-1.$$

再沿纵坐标向 t 轴压缩 $\left(\sqrt{n\sigma^2}\right)^{-1}$ 倍, 得到折线

$$\xi_n(t) = \frac{S_k + (nt - k)X_{k+1}}{\sqrt{n\sigma^2}}, \quad 当 \ t \in \left[\frac{k}{n}, \frac{k+1}{n}\right], \quad 0 \leqslant k \leqslant n-1. \tag{6.1}$$

对于质点的每次运行, 可以看出 $\xi_n(t)$ 是 $[0,1]$ 中的连续折线函数 (见图 6.6.1).

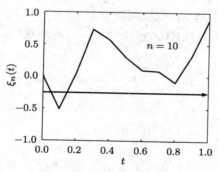

图 6.6.1 折线 $\xi_n(t)$ 的图形

对于任意的 $t \in [k/n, (k+1)/n]$, 容易计算 $|t - k/n| \leqslant 1/n$, $(nt - k)^2 \leqslant 1$, 所以有

$$E\,\xi_n(t) = \frac{E\,S_k + (nt - k)\,E\,X_{k+1}}{\sqrt{n\sigma^2}} = 0,$$

$$E\,\xi_n^2(t) = \frac{k\sigma^2 + (nt - k)^2\sigma^2}{n\sigma^2} = t + O(n^{-1}), \quad 当 \ n \to \infty. \tag{6.2}$$

对于 $0 \leqslant s \leqslant t \leqslant 1$, 也可以计算出 $\xi_n(t)$ 的协方差函数

$$
\begin{aligned}
\mathrm{E}\left(\xi_n(s)\xi_n(t)\right) &= \mathrm{E}\,\xi_n^2(s) + \mathrm{E}\left[\xi_n(s)\big(\xi_n(t)-\xi_n(s)\big)\right] \\
&= s + O(n^{-1}), \quad 0 \leqslant s < t \leqslant 1.
\end{aligned} \tag{6.3}
$$

于是, 对于充分大的 n, 作为随机过程的折线 $\{\xi_n(t)\}$ 和标准布朗运动 $\{B(t)|0 \leqslant t \leqslant 1\}$ 有相近的协方差函数 (参考定理 2.1).

　　对于每个固定的 $t \in (0,1]$, $\xi_n(t)$ 的主要部分是独立同分布随机变量的样本均值. 从 (6.2) 和中心极限定理知道只要 n 充分大, $\xi_n(t) \sim N(0,t)$ 就近似成立. 实际上还可以证明对于任何 $0 < t_1 < t_2 < \cdots < t_m < 1$, 当 n 充分大时,

$$
(\xi_n(t_1), \xi_n(t_2), \cdots, \xi_n(t_m)) \quad \text{和} \quad (B(t_1), B(t_2), \cdots, B(t_m))
$$

的联合分布近似相等. 粗略地说, 当 n 充分大时, 可以用标准布朗运动 $\{B(t)\}$ 的统计性质近似随机游动 $\{\xi_n(t)\}$ 的统计性质. 实际上可以证明 $\{\xi_n(t)\}$ 依分布收敛到标准布朗运动 $\{B(t)\}$(参考 [13]). 这又是一个不变原理.

　　图 6.6.2 是总体 X 服从两点分布 $P(X = -1) = P(X = 1) = 1/2$, $n = 1000$ 时, $\xi_n(t)$ 的一条轨迹, 它的形状已经很像布朗运动的轨迹了.

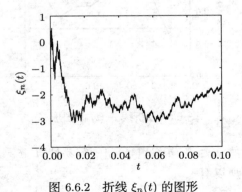

图 6.6.2　折线 $\xi_n(t)$ 的图形

习 题 六

6.1 用 $(X(t), Y(t))$ 表示二维标准布朗运动, 用定理 2.1 证明对任何常数 θ,

$$W(t) = X(t)\cos\theta + Y(t)\sin\theta, \quad t \geqslant 0$$

是标准布朗运动.

6.2 验证例 2.1 中的随机过程 $\{W(t)\}$ 都是标准布朗运动.

6.3 定义标准布朗运动 $\{B(t)\}$ 的镜面反射: $Z(t) = |B(t)|$, $t \geqslant 0$. 计算 $\mathrm{E}Z(t)$, $\mathrm{Var}(Z(t))$.

6.4 用标准布朗运动 $\{B(t)\}$ 定义几何布朗运动

$$Y(t) = \exp\big(B(t)\big), \quad t \geqslant 0.$$

计算 $\mathrm{E}Y(t)$, $\mathrm{Var}(Y(t))$.

6.5 对标准布朗运动 $\{B(t)\}$, 在条件 $B(1) = 0$ 下,

(a) 计算 $\{B(t)|t \in [0,1]\}$ 的数学期望和协方差函数;

(b) 验证 $\{B(t)|t \in [0,1]\}$ 是正态过程;

(c) 验证 $\{B(t)|t \in [0,1]\}$ 是布朗桥.

6.6 对于布朗桥 $\{X(t)|t \in [0,1]\}$, 验证

$$W(t) = (t+1)X\big(t/(1+t)\big), \quad t \geqslant 0$$

是标准布朗运动.

6.7 对标准布朗运动 $\{B(t)\}$ 及其最大值 $M_t = \sup\limits_{0 \leqslant s \leqslant t} B(s)$, 计算条件概率

$$P\big(M_t > a | M_t = B(t)\big).$$

6.8 对标准布朗运动 $\{B(t)\}$, 定义有漂移系数 μ 的布朗运动如下:

$$W(t) = B(t) + \mu t, \quad t \geqslant 0.$$

对于 $x > 0$, 证明当 $t \to 0$ 时, $P\Big(\sup\limits_{0 \leqslant s \leqslant t} |W(s)| > x\Big) = o(t).$

6.9   设 X 有连续的分布函数 $F(x)$, $X_1, X_2, \cdots, X_n$ 是来自总体 X 的随机变量. 定义 $Y_i = F(X_i)$.

(a) 计算 Y_i 的分布函数 $G(y)$;

(b) 写出基于随机变量 $Y_1, Y_2, \cdots, Y_n$ 经验函数 $G_n(y)$;

(c) 计算经验过程 $\{D_n(t)\} = \{\sqrt{n}(G_n(t) - G(t))\}$ 的协方差函数.

6.10   对标准布朗运动 $\{B(t)\}$, 定义 OU(Ornstein-Uhlenbeck) 过程

$$U(t) = \mathrm{e}^{-t} B(\mathrm{e}^{2t}), \quad t \in (-\infty, \infty).$$

(a) 计算 OU 过程 $\{U(t)\}$ 的数学期望和协方差函数;

(b) 验证 OU 过程 $\{U(t)\}$ 是严平稳过程;

(c) 在条件 $U(s) = u$ 下, 求 $U(t+s)$ 的分布.

6.11   对标准布朗运动 $\{B(t)\}$, 用 τ 表示质点在 $[0,1]$ 中最后一次回到 0 的时刻:

$$\tau = \sup\{\, t \,|\, t \leqslant 1, B(t) = 0\}.$$

计算 τ 的分布函数.

第七章 应 用 举 例

§7.1 互联网的 PageRank 问题

随着互联网的高速发展, 许多公司正在寻找评价全球互联网上所有网站的知名度的方法. 这种工作在文献上被称为 PageRank. 现在使用的 PageRank 方法由 Page 及其同事于 1998 年提出. 他们首先给所有网站编号, 并认为客户在网上从一个网站向其他网站的转移构成马氏链, 状态空间是 $I = \{1, 2, \cdots, n\}$. 当网站 i 有通向其他 $m(i)$ 个网站的链接时, 定义由 i 转向 j 的概率

$$p_{ij} = \begin{cases} \dfrac{1}{m(i)}, & i \text{ 有通向 } j \text{ 的链接,} \\ 0, & \text{其他.} \end{cases}$$

这时有

$$\sum_{j \in I} p_{ij} = 1,$$

所以 $P = (p_{ij})$ 是马氏链的转移概率矩阵. 因为马氏链的状态有限, 当所有状态互通时, 所有的状态是正常返的. 从问题的背景还可以知道所有的状态是非周期的, 因而这是一个遍历的有限状态马氏链, 其平稳分布唯一存在.

由于平稳分布 $\boldsymbol{\pi}_0 = [\pi_1, \pi_2, \cdots, \pi_n]$ 中的 π_i 恰好是计算机在各网站转移时, 对于网站 i 的访问概率, 而知名度高的网站被访问的概率大, 所以 π_i 恰好反映了网站 i 的知名度. 于是将平稳分布的 $[\pi_1, \pi_2, \cdots, \pi_n]$ 从大到小排序后就得到了相应网站知名度的排序.

在互联网中, 并不是所有的网站互通. 有部分网站没有指向其他网站的链接, 在这种情况下为了得到 PageRank, Page 及其同事建议使用改造后的转移概率矩阵

$$\tilde{P} = \alpha P + \frac{1 - \alpha}{n} E,$$

其中 E 是元为 1 的 $n \times n$ 矩阵，α 是 $(0,1)$ 中的数，建议取成 0.85. 从此，许多 PageRank 的工作都基于上述模型.

针对上述的排序方法，部分垃圾网站 (有用信息极少的网站) 在其他网站大量建立指向自己网站的链接，以提升排序和获得更多的利益.

现在的科研人员正在着手解决垃圾网站的排序问题. 由于尽管垃圾网站被访问的次数很多，但是和真正的知名网站相反，垃圾网站每次被访问的时间都很短. 如果能把对网站的访问时间考虑在内，就能够得到更加合理的 PageRank 方法.

A. 半马氏过程

在 PageRank 中，为了将垃圾网站排名在后面，有必要考虑网站被访问的时间长度. 用 k_{ij} 表示一台计算机从网站 i 转向网站 j $(j \neq i)$ 的概率，用 T_{ij} 表示已知计算机从网站 i 转向 j 时该计算机在 i 的浏览时间，用 $Y(t)$ 表示 t 时计算机正在访问的网站，就得到一个随机过程 $\{Y(t)\}$. $Y(t) = k$ 表示 t 时计算机正在访问网站 k. 人们将 $\{Y(t)\}$ 称为 **半马氏过程** (Semi-Markov process).

容易看出，所有的 $T_{ij} = 1$ 时，半马氏过程就是原来的马氏链.

半马氏过程一般不具备马氏性：为了预测将来 $Y(t+s)$，知道 $Y(t) = i$ 和计算机已经在 i 的浏览时间与仅知道 $Y(t) = i$ 是不相同的. 从这里也可以知道，连续时间马氏链在任何一个状态的停留时间为什么服从指数分布.

用 T_i 表示计算机在网站 i 的停留时间，用 $\overline{F}_{ij} = P(T_{ij} > t)$ 表示 T_{ij} 的生存函数，用 $A_i = s$ 表示计算机在 s 时进入网站 i. 用全概率公式得到

$$
\begin{aligned}
&P(T_i > t | A_i = s) \\
&= \sum_{j \neq i} P(T_i > t | Y(T_i) = j, A_i = s) P(Y(T_i) = j | A_i = s) \\
&= \sum_{j \neq i} P(T_{ij} > t) k_{ij} = \sum_{j \neq i} k_{ij} \overline{F}_{ij}(t).
\end{aligned}
$$

上式与 s 无关，说明计算机在网站 i 的停留时间有分布函数

$$\overline{F}_i(t) = \sum_{j \neq i} k_{ij} \overline{F}_{ij}(t).$$

计算机在网站 i 的平均停留时间为

$$\mu_i = \int_0^\infty \overline{F}_i(t)\mathrm{d}t = \sum_{j \neq i} \int_0^\infty k_{ij} \overline{F}_{ij}(t)\mathrm{d}t$$

$$= \sum_{j \neq i} k_{ij} \, \mathrm{E}\, T_{ij}.$$

用 T_{ii} 表示计算机从进入网站 i 开始到再次进入网站 i 的间隔时间，用 $\mu_{ii} = \mathrm{E}\, T_{ii}$ 表示平均间隔时间. 因为 μ_i 是计算机在网站 i 的平均停留时间，μ_{ii} 是两次访问网站 i 的平均间隔时间，所以 μ_i/μ_{ii} 大，说明网站 i 的信息量大，信息可靠、更新及时或知名度高. 所以 μ_i/μ_{ii} 是评价网站 i 的一个重要指标.

当 $\{X_k\}$ 是以 $P = (k_{ij})$ 为一步转移概率矩阵的马氏链时，也称 $\{X_k\}$ 是 $\{Y(t)\}$ 的嵌入链. 如果 $\{X_k\}$ 是不可约的马氏链，则称 $\{Y(t)\}$ 是不可约的半马氏过程.

定理 1.1　设 $\{Y(t)\}$ 是不可约的半马氏过程，状态空间有限，T_{ii} 是非格点的随机变量，则有以下结论:

(1) $p_i = \lim\limits_{t \to \infty} P(Y(t) = i | Y(0) = j)$ 与初始状态 j 无关，并且有

$$p_i = \frac{\mu_i}{\mu_{ii}};$$

(2) 当 $\mu_{ii} < \infty$ 时，

$$p_i = \lim_{t \to \infty} \frac{\text{计算机在 } [0,t] \text{ 中访问网站 } i \text{ 的时间}}{t};$$

(3) 设 $\boldsymbol{\pi} = [\pi_1, \pi_2, \cdots, \pi_n]$ 是嵌入链 $\{X_k\}$ 的平稳分布，则

$$p_i = \frac{\pi_i \mu_i}{\sum\limits_{j=1}^n \pi_j \mu_j}.$$

证明　下面用更新过程的语言来描述半马氏过程 $\{Y(t)\}$. 当计算机从网站 j 出发，每次进入网站 i 就称一次更新发生. T_{ji} 是第

1 个更新间隔, T_{ii} 是第 2 个更新间隔, 以后的所有更新间隔是独立同分布的随机变量, 和 T_{ii} 同分布. 当 $Y(t) = i$ 时, 称 t 是开状态, 则得到一个延迟开关系统, 满足

$$P(X(t) = i)|X(0) = j) = P(t\text{时开}|X(0) = j).$$

第 2 及以后的更新间距中, 开状态时间是来自总体 T_i 的随机变量, 有生存函数 $\overline{F}_i(t)$ 和数学期望 μ_i. 利用 §3.7 定理 7.3 得到结论 (1), 用 §3.8 推论 8.2 得到结论 (2).

下面证明 (3). 用 $T_i(k)$ 表示第 k 次访问 i 时在 i 的停留时间, 则 $T_i(k)$ $(k = 1, 2, \cdots)$ 是来自总体 T_i 的随机变量. 用 $N_i(m)$ 表示前 m 次转移中访问 i 的次数, 则从嵌入链的正常返性知道当 $m \to \infty$ 时, 有

$$N_i(m) \to \infty, \quad \frac{N_i(m)}{m} \to \pi_i \ \text{a.s.}.$$

从强大数律得到

$$\frac{1}{m} \sum_{k=1}^{N_i(m)} T_i(k) = \frac{N_i(m)}{m} \frac{1}{N_i(m)} \sum_{k=1}^{N_i(m)} T_i(k) \to \pi_i \mu_i \ \text{a.s.}. \qquad (1.1)$$

用 $p(i, m)$ 表示前 m 次转移中计算机浏览网站 i 的时间比例, 注意 (1.1) 对于任何 $i \in I$ 成立, 就得到 $m \to \infty$ 时,

$$
\begin{aligned}
p(i, m) &= \frac{\sum_{j=1}^{N_i(m)} T_i(j)}{\sum_{k=1}^{n} \sum_{j=1}^{N_k(m)} T_k(j)} \\
&= \frac{\frac{1}{m} \sum_{j=1}^{N_i(m)} T_i(j)}{\sum_{k=1}^{n} \frac{1}{m} \sum_{j=1}^{N_k(m)} T_k(j)} \\
&\to \frac{\pi_i \mu_i}{\sum_{k=1}^{n} \pi_k \mu_k} \ \text{a.s.}.
\end{aligned}
$$

再从 (2) 知道当 $m \to \infty$ 时, $p(i, m) \to p_i$, 所以 (3) 成立.

例 1.1 一个网站可以处于维护、被访问和没被访问三个状态. 将这三个状态分别用 $1, 2, 3$ 表示. 根据调查，以上三个状态有转移概率矩阵

$$K = \frac{1}{100}\begin{pmatrix} 0 & 99 & 1 \\ 1 & 0 & 99 \\ 1 & 99 & 0 \end{pmatrix}.$$

如果每次维护平均需要 $\mu_1 = 0.01$ 小时，访问时的平均访问时间为 $\mu_2 = 9.8$ 小时，无访问时的平均无访问时间长为 $\mu_3 = 5.2$ 小时，计算该网站处于各种状态的时间比例.

解 K 为嵌入链的转移概率矩阵. 先计算 K 的平稳分布. 令 $\pi_3 = 1$, 从 $\boldsymbol{\pi} = \boldsymbol{\pi} K$ 得到

$$\pi_1 = 0.01\pi_2 + 0.01\pi_3,$$
$$\pi_2 = 0.99\pi_1 + 0.99\pi_3,$$
$$\pi_3 = 0.01\pi_1 + 0.99\pi_2.$$

从中解出

$$\pi_1 = \frac{199}{9901}, \quad \pi_2 = \frac{9999}{9901}, \quad \pi_3 = \frac{9901}{9901}.$$

利用 $\pi_1 + \pi_2 + \pi_3 = 1$ 进行归一化处理后得到平稳分布

$$\pi_1 = \frac{199}{199 + 9999 + 9901} = \frac{199}{20099} \approx 0.0099,$$
$$\pi_2 = \frac{9999}{20099} \approx 0.4975,$$
$$\pi_3 = \frac{9901}{20099} \approx 0.4926.$$

最后利用定理 1.1(3) 得到网站处于各种状态的时间比例：

$$p_1 = \frac{\pi_1 \mu_1}{\sum\limits_{i=1}^{3} \pi_i \mu_i} = 0.00001,$$
$$p_2 = \frac{\pi_2 \mu_2}{\sum\limits_{i=1}^{3} \pi_i \mu_i} = 0.65556,$$
$$p_3 = \frac{\pi_3 \mu_3}{\sum\limits_{i=1}^{3} \pi_i \mu_i} = 0.34442.$$

B. 用转移速率矩阵作 PageRank

在 PageRank 问题中, 如果认为计算机在各网站的停留时间与下次转向哪个网站独立, 并且是服从指数分布的随机变量, 上述的半马氏过程就成为有限状态的连续时间马氏链. 用 T_i 表示计算机在网站 i 的平均浏览时间, 则 $T_i \sim \mathcal{E}(\lambda_i)$. 根据马氏链的性质, 这时的转移速率矩阵 $Q = (q_{ij})$ 不仅考虑了计算机在各个网站的转移情况, 还考虑了计算机在各网站的平均浏览时间. 于是用连续时间马氏链的平稳分布进行网站排序将更加合理.

在国际互联网上的确可以获得每台计算机对于大部分网站的浏览时间. 这样就可以用参数估计的方法计算出计算机对每个网站的平均浏览时间. 于是利用 §5.4 的公式 (4.5) 可以得到转移速率矩阵, 从而计算出连续时间马氏链的平稳不变分布.

当嵌入马氏链不互通时, 如何通过改造转移速率矩阵得到合理的 PageRank 方法, 也是需要考虑的问题.

§7.2   简单排队问题

在日常生活中随时可见排队问题, 购物后付款需要排队, 看医生时挂号需要排队, 汽车通过交叉路口时需要排队, 等候起飞的飞机也需要按航空管制进行排队.

一般来讲, 一个排队系统由三个方面的因素构成:

(a) 输入过程;

(b) 服务时间;

(c) 服务窗口的个数.

我们将以上三个因素简单地记为

输入分布 / 服务时间 / 窗口个数.

在排队问题中, 通常用 G 表示分布是任意的, 用 M 表示泊松过程或指数分布, 用 D 表示间隔时间是常数. 例如用 $M/M/s$ 表示顾客按泊松流到达, 服务台对每个顾客的服务时间是服从指数分布的随机变量, 一共有 s 个服务窗口; 用 $D/G/s$ 表示顾客的到达是等间隔的，服务台对每个顾客的服务时间有共同的分布函数 G, 一共有 s 个服务窗口. 下面通过例子介绍简单的排队问题.

A. $M/G/1$ 忙期

例 2.1　顾客按强度为 λ 的泊松流 $\{S_k\}$ 到达一台自动取款机，后到者排队等候. 每个人取款占用的时间是独立同分布的，有共同的分布函数 $G(t)$, 且和顾客流独立. 每当取款机服务完毕，且无人排队时称忙期结束，闲期开始. 当取款机从闲期进入工作状态，称忙期开始. 现在设忙期在 $t = 0$ 开始，用 $\{N(t)\}$ 表示顾客流构成的泊松过程. 用 $Y_1, Y_2, \cdots$ 表示第 $1, 2, \cdots$ 个顾客占用取款机的时间. 用 U_j 表示第 j 个忙期延续的时间，用 V_j 表示第 j 个闲期延续的时间. 容易看出 $\{(U_j, V_j)\}$ 是独立同分布的随机向量，构成一个开关系统：忙时为开，闲时为关. 试计算 $\mathrm{E}V_1$, $\mathrm{E}U_1$,

解　由指数分布的无记忆性知道，当第 j 个忙期结束后，对下一位顾客的等待时间 V_j 是服从指数分布 $\mathcal{E}(\lambda)$ 的随机变量，所以 $\mathrm{E}V_j = 1/\lambda$.

下面计算忙期的数学期望 $\mathrm{E}U_1$. 因为忙期在 $t = 0$ 开始，用 $Y = Y_1$ 表示 0 时到达的人的占机时间. 可以看出：

当 $N(Y) = 0$ 时，$(0, Y]$ 中没有新的顾客到达，所以有

$$U_1 | \{N(Y) = 0\} = Y.$$

当 $N(Y) = 1$ 时，$(0, Y]$ 中恰有一个顾客到达，他在 Y 时开始取款. 如果在时刻 Y 重新计算忙期，并用 B_1 表示这个忙期，则 B_1 和 U_1 同分布，并且在条件 $N(Y) = 1$ 下有 $U_1 = Y + B_1$, 即有

$$U_1 | \{N(Y) = 1\} = Y + B_1.$$

因为一个忙期的概率分布由这个忙期内离开取款机的人数决定，与该忙期内的顾客排队次序无关，所以下面不再考虑排队的次序问题.

当 $N(Y) = 2$, $(0, Y]$ 中恰有 2 个顾客到达，第 1 个到达者在 Y 时开始取款. 我们先不考虑第 2 个到达者的存在. 现在在 Y 时刻重新计算忙期，并用 B_1 表示这个忙期，则 B_1 和 U_1 同分布 (因为不考

虑第 2 个到达者的存在). 当忙期 B_1 结束后, 前述第 2 个到达者再开始取款. 第 2 个到达者开始取款的时间为 $Y + B_1$. 现在在 $Y + B_1$ 时刻重新计算忙期, 并用 B_2 表示这个忙期, 则 B_2, B_1, U_1 同分布, 并且在条件 $N(Y) = 2$ 下有 $U_1 = Y + B_1 + B_2$, 即有

$$U_1|\{N(Y) = 2\} = Y + B_1 + B_2.$$

按照以上的分析, 不难得到

$$U_1|\{N(Y) = k\} = Y + B_1 + B_2 + \cdots + B_k,$$

其中的 $U_1, B_1, B_2, \cdots$ 是同分布的. 于是得到

$$
\begin{aligned}
\mathrm{E}\, U_1 &= \sum_{k=0}^{\infty} \mathrm{E}\,(U_1|N(Y) = k) P(N(Y) = k) \\
&= \sum_{k=0}^{\infty} \mathrm{E}\,(Y + B_1 + B_2 + \cdots + B_k) P(N(Y) = k) \\
&= \sum_{k=0}^{\infty} (\mathrm{E}\, Y + k \mathrm{E}\, B_1) P(N(Y) = k) \\
&= \mathrm{E}\, Y + \mathrm{E}\, N(Y) \mathrm{E}\, U_1.
\end{aligned}
$$

因为 $\{N(t)\}$ 与 Y 独立, 所以从 $\mathrm{E}\,(N(Y)|Y = t) = \mathrm{E}\, N(t) = \lambda t$ 得到 $\mathrm{E}\, N(Y) = \lambda \mathrm{E}\, Y$. 最后得到

$$\mathrm{E}\, U_1 = \frac{\mathrm{E}\, Y}{1 - \lambda \mathrm{E}\, Y}, \quad \lambda \mathrm{E}\, Y < 1.$$

因为 $\mathrm{E}\, Y$ 为顾客的平均占机时间, $\lambda^{-1} = \mathrm{E}\, S_1$ 是顾客流的平均间隔时间, $\lambda \mathrm{E}\, Y \geqslant 1$ 等价于 $\mathrm{E}\, Y \geqslant \mathrm{E}\, S_1$, 于是等价于顾客的平均占机时间大于等于顾客流的平均间隔时间, 所以当 $\lambda \mathrm{E}\, Y \geqslant 1$ 时, 排队会越来越长, 导致 $\mathrm{E}\, U_1 = \infty$.

例 2.2   在例 2.1 中, 计算时间充分长后到达的顾客需要排队的概率.

解   当每个顾客的平均占机时间 $\mathrm{E}\, Y$ 严格小于顾客到达的平均间隔时间 $\mathrm{E}\, S_1 = 1/\lambda$ 时, 平均队长是有限的. 需要排队的充分必要

条件是机器处于忙期. 根据开关过程的理论 (§3.4 定理 4.1), 知道要计算的概率是

$$p = \frac{\mathrm{E}\,U_1}{\mathrm{E}\,V_1 + \mathrm{E}\,U_1} = \begin{cases} \lambda\,\mathrm{E}Y, & \text{当 } \mathrm{E}Y < 1/\lambda, \\ 1, & \text{当 } \mathrm{E}Y \geqslant 1/\lambda. \end{cases}$$

实际上还可以计算出忙期 U_1 的概率分布函数 (参考 [7])

$$P(U_1 \leqslant u) = \sum_{n=1}^{\infty} \int_0^u \frac{(\lambda t)^{n-1}}{n!} \mathrm{e}^{-\lambda t} \mathrm{d}G_n(t),$$

其中 $G_n(t)$ 是 $G(t)$ 的 n 重卷积.

B. $M/M/m$ 排队

例 2.3 顾客按照强度为 λ 的泊松流到达有 m 个相同服务台的服务系统, 到达后或立即占用一个空闲的服务台或排队等候. 顾客占用服务台的时间是来自指数总体 $\mathcal{E}(\mu)$ 的随机变量. 用 $X(t)$ 表示 t 时系统中的顾客数 (服务台人数 + 排队人数).

(1) 证明 $\{X(t)\}$ 是连续时间马氏链;

(2) 计算嵌入链的转移概率;

(3) 计算 $X(t)$ 的转移速率矩阵.

解 用 τ_i 表示 0 时占用第 i 个服务台的人的离开时间, 则 $\min\{\tau_1, \tau_2, \cdots, \tau_k\}$ 是 0 时占用服务台的 k 个人中的第一个离开时间, 根据指数分布的性质知道 (见 §1.8E)

$$\min\{\tau_1, \tau_2, \cdots, \tau_k\} \sim \mathcal{E}(k\mu).$$

(1) 已知 $X(t) = i$ 的条件下, 服务台等待新到一人的时间 $T \sim \mathcal{E}(\lambda)$, 等待离开一人的时间 $V \sim \mathcal{E}(\mu_i)$, 其中 $\mu_i = \min\{i, m\}\mu$. T 和 V 独立, 所以 $\{X(t)\}$ 在 i 的停留时间

$$T_i = \min\{T, V\} \sim \mathcal{E}(\lambda + \mu_i).$$

容易计算出 $\{X(t)\}$ 从 i 转向 $i+1$ 的概率是 (与 t 之前所处的状态无关)

$$P(T < V) = \int_0^{\infty} P(t < V | T = t) \lambda \mathrm{e}^{-\lambda t} \mathrm{d}t$$

$$= \int_0^\infty \mathrm{e}^{-\mu_i t} \lambda \mathrm{e}^{-\lambda t} \mathrm{d}t$$

$$= \frac{\lambda}{\lambda + \mu_i}.$$

对于 $i \geqslant 1$, $\{X(t)\}$ 由 i 转向 $i-1$ 的概率是 (也与 t 之前所处的状态无关)

$$P(V < T) = 1 - P(T < V) = \frac{\mu_i}{\lambda + \mu_i}.$$

根据马氏链的结构 (见 §5.4B) 知道 $\{X(t)\}$ 是连续时间马氏链.

(2) 从对 (1) 的分析知道嵌入链有转移概率

$$k_{ij} = \begin{cases} \dfrac{\lambda}{\lambda + \mu_i}, & j = i+1, \ i \geqslant 0, \\[2mm] \dfrac{\mu_i}{\lambda + \mu_i}, & j = i-1, \ i \geqslant 1, \\[2mm] 0, & \text{其他}, \end{cases}$$

其中 $\mu_i = \min\{i, m\}\mu$.

(3) 根据 (1) 中的分析得到 $q_i = \lambda + \mu_i$, 利用公式 $k_{ij} = q_{ij}/q_i$ $(j \neq i)$, 得到马氏链 $\{X(t)\}$ 的转移速率

$$q_{ij} = \begin{cases} q_i k_{ij}, & j \neq i, \\ -q_i, & j = i \end{cases} = \begin{cases} \lambda, & j = i+1, i \geqslant 0, \\ \mu_i, & j = i-1, i \geqslant 1, \\ -(\lambda + \mu_i), & j = i, \\ 0, & \text{其他}. \end{cases} \tag{2.1}$$

容易看出 $\{X(t)\}$ 是不可约马氏链, 嵌入链在 $\{i \mid i \geqslant m\}$ 中的运动规律是简单随机游动:

$$k_{i,i+1} = \frac{\lambda}{\lambda + m\mu}, \quad k_{i,i-1} = \frac{m\mu}{\lambda + m\mu}, \quad i \geqslant m.$$

根据简单随机游动的性质, 当 $\lambda > m\mu$ 时, $k_{i,i+1} > k_{i,i-1}$, 质点将最终走向 ∞, 所以一切状态都是非常返的, 因而 $\{X(t)\}$ 也是非常返的, 这时队长将无限制的增加. 当 $\lambda < m\mu$ 时, 有 $k_{i,i+1} < k_{i,i-1}$, 这时的嵌入链是正常返的, 于是队长不会无限制的增加, 又因为马氏

链是保守的, 且 $q_i \geq \lambda > 0$, 所以 $\{X(t)\}$ 也是正常返的 (参考习题 5.16). 下面的例子进一步说明上述结论.

注意条件 $\lambda < m\mu$ 解释的是: 顾客的平均到达间隔 $1/\lambda$ 大于顾客的平均离开间隔 $1/m\mu$.

例 2.4 对例 2.3 中的马氏链, 当且仅当 $\lambda < m\mu$ 时, 马氏链 $\{X(t)\}$ 有平稳可逆分布

$$p_k = \begin{cases} \left(\dfrac{\lambda}{\mu}\right)^k \dfrac{1}{k!} c_0, & 0 \leqslant k \leqslant m, \\ \left(\dfrac{\lambda}{m\mu}\right)^k \dfrac{m^m}{m!} c_0, & k \geqslant m+1, \end{cases} \tag{2.2}$$

其中 c_0 是平衡常数, 使得 $p_0 + p_1 + p_2 + \cdots = 1$.

证明 马氏链每次只能向前或向后移动一步, 从 §5.9(9.6) 和

$$\frac{q_{i,i+1}q_{i+1,i}}{q_{i+1,i}q_{i,i+1}} = 1, \quad i \geqslant 0; \quad \frac{q_{i,i-1}q_{i-1,i}}{q_{i-1,i}q_{i,i-1}} = 1, \quad i \geqslant 1$$

知道 $\{X(t)\}$ 有对称化序列, 取 $\alpha_0 = 1$, 按照 §5.9 的方法得到对称化序列

$$\alpha_0 = 1,$$
$$\alpha_1 = \frac{q_{01}}{q_{10}} = \frac{\lambda}{\mu},$$
$$\alpha_2 = \frac{q_{01}q_{12}}{q_{10}q_{21}} = \frac{\lambda}{\mu}\frac{\lambda}{2\mu} = \left(\frac{\lambda}{\mu}\right)^2 \frac{1}{2!},$$
$$\cdots\cdots\cdots\cdots,$$
$$\alpha_m = \frac{q_{01}q_{12}\cdots q_{m-1,m}}{q_{10}q_{21}\cdots q_{m,m-1}} = \left(\frac{\lambda}{\mu}\right)^m \frac{1}{m!},$$
$$\cdots\cdots\cdots\cdots,$$
$$\alpha_n = \frac{q_{01}q_{12}\cdots q_{n-1,n}}{q_{10}q_{21}\cdots q_{n,n-1}} = \left(\frac{\lambda}{m\mu}\right)^n \frac{m^m}{m!}, \quad n > m.$$

容易看出 $c_0 = 1/(\alpha_0 + \alpha_1 + \cdots) < \infty$ 的充分必要条件是 $\lambda < m\mu$, 这时的平稳可逆分布是 (2.2).

例 2.5 在例 2.3 中, 用 W 表示 t 时到达的顾客的排队时间, 当 $\lambda < m\mu$ 时, 在稳定状态下, 有

$$\mathrm{E}W = \frac{m\mu}{(m\mu - \lambda)^2} p_m, \tag{2.3}$$

其中的 p_m 由 (2.2) 给出.

证明 容易看出, 已知 $X(t)=i \leqslant m-1$ 时, 该顾客不用排队, 即 $W=0$. 已知 $X(t)=m$ 时, 该顾客排在第一位, 等待时间 τ 后轮到他, 排队时间 $W=\tau \sim \mathcal{E}(m\mu)$. 已知 $X(t)=m+k$ 时, 等待时间 τ_1 后前面的队长减少一人, $\tau_1 \sim \mathcal{E}(m\mu)$; 再等待时间 τ_2 后前面的队长再减少一人, 根据指数分布的无后效性, $\tau_2 \sim \mathcal{E}(m\mu)$; 以此类推, 等待时间 $W=\tau_1+\tau_2+\cdots+\tau_{k+1}$ 后轮到这位顾客. 这里的 $\tau_1, \tau_2, \cdots, \tau_{k+1}$ 独立同分布, 都服从指数分布 $\mathcal{E}(m\mu)$. 于是利用全概率公式和平稳可逆分布 (2.2) 得到

$$
\begin{aligned}
\mathrm{E}\,W &= \sum_{k=0}^{\infty} \mathrm{E}\,(W|X(t)=m+k)P(X(t)=m+k) \\
&= \sum_{k=0}^{\infty} \mathrm{E}\,(\tau_1+\tau_2+\cdots+\tau_{k+1})p_{m+k} \\
&= \sum_{k=0}^{\infty} \frac{k+1}{m\mu}\left(\frac{\lambda}{m\mu}\right)^{m+k}\frac{m^m}{m!}c_0 \\
&= \left(\frac{\lambda}{\mu}\right)^m \frac{c_0}{m!}\frac{1}{m\mu}\sum_{k=0}^{\infty}(k+1)\left(\frac{\lambda}{m\mu}\right)^k \\
&= p_m \frac{1}{m\mu}\left(1+\sum_{k=0}^{\infty}x^{k+1}\right)'\Big|_{x=\lambda/m\mu} \\
&= p_m \frac{1}{m\mu}\left(1-\lambda/m\mu\right)^{-2} \\
&= p_m \frac{m\mu}{(m\mu-\lambda)^2}.
\end{aligned}
$$

例 2.6 在例 2.3 中设 $m=1$, $\lambda < \mu$, 则在稳定状态下系统中的平均人数为 $\lambda/(\mu-\lambda)$, t 时到达顾客的平均排队时间是 $\lambda/[\mu(\mu-\lambda)]$.

证明 当 $m=1$ 和 $\lambda < \mu$ 时, 有

$$
p_k = \left(\frac{\lambda}{\mu}\right)^k c_0, \quad c_0 = 1 - \frac{\lambda}{\mu}.
$$

这时的平稳可逆分布是

$$
p_k = p^k(1-p), \quad k \geqslant 0, \quad 其中 \quad p = \lambda/\mu.
$$

在稳定状态下的系统中的平均人数为

$$\mathrm{E}\,X(t) = \sum_{k=0}^{\infty} kp_k = p(1-p)\sum_{k=0}^{\infty} kp^{k-1}$$
$$= p(1-p)/(1-p)^2$$
$$= \lambda/(\mu-\lambda).$$

t 时到达顾客的平均排队时间是

$$\mathrm{E}\,W = p_1 \frac{\mu}{(\mu-\lambda)^2} = \frac{\lambda}{\mu(\mu-\lambda)}.$$

§7.3 系统维修问题

一个工作系统由 m 个独立工作的部件构成. 第 i 个部件的工作寿命是来自指数总体 $\mathcal{E}(\lambda_i)$ 的随机变量. 寿终的部件被立即进行更换, 更换第 i 个部件占用的时间是来自指数总体 $\mathcal{E}(\mu_i)$ 的随机变量. 这时的每个部件是一个开关系统: 第 i 个部件开状态平均时间长度是该部件的平均工作寿命 $1/\lambda_i$, 关状态的平均时间长度是该部件的平均更换时间 $1/\mu_i$. 根据更新过程的知识, 对于充分大的 t, 第 i 个部件在 t 时处于工作状态的概率是

$$K_i = \frac{1/\lambda_i}{1/\lambda_i + 1/\mu_i} = \frac{\mu_i}{\lambda_i + \mu_i},$$

K_i 称为第 i 个部件的 **可用度**(viability).

现在把整个系统的可用度定义成时间充分长后, 所有部件都在工作的概率 K_0. 用 A_i 表示 t 时第 i 个部件在工作, 则 t 充分大后

$$P(A_i) = \frac{\mu_i}{\lambda_i + \mu_i}.$$

由于各部件的工作情况是相互独立的, 所以事件 $A_1, A_2, \cdots, A_m$ 相互独立. 于是 t 充分大后, 系统的可用度是

$$K_0 = P(A_1 A_2 \cdots A_m) = P(A_1)P(A_2)\cdots P(A_m) = \prod_{i=1}^{m} \frac{\mu_i}{\lambda_i + \mu_i}.$$

对于 $m = 2$, 引入状态空间 $I = \{0, 1, 2, 3\}$ 如下: 0 表示所有部件在更换, 1 表示第 1 个部件在工作第 2 个部件在更换, 2 表示第 2 个部件在工作第 1 个部件在更换, 3 表示所有的部件在工作. 用 $X(t)$ 表示 t 时系统所处的状态.

例 3.1   在上面的记号下, 对于 $m = 2$ 说明 $\{X(t)\}$ 是马氏链并计算转移速率矩阵 Q 和系统的可用度.

解   用 U_1, U_2 分别表示第 1,2 个部件的工作寿命, 用 V_1, V_2 分别表示更换第 1,2 个部件所用的时间. 已知 $X(0) = 0$ 时, 系统在状态 0 的停留时间 $\min(V_1, V_2) \sim \mathcal{E}(\mu_1 + \mu_2)$, 然后以概率 $k_{01} = P(V_1 < V_2) = \mu_1/(\mu_1 + \mu_2)$ 转向 1, 以概率 $k_{02} = \mu_2/(\mu_1 + \mu_2)$ 转向 2. 所以 $q_0 = \mu_1 + \mu_2$, $q_{01} = k_{01}q_0 = \mu_1$, $q_{02} = k_{02}q_0 = \mu_2$.

已知 $X(0) = 1$ 时, 系统在状态 1 的停留时间为 $\min(U_1, V_2) \sim \mathcal{E}(\lambda_1 + \mu_2)$, 然后以概率 $k_{10} = P(U_1 < V_2) = \lambda_1/(\lambda_1 + \mu_2)$ 转向 0, 以概率 $k_{13} = P(V_2 < U_1) = \mu_2/(\lambda_1 + \mu_2)$ 转向 3. 所以 $q_1 = \lambda_1 + \mu_2$, $q_{10} = k_{10}q_1 = \lambda_1$, $q_{13} = k_{13}q_1 = \mu_2$.

已知 $X(0) = 2$ 时, 系统在状态 2 的停留时间为 $\min(V_1, U_2) \sim \mathcal{E}(\mu_1 + \lambda_2)$, 然后以概率 $k_{20} = P(U_2 < V_1) = \lambda_2/(\lambda_2 + \mu_1)$ 转向 0, 以概率 $k_{23} = P(V_1 < U_2) = \mu_1/(\lambda_2 + \mu_1)$ 转向 3. 所以 $q_2 = \lambda_2 + \mu_1$, $q_{20} = k_{20}q_2 = \lambda_2$, $q_{23} = k_{23}q_2 = \mu_1$.

已知 $X(0) = 3$ 时, 系统在状态 3 的停留时间为 $\min(U_1, U_2) \sim \mathcal{E}(\lambda_1 + \lambda_2)$, 然后以概率 $k_{32} = P(U_1 < U_2) = \lambda_1/(\lambda_1 + \lambda_2)$ 转向 2, 以概率 $k_{31} = \lambda_2/(\lambda_1 + \lambda_2)$ 转向 1. 所以 $q_3 = \lambda_1 + \lambda_2$, $q_{32} = k_{32}q_3 = \lambda_1$, $q_{31} = k_{31}q_3 = \lambda_2$.

根据以上分析知道 $\{X(t)\}$ 是马氏链, 有转移速率矩阵

$$Q = \begin{pmatrix} -(\mu_1 + \mu_2) & \mu_1 & \mu_2 & 0 \\ \lambda_1 & -(\lambda_1 + \mu_2) & 0 & \mu_2 \\ \lambda_2 & 0 & -(\lambda_2 + \mu_1) & \mu_1 \\ 0 & \lambda_2 & \lambda_1 & -(\lambda_1 + \lambda_2) \end{pmatrix}.$$

解方程组 $\boldsymbol{p}Q = 0$, 可以得到马氏链的平稳分布

$$p_0 = \lambda_1\lambda_2 c_0, \quad p_1 = \lambda_2\mu_1 c_0, \quad p_2 = \lambda_1\mu_2 c_0, \quad p_3 = \mu_1\mu_2 c_0,$$

其中 $c_0 = 1/[(\lambda_1 + \mu_1)(\lambda_2 + \mu_2)]$ 是平衡常数. 如果两个部件都工作时系统才能正常工作, 则系统的可用度是

$$K_0 = p_3 = \frac{\mu_1}{\lambda_1 + \mu_1} \cdot \frac{\mu_2}{\lambda_2 + \mu_2}.$$

例 3.2 计算机房有 m 台计算机, 每台计算机都有可能因为感染计算机病毒而停止工作. 假设每台计算机在感染病毒之前的工作时间是来自总体 $U \sim \mathcal{E}(\lambda)$ 的随机变量, 当有 k 台计算机停止工作时就请专业人员来维修. 如果每次维修时需要关闭机房, 而关闭机房的时间是来自总体 $V \sim \mathcal{E}(\mu)$ 的随机变量. 总体 U 和总体 V 独立. 在稳定状态下计算计算机的平均使用率和机房的可用度.

解 用 $X(t)$ 表示 t 时感染病毒的计算机数. 对于 $0 \leqslant i \leqslant k-1$, 已知 $X(t) = i$ 时, 设等待时间 T_i 后转向 $i+1$, 由于有 $m-i$ 台计算机在工作, 所以 $T_i \sim \mathcal{E}((m-i)\lambda)$. 已知 $X(t) = k$ 时, 设等待时间 T_k 后转向 m, 则 $T_k \sim \mathcal{E}(\mu)$. 根据马氏链的结构知道 $\{X(t)\}$ 是马氏链, 并且

$$q_i = \begin{cases} (m-i)\lambda, & 0 \leqslant i \leqslant k-1, \\ \mu, & i = k, \end{cases}$$

状态 k 表示机房关闭. 嵌入链的转移概率为

$$k_{ij} = \begin{cases} 1, & 1 \leqslant j = i+1 \leqslant k \text{ 或 } i = k, j = 0, \\ 0, & \text{其他}. \end{cases}$$

用 $q_{ij} = q_i k_{ij}$ $(j \neq i)$ 得到 $\{X(t)\}$ 的转移速率矩阵

$$Q = \begin{pmatrix} -m\lambda & m\lambda & 0 & \cdots & 0 & 0 \\ 0 & -(m-1)\lambda & (m-1)\lambda & \cdots & 0 & 0 \\ \cdots & \cdots & \cdots & \cdots & \cdots & \cdots \\ 0 & \cdots & \cdots & \cdots & -(m-k+1)\lambda & (m-k+1)\lambda \\ \mu & 0 & 0 & \cdots & 0 & -\mu \end{pmatrix}.$$

容易看出这是一个有限状态的互通马氏链, 所以是正常返的. 解方程组 $pQ = 0$, 可以得到马氏链的平稳分布

$$p_i = \begin{cases} \dfrac{1}{m-i} c_k, & 0 \leqslant i \leqslant k-1, \\ \dfrac{\lambda}{\mu} c_k, & i = k, \end{cases}$$

其中 $c_k = \left(\sum_{i=0}^{k-1}\frac{1}{m-i}+\frac{\lambda}{\mu}\right)^{-1}$ 是平衡常数, 使得 $p_0+p_1+\cdots+p_k = 1$.

在稳定状态下, 平均工作的计算机数为

$$H_k = mp_0 + (m-1)p_1 + \cdots + (m-k+1)p_{k-1}$$
$$= \sum_{i=0}^{k-1}(m-i)\frac{1}{m-i}c_k = kc_k.$$

计算机的平均使用率是 $H_k/m = kc_k/m$. 在稳定状态下, 机房关闭的概率是 $p_k = \lambda c_k/\mu$, 机房的可用度是 $K_0 = 1 - \lambda c_k/\mu$.

例 3.2 中, 要使得机房的工作效率达到最高, 应当选取 k 使得 H_k 达到最大.

例 3.3 一个车间有 M 台机床, 由 m 个机器人负责维护, $1 \leqslant m < M$. 各机床的连续工作时间是来自总体 U 的随机变量, 出现故障后需要的维修时间是来自总体 V 的随机变量. 总体 U, V 独立, 分别服从参数为 λ, μ 的指数分布. 一台机床出现故障后, 空闲的机器人马上对它进行维修, 否则要等到有机器人空闲下来. 用 $X(t)$ 表示 t 时工作的机床数, 则

(1) $\{X(t)\}$ 是不可约正常返马氏链, 有转移速率

$$q_{ii} = \begin{cases} -(i\lambda + m\mu), & 0 \leqslant i \leqslant M-m, \\ -i\lambda - (M-i)\mu, & M-m < i \leqslant M, \end{cases}$$

$$q_{ij} = \begin{cases} i\lambda, & j = i-1, 1 \leqslant i \leqslant M, \\ m\mu, & j = i+1, 0 \leqslant i \leqslant M-m, \\ (M-i)\mu, & j = i+1, M-m < i \leqslant M, \\ 0, & \text{其他}; \end{cases}$$

(2) $\{X(t)\}$ 有平稳不变分布

$$p_i = \begin{cases} \dfrac{m^k}{k!}\left(\dfrac{\mu}{\lambda}\right)^k c_0, & 0 \leqslant i \leqslant M-m, \\ \dfrac{m^{M-m}m!}{(M-i)!i!}\left(\dfrac{\mu}{\lambda}\right)^i c_0, & M-m+1 \leqslant i \leqslant M, \end{cases}$$

其中 c_0 是平衡常数使得 $p_0 + p_1 + \cdots + p_M = 1$;

(3) 机床的平均利用率是 $(p_1 + 2p_2 + \cdots + Mp_M)/M$;

(4) 机器人的平均利用率是

$$K = \sum_{k=0}^{M-m} p_k + \sum_{k=0}^{m-1} \frac{k}{m} p_{M-k}.$$

证明 为了表述方便, 下面就用 $\mathcal{E}(\lambda)$ 表示服从指数分布 $\mathcal{E}(\lambda)$ 的随机变量.

(1) 在 $X(t) = i$ 的条件下: 对于 $i = 0$, 有 m 台机床正在维修. 等待时间 $\mathcal{E}(m\mu)$ 后 $\{X(t)\}$ 向右移动一步, 向右移动的概率是 1. 于是 $q_{00} = -m\mu$, $q_{01} = m\mu$; 对于 $1 \leqslant i \leqslant M - m$, 有 $M - i \geqslant m$. 这时有 i 台机床在工作, m 台机床在维修. 等待时间 $\mathcal{E}(i\lambda)$ 后 $\{X(t)\}$ 向左移动一步, 等待时间 $\mathcal{E}(m\mu)$ 后 $\{X(t)\}$ 向右移动一步. 向左、向右移动的概率分别为

$$k_{i,i-1} = \frac{i\lambda}{i\lambda + m\mu}, \quad k_{i,i+1} = \frac{m\mu}{i\lambda + m\mu},$$

并且有 $q_i = i\lambda + m\mu$, $q_{i,i-1} = i\lambda$, $q_{i,i+1} = m\mu$. 以上验证了 Q 的前 $M - m + 1$ 行是正确的.

对于 $M - m + 1 \leqslant i \leqslant M - 1$, 有 i 台机床在工作, 有 $M - i$ 台机床正在维修. 等待时间 $\mathcal{E}(i\lambda)$ 后 $\{X(t)\}$ 向左移动一步, 等待时间 $\mathcal{E}((M-i)\mu)$ 后 $\{X(t)\}$ 向右移动一步. 向左、向右移动的概率分别为

$$k_{i,i-1} = \frac{i\lambda}{i\lambda + (M-i)\mu}, \quad k_{i,i+1} = \frac{(M-i)\mu}{i\lambda + (M-i)\mu},$$

并且有 $q_i = i\lambda + (M-i)\mu$, $q_{i,i-1} = i\lambda$, $q_{i,i+1} = (M-i)\mu$.

对于 $i = M$, 所有的机床在工作. 等待时间 $\mathcal{E}(M\lambda)$ 后 $\{X(t)\}$ 向左移动一步. 向左移动的概率是 1. 于是得到 $q_M = M\lambda$, $q_{M,M-1} = M\lambda$.

这就验证了 Q 的后 $m - 1$ 行是正确的, 同时说明了 $\{X(t)\}$ 是不可约马氏链. 因为状态互通和有限, 所以是正常返的.

(2) 因为马氏链每次只能向左或向右移动一步, 所以是生灭过程. 根据 §5.9 的例 9.2 知道 $\{X(t)\}$ 是可逆马氏链, 有对称化序列

$$\alpha_0 = 1,$$

$$\alpha_1 = \frac{q_{01}}{q_{10}} = \frac{m\mu}{\lambda} = m\left(\frac{\mu}{\lambda}\right),$$

$$\cdots\cdots\cdots\cdots$$

$$\alpha_k = \frac{q_{01}q_{12}\cdots q_{k-1,k}}{q_{10}q_{21}\cdots q_{k,k-1}} = \frac{m^k\mu^k}{k!\lambda^k} = \frac{m^k}{k!}\left(\frac{\mu}{\lambda}\right)^k, \ 1 \leqslant k \leqslant M-m.$$

对于 $k = M - m + 1$, 有

$$\alpha_{M-m+1} = \frac{q_{01}q_{12}\cdots q_{k-1,k}}{q_{10}q_{21}\cdots q_{k,k-1}} = \alpha_{M-m}\frac{q_{M-m,M-m+1}}{q_{M-m+1,M-m}}$$

$$= \alpha_{M-m}\frac{m}{(M-m+1)}\left(\frac{\mu}{\lambda}\right)$$

$$= \frac{m^{M-m}m!}{(m-1)!(M-m+1)!}\left(\frac{\mu}{\lambda}\right)^{M-m+1}.$$

对于 $k = M - m + j \ (j = 1, 2, \cdots, m)$, 有

$$\alpha_{M-m+j} = \frac{q_{01}q_{12}\cdots q_{k-1,k}}{q_{10}q_{21}\cdots q_{k,k-1}}$$

$$= \alpha_{M-m}\frac{m(m-1)\cdots(m-j+1)\mu^j}{(M-m+1)\cdots(M-m+j)\lambda^j},$$

$$= \frac{m^{M-m}m!}{(m-j)!(M-m+j)!}\left(\frac{\mu}{\lambda}\right)^{M-m+j}.$$

于是对于 $M - m < k \leqslant M$, 令 $M - m + j = k$ 得到

$$\alpha_k = \frac{m^{M-m}m!}{(M-k)!k!}\left(\frac{\mu}{\lambda}\right)^k.$$

将 $\{\alpha_k\}$ 乘以平衡常数后得到平稳不变分布 $\{p_k\}$.

(3) 的结论是明显的. 下面解释 (4) 的正确性. 对 $k \leqslant m-1$, 当有 k 台机器被维修时, 机器人的利用率是 k/m, 此事件发生的概率为 p_{M-k}. 当维修的机器多于或等于 m 台时, 机器人的利用率是 $1 = m/m$, 此事件发生的概率为 $p_0 + p_1 + \cdots + p_{M-m}$. 所以机器人的利用率是

$$K = \sum_{k=0}^{M-m} p_k + \sum_{k=0}^{m-1} \frac{k}{m}p_{M-k}.$$

部分习题参考答案和提示

第 一 章

习 题 一

1.5 $\mu \, \mathrm{E} \, N$; $\sigma^2 \, \mathrm{E} \, N + \mu^2 \sigma_N^2$. [用 $\mathrm{Var}\,(Y) = \mathrm{E}\,Y^2 - (\,\mathrm{E}\,Y)^2$]

1.6 kt/n; 0.5. $\Big[P_t(\cdot) \equiv P(\cdot \, | X_1 + X_2 = t), F_t \equiv (X_1 \leqslant s | X_1 + X_2 = t)$, 则

$$P_t(U < X_1) = \int_0^t P_t(U < s | X_1 = s)\mathrm{d}F_t(s) = \frac{1}{t}\int_0^t s\mathrm{d}F_t(s) =$$

$\dfrac{1}{t} E(X_1 | X_1 + X_2 = t) = 0.5 \Big]$

1.7 $\mathcal{E}(\lambda p)$.

1.8 (a) 对正整数 n, m, 有

$$a \equiv f(1) = f(1/m + 1/m + \cdots + 1/m) = mf(1/m),$$

于是有 $f(1/m) = a/m$, $f(n/m) = f(1/m + \cdots + 1/m) = nf(1/m) = na/m$. 对 $x \geqslant 0$, 有 $n/m \downarrow x$, 当 $m \to \infty$. 于是 $f(x) = \lim\limits_{m \to \infty} f(n/m) = \lim\limits_{m \to \infty} (n/m)a = ax$. (b) 利用 $f(x) = \ln g(x)$.

第 二 章

练 习 2.1

(1) 成立.

(3) $(s + t)t\lambda^2 + t\lambda$, $s\lambda + N(t)$.

(4) $P(N(t) \leqslant n - 1) = \sum\limits_{j=0}^{n-1} (3t)^j \mathrm{e}^{-3t}/j!$, $T = S_n$.

(5) $\mathrm{C}_n^k \lambda^k \mathrm{e}^{-n\lambda}$.

练 习 2.3

(2) $P(A(t) > 0) = 1 - P(A(t) = 0) = 1 - P(N(t) - N(t-) = 1) = 1$.

(3) 5; 5.

练 习 2.4

(2) $N_1(t) \sim \mathcal{P}(\lambda pt)$, $N_2 \sim \mathcal{P}(\lambda(1-p)t)$.

(3) $\lambda^k \beta/(\lambda+\beta)^{k+1}$; λ/β.

(4) 11, 19.33.

练 习 2.5

(1) 可用内积不等式.

(2) 否定 $H_0: \mu_0 = \mu_3$. [注：周三免费]

习 题 二

2.1 $\sum_{j=k}^{n} C_n^j p^j (1-p)^{n-j}$; $k C_n^k \int_0^p t^{k-1}(1-t)^{n-k}\,\mathrm{d}t$;

$P(S_n \geqslant k) = P(U_{(k)} \leqslant p)$.

2.2 $jt/(n+1)$, $\mathrm{E}(S_j|N(t)) = jt/(N(t)+1)$. [$\mathrm{E}(S_j|N(t)=n) = \mathrm{E}\,U_{(j)}$,

$U_{(j)} \sim j C_n^j s^{j-1}(t-s)^{n-j}/t^n$]

2.3 $[\lambda(t-s)]^{n-m}\mathrm{e}^{-\lambda(t-s)}/(n-m)!$; λ; $\Phi(x)$.

2.4 $\{N(t)\}$ 的强度是 $m\lambda$; $m\lambda t$.

2.5 $\mu_1 = \sum_{j=1}^{n} x_j^2 m_j/L$; $\mu_2 = L/N$; $\mu_1 > \mu_2$.

2.6 $p_k = \dfrac{(1500\lambda)^{k-1}}{(k-1)!}\,\mathrm{e}^{-1500\lambda}$, $k \geqslant 1$.

2.7 $N(t)\mu$, $\lambda t\mu$. $\left[W(t) = \sum_{j=0}^{N(t)} Y_j,\ Y_0 = 0\right]$

2.8 $1/(\lambda+\mu)$; $1/(\lambda+\mu)$; $1/(\lambda+\mu)$; $\lambda/(\lambda+\mu)$. [(b) 用 X, Y 分别表示对小卧车和卡车的等待时间，计算 $\mathrm{E}(X|X < Y)$.]

2.9 25.

2.10 $(n-1)!/t^{n-1}$, $0 < s_1 < s_2 < \cdots < s_{n-1}$; 相互独立 $\sim \mathcal{U}(0,t)$.

2.11 $\mathrm{E}\,S_n = n/9$; $\mathrm{E}\,N(8) = 72$.

2.12 $\sum_{i=1}^{j-1} \lambda_i p_{ij}$; $\mathcal{P}\left(\sum_{i=1}^{j-1} \lambda_i p_{ij}\right)$; 相互独立.

2.14 仿齐次泊松过程的证明.

2.15 $\mathrm{E}\,X(t) = m(t)p$, $\mathrm{Var}(X(t)) = m(t)p$, $p = \int_0^t \overline{F}(t-s)\dfrac{\lambda(s)}{m(t)}\mathrm{d}s$. [已知 $N(t) = n$ 时，$[0,t]$ 内借出的一本书于 t 时在馆外的概率是 $p =$

$P(Y > t - S)$, 其中 S 是这本书的借出时间. 根据习题 2.14, S 有密度函数 $\lambda(s)/m(t)$. 所以有 $p = \int_0^t P(Y > t-s|S=s)\dfrac{\lambda(s)}{m(t)}\,\mathrm{d}s =$ $\int_0^t \overline{F}(t-s)\dfrac{\lambda(s)}{m(t)}\mathrm{d}s$. 用 $Y_j = 1, 0$ 分别表示第 j 本书于 t 时在馆外和馆内, $\{Y_j\}$ 与 $\{N(t)\}$ 独立. t 时在馆外的图书数 $M(t) = \sum_{j=1}^{N(t)} Y_j \sim$ $\mathcal{P}(m(t)p)$, 于是 $\cdots$

2.16 $\mathcal{P}(\lambda_1)$, $\lambda_1 = \lambda \int_0^t [G(b/(t-s))-G(a/(t-s))]\mathrm{d}s$. 用 $N(t)$ 表示 $[0,t]$ 内进入高速路的车数. 已知 $N(t)=n$ 时, 这 n 辆车中每一辆的进入时间 S 在 $[0,t]$ 中均匀分布. 每一辆在 t 时位于 $[a,b]$ 内的概率为

$$p = P(a \leqslant (t-S)V \leqslant b) = \frac{1}{t}\int_0^t P(a \leqslant (t-s)V \leqslant b)\mathrm{d}s$$
$$= \frac{1}{t}\int_0^t [G(b/(t-s))-G(a/(t-s))]\mathrm{d}s.$$

用 $Y_j = 1, 0$ 分别表示第 j 辆车位于或没位于 $[a,b]$, $\{Y_j\}$ 与 $\{N(t)\}$ 独立. t 时位于 $[a,b]$ 内的车数 $M = \sum_{j=1}^{N(t)} Y_j \sim \mathcal{P}(\lambda tp)$

2.18 $[\lambda t^2 + \lambda(5-t)^2]/2$ 的最小值 2.5.

2.20 $\mathrm{e}^{-\lambda s} = P(R(t) > s)$.

2.21 $(3\,\mathrm{E}\,D_1 + \mathrm{E}\,D_2 + \mathrm{E}\,D_3)5^{-1}\lambda \int_0^t h(s)\mathrm{d}s$.

2.22 $t(\mu\,\mathrm{E}\,U - \lambda\,\mathrm{E}\,V)$.

2.23 $P(50 \leqslant N(5) \leqslant 59)$, $N(5) \sim \mathcal{P}(50)$.

2.24 证 $N_1(t)$ 的独立增量性: 在 $S = s \in [0,b]$ 内到达的人在 $(a,b]$ 中离开的概率 $P(A|S=s) = \begin{cases} P(a < s+Y \leqslant b), & s \leqslant a, \\ P(Y \leqslant b-s), & s \in (a,b] \end{cases}$. 于是得到

$$p_a = P(A|s \leqslant b) = \frac{1}{b}\int_0^b P(A|S=s)\mathrm{d}s = \frac{1}{b}\int_a^b G(u)\mathrm{d}u.$$ 同理得到对

$[0,b]$ 中到达的人, $p_b = P($他在 $(c,d]$ 内离开 $|S \leqslant s) = \dfrac{1}{d}\int_c^d G(u)\mathrm{d}u.$

对于 $0 \leqslant a < b \leqslant c < d$, 引入 $p_c = 1 - p_a - p_b$, 用条件概率公式得到

$$P(N_1(a,b]=k,N_1(c,d]=j,N(d)=k+j+i)$$

$$=\frac{(k+j+i)!}{k!j!i!}p_a^k p_b^j p_c^i\frac{(\lambda d)^{k+j+i}}{(k+j+i)!}\mathrm{e}^{-\lambda d}$$

$$=\frac{(\lambda dp_a)^k}{k!}\mathrm{e}^{-\lambda dp_a}\frac{(\lambda dp_b)^j}{j!}\mathrm{e}^{-\lambda dp_b}\frac{(\lambda dp_c)^i}{i!}\mathrm{e}^{-\lambda dp_c}.$$

对 i 求和得到 $N_1(a,b]$ 与 $N_1(c,d]$ 独立，类似地得到 $\{N_2(t)\}$ 的独立
增量性 ⌉

第 三 章

练 习 3.1

(1) $P\left(\bigcap_{j=1}^{\infty}\{X_j<\infty\}\right)=\lim_{n\to\infty}P\left(\bigcap_{j=1}^{n}\{X_j<\infty\}\right)=1.$

(2) S_n 是连续型随机变量，所以有密度函数 $f_n(t)$; 用单调收敛定理.

(3) $\mathrm{C}_j^k p^{k+1}(1-p)^{j-k}.$

(4) (a), (b) 正确.

(5) 验证 $\tilde{m}(t)\equiv\int_0^{\infty}\mathrm{e}^{-its}\mathrm{d}m(s)=\phi(t)/(1-\phi(t))$, $\phi(t)$ 是 X_1 的特征函
数.

练 习 3.2

(1) $\lambda_1+\lambda_2+\cdots+\lambda_r.$

(2) 认为他每次走出溶洞完成一次更新. 引入

$$X_i=\begin{cases}2, & \text{第 } i \text{ 次走出溶洞}, \\ 1, & \text{第 } i \text{ 次走回},\end{cases}$$

$N=\inf\{i|X_i=2\}$ 是 $\{X_i\}$ 的停时. 第一个更新间隔是 $T=\sum_{j=1}^{N}X_j$.
$\mathrm{E}\,T=\mathrm{E}\,N\mathrm{E}\,X_1=2\times1.5=3.$

(4) $(1-p)\sum_{k=1}^{\infty}p^{k-1}F_k(y).$

练 习 3.3

(1) $2/(\mathrm{E}\,U+\mathrm{E}\,V),\ 2/(\mathrm{E}U+\mathrm{E}V).$ [用 $\{N_1(t)\}$ 表示以 $Y_i=X_{2i-1}+X_{2i}$ 为更
新间隔的更新过程，则 $2N_1(t)\leqslant N(t)\leqslant 2N_1(t)+1$]

(3) $2\overline{X}_n$, $\max\{X_i\}$, 其中 $X_i = S_i - S_{i-1}$.

(4) $\left[\overline{X}_n - 1.96\hat{\sigma}/\sqrt{n},\ \overline{X}_n + 1.96\hat{\sigma}/\sqrt{n}\right]$.

练 习 3.4

(1) $\mathrm{E}\,Y_i/(\mathrm{E}\,Y_1 + \mathrm{E}\,Y_2 + \mathrm{E}\,Y_3)$.

(2) $r\lambda(1 - \mathrm{e}^{-\lambda t})^{r-1}\mathrm{e}^{-\lambda t}$, $\mu = [1 + 1/2 + \cdots + 1/r]/\lambda$; $1/\mu$.

(3) $\mu_i/(\mu_1 + \mu_2 + \cdots + \mu_n)$.

练 习 3.5

(1) $P(A(t + x) > x)$; 用 $X_{N(t)+1} = S_{N(t)+1} - S_{N(t)}$.

(2) $(t - x, t]$; $[t, t + x]$.

(3) 在第 i 个等待间隔中, 当 $A(t) > x, R(t) > y$ 时称 t 是开状态. 开状态长为 $U_i = (X_i - a)\,\mathrm{I}[X_i > a]$, 其中 $a = x + y$. 于是

$$\lim_{t\to\infty} P(A(t) > x, R(t) > y) = \frac{1}{\mu}\,\mathrm{E}\,U_1 = \frac{1}{\mu}\int_0^\infty P(U_1 > s)\mathrm{d}s$$

$$= \frac{1}{\mu}\int_0^\infty P(X - a > s)\mathrm{d}s = \frac{1}{\mu}\int_a^\infty P(X_1 > s)\mathrm{d}s.$$

(4) 在练习 (3) 中取 $x = 0$, 得到

$$P(R(t) > y) = \frac{1}{\mu}\int_y^\infty \overline{F}(s)\mathrm{d}s = \overline{F}(y).$$

易见 $\overline{F}(y)$ 连续可导, 解方程得到 $\overline{F}(y) = \mathrm{e}^{-y/\mu}$.

练 习 3.6

(1) $(1 + m_G(b - x))/(1 + m_G(b - a))$, $G(y) = P(Y_i \leqslant y)$.

(2) $G(x) = \lim\limits_{t\to\infty} P(X_{N(t)+1} \leqslant x) \leqslant F(x)$.

(3) $F_e(x) = F(x)(2 - x/b) \geqslant F(x)$.

习 题 三

3.1 22μ. $\left[\text{总候车时间是} \sum\limits_{j=1}^{45}(S_{45} - S_j)\right]$

3.2 $p_0 = p_1 = 0.5$; $p_1 = 0.75, p_2 = 0.25$; $p_1 = 0.25, p_2 = 0.625, p_3 = 0.125$.

3.3 $q^{n-1}p$, $q = 1 - p$; $f^* = \sum\limits_{n=1}^\infty f^{(n)} = 1$; $1/p$; $\mathrm{C}_{r-1}^{n-1}p^n q^{r-n}$; $f_r^{(n)} = \sum\limits_{k=i}^{n-j} P(S_i = k, S_n = n) = \sum\limits_{k=i}^{n-j} f_i^{(k)} f_j^{(n-k)}$.

3.4 是，$Y_i = T_i X_i$ 有分布 $q^n + \sum_{i=1}^{n} C_n^i p^i q^{n-i} F(x/i)$.

3.5 可以.

3.6 $P(\eta = k) = (1-p)^k p$, $E\eta = (1-p)/p$.

3.8 $\sum_{0 \leqslant j \leqslant t} C_{5k}^j p^j q^{5k-j} P(X_1 > t - j)$; $\sum_{0 \leqslant j \leqslant t} (k\lambda)^j e^{-k\lambda} P(X_1 > t - j)/j!$.

3.10 $C_6^1 p(1-p)^5$, $p = 20/23$.

3.11 0.3659, 3 次.

3.12 $R(t) \sim \mathcal{E}(1/5)$, $1 - e^{-3/5} = 0.4512$; 0.51; 3/5.

3.13 $(\lambda/k!) \int_{\lambda t}^{\infty} s^{k-1} e^{-s} ds$.

3.14 $\Gamma(9, \lambda)$, $9/\lambda$, $E R(t) \to E X_1^2/2\mu = 5/\lambda$; $\mathcal{E}(p\lambda)$, $1/(p\lambda)$, $\mathcal{E}(p\lambda)$.

3.15 $\overline{F}(x+s)/\overline{F}(s)$, $s \leqslant t$; $\overline{F}(s+x)/\overline{F}(s)$, $s \geqslant x$. $\big[$ 用 $P(R(t) > x|A(t) = s, N(t) = n) = P(S_{n+1}-t > x|t-S_n = s, S_{n+1} > t)$ 和 $P\big(R(t) > 2x|A(t+x) = s\big) = P\big(R(t) > 2x|A(t) = s-x, X_{N(t)+1} > s\big) \big]$.

3.16 当 EY_i 存在时成立.

3.17 $E X^2/(2\mu)$; $E X^2/(2\mu)$; $E X^2/\mu$. $\Big[$ 认为在 t 处有收益 $A(t)$，则第 i 个更新间隔中的收益为 $\int_0^{X_i} t dt = X_i^2/2$. $\int_0^t A(s) ds$ 是 $[0, t]$ 中的总收益 $\Big]$

3.18 $\big(E\eta + 70F(3) - 80 \big) \Big/ \int_0^3 \overline{F}(s) ds$.

3.19 $c(N-1)/2 + m/(N\mu)$.

3.20 $E Y/E X$.

3.21 $Y = c \sum_{i=1}^{N(T)} \big(S_{N(T)} - S_i \big)$, 用习题 2.2 的结果计算 $E Y/T$.

3.22 $E T_i/(E T_1 + E T_2 + \cdots + E T_n)$.

3.23 0.5^{-4}; $\overline{A}\,\overline{A}$ 的频率高.

3.24 关状态是 $\min\{V_i\}$; $\mathcal{E}(\mu_1 + \mu_2 + \cdots + \mu_n)$; $\mu_i/(\lambda_i + \mu_i)$;

$\prod_{i=1}^{n} \lambda_i/(\lambda_i + \mu_i)$; $(\mu_1 + \mu_1 + \cdots + \mu_n)^{-1}$; $\Big[\sum_{j=1}^{n} \mu_j \prod_{i=1}^{n} \lambda_i/(\lambda_i + \mu_i) \Big]^{-1}$;

$\Big[1 - \prod_{i=1}^{n} \lambda_i/(\lambda_i + \mu_i) \Big] \Big/ \Big[\sum_{j=1}^{n} \mu_j \prod_{i=1}^{n} \lambda_i/(\lambda_i + \mu_i) \Big]$.

第 四 章

练 习 4.1

(3) $p_{ij} = P(X = j - i)$.

(4) 是，　$D_n \sim B(n, p)$, $p = P(Y \geqslant T_0)$; $p_{i,i+1} = p$, $p_{ii} = 1 - p$.

练 习 4.2

(1) $(\mathrm{E}\, X_1)^n$.

(2) $P = \begin{pmatrix} 0.48 & 0.52 \\ 0.49 & 0.51 \end{pmatrix}$.

练 习 4.3

(1) $\{0, 1, 3\}$ 互通遍历，2 是吸引状态.

(2) 用定理 3.2.

(3) $p_{i,1} = p_i/(p_i + p_{i+1} + \cdots)$, $p_{i,i+1} = 1 - p_{i,1}$; 互通;　p_n; $\mathrm{E}\, Y < \infty$.

练 习 4.4

(1) (b) 和 (c) 有无穷的状态.

(2) 不可约，　$P = \begin{pmatrix} 0 & 0 & 1 \\ 0 & 0.7 & 0.3 \\ 0.8 & 0.2 & 0 \end{pmatrix}$,　$\begin{aligned} & Y: 1 \to 1 \Leftrightarrow X: 3 \to 3, \\ & Y: 2 \to 1 \Leftrightarrow X: 2 \to 3, \quad \cdots. \\ & Y: 3 \to 3 \Leftrightarrow X: 1 \to 1, \end{aligned}$

(3) 用指数分布的无记忆性;　$1/\mu < \mathrm{E}S_1$; $(\mu t)^j \mathrm{e}^{-\mu t}/j! = P(N(t) = j)$, $N(t)$ 是强度为 μ 的泊松流; 用 A_j 表示 $(0, S_1]$ 中有 j 个人离开服务台，对 $0 \leqslant j \leqslant i$, 有

$$p_{i,i+1-j} = P(A_j | X_0 = i)$$
$$= \int_0^\infty \frac{1}{j!} (\mu t)^j \mathrm{e}^{-\mu t} \, \mathrm{d}P(S_1 \leqslant t),$$
$$p_{i0} = 1 - \sum_{j=0}^{i} p_{i,i+1-j}.$$

(4) (a) $f_{11}^{(n)} = 1/2^n$; 从 $\mu_1 = \sum_{j=1}^{\infty} n f_{11}^{(n)} < \infty$ 得正常返性.

练 习 4.5

(2) 5/28. [用 1 和 2 分别表示男士和女士，则 $p_{12} = 4/5$, $p_{21} = 1/7$]

(3) $\boldsymbol{\pi} = [0.5385, 0.2308, 0.2308]$. [用 X_n 表示第 n 天的定价，用 A_n 表示第 n 天销量好. 利用

$$
\begin{aligned}
p_{ij} &= P(X_{n+1} = j | X_n = i) \\
&= P(A_n | X_n = i) P(X_{n+1} = j | X_n = i, A_n) \\
&\quad + P(\overline{A_n} | X_n = i) P(X_{n+1} = j | X_n = i, \overline{A_n}).
\end{aligned}
$$

计算出 $p_{i1} = p_i/3 + q_i = 1 - 2p_i/3$, $p_{i2} = p_i/3$, $p_{i3} = p_i/3$]

(4) $\{X_n\}$ 是独立序列 (参考 §4.9C).

练 习 4.6

(2) 取 $\pi_i = \eta_i c_0$, 其中 $\eta_1 = 1$, $\eta_i = \dfrac{p_2 p_3 \cdots p_{i-1}}{q_2 q_3 \cdots q_i}$, $2 \leqslant i \leqslant n$, $p_i + q_i = 1$.

验证

$$
\eta_i p_{ij} = \eta_j = p_{ji}.
$$

(3) $\eta_0 = 1$, 对 $i > 0$, $\eta_i = \dfrac{p_0 p_1 \cdots p_{i-1}}{q_1 q_2 \cdots q_i}$, $\eta_{-i} = \dfrac{q_0 q_{-1} \cdots q_{1-i}}{p_{-1} p_{-2} \cdots p_{-i}}$; $\displaystyle\sum_{i=-\infty}^{\infty} \eta_i < \infty$; $\displaystyle\sum_{i=-\infty}^{\infty} \eta_i < \infty$.

(4) $p_{12,1} = p_{i,i+1} = p$, $1 \leqslant i \leqslant 11$; $p_{1,12} = p_{i,i-1} = q$, $2 \leqslant i \leqslant 12$, $\boldsymbol{\pi} = [1, 1, \cdots, 1]/12$; 当且仅当 $p = q$ 时存在可逆分布 $\boldsymbol{\pi}$.

(5) $\eta_0 = 1$, $\eta_i = \dfrac{p_0 p_1 \cdots p_{i-1}}{q_1 q_2 \cdots q_i}$, $i \geqslant 1$; $\displaystyle\sum_{i=0}^{\infty} \eta_i < \infty$; $\displaystyle\sum_{i=0}^{\infty} \eta_i < \infty$.

练 习 4.7

(2) $\rho_0 = 0.25$; $\rho_0 = 0.4$.

(3) (a) 当 $p \leqslant 1/2$ 时, $\rho_0 = 1$, 当 $p \geqslant 1/2$ 时, $\rho_0 = (q/p)^2$; $q^3 p(2 + pq)$; $\exp(\mu(1 - 2p)/p^2)$.

习 题 四

4.1 $p_{ij} = P(h(i, Y) = j)$.

4.3 $\{1, 2\}$ 是常返等价类，3, 4 非常返，5 是吸引状态.

4.4 P_1 是遍历等价类；　P_2 是正常返等价类；　P_3 的 $\{1,3\}$ 和 $\{4,5\}$ 是正常返等价类，2 非常返；　P_4 的 $\{1,2\}$ 是正常返等价类，3 吸引，4,5 非常返.

4.5 $P = \begin{pmatrix} a & 1-a \\ 1-b & b \end{pmatrix}$; $\pi_0 = \dfrac{1-b}{2-b-a}$, $\pi_1 = \dfrac{1-a}{2-b-a}$; π_0.

4.6 (a), (b), (d) 有平稳不变分布.

4.8 $\pi_i = 1/^{\#}I$.

4.9 $\pi = [0.3736, 0.2586, 0.3678]$

4.10 $X_0 = Z_0$, $X_n = \max(X_{n-1}-1, 0) + Z_n$; $p_{0j} = p_j$, $p_{ij} = p_{j-i+1}$,

$i \geqslant 1, j \geqslant i-1$; 定义 $\mu = \mathrm{E}\, Z_0$, 解方程组 $\pi_j = \sum\limits_{i=0}^{\infty} \pi_i p_{ij} = \pi_0 p_j + \sum\limits_{i=1}^{j+1} \pi_i p_{j-i+1}$ 时引入母函数 $\pi(s) = \sum\limits_{j=0}^{\infty} \pi_j s^j$, $A(s) = \sum\limits_{j=0}^{\infty} p_j s^j$. 整理得到 $\pi(s) = \pi_0 A(s) + [\pi(s) - \pi_0]A(s)/s$, 当 $s \uparrow 1$ 时，得到

$$\pi(s) = \frac{(s-1)\pi_0 A(s)}{s - A(s)} \to \frac{\pi_0}{1 - A'(1)} = \frac{\pi_0}{1-\mu}.$$

由此知道 $\{X_n\}$ 存在平稳不变分布的充要条件是 $\mu < 1$; $\pi_0 = 1 - \mu$.

4.11 $\pi_i = C_m^i/2^m$, $\mu_i = 1/\pi_i$ (参考例 5.3).

4.12 $\mathrm{E}\, X_n = \mu^n \mathrm{E}\, X_0$,

$$\mathrm{Var}\,(X_n) = \begin{cases} \sigma^2 \mu^{n-1} \dfrac{\mu^n - 1}{\mu - 1} \mathrm{E}\, X_0 + \mathrm{Var}\,(X_0)\mu^{2n}, & \mu \neq 1, \\ n\sigma^2 \mathrm{E}\, X_0 + \mathrm{Var}\,(X_0)\mu^{2n}, & \mu = 1, \end{cases}$$

$\mathrm{E}\, \rho_0^{X_0}$, 其中 $\rho_0 = P(\text{群体灭绝}|X_0 = 1)$.

4.13 $\pi = [0.4545, 0.3030, 0.2424]$, $\mu = [2.2002, 3.3003, 4.1254]$.

4.14 $\pi = [0.1740, 0.2222, 0.3086, 0.2952]$, $\pi_4 = 0.2952$.

4.15 $\pi = [3/8, 1/4, 3/8]$, $\dfrac{1}{8}\begin{pmatrix} 3 & 2 & 3 \\ 3 & 2 & 3 \\ 3 & 2 & 3 \end{pmatrix}$.

4.16 $P = \begin{pmatrix} 0.48 & 0.45 & 0.07 \\ 0.06 & 0.68 & 0.26 \\ 0.01 & 0.48 & 0.51 \end{pmatrix}$, $\pi = [0.0752, 0.5972, 0.3276]$.

4.17 $\mu = 5m/4$, $p = 0.5^m$; $\mu = 5\lambda/4$, $p = \mathrm{E}(0.5^{X_0}) = \exp(-0.5\lambda)$.

4.18 $\eta_0 = 1$, $\eta_j = \dfrac{\alpha_0 \alpha_1 \cdots \alpha_{j-1}}{\beta_1 \beta_2 \cdots \beta_j} \pi_0$; $\pi_j = \alpha^j \beta^{m-j}(\beta - \alpha)/(\beta^{m+1} - \alpha^{m+1})$.

4.19 用 X_n 表示第 n 天早上家中的雨伞数; $\pi_0 = \dfrac{q}{q+r}$, $\pi_i = \dfrac{1}{q+r}$; 极

小化 $g(p) = p\pi_0$ 得到 $p = 4 - 2\sqrt{3} = 0.5359$.

4.21 定义 $\alpha_j = P(\xi \geqslant j)$, $q_i = 1 - p_i$. $a \wedge b = \min\{a, b\}$.

(a) $X_n = (X_{n-1} - \mathrm{I}[X_{n-1} \geqslant 1] + \xi_n) \wedge N$,

$$P = \begin{pmatrix} p_0 & p_1 & p_2 & \cdots & p_{N-1} & \alpha_N \\ p_0 & p_1 & p_2 & \cdots & p_{N-1} & \alpha_N \\ 0 & p_0 & p_1 & \cdots & p_{N-2} & \alpha_{N-1} \\ \vdots & \vdots & \vdots & & \vdots & \vdots \\ 0 & 0 & 0 & \cdots & p_0 & \alpha_1 \end{pmatrix}.$$

(b) 当 $p_0 > 0$ 时存在唯一的平稳不变分布 $\eta_j = \pi_j \Big/ \displaystyle\sum_{i=0}^{N} \pi_i$, 其中的

$\{\pi_i\}$ 满足递推公式 $\pi_0 = \pi_0$, $\pi_1 = q_0\pi_0/p_0$, $\pi_2 = (q_1\pi_1 - p_1\pi_0)/p_0$,

$\cdots$, $\pi_N = (\pi_0\alpha_N + \pi_1\alpha_N + \alpha_{N-1}\pi_2 + \cdots + \alpha_2 p_{N-1})/p_0$. 当 $p_0 = 0$,

$p_1 < 1$ 时有唯一的平稳不变分布 $\boldsymbol{\pi} = [0, 0, \cdots, 1]$. 当 $p_0 = 0$, $p_1 = 1$

时有无穷个平稳不变分布 $\boldsymbol{\pi} = [0, \pi_1, \pi_2, \cdots, \pi_N]$, 只要 $\pi_i \geqslant 0$, $\displaystyle\sum_{i=0}^{N} \pi_i$

$= 1$.

4.22 (a) 用 ξ_n 和 η_n 分别表示 n 时蜘蛛和蝇的位置, $X_n = (\xi_n, \eta_n)$ $(n = 0, 1, \cdots)$ 是马氏链, 3 个状态分别是 $a = (0, 1), b = (1, 0), c = (0, 0) \cup (1, 1)$. c 是吸引状态, a, b 是非常返状态.

$$P = \begin{pmatrix} pp' & qq' & pq' + qp' \\ qq' & pp' & pq' + qp' \\ 0 & 0 & 1 \end{pmatrix}.$$

(b) 若第 n 步回到初始状态, 马氏链 $\{X_n\}$ 只能在 a, b 之间转移, 从 a 到 b 的转移步数等于从 b 到 a 的转移步数, 于是有

$$p_{aa}^{(n)} = \sum_{k=0}^{[n/2]} \mathrm{C}_n^{2k} (qq')^{2k} (pp')^{n-2k} = \frac{1}{2}\big[(pp' + qq')^n + (pp' - qq')^n\big].$$

由状态 a, b 的对称性得到 $p_{bb}^{(n)} = p_{aa}^{(n)}$. 同理得到 $p_{ba}^{(n)} = p_{ab}^{(n)}$,

$$p_{ab}^{(n)} = \sum_{k=0}^{[n/2]} \mathrm{C}_n^{2k+1} (qq')^{2k+1} (pp')^{n-2k-1} = \frac{1}{2}\big[(pp' + qq')^n - (pp' - qq')^n\big].$$

(c) 设 $\tau = \min\{n | X_n = c\}$, 则 $P(\tau = n | X_0 = a) = f_{ac}^{(n)} = p_{aa}^{(n-1)} p_{ac} + p_{ab}^{(n-1)} p_{bc}$. 于是得到平均捕食时间为 (用 $p_{bc} = p_{ac} = 1 - pp' - qq'$)

$$E(\tau | X_0 = a) = \sum_{n=0}^{\infty} n f_{ac}^{(n)} = \sum_{n=0}^{\infty} n(pp' + qq')^{n-1} p_{ac} = 1/(pq' + qp').$$

4.23 (a) $P = \begin{pmatrix} 0 & 1/2 & 1/2 & 0 & 0 & 0 \\ 1/3 & 0 & 0 & 1/3 & 0 & 1/3 \\ 1/2 & 0 & 0 & 0 & 0 & 1/2 \\ 0 & 1/3 & 0 & 0 & 1/3 & 1/3 \\ 0 & 0 & 0 & 1/2 & 0 & 1/2 \\ 0 & 1/4 & 1/4 & 1/4 & 1/4 & 0 \end{pmatrix}$;

(b) $\boldsymbol{\pi} = [2, 3, 2, 3, 2, 4]/16$;　(c) $p_j = \pi_j \lambda_j / \sum_{i=1}^{6} \pi_i \lambda_i$;

(d) $p_j = \pi_j \mu_j^{-1} / \sum_{i=1}^{6} \pi_i \mu_i^{-1}$;　(e) $p_j = \pi_j \lambda_j / \sum_{i=1}^{6} \pi_i \lambda_i$;

(f)1, 2, 4, 3 和 6 并列, 5.

第 五 章

练 习 5.2

(2) $e^{-\lambda t}$. [用 $P(Y \leqslant t + h | Y > t) = \lambda h + o(h)$]

(3) $T_m = \min\{Y_1, Y_2, \cdots, Y_m\} \sim \mathcal{E}(m\lambda)$.

(4) $\mathcal{E}(\lambda_1 + \lambda_2 + \cdots + \lambda_m)$.

练 习 5.4

(1) $Q = \begin{pmatrix} -\lambda q & \lambda q \\ \lambda p & -\lambda p \end{pmatrix}$, $K = \begin{pmatrix} 0 & 1 \\ 1 & 0 \end{pmatrix}$. [$[0,t]$ 中的公事短信按强度为 λp 的泊松流到达]

(3) 是; $\begin{pmatrix} 0 & 0 & 0 & 0 & \cdots & 0 & 0 \\ 0 & -\lambda p & \lambda p & 0 & \cdots & 0 & 0 \\ \vdots & \vdots & \vdots & & & \vdots & 0 \\ 0 & 0 & 0 & 0 & \cdots & -\lambda p & \lambda p \\ 0 & 0 & 0 & 0 & \cdots & 0 & 1 \end{pmatrix}$; $n/\lambda p$.

练 习 5.5

(1) $K = \begin{pmatrix} 0 & 1 \\ 1 & 0 \end{pmatrix}$, $Q = \begin{pmatrix} -\lambda & \lambda \\ \lambda & -\lambda \end{pmatrix}$, $P(t) = \frac{1}{2} \begin{pmatrix} 1 + e^{-2\lambda t} & 1 - e^{-2\lambda t} \\ 1 - e^{-2\lambda t} & 1 + e^{-2\lambda t} \end{pmatrix}$.

(2) $K = \begin{pmatrix} 0 & 1 \\ 1 & 0 \end{pmatrix}$, $Q = \begin{pmatrix} -\mu & \mu \\ \lambda & -\lambda \end{pmatrix}$; $\quad\begin{aligned} p'_{00}(t) &= \lambda - (\lambda + \mu)p_{00}(t), \\ p'_{11}(t) &= \mu - (\lambda + \mu)p_{11}(t); \end{aligned}$

$$p_{00}(t) = \frac{\lambda}{\lambda + \mu} + \frac{\mu}{\lambda + \mu} e^{-(\lambda+\mu)t}, \quad p_{11}(t) = \frac{\mu}{\lambda + \mu} + \frac{\lambda}{\lambda + \mu} e^{-(\lambda+\mu)t}.$$

(3) $q_{ii} = -i\lambda$, $q_{ij} = i\lambda p_{j-i+1}$; $k_{ij} = p_{j-i+1}$.

练 习 5.6

(2) $n! \prod_{i=1}^{n} \dfrac{\lambda e^{-\lambda(t-s_i)}}{1 - e^{-\lambda t}}$, $0 < s_1 < s_2 < \cdots < s_n < t$.

(3) $\begin{cases} p'_{i0}(t) = \mu_1 p_{i1}(t) - \lambda_0 p_{i0}(t), \\ p'_{ij}(t) = \lambda_{j-1} p_{i,j-1}(t) + \mu_{j+1} p_{i,j+1}(t) - (\lambda_j + \mu_j) p_{ij}(t), \ j \neq 0. \end{cases}$

(4) 是; $q_{ii} = -i(m-i)p\lambda$, $q_{i,i+1} = i(m-i)p\lambda$; $\mathrm{E}T = \dfrac{2}{mp\lambda} \sum_{i=1}^{m-1} \dfrac{1}{i}$. [注意

当 $p = 1$ 时, 这里的条件和例 6.4 中的条件是一致的. 用 Y_{kj} 表示等待第 k 个人遇到第 j 个人的时间, 则对 $k \neq j$, Y_{kj} 是来自总体 $\mathcal{E}(\lambda)$ 的随机变量. 已知 $X(0) = i$ 时, 用 $A = \{1, 2, \cdots, i\}$ 表示这 i 个带菌者, 等待第一例传染的时间为 $\min\{Y_{kj} | k \in A, j \in \overline{A}\} \sim \mathcal{E}(i(m-i)\lambda)$]

练 习 5.7

(1) 认为个体的寿命都是 h.

(2) $K = \begin{pmatrix} 0 & 1 \\ 1 & 0 \end{pmatrix}$, $Q = \dfrac{2}{5} \begin{pmatrix} -2\lambda_0 & 2\lambda_0 \\ \lambda_1 & -\lambda_1 \end{pmatrix}$;

$$P(t) = \frac{1}{2} \begin{pmatrix} 1 + e^{-\lambda t} & 1 - e^{-\lambda t} \\ 1 - e^{-\lambda t} & 1 + e^{-\lambda t} \end{pmatrix}, \lambda = 8\lambda_0/5. \ [用 \ P(t) = e^{Qt}]$$

(3) $(1 - \mathrm{i}t/\lambda)^{-1}$, $(1 - \mathrm{i}t/\lambda_1)^{-1}$.

练 习 5.8

(3) $k_{i,j} = \begin{cases} \dfrac{\mu_i}{\mu_i + \lambda}, & j = i - 1, \\[2mm] \dfrac{\lambda}{\mu_i + \lambda}, & j = i + 1, \end{cases}$ $\qquad q_{ij} = \begin{cases} -\mu_i - \lambda, & j = i \geqslant 0, \\ \mu_i, & j = i - 1 \geqslant 0, \\ \lambda, & j = i + 1 \geqslant 1, \end{cases}$

其中 $\mu_i = \min(i, m)\mu$; 当 $\lambda < m\mu$ 时存在平稳分布. [参考 §7.2B]

练 习 5.9

(1) 当 $a < 1$ 或 $a = 1$, $\lambda < \mu$ 时, $p_k = \alpha_k / (\alpha_0 + \alpha_1 + \cdots)$, 其中 $\alpha_0 = 1, \alpha_k = (\lambda/\mu)^k a^{k(k-1)/2}$; 泊松分布 $\mathcal{P}(\lambda/\mu)$.

习 题 五

5.3 用 $X(t) = i$ 表示 t 时第 i 台机床在工作, $X(t) = 0$ 表示没有机床在工作, $X(t) = 3$ 表示两台都在工作. $\{X(t)\}$ 是马氏链. $q_{00} = -2\mu, q_{11} = -(\lambda_1 + \mu), q_{22} = -(\lambda_2 + \mu), q_{33} = -(\lambda_1 + \lambda_2)$; $q_{01} = q_{02} = \mu, q_{10} = \lambda_1, q_{13} = \mu, q_{20} = \lambda_2, q_{23} = \mu, q_{31} = \lambda_2, q_{32} = \lambda_1$; $k_{01} = k_{12} = 1/2, k_{10} = \lambda_1/(\lambda_1 + \mu), k_{13} = \mu/(\lambda_1 + \mu), k_{20} = \lambda_2/(\lambda_2 + \mu), k_{23} = \mu/(\lambda_2 + \mu), k_{31} = \lambda_2/(\lambda_1 + \lambda_2), k_{32} = \lambda_1/(\lambda_1 + \lambda_2)$.

5.4 (a) $\{X(t)\}$ 是生灭过程: 对 $n \geqslant 0$, $\lambda_n = n\lambda_1 + \lambda_3$; 对 $n \geqslant 1, \mu_n = n\lambda_2$.
(b) 当 $n \geqslant m$, $\lambda_n = n\lambda_1$.

5.5 $q_0 = \lambda, q_1 = \mu_1, q_2 = \mu_2, q_{01} = \lambda, q_{12} = \mu_1, q_{20} = \mu_2$; $1/\lambda, 1/\mu_1, 1/\mu_2$.

5.6 $\mathrm{E}\,X(t) = \theta(\mathrm{e}^{(\lambda-\mu)t} - 1)/(\lambda - \mu) + i\mathrm{e}^{(\lambda-\mu)t}$, 当 $\lambda \neq \mu$; $\mathrm{E}\,X(t) = \theta t + i$, 当 $\lambda = \mu$.

5.7 $X(t) = $ 诊室人数; $\lambda/(\lambda + \mu)$; $\lambda/(\lambda + \mu)$; $\mu/(\lambda + \mu)$.

5.8 3; 36.

5.9 3/7; 4/7; 3/7.

5.11 设 $T_0 = \inf\{t | X(t) \neq X(0), t > 0\}, \cdots, T_i = \inf\{t | X(t) \neq X(T_{i-1}), t > T_{i-1}\}$. $\mathrm{E}\,T_i \geqslant 1/\max\{q_i\}$, $\mathrm{E}\,(T_0 + T_1 + \cdots) = \infty$.

5.12 (a) $Q = \begin{pmatrix} -\lambda & \lambda & 0 \\ \mu & -\lambda - \mu & \lambda \\ 0 & \mu & -\mu \end{pmatrix}$;　(b) $K = \begin{pmatrix} 0 & 1 & 0 \\ \mu/q_1 & 0 & \lambda/q_1 \\ 0 & 1 & 0 \end{pmatrix}$;

(c) $EW = (\lambda\mu + 2\lambda^2)/(\mu^2 + \lambda\mu + \lambda^2)$;

(d) $(\mu^2 + \lambda\mu)/(\mu^2 + \lambda\mu + \lambda^2)$;

(e) $(4\mu^2 + 2\lambda\mu)/(4\mu^2 + 2\lambda\mu + \lambda^2)$.

5.13 $\lambda < \mu$, $p_0 = (1 - \lambda/\mu)^{a/\lambda}$,

$$p_n = \frac{1}{n!}\left(\frac{a}{\lambda} + 1\right)\cdots\left(\frac{a}{\lambda} + n - 1\right)\frac{\lambda}{\mu}\left(1 - \frac{\lambda}{\mu}\right)^{a/\lambda}, \quad n \geqslant 1.$$

5.14 $q^k p$, $k \geqslant 0$. [$\{M(t)\}$ 是强度为 λtq 的泊松过程]

5.16 [用嵌入链和马氏链平稳分布之间的关系]

5.17 $\mathcal{P}(\lambda)$; $\mathcal{P}(\lambda t)$. [死亡不算分裂]

5.18 非常返; 零常返; 正常返.

5.19 $\lambda < 2\mu$. [$\lambda_n = \lambda, n \leqslant 5$; $\lambda_n = \lambda/2, n \geqslant 6$, $\mu_n = \mu$]

5.20 $\lambda < 2\mu$.

5.21 $p_0 = 1/(1 + \mu/\lambda + \mu^2/\lambda^2 + \mu^3/\lambda^3)$.

5.22 $p_0 = 1/(1 + m\lambda/\mu)$.

5.23 $1 - p^m \sum\limits_{i=0}^{m} \dfrac{p^i}{(n-i)!}$, 其中 $p = \lambda/\mu$.

5.25 是; $q_{ii} = -i(N - i)\lambda p/C_N^2$, $q_{i,i+1} = -q_{ii}$.

5.26 对 $0 < h < t$, 有正整数 n 和 $s \in (0, h)$ 使得 $t = nh + s$. 从

$$g(t)/t \leqslant ng(h)/t + g(s)/t = (g(h)/h)(nh/t) + g(s)/t$$

知道当 $h \to 0$ 时, $g(t)/t \leqslant \varlimsup\limits_{h\downarrow 0} g(h)/h$. 这就得到

$$\varlimsup\limits_{t\downarrow 0} g(t)/t \leqslant \sup\limits_{t>0} g(t)/t \leqslant \varlimsup\limits_{h\downarrow 0} g(h)/h.$$

习 题 六

6.3 $\sqrt{2t/\pi}$, $(1 - 2/\pi)t$.

6.7 $\exp(-a^2/2t)$.

6.9 $\mathcal{U}(0, 1)$; $(1/n)\sum\limits_{j=1}^{n} I[Y_j \leqslant t]$; $s(1-t), 0 \leqslant s < t \leqslant 1$.

6.10 (a) 0, 1; (c) $N(e^{-t}u, 1 - e^{-2t})$.

6.11 $F_\tau(x) = \dfrac{2}{\pi}\arcsin\sqrt{x}$. [$\{\tau \leqslant x\} = \{N(x, 1) = 0\}$]

附录 A 部分定理的证明

A1. §2.4 定理 4.3 的证明

对于 $0 \leqslant s < t$,

$$N_1(s,t] = N_1(t) - N_1(s) = \sum_{j=N(s)+1}^{N(t)} Y_j \tag{a1}$$

是 $(s,t]$ 内 A 线的到达次数. 因为 $\{Y_j\}$ 与 $\{N(t)\}$ 独立, 对于 $k \geqslant l$, 容易计算出

$$P(N_1(s,t] = n | N(s) = l, N(t) = k)$$

$$= P\left(\sum_{j=l+1}^{k} Y_j = n | N(s) = l, N(t) = k \right)$$

$$= P\left(\sum_{j=l+1}^{k} Y_j = n \right) = P\left(\sum_{j=1}^{k-l} Y_j = n \right)$$

$$= g(k-l, n), \tag{a2}$$

其中

$$g(k,n) \equiv P\left(\sum_{j=1}^{k} Y_j = n \right) \tag{a3}$$

满足 $g(1,1) = p$ 和对 $n \geqslant 1$, $g(0,n) = 0$. 由条件概率的定义知道

$$P\big(N_1(s,t] = n \big| N(s), N(t)\big) = g\big(N(s,t], n\big).$$

对上式求数学期望得到

$$P(N_1(s,t] = n) = \mathrm{E}\, g(N(s,t], n). \tag{a4}$$

为证明 $\{N_1(t)\}$ 是强度为 $\lambda_1 = \lambda p_1$ 的泊松过程, 我们验证定义 1.2 中的条件 (a), (b), (c).

(a) $N_1(0) = \sum_{j=1}^{0} Y_j = 0.$

(b) 独立增量性: 对任何正整数 m, $0 = t_0 \leqslant t_1 < t_2 < \cdots < t_m$ 和整数 $0 = n_0 \leqslant n_1 \leqslant n_2 \leqslant \cdots \leqslant n_m$, 定义

$$\boldsymbol{N} = (N(t_1), N(t_2), \cdots, N(t_m)), \quad \boldsymbol{n} = (n_1, n_2, \cdots, n_m).$$

从 (a1) 知道, 在条件 $\boldsymbol{N} = \boldsymbol{n}$ 下, 随机变量

$$N_1(t_{j-1}, t_j] = \sum_{i=n_{j-1}+1}^{n_j} Y_i, \quad j = 1, 2, \cdots, m$$

相互独立, 并且与 $\boldsymbol{N}$ 独立. 于是得到

$$
\begin{aligned}
&P(N_1(t_{j-1}, t_j] = k_j, 1 \leqslant j \leqslant m \mid \boldsymbol{N} = \boldsymbol{n}) \\
&= P\bigg(\sum_{i=n_{j-1}+1}^{n_j} Y_i = k_i, 1 \leqslant j \leqslant m \mid \boldsymbol{N} = \boldsymbol{n} \bigg) \\
&= P\bigg(\sum_{i=1}^{n_1} Y_i = k_1 \bigg) P\bigg(\sum_{i=n_1+1}^{n_2} Y_i = k_2 \bigg) \cdots P\bigg(\sum_{i=n_{m-1}+1}^{n_m} Y_i = k_m \bigg) \\
&= g(n_1, k_1) g(n_2 - n_1, k_2) \cdots g(n_m - n_{m-1}, k_m),
\end{aligned}
$$

其中 $g(k, n)$ 由 (a3) 定义. 按条件概率的定义知道

$$
\begin{aligned}
&P(N_1(t_{j-1}, t_j] = k_j, 1 \leqslant j \leqslant m \mid \boldsymbol{N}) \\
&= g(N(t_1), k_1) g(N(t_1, t_2], k_2) \cdots g(N(t_{m-1}, t_m], k_m).
\end{aligned}
$$

对于上式求数学期望, 利用 $\{N(t)\}$ 的独立增量性及 (a4) 得到

$$
\begin{aligned}
&P(N_1(t_{j-1}, t_j] = k_j, 1 \leqslant j \leqslant n) \\
&= \mathrm{E}\, g(N(t_1), k_1) \,\mathrm{E}\, g(N(t_1, t_2], k_2) \cdots \mathrm{E}\, g(N(t_{m-1}, t_m], k_m) \\
&= P(N_1(t_0, t_1] = k_1) P(N_1(t_1, t_2] = k_2) P(N_1(t_{m-1}, t_m] = k_m).
\end{aligned}
$$

这说明随机变量 $N_1(t_{j-1}, t_j]$ $(1 \leqslant j \leqslant n)$ 相互独立. 于是 $\{N_1(t)\}$ 是独立增量过程.

(c) 普通性: 利用 (a2) 和 $g(0, 1) = 0$, $g(1, 1) = p$ 得到

$$
\begin{aligned}
P(N_1(t, t+h] = 1) &= \mathrm{E}\, g(N(t, t+h], 1) \\
&= \mathrm{E}\big(g(N(t, t+h], 1)\big(I[N(t, t+h] = 1] + I[N(t, t+h) \geqslant 2]\big)\big) \\
&= g(1, 1) P(N(t, t+h] = 1) + o(h) \\
&= p(\lambda h + o(h)) + o(h) = p\lambda h + o(h).
\end{aligned}
$$

因为 $N_1(s,t] \leqslant N(s,t]$ 对 $s < t$ 成立, 故由

$$P(N_1(t,t+h] \geqslant 2) \leqslant P(N(t,t+h] \geqslant 2) = o(h)$$

得到 $P(N_1(t,t+h] \geqslant 2) = o(h)$.

按定义 1.2, 已经证明了 $\{N_1(t)\}$ 是强度为 $p\lambda$ 的泊松过程. 完全对称地可以证明 $\{N_2(t)\}$ 是强度为 λq 的泊松过程.

下面证明 $N_1(t)$ 和 $\{N_2(t)\}$ 相互独立. 这只要证明对于任何 $n \geqslant 1$, $0 \leqslant t_1 < t_2 < \cdots < t_n$, 随机变量

$$\big(N_1(t_1), N_1(t_2), \cdots, N_1(t_n)\big) \text{ 和 } \big(N_2(t_1), N_2(t_2), \cdots, N_2(t_n)\big)$$

独立 (参考练习 2.4(1)). 对于整数

$$0 = k_0 \leqslant k_1 \leqslant k_2 \leqslant \cdots \leqslant k_n, \quad 0 = m_0 \leqslant m_1 \leqslant m_2 \leqslant \cdots \leqslant m_n,$$

引入 $n_j = k_j + m_j$, $\boldsymbol{n} = (k_1 + m_1, k_2 + m_2, \cdots, k_n + m_n)$. 随机变量

$$\xi_j = \sum_{i=n_{j-1}+1}^{n_j} Y_i, \quad j = 1, 2, \cdots, n$$

相互独立, 并且与泊松过程 $\{N(t)\}$ 独立. 注意 ξ_j 服从二项分布

$$\mathcal{B}(n_j - n_{j-1}, p),$$

就得到

$$
\begin{aligned}
&P(N_1(t_j) = k_j, N_2(t_j) = m_j; 1 \leqslant j \leqslant n) \\
&= P(N_1(t_j) = k_j, N(t_j) = n_j; 1 \leqslant j \leqslant n) \\
&= P\big(N_1(t_{j-1}, t_j] = k_j - k_{j-1}, N(t_j) = n_j; 1 \leqslant j \leqslant n\big) \\
&= P\big(\xi_j = k_j - k_{j-1}, N(t_{j-1}, t_j] = n_j - n_{j-1}; 1 \leqslant j \leqslant n\big) \\
&= \prod_{j=1}^{n} \Big[P\big(\xi_j = k_j - k_{j-1}\big) P\big(N(t_{j-1}, t_j] = n_j - n_{j-1}\big) \Big] \\
&= \prod_{j=1}^{n} \Big[\frac{(n_j - n_{j-1})!}{(k_j - k_{j-1})!(m_j - m_{j-1})!} p^{k_j - k_{j-1}} q^{m_j - m_{j-1}} \\
&\quad \times \frac{[\lambda(t_j - t_{j-1})]^{n_j - n_{j-1}}}{(n_j - n_{j-1})!} e^{-\lambda(t_j - t_{j-1})} \Big]
\end{aligned}
$$

$$= \prod_{j=1}^{n} \left[\frac{[\lambda p(t_j - t_{j-1})]^{k_j - k_{j-1}}}{(k_j - k_{j-1})!} e^{-\lambda p(t_j - t_{j-1})} \right.$$

$$\left. \times \frac{[\lambda q(t_j - t_{j-1})]^{m_j - m_{j-1}}}{(m_j - m_{j-1})!} e^{-\lambda q(t_j - t_{j-1})} \right]$$

$$= P\big(N_1(t_j) = k_j, 1 \leqslant j \leqslant n\big) P\big(N_2(t_j) = m_j, 1 \leqslant j \leqslant n\big).$$

这说明 $\big(N_1(t_1), N_1(t_2), \cdots, N_1(t_n)\big)$ 和 $\big(N_2(t_1), N_2(t_2), \cdots, N_2(t_n)\big)$ 独立.

A2 §4.1 定理 1.2 的证明

(1) 对于任何 $m > n \geqslant 1$ 和 I 中的 $i_0, i_1, \cdots, i_m$, 引入

$$B_k = \{X_k = i_k\}, \quad k = 0, 1, \cdots, m,$$

则有

$$A \equiv \{X_m = i_m, X_{m-1} = i_{m-1}, \cdots, X_{n+1} = i_{n+1}\}$$
$$= B_m B_{m-1} \cdots B_{n+1},$$
$$C \equiv \{X_{n-1} = i_{n-1}, X_{n-2} = i_{n-2}, \cdots, X_0 = i_0\}$$
$$= B_{n-1} B_{n-2} \cdots B_0,$$

下面证明已知现在 $B = \{X_n = i_n\} = B_n$ 后, 将来 A 与过去 C 独立. 用乘法公式和马氏性得到

$$P(ABC) = P(B_0 B_1 \cdots B_m)$$
$$= P(B_0)P(B_1|B_0)P(B_2|B_1) \cdots P(B_m|B_{m-1})$$
$$= P(B_m|B_{m-1})P(B_{m-1}|B_{m-2}) \cdots P(B_1|B_0)P(B_0).$$

同理有

$$P(BC) = P(B_0 B_1 \cdots B_n)$$
$$= P(B_n|B_{n-1})P(B_{n-1}|B_{n-2}) \cdots P(B_1|B_0)P(B_0).$$

对 $k > n$ 注意使用 $P(B_{k+1}|B_k) = P(B_{k+1}|B_k B_{k-1} \cdots B_n)$ 就得到

$$P(A|BC) = \frac{P(ABC)}{P(BC)}$$
$$= P(B_m|B_{m-1} \cdots B_n)P(B_{m-1}|B_{m-2} \cdots B_n) \cdots P(B_{n+1}|B_n)$$
$$= P(B_m B_{m-1} \cdots B_{n+1}|B_n) = P(A|B).$$

(2) 用归纳法. 从马氏链的定义知道对 $k=1$ 及任何 n 结论成立. 设结论对 $k-1$ 及任何 n 成立时, 用 (1) 的结论和全概率公式得到

$$P(X_{n+k}=j|X_n=i)$$
$$=\sum_{l\in I}P(X_{n+k}=j|X_{n+k-1}=l,X_n=i)P(X_{n+k-1}=l|X_n=i)$$
$$=\sum_{l\in I}P(X_k=j|X_{k-1}=l,X_0=i)P(X_{k-1}=l|X_0=i)$$
$$=P(X_k=j|X_0=i).$$

从 (1) 和 (2) 直接得到 (3) 和 (4).

A3.　§4.8 定理 8.1 的证明

对于 $k>0$, $n\geqslant 2$ 和 I 中的 $i_0,j_0,i_1,j_1,\cdots$, 定义

$$A_T=\{X_0=j_0,X_1=j_1,\cdots,X_T=j_T\},$$

则有

$$A_k=\{X_0=j_0,X_1=j_1,\cdots,X_k=j_k\}.$$

因为 $\{T\leqslant k\}$ 由 $X_1,X_2,\cdots,X_k$ 唯一决定, 利用定理 1.2(3) 得到

$$P(Y_n=i_n,Y_{n-1}=i_{n-1},\cdots,Y_0=i_0,T=k,A_k)$$
$$=P(X_{k+n}=i_n,X_{k+n-1}=i_{n-1},\cdots,X_k=i_0,T=k,A_k)$$
$$=P(X_{k+n}=i_n|X_{k+n-1}=i_{n-1},\cdots,X_k=i_0,T=k,A_k)$$
$$\times P(X_{k+n-1}=i_{n-1},\cdots,X_k=i_0,T=k,A_k)$$
$$=p_{i_{n-1},i_n}P(X_{k+n-1}=i_{n-1},\cdots,X_k=i_0,T=k,A_k)$$
$$=\cdots\cdots$$
$$=p_{i_{n-1},i_n}p_{i_{n-2},i_{n-1}}\cdots p_{i_0,i_1}P(X_T=i_0,T=k,A_k). \tag{a5}$$

(1) 在 (a5) 的两边对于 A_k 中的 $j_0,j_1,\cdots,j_k$ 求和, 再对于 $k=0,1,\cdots$ 求和, 利用

$$\sum_{j_0,j_1,\cdots,j_k\in I}A_k=\Omega,\quad \sum_{k=1}^{\infty}P(T=k)=1$$

和 $X_T=Y_0$ 得到

$$P(Y_n=i_n,Y_{n-1}=i_{n-1},\cdots,Y_0=i_0)$$

$$= p_{i_{n-1},i_n} p_{i_{n-2},i_{n-1}} \cdots p_{i_0,i_1} P(Y_0 = i_0).$$

最后利用条件概率公式得到

$$P(Y_n = i_n | Y_{n-1} = i_{n-1}, \cdots, Y_0 = i_0)$$

$$= \frac{P(Y_n = i_n, Y_{n-1} = i_{n-1}, \cdots, Y_0 = i_0)}{P(Y_{n-1} = i_{n-1}, Y_{n-1} = i_{n-1}, \cdots, Y_0 = i_0)}$$

$$= \frac{p_{i_{n-1},i_n} p_{i_{n-2},i_{n-1}} \cdots p_{i_0,i_1} P(Y_0 = i_0)}{p_{i_{n-2},i_{n-1}} \cdots p_{i_0,i_1} P(Y_0 = i_0)}$$

$$= p_{i_{n-1},i_n}.$$

结论 (1) 证完.

(2) 用 $Y_0 = i_0$ 做条件时, 从 (a5) 得到

$$P(Y_n = i_n, Y_{n-1} = i_{n-1}, \cdots, Y_1 = i_1, T = k, A_k | Y_0 = i_0)$$

$$= p_{i_{n-1},i_n} p_{i_{n-2},i_{n-1}} \cdots p_{i_0,i_1} P(T = k, A_k | Y_0 = i_0)$$

$$= P(Y_n = i_n, Y_{n-1} = i_{n-1}, \cdots, Y_1 = i_1 | Y_0 = i_0)$$

$$\times P(T = k, A_k | Y_0 = i_0).$$

于是在条件 $Y_0 = i_0$ 下, $(Y_1, Y_2, \cdots Y_n)$ 和 $\{T = k, A_T\}$ 独立, 从而和

$$A_T = \bigcup_{k \geqslant 0} \{T = k, A_T\}$$

独立. 由 n 的任意性知道在条件 $Y_0 = i_0$ 下, $\{Y_n; n \geqslant 1\}$ 和 $(X_0, X_1, \cdots, X_T)$, 从而和 $(X_0, X_1, \cdots, X_{T-1})$ 独立.

A4.　§5.5 定理 5.1 的证明

先证明向后方程. 由 K-C 方程得到

$$\frac{p_{ij}(t+s) - p_{ij}(t)}{s} = \sum_{k \neq i} \frac{p_{ik}(s)}{s} p_{kj}(t) + \frac{p_{ii}(s) - 1}{s} p_{ij}(t).$$

从定理 3.1 知道只需要再证明

$$\lim_{s \downarrow 0} \sum_{k \neq i} \frac{p_{ik}(s)}{s} p_{kj}(t) = \sum_{k \neq i} q_{ik} p_{kj}(t). \tag{a6}$$

因为对 $k \neq i$, $p_{ik}(0) = 0$, 所以有

$$\varliminf_{s \downarrow 0} \sum_{k \neq i} \frac{p_{ik}(s)}{s} p_{kj}(t) \geqslant \varliminf_{s \downarrow 0} \sum_{k \neq i, k \leqslant N} \frac{p_{ik}(s)}{s} p_{kj}(t)$$

$$= \sum_{k\ne i, k\leqslant N} q_{ik} p_{kj}(t),$$

即有

$$\lim_{s\downarrow 0} \sum_{k\ne i} \frac{p_{ik}(s)}{s} p_{kj}(t) \geqslant \sum_{k\ne i} q_{ik} p_{kj}(t). \tag{a7}$$

另一方面, 对 $N > i$, 有

$$\varliminf_{s\downarrow 0} \sum_{k\ne i} \frac{p_{ik}(s)}{s}$$

$$\geqslant \varlimsup_{t\downarrow 0} \left[\sum_{k\ne i, k\leqslant N} \frac{p_{ik}(s)}{s} p_{kj}(t) + \sum_{k>N} \frac{p_{ik}(s)}{s} \right]$$

$$= \varlimsup_{t\downarrow 0} \left[\sum_{k\ne i, k\leqslant N} \frac{p_{ik}(s)}{s} p_{kj}(t) + \frac{1-p_{ii}(s)}{s} - \sum_{k\ne i, k\leqslant N} \frac{p_{ik}(s)}{s} \right]$$

$$= \sum_{k\ne i, k\leqslant N} q_{ik} p_{kj}(t) + q_i - \sum_{k\ne i, k\leqslant N} q_{ik}.$$

令 $N \to \infty$, 利用保守性得到

$$\limsup_{t\downarrow 0} \sum_{k\ne i} \frac{p_{ik}(s)}{s} \leqslant \sum_{k\ne i} q_{ik} p_{kj}(t) + q_i - q_i. \tag{a8}$$

从 (a7) 和 (a8) 得到 (a6).

再证明向前方程. 对于 $k \ne j$, 利用 §5.3 推论 3.2(2) 和 $p_{kj}(s)+p_{kk}(s) \leqslant 1$ 得到

$$0 \leqslant \frac{p_{kj}(s)}{s} \leqslant \frac{1-p_{kk}(s)}{s} \leqslant q_k \leqslant q.$$

在等式

$$\frac{p_{ij}(t+s) - p_{ij}(t)}{s} = \sum_{k\ne j} p_{ik}(t) \frac{p_{kj}(s)}{s} + p_{ij}(t) \frac{p_{jj}(s)-1}{s}$$

中, 令 $s \downarrow 0$ 得到向前方程.

附录 B   常见分布的期望、方差、母函数和特征函数

离散型分布	概率分布	期望	方差	母函数	特征函数
两点分布 $\mathcal{B}(1,p)$	$p_k = p^k q^{1-k},\ k=0,1$ $p+q=1,\ pq>0$	p	pq	$ps+q$	$pe^{it}+q$
二项分布 $\mathcal{B}(n,p)$	$p_k = C_n^k p^k q^{n-k},$ $0 \leqslant k \leqslant n,\ p+q=1,$ $pq>0$	np	npq	$(ps+q)^n$	$(pe^{it}+q)^n$
泊松分布 $\mathcal{P}(\lambda)$	$p_k = \dfrac{\lambda^k}{k!}e^{-\lambda}$ $k=0,1,\cdots,\ \lambda=$正常数	λ	λ	$e^{\lambda(s-1)}$	$e^{\lambda(e^{it}-1)}$
几何分布	$p_j = q^{j-1}p,\ j=1,2,\cdots$	$\dfrac{1}{p}$	$\dfrac{q}{p^2}$	$\dfrac{ps}{1-qs}$	$\dfrac{pe^{it}}{1-qe^{it}}$
超几何分布 $H(n,M,N)$	$p_k = \dfrac{C_M^k C_{N-M}^{n-k}}{C_N^n}$ $0 \leqslant k \leqslant n,\ p+q=1,$ $pq>0$	$\dfrac{nM}{N}$	$n\dfrac{M}{N}\left(1-\dfrac{M}{N}\right)$ $\times\dfrac{N-n}{N-1}$		
负二项分布	$p_k = C_{k+r-1}^{r-1}q^k p^r$ $k=0,1\cdots,\ p+q=1,$ $pq>0$	$\dfrac{rq}{p}$	$\dfrac{rq}{p^2}$	$\left(\dfrac{p}{1-qs}\right)^r$	$\left(\dfrac{p}{1-qe^{it}}\right)^r$

连续型分布	密度函数	期望	方差	特征函数
均匀分布 $\mathcal{U}(a,b)$	$f(x) = \dfrac{1}{b-a}$ $a \leqslant x \leqslant b$	$\dfrac{a+b}{2}$	$\dfrac{(b-a)^2}{12}$	$\dfrac{(e^{itb}-e^{ita})}{it(b-a)}$
指数分布 $\mathcal{E}(\lambda)$	$f(x) = \lambda e^{-\lambda x},\ x>0$	$\dfrac{1}{\lambda}$	$\dfrac{1}{\lambda^2}$	$\left(1-\dfrac{it}{\lambda}\right)^{-1}$
正态分布 $N(\mu,\sigma^2)$	$\dfrac{1}{\sqrt{2\pi}\sigma}\exp\left(-\dfrac{(x-\mu)^2}{2\sigma^2}\right)$	μ	σ^2	$\exp\left(i\mu t - \dfrac{\sigma^2 t^2}{2}\right)$
$\Gamma(\alpha,\beta)$ 分布	$\dfrac{\beta^\alpha}{\Gamma(\alpha)}x^{\alpha-1}e^{-\beta x},\ x\geqslant 0$	$\dfrac{\alpha}{\beta}$	$\dfrac{\alpha}{\beta^2}$	$(1-it/\beta)^{-\alpha}$

附录 C1　标准正态分布表

$$\Phi(x) = \frac{1}{\sqrt{2\pi}} \int_{-\infty}^{x} e^{-t^2/2} \, dt \quad (x \geqslant 0)$$

x	$\Phi(x)$	x	$\Phi(x)$	x	$\Phi(x)$
0.00	0.5000	0.62	0.7324	1.24	0.8925
0.02	0.5080	0.64	0.7389	1.26	0.8962
0.04	0.5160	0.66	0.7454	1.28	0.8997
0.06	0.5239	0.68	0.7517	1.30	0.9032
0.08	0.5319	0.70	0.7580	1.32	0.9066
0.10	0.5398	0.72	0.7642	1.34	0.9099
0.12	0.5478	0.74	0.7704	1.36	0.9131
0.14	0.5557	0.76	0.7764	1.38	0.9162
0.16	0.5636	0.78	0.7823	1.40	0.9192
0.18	0.5714	0.80	0.7881	1.42	0.9222
0.20	0.5793	0.82	0.7939	1.44	0.9251
0.22	0.5871	0.84	0.7995	1.46	0.9279
0.24	0.5948	0.86	0.8051	1.48	0.9306
0.26	0.6026	0.88	0.8106	1.50	0.9332
0.28	0.6103	0.90	0.8159	1.52	0.9357
0.30	0.6179	0.92	0.8212	1.54	0.9382
0.32	0.6255	0.94	0.8264	1.56	0.9406
0.34	0.6331	0.96	0.8315	1.58	0.9429
0.36	0.6406	0.98	0.8365	1.60	0.9452
0.38	0.6480	1.00	0.8413	1.62	0.9474
0.40	0.6554	1.02	0.8461	1.64	0.9495
0.42	0.6628	1.04	0.8508	1.66	0.9515
0.44	0.6700	1.06	0.8554	1.68	0.9535
0.46	0.6772	1.08	0.8599	1.70	0.9554
0.48	0.6844	1.10	0.8643	1.72	0.9573
0.50	0.6915	1.12	0.8686	1.74	0.9591
0.52	0.6985	1.14	0.8729	1.76	0.9608
0.54	0.7054	1.16	0.8770	1.78	0.9625
0.56	0.7123	1.18	0.8810	1.80	0.9641
0.58	0.7190	1.20	0.8849	1.82	0.9656
0.60	0.7257	1.22	0.8888	1.84	0.9671

(续表)

x	$\Phi(x)$	x	$\Phi(x)$	x	$\Phi(x)$
1.86	0.9686	2.40	0.9918	2.92	0.9982
1.88	0.9699	2.42	0.9922	2.94	0.9984
1.90	0.9713	2.44	0.9927	2.96	0.9985
1.92	0.9726	2.46	0.9931	2.98	0.9986
1.94	0.9738	2.48	0.9934	3.00	0.9987
1.96	0.9750	2.50	0.9938	3.02	0.9987
1.98	0.9761	2.52	0.9941	3.04	0.9988
2.00	0.9772	2.54	0.9945	3.06	0.9989
2.02	0.9783	2.56	0.9948	3.08	0.9990
2.04	0.9793	2.58	0.9951	3.10	0.9990
2.06	0.9803	2.60	0.9953	3.12	0.9991
2.08	0.9812	2.62	0.9956	3.14	0.9992
2.10	0.9821	2.64	0.9959	3.16	0.9992
2.12	0.9830	2.66	0.9961	3.18	0.9993
2.14	0.9838	2.68	0.9963	3.20	0.9993
2.16	0.9846	2.70	0.9965	3.22	0.9994
2.18	0.9854	2.72	0.9967	3.24	0.9994
2.20	0.9861	2.74	0.9969	3.26	0.9994
2.22	0.9868	2.76	0.9971	3.28	0.9995
2.24	0.9875	2.78	0.9973	3.30	0.9995
2.26	0.9881	2.80	0.9974	3.32	0.9995
2.28	0.9887	2.82	0.9976	3.34	0.9996
2.30	0.9893	2.84	0.9977	3.36	0.9996
2.32	0.9898	2.86	0.9979	3.38	0.9996
2.34	0.9904	2.88	0.9980	3.40	0.9997
2.36	0.9909	2.90	0.9981	3.42	0.9997
2.38	0.9913	2.92	0.9982	3.44	0.9997

附录C2   标准正态分布的上 α 分位数

$$z_\alpha : P(Z \geqslant z_\alpha) = \alpha$$

α	0.005	0.01	0.02	0.025	0.05	0.10
z_α	2.5758	2.3263	2.0537	1.9600	1.6449	1.2816

附录C3 $\chi^2(n)$ 分布的上 α 分位数

$$\chi^2_\alpha(n): \quad P(\chi^2_n \geqslant \chi^2_\alpha(n) = \alpha$$

n \ α	0.01	0.025	0.05	0.10	0.90	0.95	0.975	0.99
1	6.635	5.024	3.841	2.706	0.016	0.004	0.001	0
2	9.210	7.378	5.991	4.605	0.211	0.103	0.051	0.020
3	11.345	9.348	7.815	6.251	0.584	0.352	0.216	0.115
4	13.277	11.143	9.488	7.779	1.064	0.711	0.484	0.297
5	15.086	12.833	11.070	9.236	1.610	1.145	0.831	0.554
6	16.812	14.449	12.592	10.645	2.204	1.635	1.237	0.872
7	18.475	16.013	14.067	12.017	2.833	2.167	1.690	1.239
8	20.090	17.535	15.507	13.362	3.490	2.733	2.180	1.646
9	21.666	19.023	16.919	14.684	4.168	3.325	2.700	2.088
10	23.209	20.483	18.307	15.987	4.865	3.940	3.247	2.558
11	24.725	21.920	19.675	17.275	5.578	4.575	3.816	3.053
12	26.217	23.337	21.026	18.549	6.304	5.226	4.404	3.571
13	27.688	24.736	22.362	19.812	7.042	5.892	5.009	4.107
14	29.141	26.119	23.685	21.064	7.790	6.571	5.629	4.660
15	30.578	27.488	24.996	22.307	8.547	7.261	6.262	5.229
16	32.000	28.845	26.296	23.542	9.312	7.962	6.908	5.812
17	33.409	30.191	27.587	24.769	10.085	8.672	7.564	6.408
18	34.805	31.526	28.869	25.989	10.865	9.390	8.231	7.015
19	36.191	32.852	30.144	27.204	11.651	10.117	8.907	7.633
20	37.566	34.170	31.410	28.412	12.443	10.851	9.591	8.260
21	38.932	35.479	32.671	29.615	13.240	11.591	10.283	8.897
22	40.289	36.781	33.924	30.813	14.041	12.338	10.982	9.542
23	41.638	38.076	35.172	32.007	14.848	13.091	11.689	10.196
24	42.980	39.364	36.415	33.196	15.659	13.848	12.401	10.856
25	44.314	40.646	37.652	34.382	16.473	14.611	13.120	11.524
26	45.642	41.923	38.885	35.563	17.292	15.379	13.844	12.198
27	46.963	43.195	40.113	36.741	18.114	16.151	14.573	12.879
28	48.278	44.461	41.337	37.916	18.939	16.928	15.308	13.565
29	49.588	45.722	42.557	39.087	19.768	17.708	16.047	14.256
30	50.892	46.979	43.773	40.256	20.599	18.493	16.791	14.953
31	52.191	48.232	44.985	41.422	21.434	19.281	17.539	15.655

$$\chi_\alpha^2(n): \ P(\chi_n^2 \geqslant \chi_\alpha^2(n)) = \alpha \qquad \text{(续表)}$$

n ＼ α	0.01	0.025	0.05	0.10	0.90	0.95	0.975	0.99
32	53.486	49.480	46.194	42.585	22.271	20.072	18.291	16.362
33	54.776	50.725	47.400	43.745	23.110	20.867	19.047	17.074
34	56.061	51.966	48.602	44.903	23.952	21.664	19.806	17.789
35	57.342	53.203	49.802	46.059	24.797	22.465	20.569	18.509
36	58.619	54.437	50.998	47.212	25.643	23.269	21.336	19.233
37	59.893	55.668	52.192	48.363	26.492	24.075	22.106	19.960
38	61.162	56.896	53.384	49.513	27.343	24.884	22.878	20.691
39	62.428	58.120	54.572	50.660	28.196	25.695	23.654	21.426
40	63.691	59.342	55.758	51.805	29.051	26.509	24.433	22.164
41	64.950	60.561	56.942	52.949	29.907	27.326	25.215	22.906
42	66.206	61.777	58.124	54.090	30.765	28.144	25.999	23.650
43	67.459	62.990	59.304	55.230	31.625	28.965	26.785	24.398
44	68.710	64.201	60.481	56.369	32.487	29.787	27.575	25.148
45	69.957	65.410	61.656	57.505	33.350	30.612	28.366	25.901
46	71.201	66.617	62.830	58.641	34.215	31.439	29.160	26.657
47	72.443	67.821	64.001	59.774	35.081	32.268	29.956	27.416
48	73.683	69.023	65.171	60.907	35.949	33.098	30.755	28.177
49	74.919	70.222	66.339	62.038	36.818	33.930	31.555	28.941
50	76.154	71.420	67.505	63.167	37.689	34.764	32.357	29.707
51	77.386	72.616	68.669	64.295	38.560	35.600	33.162	30.475
52	78.616	73.810	69.832	65.422	39.433	36.437	33.968	31.246
53	79.843	75.002	70.993	66.548	40.308	37.276	34.776	32.018
54	81.069	76.192	72.153	67.673	41.183	38.116	35.586	32.793
55	82.292	77.380	73.311	68.796	42.060	38.958	36.398	33.570
56	83.513	78.567	74.468	69.919	42.937	39.801	37.212	34.350
57	84.733	79.752	75.624	71.040	43.816	40.646	38.027	35.131
58	85.950	80.936	76.778	72.160	44.696	41.492	38.844	35.913
59	87.166	82.117	77.931	73.279	45.577	42.339	39.662	36.698
60	88.379	83.298	79.082	74.397	46.459	43.188	40.482	37.485
61	89.591	84.476	80.232	75.514	47.342	44.038	41.303	38.273
62	90.802	85.654	81.381	76.630	48.226	44.889	42.126	39.063
63	92.010	86.830	82.529	77.745	49.111	45.741	42.950	39.855
64	93.217	88.004	83.675	78.860	49.996	46.595	43.776	40.649
65	94.422	89.177	84.821	79.973	50.883	47.450	44.603	41.444
66	95.626	90.349	85.965	81.085	51.770	48.305	45.431	42.240

符 号 说 明

$a \wedge b,\ a \vee b$	分别表示 $\min\{a,b\}$, $\max\{a,b\}$
$\int_a^b$	表示闭区间 $[a,b]$ 上的积分 $\int_{[a,b]}$
$\equiv$	表示 "定义成"
a. s.	几乎处处成立或以概率 1 成立
$^\#A$	集合 A 中元素的个数
$a_n \simeq b_n$	$\lim\limits_{n\to\infty} a_n/b_n = 1$
A^{T}	矩阵 A 的转置
$\mathcal{B}(n,p)$	二项分布
$\mathrm{Cov}(X,Y)$	X,Y 的协方差
δ_{ij}	δ 函数: $\delta_{ij} = \begin{cases} 1, & j=i, \\ 0, & i\neq j \end{cases}$
$\det(A)$	矩阵 A 的行列式
EX	X 的数学期望
$\mathcal{E}(\lambda)$	参数为 λ 的指数分布
$G(x-)$	G 在 x 处的左极限
$G_n(x)$	$G(x)$ 的 n 重卷积
I_A 或 $\mathrm{I}[A]$	A 的示性函数
$\mathcal{P}(\lambda)$	参数为 λ 的泊松分布
ρ_{XY}	X,Y 的相关系数
$\mathbf{R} = (-\infty,\infty)$	全体实数
$\mathbf{R}^n$	全体 n 维实向量
$\mathcal{U}(a,b)$	(a,b) 上的均匀分布
$\mathrm{Var}(X)$	X 的方差
$N(\mu,\sigma^2)$	正态分布
X^+	X 的正部
X^-	X 的负部
$X_n \xrightarrow{\ p\ } Y$	X_n 依概率收敛到 Y
$X_n \longrightarrow Y$ a.s.	X_n 几乎处处收敛到 Y
$X_n \xrightarrow{\ d\ } Y$	X_n 依分布收敛到 Y.

参 考 书 目

[1] 何书元. 概率论. 北京：北京大学出版社，2006.

[2] 何书元. 概率论与数理统计. 北京：高等教育出版社，2006.

[3] 何声武. 随机过程引论. 北京：高等教育出版社，1999.

[4] 王梓坤. 随机过程论. 北京：科学出版社，1978.

[5] 钱敏平，龚光鲁. 应用随机过程. 北京：北京大学出版社，1998.

[6] 林元烈. 应用随机过程. 北京：清华大学出版社，2002.

[7] 劳斯. 随机过程. 何声武，谢盛荣，程依明译. 北京：中国统计出版社，1997.

[8] Ross S M. Introduction to Probability Models. 8th Edition. San Diego, CA: Academic Press, 2003.

[9] Bhat N U & Miller K G. Elements of Applied Stochastic Processes. 3rd. Hoboken, NJ: Wiley-Interscience, 2002.

[10] Freedman D. Markov Chains. New York: Springer-Verlag, 1983.

[11] Bhattacharya R M & Waymire E C. Stochastic Processes with Applications. New York: John Wiley & Sons, 1990.

[12] Chiang Chin Long. An Introduction to Stochastic Processes and Their Applications. Huntington, NY: R E Krieger Pub, 1980.

[13] Billingsley P. Convergence of Probability Measures. New York: Wiley, 1968.

[14] Anderson W J. Continuous-Time Marcov Chains: an Applications-oriented Approach. New York: Springer-Verlag, 1991.

[15] He Shuyuan & Yang Grace. Estimation of Poisson Intensity in the Presence of Dead Times. JASA, 2005, 100(470): 669–679.

名 词 索 引

北京大学出版社数学重点教材书目

1. 北京大学数学教学系列丛书

书　　名	编著者	定价（元）
数学分析（一、二、三册）（"十一五"国家级规划教材）	伍胜健	54.00
高等代数简明教程（上、下）（第二版）（"十一五"国家级规划教材）	蓝以中	35.00
高等代数学习指南	蓝以中	25.00
几何学教程（"十一五"国家级规划教材）	王长平	18.00
实变函数与泛函分析（"十一五"国家级规划教材）	郭懋正	25.00
数值分析（北京市精品教材）	张平文　李铁军	18.00
复变函数简明教程（"十一五"国家级规划教材）	谭小江　伍胜健	13.50
复分析导引（北京市精品教材）	李　忠	20.00
多复分析与复流形引论（北京市精品教材立项项目）	谭小江	28.00
同调论（"十一五"国家级规划教材）	姜伯驹	18.00
黎曼几何引论（上下册）（北京市精品教材）	陈维桓　李兴校	48.00
概率与统计	陈家鼎　郑忠国	32.00
金融数学引论	吴　岚	19.50
风险理论	吴　岚	22.00
寿险精算基础	杨静平	20.00
非寿险精算学	杨静平	18.00
偏微分方程	周蜀林	16.00
二阶抛物型偏微分方程	陈亚浙	16.00
概率论（"十一五"国家级规划教材）	何书元	18.00
随机过程（北京市精品教材立项项目）	何书元	20.00
生存分析与可靠性	陈家鼎	22.00
普通统计学（北京市精品教材）	谢衷洁	25.00
数字信号处理（第2版）（"十一五"国家级规划教材）	程乾生	20.00
抽样调查（"十五"国家级规划、北京市精品教材）	孙山泽	13.50
测度论与概率论基础（北京市精品教材）	程士宏	15.00
应用时间序列分析（北京市精品教材）	何书元	16.00
应用多元统计分析（"十一五"国家级规划教材）	高惠璇	24.00
抽象代数 I，II（"十一五"国家级规划教材）	徐明曜　赵春来	36.00

2. 大学生基础课教材

书　名	编著者	定价(元)
数学分析讲义（一、二、三册）	陈天权	73.00
数学分析新讲（第一册）（第二册）（第三册）	张筑生	62.00
数学分析解题指南	林源渠　方企勤	24.00
高等数学（上下册）（教育部"十五""十一五"国家级规划教材，教育部 2002 优秀教材一等奖）	李　忠　周建莹	58.00
高等数学（物理类）（修订版）（第一、二、三册）	文　丽等	57.00
高等数学（生化医农类）上下册（修订版）	周建莹　张锦炎	36.00
高等数学解题指南	周建莹　李正元	25.00
高等数学精选习题解析	林源渠	25.00
大学文科基础数学（第一册）（第二册）	姚孟臣	27.50
大学文科数学简明教程（上下册）	姚孟臣	30.00
数学的思想、方法和应用（第 3 版）（"十一五"国家级规划教材）	张顺燕	30.00
数学的美与理（教育部"十五"国家级规划教材）	张顺燕	26.00
简明线性代数（北京市精品教材）	丘维声	22.00
解析几何（第二版）	丘维声	18.00
解析几何（教育部"九五"重点教材）	尤承业	18.00
微分几何初步（95 教育部优秀教材一等奖）	陈维桓	16.00
微分几何（普通高等教育"十五"国家级规划教材）	陈维桓	22.00
基础拓扑学讲义	尤承业	18.00
初等数论（第二版）（95 教育部优秀教材二等奖）	潘承洞　潘承彪	25.00
实变函数论（教育部"九五"重点教材）	周民强	25.00
实变函数解题指南	周民强	23.00
泛函分析讲义（上下册）（91 国优教材）	张恭庆　林源渠	36.00
泛函分析学习指南	林源渠	18.00
数值线性代数（教育部 2002 优秀教材二等奖）	徐树方等	13.00
数学模型讲义（第 2 版）（"十一五"国家级规划教材）	雷功炎	20.00
新编概率论与数理统计（获省部级优秀教材奖）	肖筱南等	19.00

邮购说明　读者如购买数学教材，请与北京大学出版社北大书店邢丽华同志联系，(010)62752015，(010)62757515。

北京大学出版社
2008 年 10 月